北京高等教育精品教材
北京高等学校优质本科教材（重点）

生理心理学

（第三版）

李新旺　编著

科学出版社
北　京

内 容 简 介

生理心理学是研究心理现象的生理机制的科学，即研究外界事物作用于脑而产生心理现象的物质过程的科学。作者凭借多年教学和科研实践的积累，在保持前几版（含《生理心理学导论》）编写特色的基础上，参考了国内外许多新近研究资料，系统地介绍了注意、感觉、知觉、学习和记忆、语言和思维、情绪、随意运动、摄食与饮水、性生理心理、睡眠与觉醒的生理机制，以及人格生物学基础、精神药理学方面的内容。全书力求全面反映该学科的核心内容和最新成果。

本次修订增加了有关中国生理心理学发展过程的内容，尤其是补充了许多与生活联系密切的知识，如大脑发育与心理发展的关键期、益智药物、海马体积与空间记忆的关系和信息素效应等；每章均有生活中的生理心理学现象资料窗。

本书可作为高等院校心理学及相关专业本科生必修课教材和研究生参考书，也可供生理心理学爱好者阅读。本书为授课老师配有课件，欢迎索取。

图书在版编目（CIP）数据

生理心理学/李新旺编著. —3 版. —北京：科学出版社，2018.1

北京高等教育精品教材　北京高等学校优质本科教材（重点）

ISBN 978-7-03-052840-7

Ⅰ. ①生…　Ⅱ. ①李…　Ⅲ. ①生理心理学–高等学校–教材　Ⅳ. ①B845

中国版本图书馆 CIP 数据核字（2017）第 110724 号

责任编辑：席　慧/责任校对：赵桂芬

责任印制：吴兆东/封面设计：铭轩堂

科学出版社 出版

北京东黄城根北街 16 号

邮政编码：100717

http://www.sciencep.com

北京天宇星印刷厂印刷

科学出版社发行　各地新华书店经销

*

2001 年 2 月第 一 版　开本：787×1092　1/16

2008 年 7 月第 二 版　印张：19 1/2

2018 年 1 月第 三 版　字数：500 000

2025 年 7 月第九次印刷

定价：69.80 元

（如有印装质量问题，我社负责调换）

第三版前言

在庆祝 *Science* 创刊 125 周年之际，该刊杂志社公布了 125 个最具挑战性的科学问题。在今后 1/4 个世纪的时间里，人们将致力于解决这些问题。这 125 个问题（前 25 个被认为是最重要的问题）中，属于生理心理学或与之有关的问题包括：

2. 意识的生物学基础是什么？
15. 记忆如何存储和恢复？
73. 是什么引发了青春期？
84. 为什么要睡眠？
85. 人类为什么会做梦？
86. 语言学习为什么存在临界期？
87. 信息素影响人类行为吗？
89. 导致精神分裂症的原因是什么？
90. 引发孤独症的原因是什么？
92. 致瘾的生物学基础是什么？
93. 大脑如何建立道德观念？
96. 性别倾向的生物学根源是什么？

对于生理心理学来说，无论是人类面临的最具有挑战性的 125 个问题或者是其中最重要的 25 个问题，均有近 10%与之有关，足见该学科的重要性。

生理心理学在我国也越来越受到重视。2013 年 5 月，本人曾主持召开了中国心理学会生理心理学专业委员会主办的“全国生理心理学学科建设研讨会”，与会专家一致认为，教材建设在生理心理学学科建设中处于基础地位。

为适应高等院校心理学专业教学需要，作者根据 30 多年来的教学实践和积累的生理心理学研究进展相关知识，于 2014 年申报了首都师范大学教材建设立项，并获得批准。

本书是在作者于 1992 年出版的《生理心理学导论》（河南大学出版社出版）和 2001 年、2008 年出版的《生理心理学》（科学出版社出版，即本书第一版和第二版）的基础上修订而成的。上述三种教材出版以来，被许多院校作为心理学专业的基础课程教材或研究生考试用书，一些省市也将其作为心理学专业或相关专业自学考试教材。尤其是 2001 年在科学出版社出版以来，已经重印 20 余次，发行量达 60 000 册。

本次修订，内容方面的变化主要体现在以下几个方面。

1. 补充了关于中国生理心理学发展过程的内容。
2. 增加了心理活动的神经解剖学基础和神经生理学基础（两章）。
3. 补充了一些与生活联系紧密的内容。例如，大脑发育与心理发展的关键期、益智药物、海马体积与空间记忆的关系和信息素效应等。

4. 根据教学反馈，删减了一些难度较大的内容。例如，工作记忆与运动记忆的神经回路。

5. 对部分章节的体系结构进行了调整，其中，记忆神经生物学一章调整得相对较多。

为了使读者能够将生理心理学与现实生活建立更紧密的联系，对于每章内容，本次修订的指导思想是问题导向，即每章开篇均提出生活中的生理心理学问题，既体现了本学科的实用价值，又提高了读者的兴趣。

编写体例方面，与国际教材接轨、突出重点：每章均有知识点提示；概念使用黑体标示；增加了知识窗，介绍生理心理学与生活实际密切相关的内容等。

肖健教授、苏彦捷教授、蔡厚德教授和于萍副教授参与了本书第二版的修订工作，再次对上述专家表示衷心感谢。为尽量保证编写风格一致，作者独立完成了本次修订工作。修订过程中借鉴并引用了众多国内外专家的研究成果及资料，在此表示深深的谢意！

诚挚欢迎生理心理学领域的专家和读者对本书提出批评建议，以便进一步改进。作者的电子邮箱为 lixw701@sina.cn。

本书前两版和《生理心理学导论》曾获得：河南省高校优秀教材（中青年）奖，1995；北京市高等教育精品教材建设立项，2007；北京市高等教育精品教材，2011。

李新旺

2017 年 8 月于首都师范大学

第二版前言

本书是在李新旺编著的《生理心理学导论》（河南大学出版社出版，1992 年）和《生理心理学》（科学出版社，2001 年）基础上修订而成。本书自出版以来，被许多院校作为心理学专业的基础课程教材或研究生考试用书，并被一些省市作为心理学专业或相关专业自学考试教材，已经多次重印。在此期间，神经科学尤其是脑科学研究日益深入，为理解心理活动的生理机制提供了新的视角和知识。为了更新教学内容，满足心理学专业教学需要，我开始思考本书的修订工作，并于 2007 年申报了北京市教育委员会设立的"北京市高等教育精品教材建设项目"，获得立项。

与第一版相比，新版的主要变化表现在以下几个方面：

（1）新增加了"人格的生物学基础"和"精神药理学"两章。

（2）对其余各章内容都进行了修订。其中，新增加的内容包括：第四章中的"大脑皮层的高级知觉通路""知觉对象信息加工"，第五章中的"新纹状体与习惯学习"，第六章中的"失语症机制的理论假设"和"语言的认知神经机制"，第七章中的"杏仁核与条件性恐惧"、"杏仁核与恐惧信息加工的双通路模型"、"愤怒和攻击的生物化学机制"、"愉快和奖赏"和"利用事件相关电位测谎的原理"，第十章中的"母性亲子行为"等。

（3）考虑到学科知识的抽象性，本次修订增加了大量的图片，力求使读者通过图片等直观材料加深对心理活动脑机制的理解。

（4）加强了生理心理学原理与实际生活的联系，语言方面也比以前通俗，以增强可读性。

（5）考虑不同院校的教学背景以及课时的限制，并结合本人的教学体会，本次修订对书中部分难度较大的内容以灰色底纹标记，建议这部分内容供有兴趣的学生自学。

（6）本次特邀国内长期从事生理心理学研究和教学的几位专家参与修订：

原中国心理学会生理心理学专业委员会副主任委员、北京大学博士研究生导师肖健教授修订第八章和第十章；

中国心理学会生理心理学专业委员会副主任委员、北京大学博士研究生导师苏彦捷教授修订第九章；

南京师范大学蔡厚德教授修订第六章；

首都师范大学于萍副教授修订第十一章。

我对这些专家的加盟及其为本书第二版所做的贡献表示由衷的感谢。

上述几位专家修订章节以外的内容，均由李新旺修订或编写。

本次修订参考了大量的国内外相关研究文献和著作，在此我们向原作者表示衷心的感谢！

在本书第二版即将出版之际，衷心感谢中国心理学会生理心理学专业委员会主任委员、中国科学院心理学研究所研究员林文娟在百忙中为本书作序。同时，对首都师范大学教育科学学院、首都师范大学教务处、北京市教育委员会负责高等教育教材建设的相关机构、科学出版社等表示衷心的感谢！

最后，渴望读者对本书第二版给予教正，以便在今后的修订中进一步提高质量。我的电子信箱是 pro_xwli@yahoo. com. cn。

李新旺

2008 年 2 月于首都师范大学

第一版前言

生理心理学研究揭示心理活动的生理机制。1997 年 10 月在苏州召开的教育部高等学校心理学教学指导委员会全体会议上，生理心理学被正式确定为心理学专业的 7 门基础课之一。

生理心理学这一学科名词早在 100 多年前就出现了。然而，它的较快发展则是近几十年来的事情。这一时期，物理学、化学、生理学等学科的迅速发展为生理心理学的研究提供了一系列新概念和新技术，使得这门学科的研究能够深入到脑的深部结构和细胞、分子水平。尤其是 20 世纪 90 年代被命名为“脑的 10 年”以来，神经科学快速崛起，向着揭示自然科学最深奥的问题之一——脑的奥秘发起猛烈冲击；脑成像技术和分子生物学（如正向遗传学和反向遗传学）技术的应用，为研究脑功能提供了有效手段。近 30 年来，有近 20 名神经科学家荣获了诺贝尔生理学或医学奖，充分体现了神经科学所取得成果的重要性。国际脑研究组织（International Brain Research Organization，IBRO）已把 21 世纪作为“脑的世纪”。可以预期，21 世纪神经科学必将取得更多、更重要的成果。

心理活动如感觉、知觉、注意、记忆、思维、情感、随意运动等都是以神经系统的活动为基础的。因此，神经科学的飞速发展极大地丰富了生理心理学的知识。

我国高等院校心理学专业的生理心理学教学情况不能令人满意。北京大学心理学系、北京师范大学心理学系和浙江大学心理与行为科学系主持的教育部教学改革科研项目“面向 21 世纪心理学类专业教学改革研究报告”（2000 年 3 月）指出：“生理心理学课程开设不够普遍……这与当前心理学与脑科学愈来愈密切结合的趋势极不协调。”为此，许多心理学专家呼吁：一定要重视生理心理学这门课程；否则，我们与先进国家的心理学发展水平的差距会越来越大。

就加强生理心理学的教学工作而言，教材建设是基础。1986～1993 年，国内出版了邵郊先生、匡培梓先生、沈政和林庶芝先生、李新旺等编著或主编的 4 部生理心理学专著（教材）。这些著作对生理心理学教学工作发挥了重要作用，并将继续产生深远影响。在此之后，鲜有同类新教材出版。这就使得 20 世纪 90 年代以来取得的生理心理学成果很少能够在教材中体现出来。

我本人在多年的教学实践中积累了一些资料，尤其是 1999 年 9 月至 2000 年 7 月我在北京大学心理学系访学期间查阅了许多生理心理学近年来研究的新成果。在教育部高等院校心理学教学指导委员会主任委员、北京大学心理学系博士研究生导师朱滢教授和我的导师、北京大学心理学系博士研究生导师肖健教授的鼓励下，我在 1992 年出版的《生理心理学导论》基础上，重新编写了这本《生理心理学》。本书较系统地介绍了注意、感觉、知觉、记忆、语言和思维、情绪、摄食与饮水、随意运动、性行为、睡眠与觉醒的生理机制，力求反映该学科近期研究的新成果。

本书既可作为高等院校心理学专业本科生必修课教材，也可供相关专业研究生参考，还可供广大生理心理学爱好者阅读。

本书参考引用了国内外许多研究成果和资料，在此向这些专家表示深深的谢意。

朱滢教授审阅了“学习与记忆神经生物学”一章，提出了许多中肯的意见。肖健教授对编写提纲进行了认真推敲。科学出版社对本书的出版给予了热情支持，策划编辑马学海博士做了许多认真细致的工作。书稿打印全部由徐爱红同志完成。在此一并表示衷心的感谢。

鉴于本人水平有限，书中不妥和错误之处在所难免，敬请读者和专家批评指正。

李新旺

2001 年 3 月于河南大学

目　　录

第 1 章　绪　论

威廉·马克西米林·冯特

（Wilhelm Maximilian Wundt，1832～1920）

把生理学实验方法引入心理学，建立了世界上第一个心理学实验室；1874 年出版《生理心理学原理》。

◎心理现象被誉为“地球上最美丽的花朵”，谁来回答“它是怎样产生的？”

◎为何汉语中与心理活动相关的文字一般都有“心”字旁？

本章知识点

- 生理心理学研究对象
- 生理心理学研究方法与原理
- 生理心理学学科价值
- 中国生理心理学发展历史

我们的心理世界千变万化，丰富多彩，被誉为“地球上最美丽的花朵”。人类利用自己的智慧探索大自然的奥秘，与此同时，也在坚持不懈地揭示自身心理活动的本质。

探索人的心理活动有多种方法。例如，通过内省我们能够觉知自身的心理活动——对于一个此时此刻在读这本书的人，问他正在干什么？他会回答：“我正在读书，思考书中的问题。”他也知道，尽管常说“心想”，但实际上自己是用“脑”来思考问题。但是，书上的文字、图片是怎样传导到脑内从而被感知和记忆的？脑是怎样思考问题的？深入理解了书中的内容并把它们应用到生活之中会感到满足和快乐，这些情绪又是怎么产生的？此类问题读者则难以轻易地作出回答。因为对于这些心理现象的本质问题，也就是心理活动机制问题，需要进行系统、深入地实验研究才能够找到答案。

第一节　生理心理学研究对象和意义

一、生理心理学是揭示心理活动机制的科学

经过长期的研究，人们发现，包括文字在内的视觉信息通过视觉系统传递到大脑枕叶被感知，文字的理解主要是由大脑左半球的韦尼克（Wernicke）区和角回等区域负责的，该区域能够把当前和以往的信息联系起来进行加工。这些区域损伤后，患者听不懂问题或指令，也看

不明白文字。然后，信息进入记忆回路被记忆，其中，一个被称为海马的结构在记忆中具有重要作用，损伤后将导致遗忘症。满足和快乐的情绪体验则与脑内的中脑边缘多巴胺系统有关，刺激这一系统能够使人和动物产生愉悦的情绪反应。

人的大脑左右半球在功能上存在差异：对于那些为了防止癫痫等疾病扩散而切断连接两个半球的胼胝体的“裂脑人”来说，常常会出现心理冲突。患者也许会出现这样的现象：把书上的文字信息输入左脑，可能会饶有兴趣地读下去；如果这些信息进入右脑，左手则要把这本书放在一边。发生这种冲突的原因是什么？切断胼胝体以后，中断了左右半球的信息交流，而控制左手的右半球几乎没有阅读功能，因而觉得这本书枯燥乏味，想扔掉它。

脑损伤也会导致心理功能障碍。

面孔失认症

我国著名神经生理学家张香桐先生曾经介绍了这样一个病例：一位中年男子因车祸导致头部受伤，经过治疗出院，一个月后他的妻子找到医院说：自己的先生身体健康、工作正常，只是每天下班回来，我听到门铃后去开门时，他呆呆地望着我，就像在看陌生人，并且粗暴地问“你是什么人？到我家干什么！”但是，当我回答一句什么话时，他立刻清醒过来，知道我是他的妻子。后来发现他对任何人都是这样。因此，这位妻子告诉自己的儿子，听到门铃声去给爸爸开门时，必须先说“爸爸，你回来了”，这样才相安无事；否则，这位爸爸会把儿子当作陌生人，毫不客气地赶出门去。还有一位先生看到一个青年向他微笑，问“我的这位年轻朋友是谁？”旁人回答：“是你的长子。”这两位先生连自己的妻子、儿子都不认识，原因何在？他们患了一种由于脑损伤所致的奇怪的病——面孔失认症（图 1-1）。这种患者能分辨男女老少，可以识别陌生人面貌的某些特征，却不能根据熟人的面貌判断人的身份，甚至不能识别自己的配偶、儿女等；但是，如果熟人或亲属在讲话，患者可以毫无困难地说出讲话者的姓名。

图 1-1　面孔失认症

（引自《广州日报》2006 年 7 月 17 日）

——张香桐，参见韩太真和吴馥梅主编的《学习与记忆的神经生物学》（序），北京医科大学、中国协和医科大学联合出版社，1997。

上述研究都属于生理心理学在揭示心理活动机制方面做出的贡献。由此可见，**生理心理学**是通过实验的方法研究外界事物作用于神经系统尤其是大脑而产生心理活动的生理机制的学科。更具体地说，生理心理学研究我们为什么能够欣赏色彩斑斓的画卷、聆听旋律优美的乐曲，阐明外界刺激怎样由感觉器官传入神经中枢，神经中枢怎样对这些刺激信息进行处理加工，运动器官怎样对环境刺激作出反应；这门学科要探讨我们是怎样记忆丰富的知识且时过境迁而终生不忘的，揭示记忆信息在脑内哪些部位进行编码、储存和提取，以及记忆的形成与巩固同脑内物质分子如神经递质、蛋白质等存在着什么样的关系；研究我们是如何创造出宇宙飞船、登月火箭这样的人间奇迹，解释脑的思维活动方式；它探索在我们欣喜若狂或者焦虑不安时机体内部发生的变化，以及有的人外向活泼、有的人内向沉静等性格差异的生理学原因；生理心理学还研究人和高等动物的基本行为的生理基础或神经机制，如随意运动、摄食与饮水、性行为、睡眠与觉醒等。

二、生理心理学的学科性质

心理活动是脑的高级活动形式。揭示心理活动的生理机制需要综合运用多学科的知识，如神经解剖学、神经生理学、神经药理学、分子神经生理学等学科的知识和方法，尤其是这些学科的最新研究成果和技术。20 世纪 70 年代以来形成的神经科学（或称神经生物学），综合了研究神经系统各领域的学科，如神经解剖学、神经生理学、神经药理学、神经病理学、临床神经病学、精神病学、分子神经生物学、细胞神经生理学、生物医学成像技术等，在脑功能研究中获得了重要成果，为解释心理活动的生理机制提供了许多有价值的知识。20 世纪 40 年代兴起的信息科学的一些概念和技术，如功率谱分析、地图形分析等，对脑功能研究发挥了重要的启发作用，开拓了脑事件相关电位研究新领域。因此，生理心理学被认为是心理学、信息科学和神经科学之间的边缘学科。

三、研究生理心理学的意义

如前所述，生理心理学是揭示人类自身心理活动机制的科学。研究生理心理学的巨大动力和这门学科的生命力就在于此。另外，研究生理心理学还具有其他方面的重要意义。

生理心理学为科学心理学的建立做出了重要贡献。它在解释心理的实质方面有着不可替代的作用。随着新的研究成果的不断涌现，这门学科对心理科学的发展必将继续产生重要影响。

人类的科学事业正面临着物质的本质、宇宙的起源、生命的本质和智力的产生四大问题的挑战。这四大问题的最后一个也是最困难的一个——智力是如何由物质产生的，正是心理科学研究的主要问题之一。研究智力的产生，生理心理学是可以大有作为的，具有不可替代的作用。认知心理学的著名学者 Minsky（1990）指出："认知（智力）活动不是可以由在公理上的数学运算来统一描述的现象""人工智能（无论是符号处理还是人工神经网络）都受害于一个共同的哲学（方法论）倾向，即喜欢用在物理学上获得成功的方法来解释智力。这个方法使用简单而漂亮的形式系统对智力进行解释。然而这种想用形式系统来给智力认知活动以统一描述的哲学（方法论）看来是错了。我们应当从生物学而不是物理学中去得到启示和线索。"Minsky 为什么强调从"生物学"中去寻找研究智力产生的出路？原因之一是，像大脑再加上大脑与环境的相互作用这样的问题，包括计算理论（认为认知即计算。无论人脑和计算机在硬件层次甚至在软件层次上是如何的不同，但在计算理论的层次，它们都具有产生、操作和处理抽象符号的能力；作为信息处理系统，无论是人脑还是计算机都是操作处理离散符号的形式系统）在内的各种使用"在公理上的数学运算"来解释认知和智力的数十年的努力的失败，使人们从研究的实践中体会到需要超越唯理性主义的方法论，应该用生物学所采用的多种可能的方法和途径来研究智力的产生过程。更重要的是，研究认知和智力的大脑的功能基础，不能忘记大脑本身。因此，人们越来越重视认知和智力的神经基础，而揭示认知和智力的神经生理学基础，正是生理心理学研究的主要问题之一。

生理心理学的研究成果能够为高新技术的发展提供好的思路。生理心理学的这一作用可以从 Marr 创立视觉计算理论的过程中得到很好的证明。Marr 从 20 世纪 70 年代开始从事视觉计算理论研究。当时在计算机视觉研究中，一般认为视觉识别需要各种可能的信息，包括物体的几何形状和有关的语义信息，因而是一项非常困难的任务。据此观点，计算机视觉是十分复杂而几乎无法解决的问题。在这个选择研究方向的关键时刻，Marr 参加了一次学术会议，听了神经心理学家 Warrington 的研究报告。其中最重要的是两类试验：一是给被试呈现两种照片——一张是从正常角度拍摄的物体原型的照片，另一张是从异常角度拍摄的照片（图 1-2），让被试判断两张照片上的物体是否相同。这类实验被称为物理匹配实验。二是让被试判断照片上方的物体与下方两个物体中的哪一个功能相同（图 1-3），即功能匹配实验。在第一类实验中，右脑损伤患者的得分显著低于正常人（对照组）；而左脑损伤的患者与对照组则没有区别，说明右脑损伤的患者对图形几何性质的知觉被选择性地破坏了。在第二类实验中，与右脑损伤的患者相比，左脑损伤患者的这类操作出现了困难。这个实验揭示出物体的几何信息和语义信息是分别由右脑和左脑加工的。Marr 认为，对他来说“这是一个重要的时刻”。因为，第一，Warrington 的实验告诉人们：即使不用语义等信息，单靠视觉也能确定形状。第二，Warrington 已经触到了人类视觉的精华。视觉过程中起主要作用的是物体形状和空间关系；而物体表面的亮度和颜色等是次要的。在研究形状表征的视觉理论中，可以把这些次要因素先放在一边。因此，Warrington 的神经心理学发现对 Marr 独辟蹊径建立新的理论框架起了重要的推动作用。Marr 创立了视觉计算理论，认为：视觉实际上是一种信息处理过程，一种分层次的、在各个阶段有不同信息表达方式的、模块化的和单向的（由低到高）处理过程；而其最终目标，则是建立一个外部世界的描述（以某种表达方式给出）。Marr 被称为计算神经科学的先驱。

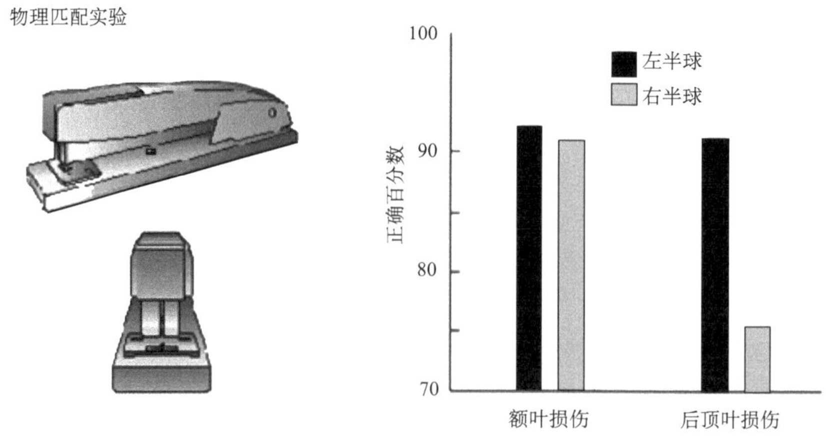

图 1-2　Warrington 物理匹配实验图片（引自 Gazzaniga et al.，2002）

图 1-3　Warrington 功能匹配实验图片（改绘自 Gazzaniga et al., 2002）

生理心理学能够为许多实践领域服务，尤其是为人类的医疗卫生事业服务。因为人的生理功能障碍不仅会引起生理疾病，而且会导致心理活动异常。同样，心理功能障碍也会引起生理功能紊乱。生理心理学揭示了生理-心理交互作用的关系及规律，从而为诊断和治疗某些精神障碍以及由心理异常导致的身心疾病提供了基础知识。对于正常人，生理心理学的研究成果提供了怎样合理用脑和提高身心健康水平方面的知识，能够为增进人的身心健康提供服务。

第二节　生理心理学研究方法和技术

一、脑立体定位技术

在生理心理学研究中，一般都需要正确地找到想要损毁或研究的脑部位，因而对脑结构定位是首要的问题。脑结构的定位工作通常采用脑立体定位仪进行（图 1-4）。根据已有的脑结构图谱，移动脑立体定位仪上的三维标尺便能有效地确定想要找到的脑部位。

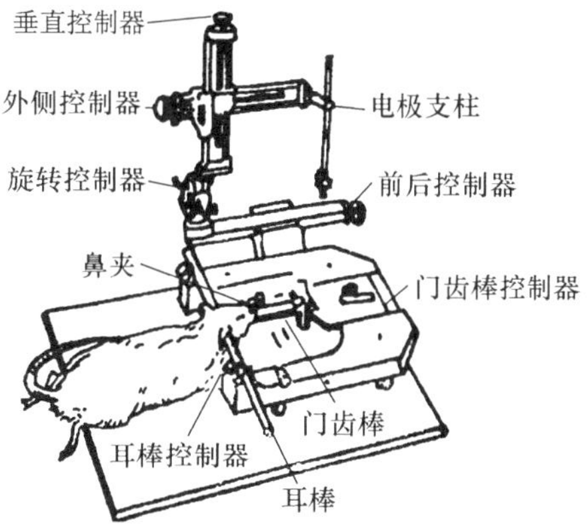

图 1-4　一只麻醉的大鼠头部被固定在脑立体定位仪上

二、脑损伤法

神经解剖学研究证明：对于人和高等动物，脑的特定部位执行特定的功能。脑的某一部位受到损伤时，这个部位所管理的功能会出现障碍甚至丧失。但是，并不是所有脑结构的功能都已经被揭示出来了。因此，对于那些功能尚未明了的脑结构，损毁后出现了特定的功能障碍，反过来就可以推断所损毁的脑结构在正常情况下对这种功能具有一定的作用。在此基础上，进一步研究不同脑区的功能是怎样组合起来完成行为的。因为每一个脑区都具有一种或者一系列功能，这种功能参与执行或者控制相应的行为；但是，没有一个脑区或者一个神经环路单独负责一种行为。

脑损伤法包括下列几种。

1）横断损伤　　在外科手术条件下用刀在脑的不同水平上横断，使断脑之间的上下联系中断。横断损伤一般在研究神经系统高级部位和低级部位的功能及相互影响时采用。

2）吸出损伤　　用一根一头连有吸引泵的玻璃管的另一端插入所要损伤的脑部位，靠吸引泵的力量将欲损毁的脑结构吸出。此过程需要在严格消毒情况下进行，一般在大面积损伤新皮层、小脑、海马结构时采用。

3）电解损伤　　将一枚与电源相通的尖端裸露的绝缘电极（即正极）插入欲损毁的脑结构内部，无关电极（即负极）放在皮肤切口、直肠或暴露的肌肉上，以微弱电流（2～10mA）作用15～20s后，正电极周围2～9mm的球状范围即被损坏，其中心是充满坏死组织的腔，边缘是凝固、胶化的物质。这种方法用于比较局部的损伤，如破坏脑深部结构等。

4）药物损伤　　包括使用红藻氨酸损伤和使用6-羟多巴胺（6-OHDA）损伤两种。红藻氨酸是一种兴奋性氨基酸，通过导管将它注射入特定脑区，能够使脑细胞的胞体持续兴奋而导致死亡，这种方法被称为兴奋性损毁。红藻氨酸对过路的神经纤维没有影响，所以使用这种药物进行的兴奋性损伤是一种具有高度选择性的脑组织破坏方法，有助于鉴别脑区损伤引起的行为效应，是由该区的神经细胞的胞体损毁造成的，还是由过路的神经纤维损毁导致的。由于这种药物的毒性很大，过量注射能够杀死动物。6-羟多巴胺是一种类似于去甲肾上腺素和多巴胺的药物，能够被去甲肾上腺素能和多巴胺能神经细胞的轴突末梢突触上的受体吸收。但是，这种物质是有毒的，能够破坏相应的突触、轴突及胞体，从而起到选择性破坏作用。

5）扩布性阻抑　　用电、热、化学等刺激作用于大脑皮层表面，经过一段短时间的潜伏期后，刺激便从受刺激部位沿皮层表面向各个方向扩散开来并产生抑制。例如，在颅骨上钻一个孔，用一片在25% KCl溶液中浸过的滤纸覆盖，能引起皮层表面脑电活动持续较长时间的抑制。

6）冰冻方法　　利用冷冻探头安装在硬脑膜表面，使其里边的皮层表面温度下降到20℃左右，即可引起脑皮层局部区域机能暂时性丧失。因为温度下降到20℃左右时，脑细胞即停止活动。

7）神经化学损伤　　用神经毒素或化学阻断剂等干扰脑内生物化学物质如神经递质的代谢，从而导致脑功能失调。这是一种特殊类型的损毁方式。例如，用蛋白质合成抑制剂——嘌呤霉素注入双侧额颞区和脑室能引起大白鼠记忆的丧失；用神经毒素——海人草酸（kainic acid）注入脑室选择性地破坏海马锥体细胞能使大白鼠长时记忆永久性丧失。这种方法特异性高、选择性强。

脑损伤法中的横断损伤、吸出损伤、电解损伤和药物损伤，简单易行、效果明显，但都会使神经细胞溃变而无法恢复（故被称为不可逆损伤）。尤其是手术出血或继发性的神经组织病变从而引起更广泛的损伤，可能导致更严重的行为障碍，掩盖由脑局部损伤所引起的特异性障碍。扩布性阻抑、神经化学损伤和冰冻方法既不损伤脑细胞，也不容易发生继发性的周围组织变性，就能达到暂时性的机能切除；之后，皮层丧失的机能还可恢复（故被称为可逆损伤）。因此，它们不仅能用来研究皮层机能丧失所引起的行为变化，还可用来观察追踪皮层机能的逆转过程，即机能丧失到恢复的过程。

三、刺激法

1）电刺激法　　即用无伤害性的电流刺激脑的特定部位，观察心理行为的变化以确定该脑部位的功能；或者在使用电流刺激脑的某一部位时记录其他脑部位的诱发电位等，以推测两个或多个脑区之间是否存在着直接或间接的联系。

2）*化学刺激法* 这种方法是在脑的局部区域注射神经递质的激动剂等观察它们对心理行为的影响，也可用于鉴定神经递质受体种类及活动水平。例如，有研究发现，将胆碱能激动剂毒扁豆碱注入海马，能够强化吗啡的条件性位置偏爱行为（一种药物成瘾的动物模型），说明海马胆碱能系统参与了吗啡成瘾过程。

四、电记录法

把生物细胞活动时伴随的微弱电流放大后输入阴极射线示波器或墨水笔记录器、磁带记录器等，便可以把生物电活动记录下来。最常见的是脑电记录，主要是脑的自发电活动记录和平均诱发电位记录。它可用于研究感觉刺激引起的脑电变化、学习记忆时的脑电变化和神经元的放电模式等。在神经科学研究中，经常使用的事件相关电位（event-related potential，ERP）的基本原理就是记录心理活动过程中平均诱发电位的变化。

五、生物化学分析法

神经系统的活动与其内部的生物化学过程是不可分割的，作为神经系统活动外部表现的心理行为与脑内的生物化学过程也必然存在着联系。因此，通过生物化学分析法可以探讨脑内生化物质与心理行为的关系。例如，在建立条件反射过程中可以测定脑内某种物质含量的变化，即以行为作为自变量，研究它对脑内物质含量的影响。国外学者 Hyden（1964）曾进行了这样的实验：先强迫大白鼠以新的方法取食，等大白鼠学会后立即断头取脑进行化学分析。结果发现，大白鼠的这种学习过程伴随着脑内相关皮层细胞内部的 RNA 含量的增加。另外，使用显微透析方法研究表明，成瘾的药物，如安非他明、吗啡、可卡因等，都能够引起脑内一个被称为伏隔核的部位细胞间多巴胺水平升高，因此，成瘾药物引起的欣快感被认为与伏隔核及其内部的多巴胺有直接关系。

六、分子遗传学技术

动物和人的心理行为是遗传和环境相互作用的结果。基因携带了机体能表达的所有蛋白质的氨基酸序列信息，通过复制传递这些信息，给下一代提供自身的复制品，并在细胞内表达而产生特异的蛋白质，从而决定细胞的结构、功能及其他生物学特性。

某种行为可能明显地受到遗传的控制，但并不知道哪些基因参与这种行为的控制，或者知道有哪些基因参与，但这些基因并没有被克隆。在此情况下，必须用正向遗传学（forward genetics）方法，即从表型到基因的手段来研究这种行为的遗传学基础。

20 世纪 90 年代兴起的反向遗传学（reverse genetics），不仅可以通过制造定向、定位突变改变细胞的基因型，还可以改变小鼠等哺乳动物的基因型从而培育出转基因动物（transgenic animal）。由于这种动物的基因组含有已知的突变基因或外源性基因，为研究某些正常基因或者突变神经肽基因在整体动物中的行为，尤其是在学习记忆等涉及多种神经细胞的复杂生理过程中的作用，提供了极为有利的条件。特别是 Tonegawa 实验室和 Kandel 实验室（1992）开拓了利用基因敲除（gene knockout）方法研究动物学习记忆以来，科学研究人员利用转基因小鼠在探讨学习记忆分子机制，以及学习记忆与长时程增强（long-term

potentiation，LTP）的关系方面取得了许多重要成果。

转基因动物可以通过把外源基因转入受精卵或胚胎干细胞等方法制备。

七、脑成像技术

脑成像是在实验上无创伤地探测脑内进行的高级神经活动的技术，不但能够在整体、环路、细胞和分子等多个水平上对脑的内部结构和生理特点进行深入而系统的观察，而且可以直接研究人类自身认知过程等高级功能的脑结构基础，从而使人体研究与动物研究的协同成为可能。例如，动物研究中的单细胞记录技术可以提供精确至单个神经元的空间分辨率和精确至毫秒的时间分辨率，但其缺点在于通常只能单独考察某个脑区在认知活动中的功能而忽略了其他一些重要脑区的作用。脑成像技术则非常适合于对全脑的活动过程进行探测分析，有利于发现影响认知等心理活动的特定脑区，并可在动物模型中进行检验，还可用于检测不同脑区在心理、行为中的交互作用。这就为动物模型中单个细胞行为的分析提供了必要的补充。

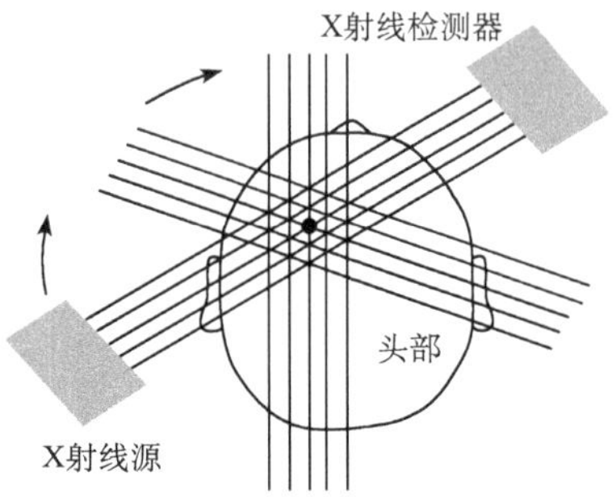

图 1-5　计算机断层显像技术的原理示意图（引自徐科，2000）

X 射线源发出一串平行的 X 射线束。平行的 X 射线束穿过大脑，由 X 射线检测器检测。X 射线源和 X 射线检测器围绕大脑旋转 180°，在不同的角度上进行一次测试。计算机把通过某一特定位点（如图中的黑点）上的所有 X 射线束的放射强度进行叠加，换算成衰减系数，并根据衰减系数的大小用黑白亮度来表示。所有的位点组合在一起便形成一张断层图像

脑成像技术分脑结构成像和脑功能成像两大类。计算机断层显像（computerized tomography，CT）技术和核磁共振（magnetic resonance imaging，MRI）技术都可以测量人脑内部结构的三维图像，属于脑结构成像。正电子发射断层显像（positron emission tomography, PET）技术和功能性磁共振（functional magnetic resonance imaging, fMRI）技术能够对脑进行探测，获得脑进行高级功能活动时的动态三维图像，属于脑功能成像。这里简单介绍 CT 技术、PET 技术和 fMRI 技术。

1）CT 技术　将人的头部安置在一个大的内装有 X 射线管的圆圈形仪器中（图 1-5）；头的另一边，正对着 X 射线管有一个 X 射线检测器，可以测定通过人脑的 X 射线量。X 射线管和检测器均可在圆圈内移动，使得脑的一个平面能透视多次，如开始时 X 射线管和检测器的连线可通过脑的正中线，透射一次后向左或向右移动几度后再透射。把从各个角度上对这一平面透射的结果输入计算机处理，便得到整个平面的图像。然后上下移动圆圈扫描脑的另一平面。由于正常脑组织和病变的脑组织对 X 射线的吸收量是不同的，因而从图像上可以发现脑瘤、血栓等脑组织溃变的区域，从而为研究脑局部损伤与心理、行为障碍的关系提供了有效的手段。

2）PET 技术　脑细胞活动时要消耗一定的葡萄糖，这样，人体内注射经过加速器处理后的能放射正电子的葡萄糖，利用电子计算机控制的三维摄影机描绘，可获得放射性物质在脑内的分布图（图 1-6）。据此可以确定认知过程中，脑皮层的哪些区域葡萄糖代谢比较活跃。利用这种工具研究发现，人辨别音符时用左脑，而记住曲子时用右脑。

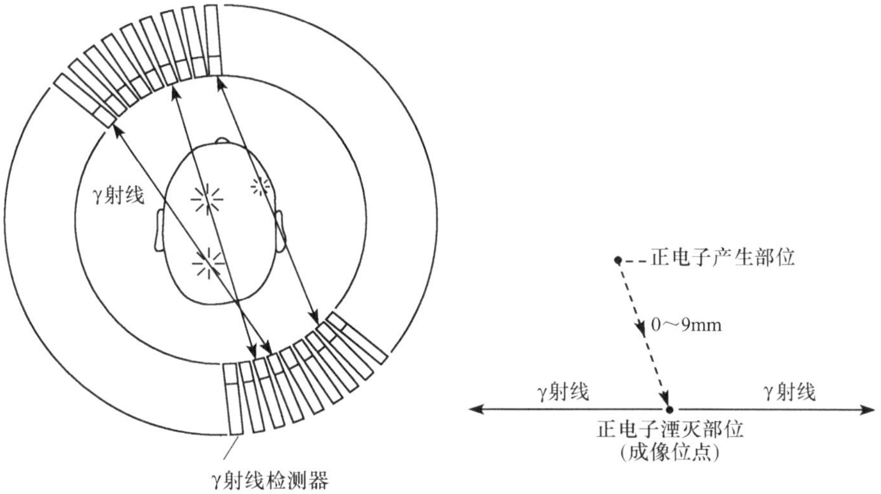

图 1-6　正电子发射断层显像技术的原理示意图（引自徐科，2000）

同位素核内的质子裂变，产生正电子。正电子在飞离原子核的途中与负电子碰撞，产生两条方向正好相反的γ射线。γ射线被γ射线检测器检测。通过这种检测手段能够把γ射线发射位点进行精确定位

3）fMRI 技术　　核磁共振成像是随着计算机技术、电子电路技术、超导体技术的发展而迅速发展起来的一种脑成像技术。

人体约 70%是由水组成的，MRI 依赖水中氢原子，核磁共振成像的“核”指的就是氢原子核。氢原子核在自旋过程中能够引起一种围绕其核心沿旋转方向的环形电流，产生磁矩。如果这些原子核处于一个外加的均匀磁场（用矢量 $\boldsymbol{B}_0$ 表示）中，氢原子核中的质子吸收能量，跳跃至高能级状态，它在自旋的同时，又沿着主磁场 $\boldsymbol{B}_0$ 方向做陀螺状圆周运动（被称为进动）。进动频率（Larmor 频率，也称拉莫频率）与主磁场 $\boldsymbol{B}_0$ 成正比。如果施加一个与进动频率相同的射频脉冲，质子核就发生共振吸收；去掉射频脉冲后，质子核又把所吸收的能量中的一部分以电磁波的形式发射出来，称为共振发射。共振吸收和共振发射的过程叫做“核磁共振”。

自 19 世纪 90 年代开始，人们就知道血流与血氧的改变（两者合称为血液动力学）与神经元的活化有着密不可分的关系。神经细胞活化时会消耗氧气，而氧气要借助于神经细胞附近的微血管以红细胞中的血红蛋白运送过来。因此，当脑的功能变得活跃时，其附近的血流会增加来补充消耗掉的氧气。从神经活化到引发血液动力学的改变，通常会有 1～5s 的延迟，然后在 4～5s 达到高峰，再回到基线（通常伴随着微弱的下冲）。这就使得不仅功能活跃的脑区域血流会改变，局部血液中的去氧血红蛋白与氧合血红蛋白的浓度及脑血容积等都会随之改变。

血氧浓度是影响氢原子质子核共振信号强度的主要因素。兴奋的脑区血流量增加远大于消耗，氧合血红蛋白（具有抗磁性）多于去氧血红蛋白（具有顺磁性）；在施加外部强磁场的条件下，便形成了梯度磁场。这种短时间内发生的事件可以被记录下来，经计算机处理，就可以得知构成这一物体的原子核的位置和种类，据此可以绘制成物体内部的精确立体图像。

在生理心理学研究中，有时采用上述多种方法，以便使获得的结果相互印证，从而最大

限度地得出客观的结论。

第三节 生理心理学的邻近学科

除了生理心理学之外，还有许多学科的研究对象涉及心理和行为机制。它们可以看作生理心理学的邻近学科。

1）*心理生理学* 20 世纪 50 年代，随着一种新型的实验仪器——多道生理记录仪的问世及统计技术的广泛应用，一门新兴的学科——心理生理学诞生了。从这个学科的名称上可以看出，它和生理心理学在研究对象上是基本相同的，即都是探讨心脑关系的，因而许多人把心理生理学看成是生理心理学的同义语。然而，生理心理学和心理生理学在具体的研究方向和方法等方面还是存在一定差别的。在研究方向上，生理心理学侧重于生理过程对心理行为的影响，研究范围也比较广——凡是涉及心理和行为的生理机制的问题都是其研究的内容；而心理生理学主要研究心理活动特别是情绪对生理活动，尤其是对植物性神经及其支配的内脏器官的影响，范围相对较窄。在实验对象上，传统生理心理学多用动物做实验研究，很少用人作被试，即便是在新兴的脑成像技术发展起来以后，生理心理学研究中的动物实验仍然处于无法取代的地位，因为生理心理学实验常采用损毁或其他有损人体健康的方法来进行，这些实验不允许用人来进行；心理生理学在大多数情况下用人作被试。在实验方法和记录技术上，如上所述，生理心理学可以采用多种仪器、多种方法和技术；而心理生理学主要采用多道生理记录仪记录身体反应的 6 种主要指标——心率、血压、血容量、肌电、脑电、皮肤电，以及 5 种次要指标——呼吸、瞳孔、体温、唾液分泌及胃肠运动。

2）*神经心理学* 主要采用心理测验和认知实验分析技术，对脑器质性病变患者进行研究，探讨脑和心理的关系。

3）*神经行为学* 主要研究动物生态行为规律与脑功能的关系。它所研究的动物种类和行为模式比生理心理学广阔。

4）*认知神经科学* 研究认知过程的脑机制。它在 20 世纪 90 年代迅速兴起。其中，认知心理生理学、认知神经心理学、认知神经生物学分别以正常人、脑损伤患者、高等哺乳动物为主要研究对象，构成了当代生理心理学的主要发展趋势，在 21 世纪将占据领先地位。

5）*计算神经科学* 以智能活动为目标，对脑功能规律进行数学模拟。

6）*纳米神经生物学* 在纳米级微观水平上研究蛋白质变构的动力过程或膜动力过程与心理活动的关系及其干预手段。这一学科在 21 世纪很可能会大有作为。

第四节 生理心理学的研究历史

古代由于科学技术水平的限制，许多人并没有真正认识到心理活动是在脑的生理活动基础上产生的。随着近代脑科学研究的迅速发展，人们逐渐揭示出心理与脑的关系，奠定了生理心理学的基础并使其成为一门独立的学科。

一、西方生理心理学发展简史

（一）早期生物心理学思想

远古时代，人们已经注意到物质现象和心理现象的存在，但由于生产力和科学发展水平的限制，并不能正确理解和揭示心理现象的实质和发生、发展及其变化的规律，于是就产生了物质与心理、肉体与灵魂两个对立本源的概念——把人的心理看成是由上帝给予，或者认为心理现象是一种特殊的跟身体有联系而又不同的实体，即灵魂的作用。灵魂在人出生的时候，就居住在身体里，控制着身体的活动；人死的时候，灵魂永远脱离人体。那么，灵魂是什么呢？有些人把灵魂解释为与气息或呼吸有关的东西，还有人把灵魂理解为火或原子。之后，随着宗教的出现，又把灵魂看作暂时附着于人体、支配人体行动的无形的、超自然的、永垂不朽的精神实体。他们还用这种观点来解释睡眠，认为睡眠是由于附着人体的灵魂暂时离去的结果；熟睡的躯体是不能移动位置的，否则，灵魂归来时找不到它的附着体，那么，这个人就死亡了。

随着经验的积累，对心理实质的理解出现了朴素唯物主义的观点。朴素唯物主义对心理产生机制的看法又可分为三种。

一是把心理活动与心脏联系起来，认为心脏是心理的器官。这是因为，人们在平时可以感觉到自己心脏的跳动，也能感觉到在不同状态下（如平静或激动时）心脏功能的变化。

Aristotles（公元前 384～前 322）认为，凡生物都有灵魂。植物有生长的灵魂，动物有感性的灵魂，人有理性的灵魂。而人的理性又有两种：一种是被动的理性，包括从感觉到概念，这是心脏的功能；另一种是主动的理性，这种主动的理性能用概念进行思维活动，它不是心脏本身的功能，而是来自外在世界的理性借助于心脏而活动。因此，Aristotles 认为，心脏是心理活动的器官，脑则不是，脑只是调节空气使血液冷却的器官。因为在他看来，心理活动的产生是与血液有关的，而脑是个无血的器官，所以不能产生心理活动。

二是认为心理活动与多种器官有联系。古希腊学者 Pythagoras（公元前 570～前 475）认为灵魂有三部分：理性、智慧和情欲。理性、智慧存在于脑，情欲存在于心脏，情欲和智慧可以随人死而消灭，理性则是永远不死的。

Plato（公元前 427～前 347）也把灵魂分为三级，即理性、意气和情欲。他认为情欲位于腹部，意气位于胸部，只有理性位于头脑；灵魂是从“理念”世界中来，降生于人体后就糊涂了，来自感官的经验可以使灵魂清醒而重新在脑中唤起对“理念”世界的认识。

上述这两个人物（Pythagoras 和 Plato）都认为灵魂与脑有联系，这是一大进步。但他们把脑看作灵魂寄居的地方，而不是把灵魂看作脑的产物，则是错误的。

古希腊另一位学者 Democritus（公元前 460～前 370）也认为心理活动是一种灵魂活动，而灵魂是什么呢？灵魂是一种遍布全身的、细小的、圆滑的物质原子。这种原子明显集中于脑、心和肝几个地方。他认为，心是意气的器官，肝是欲望的器官，而脑则是思想的器官。当外界的原子由感官的孔道传入而使体内原子振荡时，人体产生感觉及相继的思想活动。因此，他认为灵魂是一种物质的东西，并把灵魂活动看作脑中产生的，这是有道理的。但把心和肝分别看作意气和欲望的器官则是错误的。

古罗马医生 Galen（公元 129～199）把人的灵魂分为两种：一种是理性灵魂（包括外部

感官活动和记忆、想象、判断等内部活动）；另一种是非理性灵魂（如情感等）。他认为，脑是理性灵魂的器官，而心和肝则是非理性灵魂的器官。具体说来，心是愤怒、刚健或男性灵魂的中枢，肝是情欲、温柔或女性灵魂的中枢。

此外，还有人主张人的心理特性依赖于人的身体的特殊构造。Empedcles（公元前 483～前 423）就是这样认为的。他提出各人心理上的不同是由于各人身体上四根（土、水、火、空气）配合比例不同。他认为，演说家是舌头上的四根配合比例最好的人，而艺术家是手的四根比例配合最好的人。

三是认为脑是心理的器官，心理是脑的机能。持有这种观点的人，一般是通过实验得出结论的。

Alcmaeon（公元前 500 年前后），据说他是西方第一个从事解剖动物的人。他发现了脑神经和中耳管，认为脑是感觉和思维的器官，感觉和思维都是脑中细微的、观察不到的运动。Alcmaeon 还尝试性解释睡眠的机制，认为睡眠是由于脑中血管里的血液退回到体内大血管里去的结果。血液由体内大血管再进入脑中的血管时，人就醒来了。

Erasistratus（公元前 340～前 275），通过解剖研究脑的结构，认出了脑膜和脑室，知道了是由脑发出神经，并且弄清楚了神经有传导感觉和传导运动两种不同的作用。他还研究了脑回，认为脑回与智力有关。Erasistratus 明确指出，脑是心理的器官。

与 Erasistratus 同时代的另一位学者 Herophilus（约公元前 3 世纪）通过解剖也认出了脑的不同部位，分辨出了小脑和大脑皮质，研究了延髓的结构。他认为神经有司感觉和司运动之分，但他把神经看成是管状的，神经冲动是通过精气（animal spirit）传导的。他驳斥了 Aristotles 关于灵魂是心脏功能的说法，认为脑是全部神经的中枢，是心理活动的器官。

从上述可以看出，古代人们对心理产生机制问题的探讨，主要是致力于弄清心理的器官问题，而且大都是从生活中和病理上的观察所进行的推论，再深入到依据解剖而获得实际的知识。由于历史条件的限制和宗教的影响以及科学研究方法上的局限，对脑的认识具有片面性，因而不能科学地阐明脑与心理的关系及心理活动产生的机制问题。虽然如此，古代对脑与心理关系的研究还是具有积极意义的，它们为近代心脑关系的深入研究、进一步揭示心理活动的生理机制奠定了基础。

（二）近代心理生理机制的研究

中世纪过后，由于资本主义生产的发展和科学水平提高，人体解剖学和生理学得到了迅速发展，取得了重要成果，对心理生理机制的研究起到了巨大的促进作用。

1791 年，意大利学者 Galvani（1737～1798）发现，刺激蛙的臀部肌肉能产生电流，他提出神经冲动是电的论断。瑞士生理学家 Haller（1708～1777）发现，刺激神经比刺激肌肉更容易引起肌肉的收缩，甚至刺激刚刚死去的有机体神经，仍然能引起肌肉的收缩。由此他得出结论：神经是传导冲动的工具。同时，他通过切断通向某种组织的神经，发现这个组织不再能发生反应，从而证明脑是通过神经接受感觉的信息和传出命令引起反应的。

1811 年，英国的 Bell（1774～1842）研究指出，神经的某些结构是运动的，另一些是感觉的。在进入脊髓前，感觉纤维聚集在每条神经根的背面，而运动神经则聚集在腹面。他认为，尽管形态相似，许多不同的神经元素所担负的种种不同的专职仍然可以完成不同类别的心理机能。

19 世纪 30 年代，Müller（1801～1858）提出了“神经特殊能力”说，认为如果一部分神经是司感觉而另一部分神经是司运动的结论是正确的话，那么整个神经系统可以看成是一群专家，它们各自执行自己的任务而不能接管另外的职能。例如，某些神经是专门供给我们感觉的，而另一些神经则是专门传导运动的。这个结论具有一定的积极意义。

在进行上述研究的同时，脑皮层机能定位的研究也十分活跃，并且，取得了对心理学十分有用的成果。

18 世纪，人们一般都承认脑是心理的器官，但是脑与心理的关系怎样仍不清楚。19 世纪初，奥地利医生 Gall（1758～1828）为了解决这个问题，开始探索脑的不同部位的功能。1811 年，他研究了大脑表面的灰质，发现来自身体的一切神经分别连接到脑的灰质的不同部位，认为大脑的灰质是执行协调功能的区域。大脑皮层的不同部位分管来自不同部位的感觉，并把一定的反应信息传到身体的特定部位。这样他就首次提出了关于大脑皮层机能定位的观点。但是 Gall 从大脑皮层特定部位与特定的精神现象相联系的正确推论出发，却引出了一个荒谬的观点：认为脑的某一部分是否发达都会在颅骨的外形上反映出来，因而可以根据人的颅骨的形态来判知人们的性格和智力发展水平。例如，数学能力在枕叶部，聪明在额部，脑中部代表德行、性格等。Gall 的门徒 Spurzheim（1776～1832）对 Gall 的这一观点进一步加以发挥，成为被江湖术士所利用的**“颅相术”**。

Gall 大胆地探索脑皮层与心理活动的关系无疑是正确的，他的“颅相术”却是荒谬的。然而错误往往是科学发现的先导，Gall“颅相术”的错误观点促使人们对大脑皮层的机能进行深入的研究。

1861 年，法国神经病学家 Broca（1824～1880）通过对人脑进行解剖发现，患失语症（不能说话或不能理解语言）的患者，通常在大脑皮层的额下回（44 区）有器质性的损伤[这一区域后来被命名为布洛卡（Broca）区]，从而发现言语功能与这一区域有关，并证明了大脑皮层功能定位的存在。

1870 年，Fritsch 在替伤员包扎伤口时发现，如果触碰到裸露在外的大脑皮层时，会引起对侧肢体的运动。后来他与其他学者一起在狗身上做实验，发现大脑皮层有一个专司运动的狭长区域，这个区域就是后来命名的“运动区”。

特别重要的是，1874 年，Wernicke（1848～1905）和其他学者对失语症进行了分类。他们设想每一种言语障碍（读、写、理解、口语）都是由特定的皮质区域受到损伤造成的，从而为言语中枢的确定奠定了基础。

知道了脑是心理的器官，弄清了脑的特定部位与某些心理活动和行为有关，那么脑是怎样产生心理活动的呢？也就是心理产生的方式是怎样的呢?这个问题不解决，就无法解释心理产生的生理机制。

17 世纪，法国哲学家 Descartes（1596～1650）在心理学研究历史上第一次提出了**反射**的概念，并以它解释心理产生的方式。Descartes 是一个二元论者，他认为世界上除了最高的上帝之外，存在着物质与灵魂两个实体。他把人的活动分为两种：一种是无意识的活动，另一种是有意识的活动。他认为动物的一切活动和人的一切无意识（不随意）活动都是自动地实现对外界刺激的反应（按照他的说法：在感官和脑之间连接有细线，当外界刺激作用于感官时便带动了这些细线上的活塞，使精气由脑传到了肌肉，从而产生反射的动作）。人的有意识活动如记忆、思维、意志等则是受灵魂所支配的；灵魂寄居于松果腺内，它可以控制精气的流动方向，从而产生有意识的行为。

Descartes 首次运用反射概念来解释心理活动是具有积极意义的，他为后来人们研究心理活动的反射机制起到了启发作用。但是他把人类有意识的活动排除在反射之外，认为这是灵魂的活动，灵魂寄居在松果腺内的看法则是错误的。

在科学上进一步发展反射概念，并用来说明心理活动的基本原则的是近代俄罗斯生理学家 Setchenov（谢切诺夫，1829～1905）。他在其名著《脑的反射》一书中把反射原则推广到人的全部心理活动上，提出“有意识和无意识的生活的一切活动，就其发生的方式而言都是反射。”他把反射分为三个环节：①开始环节，即外界刺激的作用和它在感觉器官中引起的通过传入神经向脑传导的神经兴奋过程；②中间环节，脑中枢发生的神经过程（兴奋和抑制），以及在兴奋和抑制基础上产生的心理活动——感觉、思维、情感等；③终末环节，神经过程由中枢传出神经冲动达到效应器官，引起动作和言语活动。谢切诺夫指出心理现象是在中间环节产生的。中间环节同其他两个环节是不可分的：没有外界刺激作为开端，就不会引起中枢活动而产生心理现象；没有动作或言语活动，心理活动的结果也就表现不出来。谢切诺夫的反射理论对生理心理学的突出贡献在于：它明确地把心理现象看作大脑皮层上进行的神经活动的结果，并把反射推广到了全部心理活动，从而基本上解决了心理现象的产生方式问题。

此外，17 世纪至 19 世纪中叶，感觉心理学的发展非常迅速，特别是 Helmholtz（1821～1894）于 1860 年和 1863 年先后提出了色觉的“三原色学说”和“听觉的共鸣说”，对阐明色觉和听觉的产生机制做出了贡献。

（三）冯特对生理心理学的贡献及其以后生理心理学的发展

德国学者 Wundt（冯特，1832～1920）早年从事生理学的教学和研究工作。他在总结生理学特别是神经生理学研究成果的基础上，把生理学的一套实验方法搬到心理学上来，并根据自己的研究，于 1864 年开设自然科学的心理学讲座，1867 年改名为“生理心理学”讲座，并于 1874 年出版了《生理心理学原理》一书。Wundt 在这部著作中指出：科学的心理学或新心理学就是生理心理学（即在实验室进行的、有严格的条件控制的心理学）。由此可见，Wundt 的生理心理学概念与今天的不尽相同——他的研究课题和范围包含了实验心理学。书中论述了某些心理现象特别是感知觉的产生机制。它表明生理心理学的雏形已经形成。因此，可以把 Wundt 的《生理心理学原理》的出版看作这门学科发展史上的里程碑或诞生的标志。

Wundt 的《生理心理学原理》出版以后，神经生理学的研究又取得了一些新的成果，为阐明心理的生理机制提供了宝贵的基础知识。

意大利学者 Golgi（1844～1926）用染色法研究神经细胞和 His（1831～1904）用胚胎学方法研究都证明，神经细胞在结构上是相互独立的，每一个神经细胞以某种方式在生理上而不是在结构上同其他神经细胞相互联系；细胞与细胞之间能相互影响，但每一个细胞都是一个独立的单位。这个观点于 1891 年被定名为**神经元理论**。

关于神经元理论，还有一件有趣的事情。实际上，精神分析心理学大师弗洛伊德早年在维也纳大学医学院（师从著名神经科学大师梅纳尔）研究鳗鱼神经结构时就发现了神经元的结构特点，并于 1877 年（21 岁）发表了关于鳗鱼神经结构的论文，是第一个清楚地证明“神经细胞和纤维是一个形态学和生理学单位、是神经系统的基本结构”的人。由此可见，弗洛伊德关于“神经元是神经系统基本结构”的发现，要比神经元理论定名早 10 多年。或许是弗洛伊德在精神分析领域的影响太大，使得人们很少提及他在神经元理论研究方面的贡献。

对于心理学来说，神经元理论是来自神经学最重要的贡献之一，因为它把神经生理学性质的许多研究成果汇集起来，供心理学来应用。只要回顾一下心理学家是如何渴望利用生理学原理来解释心理现象的，就会明白神经元理论对心理学有何重要影响。例如，James（1842～1910）在他的联想理论中曾提示，大脑皮层同时活动的两点倾向于沟通；通道建立后，这两点之间的任何一点的兴奋可以穿越通道到达另一点，但 James 没有阐明神经细胞之间如何沟通的问题。应用神经元理论则可以比较容易地解释一个神经元如何依靠突触来联系。神经元理论告诉人们，一个神经元通过突触可以将神经冲动传递给另一个神经元，并且一个神经元的末梢可以与其他多个神经元末梢相联系，从而形成了多个通道，如 A－B，A－C，A－D，……至于究竟形成哪个或哪几个神经通道，取决于神经元当时的生理特性。神经元之间暂时通道的建立可能就是联想的机制。当然，有些神经元突触建立之后比较稳定，那些稳固的条件反射如习惯等可能就是这样形成的。

20 世纪初，Bernstein 通过实验证明神经流是一种“去极化波”。他提出，每当一个刺激扰乱了神经细胞内外的正负离子的平衡之后，受刺激的部位就进入了“不起反应状态”，又一瞬间该部位就进入了“过度兴奋状态”，创立了生物电流的膜学说。它解决了神经细胞如何感受刺激并把刺激传导到大脑从而引起感觉的问题。

后来，科学研究又发现神经元之间的冲动传递主要依靠神经递质来实现，并记录到了脑内的自发电活动和皮层脑电波，对揭示心理活动的脑机制又深入了一步。

苏联生理学家 Pavlov（巴甫洛夫，1849～1936）在谢切诺夫反射学说基础上，对动物和人的条件反射进行了大量研究，创立了高级神经活动学说并揭示了高级神经活动的规律，指出：条件反射活动是大脑形成暂时联系的过程，这个过程是大脑的基本活动。他认为，暂时联系就其神经过程来说，是生理现象，但就其揭露刺激物的意义来说，又是心理现象。之后，反射活动的研究又取得了一些新成果。例如，反馈学说指出，反射活动的终末环节并不意味着反射活动的终止。在通常情况下，反射活动本身又构成一种新的刺激返回传入中枢，引起新的反应。这就揭示了心理活动对外界刺激作出连续反应的生理机制。

到了现代，由于科学知识的积累和研究的深入，包括大脑在内的神经系统的结构和功能，以及它们的活动过程与心理现象的联系，越来越清楚地被科学家所揭示，从而使生理心理学的研究得以较快发展。

二、生理心理学在中国

（一）古代思想家关于心理活动生理机制的看法

与西方一样，中国古代关于心理活动的器官同样存在**“主心说”**和**“脑髓说”**。

春秋时期的《管子·内业第四十九》中指出：“定心在中，耳目聪明，四肢坚固，可以为精舍。精也者，气之精者也。气，道乃生，生乃思，思乃知，知乃止矣。”依据这一思想，先秦时期的思想家孟子（公元前 372 年～前 289 年）明确提出了“心之官则思”的论断。这种观点在我国的汉字里有具体体现：凡是标志心理现象的汉字多带有“心”字旁，如“思”“想”“意”“感”等；“心理”一词本身也反映了这种观点。

《黄帝内经·夏枢·天年》中认为，“心”在人体脏器中处于君主之位，调节控制人的所有生理活动与心理活动。“心者，君主之官也，神明出焉。”《黄帝内经·灵枢·本神》中还指出：“心者，五脏六腑之大主也，精神之所舍也，其脏坚固，邪弗能容也。客之则心伤，心伤则神去，神去则死矣。”“客”被认为是侵犯的意思；心脏受到侵犯导致精神不在，精神丧失人就死亡。书中还论述了心在认识过程中的主导作用：“所以任物者谓之心，心有所忆谓之意，意之所存谓之志，因志而存变谓之思，因思而远慕谓之虑，因虑而处物谓之智。”“任物”被解释为“载物”，即反映事物。心，反映事物；其有所指就是注意，注意后的保存就是记忆，记忆中的取舍变化就是思维，思维得深远就是深思熟虑，以深思熟虑来处理事物就是智能。

“脑髓说”在古代典籍中也有体现。《黄帝内经·素问·脉要精微论篇第十七》中指出：“夫精明者，所以视万物，别白黑，审短长。……头者精明之府。”脑位于头颅之内，因而可以看出，这一观点把人的心理活动与脑联系了起来。

后世医学家继承了《黄帝内经》中关于脑的心理功能的思想。唐代孙思邈在《千金药方·序例》中说：“人始生，先成其精，精成而脑髓生。”金代李东垣的《脾胃论》中记载了当时的金代医家张洁古关于人的视觉、听觉和嗅觉等都是人脑的功能的观点。明代李时珍在其《本草纲目·卷3·辛夷条》中提出：“脑为元神之府。”明代的金正希在《尚志堂文稿》中说：“人的记性皆在脑中。”明代李梴的《医学入门》已明确认定脊椎中的髓与脑相通：“故上至脑，下至尾，皆精髓升降之道路。”

有些科学家或思想家对“脑髓说”有较为系统的论述。

方以智（1611～1671）在《物理小识·卷3，人身类·人身营魄变化》中指出：“我之灵台，包括悬寓、记忆今古，安置此者，果在何处？质而稽之，有生之后，资脑髓以藏受也。”“灵台”被解释为代指心，也指精神意识。“悬寓”则被认为可作为“悬宇”理解，指的是可以超越时空的悬念、想象。所以，这段话可以解释为：包括可以超越时空的悬念、想象等人的心理活动，其实质都是凭借脑储存信息和接受信息之后才产生的。方以智说：“髓清者，聪明易记而易忘，若印版之摹字；髓浊者，愚钝难记亦难忘，若坚石之镌文。”可见，他以脑髓之清浊作为人聪明与否的生理依据，有一定的可取之处。他在《物理小识·卷3，人身类·身内三贵之论》中还论述了脑对人的感知觉的支配功能：“脑生细微动觉之气……乃令五官四体动觉得其分矣。”就是说，五官的活动，必然伴有声、色、气、味，以及软硬、冷热、粗细等感知觉；脑使人能对这些感知觉进行区分，因为这里“动觉”中的“动”和“觉”分别指活动和感知。

刘智（1660～1730）在《天方性理·图传·内外体窍图说》中，利用中医的筋络学说和阿拉伯医学的解剖知识，绘成内外体窍图，以确认人脑对于生理和心理的主导地位。他说：“夫一身之体窍，皆脏腑之所关合，而其最有关合于周身之体窍者，惟脑。盖脏腑之所关合者，不过各有所司，而脑则总司其所关合者也。脑者，心之灵气与身之精气相为缔结而化焉者也。其为用也，纳有形于无形，通无形于有形，是为百脉之总源，而百体之知觉运动皆赖焉。何谓纳有形于无形？凡目之所曾视、耳之所曾听、心之所曾知，脑皆收纳之而藏于其内，是其所为能纳也。”刘智在《天方性理·图传·卷3，知觉显著图说》中具体论述了总觉、想、虑、断、记等5种“知觉”的内涵和它们在人脑中的定位：“总觉者，总统内外一切知觉而百体皆资之以觉者，其位于脑前。想者，于其已得之故，而追想之，以应得总觉之用也，其位次于总觉之后。虑者，即其所想而审度其是非可否也，其位寓于脑中。断者，灵明果决而直断其所虑之宜然者也，其位次于虑后。记者，于凡内外之一切所见所闻所知所觉者而含藏之不失也，其位寓于脑后。”

王清任（1768～1831）被认为是中国古代真正在解剖生理基础上提出“脑髓说”的第一

人。他在《医林改错·脑髓说》中明确地提出并论述了“脑髓说”，确认了人脑是人的心理的器官：“试看痫症，俗名羊羔风，即是元气一时不能上转入脑髓。抽时正是活人死脑袋，活人者，腹中有气，四肢抽搐；死脑袋者，脑髓无气，耳聋、眼天吊如死。有先喊一声而后抽者，因脑先无气，胸中气不知出入，暴向外出也。正抽时，胸中有漉漉之声者，因津液在气管，脑无灵机之气，使津液吐咽，津液逗留在气管，故有此声。抽后头痛昏睡者，气虽转入于脑，尚未足也。小儿久病后元气虚抽风，大人暴得气厥，皆是脑中无气，故病人毫无知识，以此参考，岂不是灵机在脑之证据乎！”这里以痫病和气厥病为论据，提出这两种患者发病时不省人事，丧失认识能力，原因“皆是脑中无气，故病人毫无知识”，从而论证了灵机记性在脑的正确性。他还论述了脑的生理解剖结构：“灵机记性在脑者，因饮食生气血，长肌肉，精汁之清者，化而为髓，由脊骨上行入脑，名曰脑髓。盛脑髓者，名曰髓海。其上之骨，名曰天灵盖。”他还认为脑对各种感觉器官具有支配作用：“两耳通脑，所听之声归于脑……两目系如线，长于脑，所见之物归于脑……鼻通于脑，所闻香臭归于脑。”

（二）中国心理学创立时期的生理心理学主要研究成果

1929 年，中央研究院心理研究所在北平正式成立。建所初期，主要研究动物学习和神经解剖。其中，生理心理学研究有以下几个方面。

一是有关脑和神经的研究。这方面研究的开拓者是汪敬熙，他将电子仪器引入中国用于脑功能研究，证明皮肤电反射是由汗腺的分泌所致，不受意识控制；皮肤电是由各种刺激诱发出的动作电位，它有 5 个兴奋中枢和抑制中枢，其最后通路为脊髓交感柱中神经元集团。他发现了控制瞳孔收缩和扩张的皮层区域。汪敬熙利用麦修斯示波器记录到光影通过猫的视野运动时，外膝体内产生的诱发电位。他的著作有《皮肤电反射和情绪测量》（1930 年）、《行为之心理分析》（1944 年）等。

吴襄介绍了近代关于睡眠的各学说，如大脑皮层机能阻遏说、睡眠或觉醒中枢说、化学说和进化说，并得出结论：“睡眠与醒觉与吾人生活之两面，由睡眠而醒觉，由醒觉而睡眠，其间须经过不同程度之睡眠与醒觉，可得出一条 24 小时睡醒起伏曲线。这一曲线与工作效率之高低及体温升降密切相关。睡眠时内脏活动减少，可能是下视丘交感神经冲动减少所致，当下视丘区域所接受之内脏感觉冲动增多加强时，个体即由睡眠转至醒觉。醒觉的维持，有赖大脑之演进与距离感官（如眼耳）之发达。”

二是有关内分泌的研究。1934 年，吴襄在《心理半年刊》上发表《最近行为研究的两大趋势》（一卷二期）。文中对内分泌腺、肾上腺、脑下腺（脑垂体）与行为的研究作了介绍。陈述惠在《人格型与内分泌》（《中华教育界》，二十四卷三期，1936 年）中主要讨论人格中的气质问题，详论内分泌腺的影响。

三是有关生理心理的论述。张民觉发现：“白鼠的视神经虽然有未曾交叉的，然而主持右眼辨认图形的是左脑，主持左眼辨认图形的是右脑。切除 6 只白鼠的左视觉区又切除 7 只白鼠的右视神经，然后训练辨认两图形，仍能学会；把只有右视觉区的白鼠的左视神经割断，把只有左眼的白鼠的右视觉区切去，重训练辨认两图形，只有 2 只学会；作脑切片，研究脑损伤部位及侧膝体上神经细胞的衰萎情形。切去白鼠的视觉区，白鼠虽失去辨认图形的能力，但可学会辨认明度，又证实切去左视觉区的右眼白鼠失去辨别大小的能力，损伤左脑的右眼白鼠中，有一只学会辨别大小。可见辨认大小的功能不似辨认图形之专注在一处。”

第 2 章　心理活动的神经解剖学基础

比尼安·布鲁德曼
（Korbinian Brodmann，1868～1918）

根据细胞结构将大脑皮层划分为一系列解剖区域的系统，即著名的大脑功能定位。

◎脑袋大的人更聪明吗？
◎脑发育关键期与智力发展有什么关系？

本章知识点

- 神经元的结构特点与分类
- 大脑发育关键期
- 神经系统的组成成分
- 大脑的分区与功能定位

心理活动是神经系统的功能表现。神经系统分为周围神经系统和中枢神经系统，均包含神经胶质细胞和神经细胞。神经胶质细胞有突起但无树突与轴突之分，也没有传导神经冲动的能力。它们分布在神经细胞周围交织成网，构成了神经组织的支架，对神经细胞起支持与营养作用。神经细胞是构成神经系统的基本结构单位与功能单位。所以，常把神经细胞称为神经元。

第一节　神　经　元

一、神经元的结构与分类

（一）神经元的结构

神经元是特殊类型的细胞（图 2-1）。它除了细胞体之外，还包括从细胞体上伸出的长短不等的突起——胞突。

1. 细胞体

神经元胞体的形状有多种类型，如梨形、梭形、锥体形和星形等。胞体直径一般在 4～150μm，其结构与其他细胞相似：由细胞膜包被着细胞质和一个圆形、较大的细胞核。细胞质内常含有丰富的尼氏体和神经原纤维。尼氏体是一种嗜碱性物质，其化学成分是核糖核酸蛋白。它在大的运动神经元内呈块状分布，以前曾被称为虎斑物质；在小的感觉神经元内呈颗粒状分散在细胞质的外周。电镜下观察，发现尼氏体由附着很多核蛋白体的粗面内质网组成，能合成新的蛋白质以补充神经元传导冲动的消耗。神经原纤维是粗约 120Å 的微丝，或直径约 250Å 的微管，常集合成束、交织成网，除了具有支持作用外，还与胞体内蛋白质、化学递质及离子的运输有关。

胞体为神经元的营养、代谢中心，具有接受刺激、传导刺激的功能。

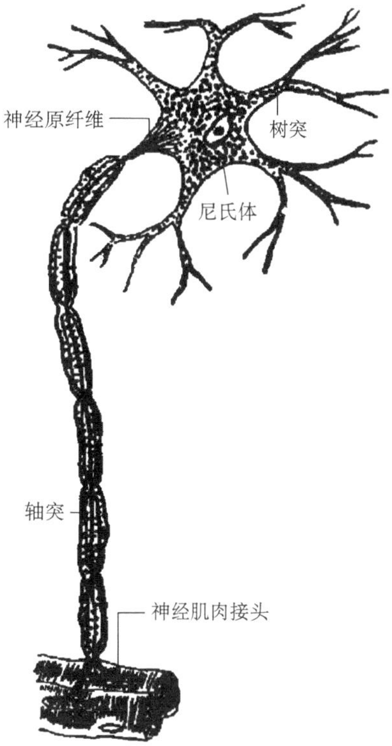

图 2-1　运动神经元模式图

2. 细胞突起

细胞突起有两类：一是树突；二是轴突。

树突是胞体向外发出的树枝状突起，个别神经元只有一个，大多数神经元有多个，其内含有尼氏体。树突表面有许多棘状物称为树突棘或棘刺，它们是其他神经元的终末支与树突形成突触的接触点。树突的功能是接受其他神经元传来的冲动，并将冲动传至胞体。

轴突从胞体发出的部分呈圆锥形隆起，称轴丘，此处没有尼氏体。轴突很长，一个神经元只有一个，且较少分支，但末端分叉较多，形成轴突终末。轴突的功能主要是把胞体上发生的冲动传递到另一个神经元或肌细胞和腺体上。

（二）神经元的分类

（1）按照突起的数目，可把神经元分为：①单极神经元，只有一个胞突，仅见于胚胎时期。②假单极神经元，由胞体发出一个突起，后分两支：一支伸向脑和脊髓，为中央突（相当于轴突）；另一支伸向感受器，为外周突（相当于树突）。这种神经元主要位于脊神经节和脑神经节。③双极神经元，胞体发出一个轴突、一个树突，如耳蜗神经节神经元。④多极神经元，胞体发出一个轴突和多个树突。中枢神经系统的神经元多为此类。

（2）按照功能，可把神经元分为：①感觉神经元或称传入神经元，接受刺激并转变为神经冲动，将冲动传至中枢神经。②运动神经元或称传出神经元，将中枢来的冲动传导到效应器，引起反应。③联络神经元或称中间神经元，在感觉神经元与运动神经元之间，起联络作用。

神经元分类参见图 2-2。

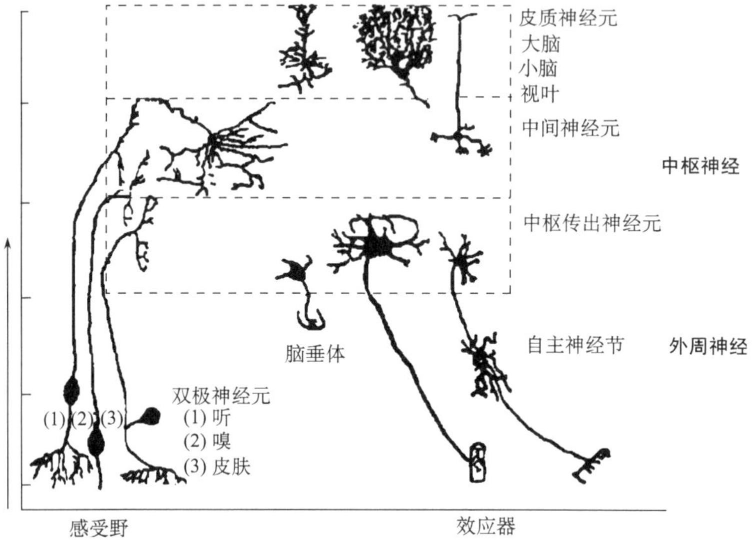

图 2-2　哺乳动物神经系统主要神经元类型

二、神经纤维与神经末梢

（一）神经纤维

神经纤维主要由轴突或感觉神经元的长树突（二者统称轴索）及其套在外面的膜鞘状结构组成。中枢神经系统中的白质及周围神经系统中的每一根神经，都是由神经纤维集合而成的。根据神经纤维有无髓鞘，可以把它分为两类：有髓神经纤维和无髓神经纤维。前者轴索外包有由蛋白质和脂类组成的髓鞘。髓鞘具有绝缘性，能防止神经冲动的扩散；并且有节段，每节髓鞘表面有一个施万细胞形成神经膜。两节髓鞘间缩窄部分称郎飞结，此处无髓鞘，轴索裸露，便于神经冲动传导。脑、脊髓中的大多数神经纤维属此类。后者轴索外面无髓鞘，仅有由施万细胞组成的神经膜不完全包裹。植物性神经的节后纤维及嗅神经等部分感觉神经纤维属此类。

按照直径大小和传导速度，可以把神经纤维分为 A、B、C 三型。A 型神经纤维具有发达的髓鞘；直径最粗，为 1～22μm；传导速度快，可达 5～120m/s。大多数躯体感觉和运动纤维属此类。B 型神经纤维也有髓鞘，但直径较小，为 1～3μm；传导速度慢，一般为 3～15m/s。植物性神经节前纤维属此类。C 型神经纤维均无髓鞘，直径最小，仅有 0.5～1μm，传导速度很慢，约为 2m/s。

（二）神经末梢

周围神经纤维的终末部分称为**神经末梢**。神经元通过神经末梢与器官或组织发生联系，接受体内外的刺激，或把中枢的冲动传导到其他组织。神经末梢分为两类：感觉神经末梢和运动神经末梢。前者是感觉神经元的终末部分，又称感受器；后者是从中枢发出的神经纤维终止于骨骼肌或内脏平滑肌和腺体的终末部分，支配着它们的活动，从而构成效应器。

三、神经元之间的联系

神经系统的机能活动依赖于许多神经元之间的密切联系。这种联系使得一个神经元发出的神经冲动可以传递给多个神经元，一个神经元也可以接受多个神经元传来的冲动。神经元之间的联系是彼此接触。一个神经元突起的末梢膨大，与另一个神经元接触。这种接触点称为**突触**。

神经元之间接触的方式有多种，最常见的有三类：一是神经元的轴突末梢与另一神经元的树突构成联系，形成轴突-树突型突触；二是一个神经元的轴突末梢与另一神经元的胞体接触，形成轴突-胞体型突触；三是一个神经元的轴突末梢与另一神经元轴突末梢附近相接触，形成轴突-轴突型突触（图 2-3）。

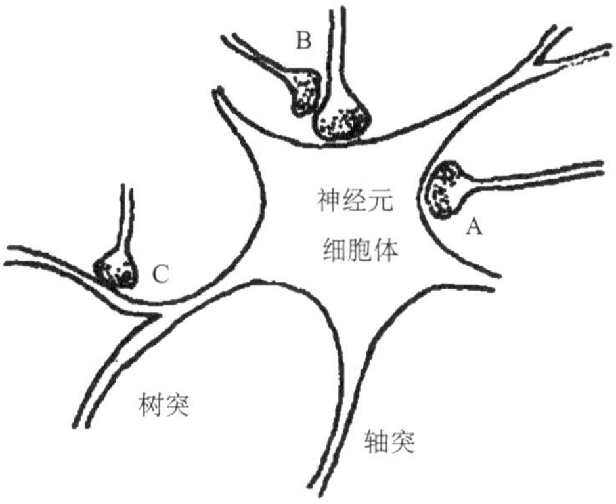

图 2-3　突触类型

A.轴突-胞体型突触；B.轴突-轴突型突触；C.轴突-树突型突触

第二节　神 经 系 统

高等动物和人体内的神经元数目极其庞大，这些神经元通过突触联系在一起，构成了神经系统。

一、神经系统概述

（一）神经系统的组成与功能

神经系统由周围神经系统和中枢神经系统两部分组成，其分布见图 2-4。

在神经系统中，中枢神经系统通过周围神经系统与全身的其他器官、系统相联系。一方面，它在各生理系统的机能活动中起主导作用，并保证这些器官、系统在活动中协调一致，从而使有机体成为一个统一的整体；另一方面，当有机体生活的环境发生改变时，这种变化的信息通过感受器作用于有机体并传导到神经系统，经过分析综合后，神经系统调整各个器官的活动，对环境变化作出相应的反应。在人类，由于大脑皮质高度发展，调节机能向大脑皮质高度集中，使其成为控制整个机体机能的最高管理者和调节者。并且，由于社会劳动和语言的相互作用，人的大脑皮质除了重量增加外，还发生了质的变化，具有语言、思维、意识功能，使得神经系统对机体活动的调节更加复杂、更加精细、更加完善，也使人类脱离了动物界，成为主宰世界的主人。

（二）神经系统的演化与人的神经系统的个体发生

在适应环境刺激的过程中，动物的神经系统逐步发展起来。这个演变过程经历了没有神经组织、仅靠原生质传导刺激的单细胞动物，到初具神经组织的腔肠动物（如水螅）的网状神经系统，再进化为扁虫（如血吸虫）的梯形神经系统和环节动物（如蚯蚓）的链状神经系

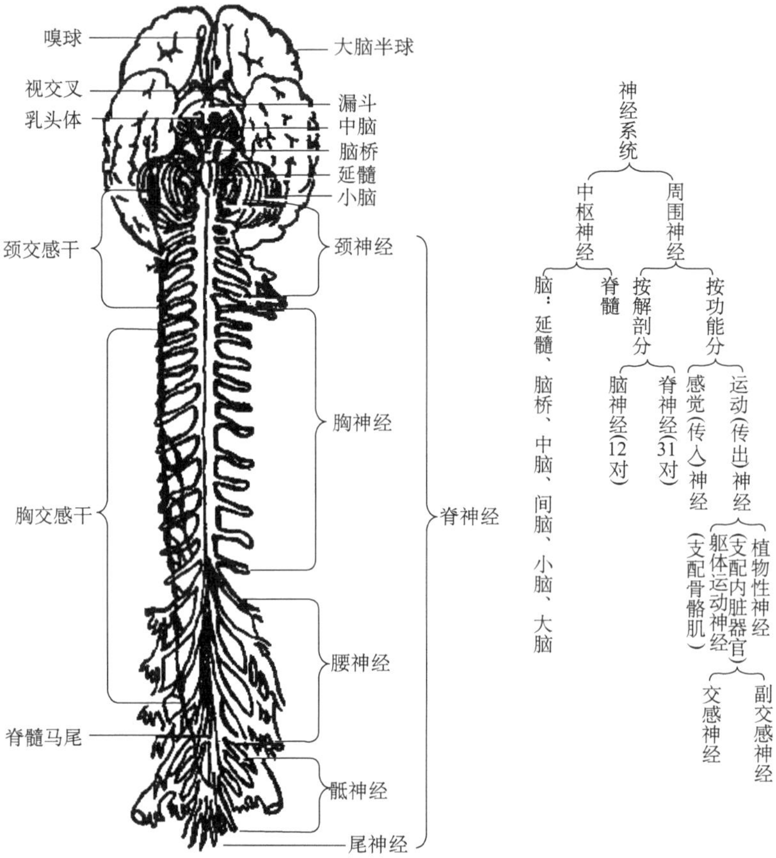

图 2-4　神经系统全况

统（图 2-5）。到了脊椎动物，出现了管状神经，并有了中枢神经系统和周围神经系统之分。中枢神经系统尾端为脊髓，头端为脑。脑又进一步发展分化为人类的大脑、间脑、中脑、脑桥、延髓和小脑。在进化中，大脑皮质也得到了发展。两栖类动物已出现了古皮质和旧皮质，它们与嗅觉纤维相联系，司嗅觉功能。随着神经元数目的增加，旧皮质区域的大脑半球外侧壁又进一步分化出了新皮质，它不断增大并排挤旧皮质，使旧皮质逐渐由大脑半球上面（背面）转移到大脑半球的内侧面和下面。新皮质与除嗅觉外的其他传入系统发生联系，成为适应环境的主要机构。爬行类动物开始有新皮质。到了哺乳类动物，大脑半球具有沟和回，而不再是光滑的表面。人的大脑皮质不仅细胞数目增加、重量增大，表面积也增大，覆盖着脑的其他部位（图 2-6）。人脑的这些特点，为其进行心理和意识活动奠定了坚实的基础。

人脑的个体发生基本上反映了脑的系统发生过程。在胚胎早期，由外胚层演化出神经管，它是整个神经系统发展的基础。胚胎第 4 周时神经管的前端由于各部分发育速度不同，有的地方膨大，有的地方缩窄，结果出现三个脑泡，即前脑、中脑和菱脑。胚胎进入第 5 周后，前脑分化为端脑泡与间脑，中脑泡变化不大，菱脑分化为后脑泡与末脑泡。此后，端脑泡侧壁向左右膨出形成大脑半球；间脑泡形成间脑；后脑泡的腹侧发展为脑桥，背侧生成小脑；末脑泡仍保持管状，成为延髓，并出现了脑室和中脑水管。神经管的后端分化为脊髓。

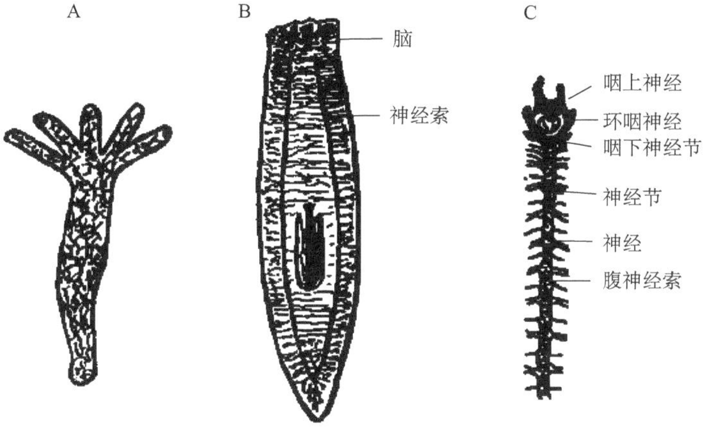

图 2-5　神经系统的演化

A.水螅的网状神经系统；B.涡虫的梯状神经系统；C.蚯蚓的链状神经系统

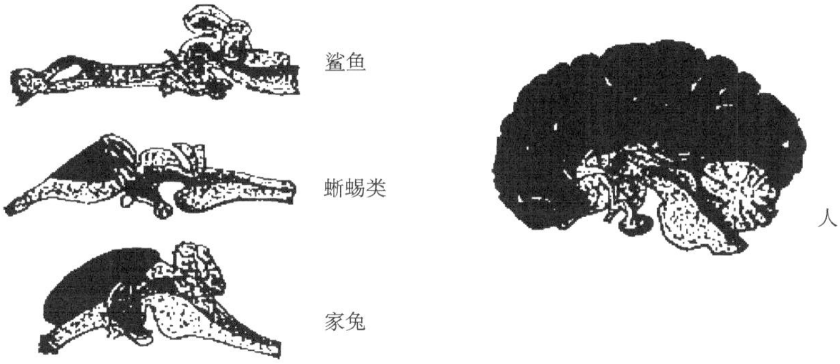

图 2-6　大脑皮质的演化（黑色部分为大脑）

（三）脑发育的关键期及其与智力发展的关系

1. 大脑发育关键期的概念

大脑发育的**关键期**，即大脑发展最迅速的时期。神经元增殖及分化、突触发生及消减的过程全都影响大脑最终的形成。发展中的大脑具有很大的可塑性：正常的基因可以给大脑的形成提供大致的指导方针；与此同时，早期经验决定了大脑的特殊结构。

大脑的变化贯穿于生命全程；但是，在有些时期，大脑经历了“生长发育的突增”。这些生长发育突增似乎发生在婴儿期、儿童期和青春期，刚好与皮亚杰及其他一些人所认为的主要的认知突破所发生的时期一致。

并非所有的人类心理功能都有明显的发展或习得的关键期，或关键期不是那么明显，如记忆、思维（需要脑整体活动）。关键期往往有“错过这个时期发展就不再进行”的含义，因此，使用敏感期可能更为恰当。

2. 大脑在发育关键期发生的主要变化

新生儿大脑皮质内神经元数目已接近成年人，但各层细胞尚未分化，大脑皮质没有完全形成。脑的组织结构在发育中不断完善和复杂化。

第一，大脑半球内所有传导通路在6岁左右几乎全部髓鞘化，髓鞘化的作用：一是使神经纤维与神经纤维之间相互绝缘；二是使神经冲动在神经纤维上的传导加速。这就使得神经系统接受刺激后可以很快并准确进行反应。

第二，神经突触日益完善，脑内形成广泛的神经网络，使兴奋的传递与反馈能力逐渐增强（图2-7）。进入青春期后，思维能力大为加强，理解能力增进，推理、分析、综合、判断能力显著提高。

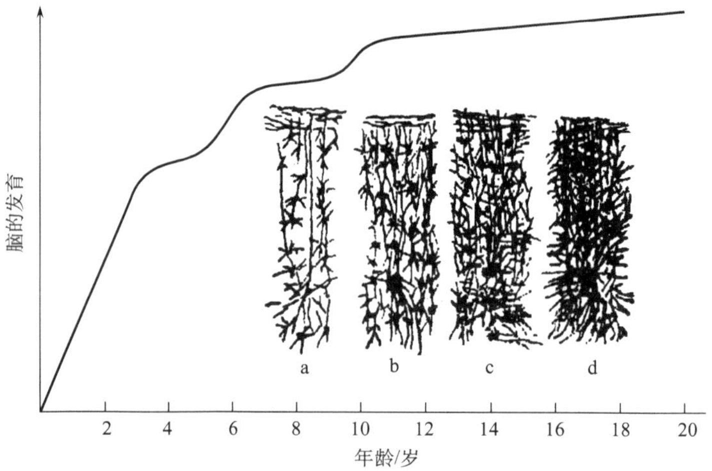

图2-7　脑细胞的发育（引自左明雪，2003）

a.刚出生；b.出生后3个月；c.出生后6个月；d.出生后2年

第三，儿童前额叶皮层发育尚不成熟（前额叶皮层神经元的神经纤维的髓鞘化要到13～15岁才能完成），常常会表现出注意力分散，无意义动作过多，这种情况发展到极端，就会出现注意力缺损多动症。

由于前额叶皮层的抑制性功能，我们知道不该做的事情（如社会道德、规则和法律禁止的事情）不能去做。而前额叶受损者在社会及情感行为等多个方面表现出异常。例如，患者盲目乐观，生活无节制，随意说谎，并伴有儿童行为、性犯罪、色情亢进及盗窃等反社会行为。这些行为异常都可以概括为行为抑制功能低下的结果。

第四，大脑半球功能单侧化。两个半球所控制的功能出现分化，而不是两半球同样地发展。对大多数人来说，左半球控制着身体的右半边，更擅长于分析推理和处理语言的继时性加工。大脑右半球总体上控制着身体的左半边，它擅长于理解空间信息和处理视觉-运动信息的同时性加工。尽管有些过于简单化，左半球通常被称作“思维”的大脑半球，而右半球常常被称作“情感”的大脑半球。

大脑单侧化的迹象在出生时就已经清楚地显现出来了。新生儿更喜欢把头偏向右边而非左边，在他们的抓握反射中，有1/4的新生儿显示了对右手的偏好。从生命诞生的第一天起，语音在大脑皮层左半边比右半边激起了更多的任务活动。这种证据表明，幼小的大脑已经以一种单侧化的形式组织起来。而且在整个儿童期，偏爱一侧身体胜过另一侧身体这一特点也变得更为稳定和系统化。

3. 视觉、语言发展的关键期

第一，视觉系统的早期发育过程中存在一个关键期。关键期内视觉经验的有无，以及视觉经验的丰富与否，对建立正常视觉功能具有极其重要的意义。

人的视觉发育最敏感的时期为出生后的半年之内，一般认为其关键期可长达 4～5 年，甚至更长。

婴儿如果从出生起就缺乏有效的视觉刺激（如在白内障的情况下），将导致本来用于视觉的脑细胞萎缩或转而从事其他的任务。如果视觉在 3 岁时还不能得到恢复，患儿就可能永久性地丧失视觉功能。

视觉发育关键期

一个 6 岁的意大利男孩，一只眼睛失明。人们对其失明的原因迷惑不解，因为眼科检查表明其眼睛是完全正常的。随后的研究才真相大白：在他还是婴儿时，为了治疗轻微的感染，他的眼睛被绷带缠了两周，这样的治疗对成熟的脑当然不会有影响，但是对发育中的婴儿的大脑来说，却产生了非常严重的影响。由于缠绷带的那只眼睛暂时不工作了，脑内相应的神经元发生萎缩，从而导致了这一悲剧。

上述现象在动物实验中也得到了证明。猫或猴出生后最初的几个月中，通过手术将它的一只眼睛的眼睑缝合起来并维持一段时间，然后打开。视觉被剥夺的这只眼睛在重见光明后，永远不能恢复其应有的视觉能力，导致终生弱视甚至丧失视觉。然而，在成年猫或猴身上，类似的视觉剥夺不会影响被剥夺眼的视觉功能。

第二，人类的语言习得同样存在关键期。为了正常地习得语言，人必须在特定的年龄接触正常的语言环境。婴儿的大脑在出生后具有区分语音刺激与其他刺激的能力，而且这种语言能力一生下来或在出生以前就优先地在左半球发展。但是，随着大脑的发育，与语言活动相对应的皮层功能区不断经历着专门化的过程。0～5 岁是儿童大脑高速发育的时期，也是儿童语言习得的关键时期。

在青春期以前，如果儿童还没有接触到正常的语言环境，其左半球的语言潜能就会消失。在关键期后，虽然儿童的语言能力可以继续得到发展，但其发展速度、加工过程及学习效果都与正常的语言习得有显著差异。例如，印度“狼孩”卡玛拉，8 岁时回到人类社会，在人类社会又生活了 10 年。她刚被发现时，生活习性与狼一样，不会说话。即使经过精心的培养，卡玛拉的身心发展仍十分缓慢：她用两年学会了站立，6 年学会行走，4 年学会 6 个单词，7 年学会 45 个单词。到 17 岁时，智力只相当于 4 岁儿童的水平。

第三，智力发展的关键期。儿童智力发展的关键期最初是从动物心理实验中提出来的。动物学家在研究鹅的行为时发现，它在出生后的最初阶段有追随第一眼看到的动物的行为特点，这种现象被称为“**母亲印刻**”。研究者认为，出生后的最初阶段是“认母”的关键期。

猕猴的社交行为关键期

猕猴出生后的 60～90 天被完全隔离，然后再把它放回到猴群中生活，其社交行为没有受到严重影响；如果此时被隔离长达 6 个月，再回到猴群中生活，它们的社交行为就不正常了，然而这种异常行为尚能够恢复；但是，如果出生后的前两年被完全隔离，那么猴的社交行为严重异常且不能恢复到正常。因此，研究者认为，出生后第 4 个月到 2 岁前是猴获得正常社交行为的关键期——在动物早期发展中，某一反应或者某一组反应在某一特定时期或阶段最易于形成，如果错过了这个时期或阶段，就不容易再出现这样的好时机。这个阶段就被称为关键期。

心理学家把上述研究结果推广到儿童智力发展方面，认为儿童智力发展也存在关键期。许多研究表明，儿童智力发展的关键期在四五岁以前。其中，口语发展在 2～5 岁，书面语言发展在 4～5 岁，数的概念发展在 5～5.5 岁，词汇能力发展在 5～6 岁。如果这些能力在关键期内得不到很好的发展，就会使智力的发展受到阻碍。

二、周围神经系统

（一）脑神经

从脑部发出的神经共有 12 对。其中，第Ⅹ对迷走神经分布到胸腹腔内脏器官，其他脑神经主要分布到头面部；第Ⅰ、Ⅱ、Ⅷ对脑神经是感觉性的，第Ⅲ、Ⅳ、Ⅵ、Ⅺ、Ⅻ对脑神经是运动性的，第Ⅴ、Ⅶ、Ⅸ、Ⅹ对脑神经是混合性的。脑神经的运动纤维由脑干内运动神经核发出的轴突构成；感觉纤维由脑神经节内的感觉神经元的周围突构成，其中枢突与脑干内的感觉神经元形成突触。

12 对脑神经的名称、分布及主要功能见表 2-1。

表 2-1　脑神经的名称、分布与主要功能

名称	性质	初级中枢	分布区	主要功能
Ⅰ.嗅神经	感觉	嗅球	嗅黏膜	传导嗅觉冲动
Ⅱ.视神经	感觉	外侧膝状体	视网膜	传导视觉冲动
Ⅲ.动眼神经	运动	动眼神经核 缩瞳核	眼上直肌、眼下直肌、眼内直肌、下斜肌、上睑提肌、瞳孔括约肌、睫状肌	眼球运动、提上睑、调节瞳孔和晶状体
Ⅳ.滑车神经	运动	滑车神经核	眼上斜肌	眼球转向下外
Ⅴ.三叉神经	混合	三叉神经核	面部皮肤、上颌黏膜、牙齿、牙龈、舌前 2/3 黏膜、咀嚼肌	分布区的浅表感觉、咀嚼运动
Ⅵ.展神经	运动	展神经核	眼外直肌	眼球向外转
Ⅶ.面神经	混合	面神经核	面部表情肌	表情肌运动
		上涎核	舌前 2/3 黏膜（味蕾）	味觉
		孤束核	舌下腺、颌下腺、泪腺	腺体分泌

续表

名称	性质	初级中枢	分布区	主要功能
Ⅷ.位听神经	感觉	耳蜗神经核 前庭神经核	内耳	听觉与平衡觉
Ⅸ.舌咽神经	混合	疑核 孤束核 下涎核	部分咽肌及黏膜、舌后 1/3 黏膜（味蕾）、腮腺、颈动脉窦和颈动脉体	分布区的浅感觉、味觉、化学和压力感觉、咽肌运动、腺体分泌
Ⅹ.迷走神经	混合	疑核 迷走神经背核 孤束核	咽肌、喉肌及黏膜，胸部内脏器官、腹部横结肠以上内脏器官、腺体	咽喉运动及感觉、内脏器官的运动及感觉、腺体分泌
Ⅺ.副神经	运动	副神经核	胸锁骨乳突肌、斜方肌	头转向对侧、提肩
Ⅻ.舌下神经	运动	舌下神经核	舌内肌、舌外肌	舌的运动

（二）脊神经

从脊髓发出的神经共有 31 对：颈神经 8 对、胸神经 12 对、腰神经 5 对、骶神经 5 对、尾神经 1 对。

脊神经由 4 种纤维组成（图 2-8）：①躯体传出纤维，发自脊髓前角运动神经元，分布于骨骼肌，执行躯体运动功能；②内脏传出纤维，发自脊髓胸节、上三个腰节的侧角细胞和发自骶段脊髓 2～4 节前角底部外侧面的散在小细胞，分布于胸、腹腔脏器官和血管的平滑肌及腺体，管理这些器官的活动；③躯体传入纤维，发自脊神经节的假单极神经元，中枢突进入脊髓，周围突分布于皮肤、肌肉、关节的感受器，传导这些部位的感觉冲动；④内脏传入纤维，发自脊神经节内的假单极神经元，中枢突进入脊髓，周围突分布于胸、腹腔脏器和血管内的感受器。

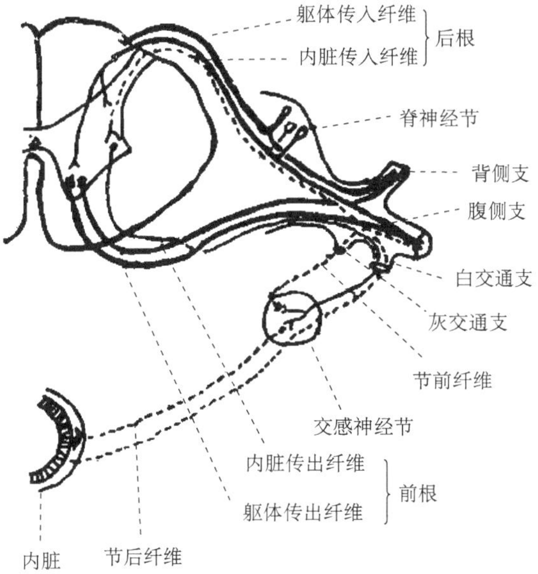

图 2-8　脊髓胸段横切面示脊神经组成

脊神经的躯体传出纤维和内脏传出纤维组成脊神经前根，因而前根神经纤维是运动性的；脊神经的躯体传入纤维和内脏传入纤维组成脊神经后根，因而后根神经纤维是感觉性的。前根和后根在椎间孔处汇合，构成混合性的脊神经。穿出椎间孔后，脊神经分为前支和后支，它们均属于混合性的。

脊神经的前支粗大，除2～11对胸神经构成肋间神经外，其余在颈、臂、腰、骶、尾部构成神经丛，再由丛发出分支，分布于颈部、部分腹部、会阴部及四肢的皮肤和肌肉。脊神经后支细小，分布于颈、背、腰、骶部深层的肌肉和皮肤。

脊神经在皮肤上呈节段性分布，这种现象在胸腹部最为典型。一个节段的脊神经支配身体一定节段的皮肤感觉和肌肉运动。

（三）植物性神经

植物性神经是指支配内脏、血管及腺体运动的传出神经（图2-9）。它们走行于脑神经和脊神经之中。与躯体运动神经比较，植物性神经具有如下特点。

（1）躯体运动神经支配骨骼肌，受意志控制；植物性神经支配平滑肌、心肌和腺体，在一定程度上不受意志的直接控制。

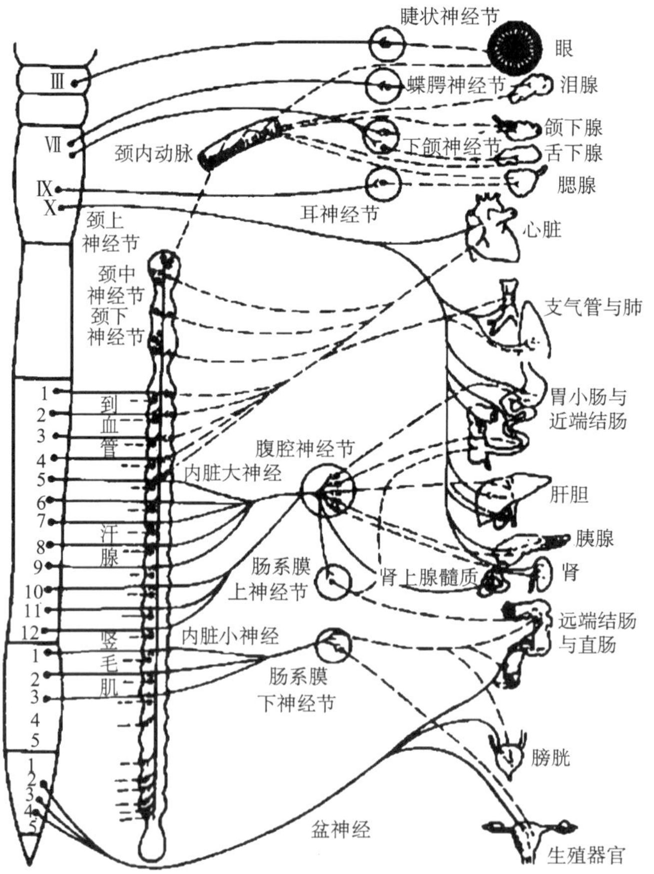

图2-9　植物性神经系统分布示意图（引自吕国蔚，2000）

（2）躯体运动神经元的轴突自中枢发出后可直接到达所支配的器官；植物性神经自中枢发出后需要在附近的植物性神经节内更换神经元，然后才能到达所支配的器官。因此，植物性神经纤维实质上分为前后两部分，即由胞体位于脊髓或脑干的节前神经元发出的节前纤维和由胞体位于脊神经节内的节后神经元发出的节后纤维。

（3）躯体运动神经是比较粗的有髓神经纤维；植物性神经节前纤维是较细的有髓纤维，节后纤维是较细的无髓纤维。

根据形态和功能不同，植物性神经分为交感神经和副交感神经。

交感神经：包括中枢部、交感干、神经节（椎旁节及椎间节）和神经丛。中枢位于胸节段及腰节段（1～3 节）的侧角；交感干位于脊柱两侧，各一条，每条交感干由 22～25 个神经节及节间纤维所组成。交感干分颈、胸、腰、骶、尾五个部分，各部发出分支至一定的器官后形成神经丛，支配该器官的活动。

副交感神经：分为脑部和骶部。脑部的副交感神经，中枢位于脑干内，总称为副交感神经核，发出纤维走行在第Ⅲ、Ⅶ、Ⅸ、Ⅹ对脑神经之中；骶部的副交感神经，中枢位于骶段脊髓 2～4 节，发出纤维换元后组成盆神经，支配降结肠以下的消化管及盆腔脏器。

人体内大多数内脏器官都受交感神经和副交感神经的双重控制。两种神经对器官的作用见表 2-2。

表 2-2　交感神经和副交感神经对器官的作用

器官		交感神经	副交感神经
心脏		心跳加快、加强	心跳减弱、减慢
血管	冠状动脉	舒张	收缩
	大部分血管	收缩	无
支气管		舒张	收缩
消化系统	腺体	唾液腺分泌黏稠唾液，抑制肝、胰分泌	唾液腺分泌稀薄唾液，促进肝、胰分泌
	平滑肌	降低平滑肌紧张度，抵制胃肠蠕动	提高平滑肌紧张度，促进胃肠蠕动
膀胱		储尿（尿道内括约肌收缩，膀胱平滑肌松弛）	排尿（尿道内括约肌松弛，膀胱平滑肌收缩）
眼球		瞳孔开大	瞳孔缩小
皮肤		汗腺分泌	无
		立毛肌收缩	无

交感神经和副交感神经对内脏的控制往往相互拮抗、对立统一。它们在大脑皮质及各级植物性神经中枢统一协调下使机体保持正常机能。植物性神经中枢除脊髓内植物性神经的节前神经元和脑干内的副交感神经核外，脑干内还有许多重要的内脏反射中枢，如呼吸、心血管、咀嚼、吞咽、排尿、呕吐等中枢，它们主要分布在脑干网状结构内。此外，丘脑下部有许多神经核上与大脑皮质联系；下与网状结构、脑干副交感神经核和脊髓植物性神经节前神经元联系。丘脑下部是控制内脏活动的较高级中枢。大脑半球内侧面的边缘皮质（眶额区、扣带回、海马回、梨状区）和杏仁核等均与丘脑下部有联系，共同参与对内脏活动的调节。

三、中枢神经系统

（一）脊髓

脊髓位于椎管内，呈扁圆柱状，上端通过枕骨大孔与脑相连，下端呈圆锥状，尖端终止于第 1 腰椎下缘，再向下变为细丝称终丝，止于尾骨。脊髓表面有几条平行的纵沟：前面正中较深的沟称前正中裂，后面正中较浅的沟称后正中沟，两侧还各有一对侧沟。脊髓的长度约占成人椎管的 2/3，男性的长 43～40cm，女性的稍短。人类的脊髓与椎骨相对应，据此脊神经分 5 部分 31 节，即颈髓 8 节、胸髓 12 节、腰髓 5 节、骶髓 5 节、尾髓 1 节。由于脊髓和椎管在胚胎期生长速度的不同步性，脊髓上端节段大致与相应椎管呈水平状态，而下端节段相对上移（图 2-4）。

脊髓的内部结构分为灰质和白质。

1. 灰质

脊髓横切面上，**灰质**呈蝴蝶形，新鲜材料色泽灰暗，故名。其中部有中央管，上通第四脑室。两侧灰质向前后延伸形成前角和后角（图 2-10），在第 8 颈节段到第 3 腰节段还有侧角。

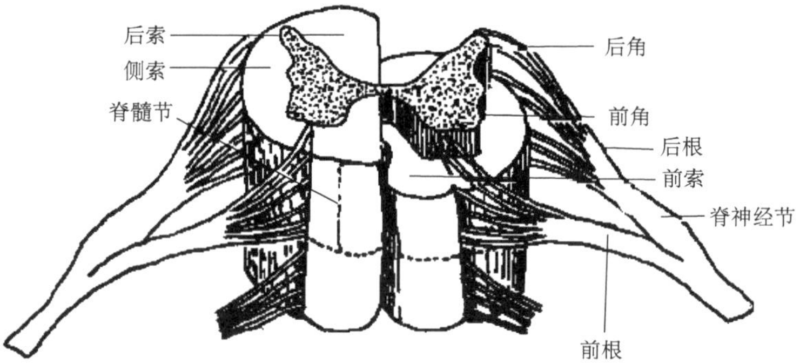

图 2-10　脊髓内部结构与脊神经模式图

前角内分布着多极运动神经元。它们又可分为若干群：一般分布在内侧的司躯干骨骼肌的运动，在外侧的司四肢骨骼肌的运动。

后角细胞分群较多，主要是接受脊神经后根传入的感觉神经冲动。

侧角或称中间外侧核，分布有较多的极小型细胞，是交感神经节前纤维的胞体，其轴突出前根经交通支汇入交感干。

2. 白质

白质位于灰质的周围，主要由有髓鞘的神经纤维组成，因含磷脂较多，呈现白色，故名。白质以前正中裂和后正中沟为界分为对称的左右两半，每半又以前外侧沟和后外侧沟为界分为三个神经索，即前索、侧索和后索。各索内都有许多上行和下行的纤维束，是联系脑和脊髓的传导通路：上行的主要有薄束、楔束、脊髓丘脑束、脊髓小脑束等；下行的主要有皮层脊髓束、前庭脊髓束、网状脊髓束等；紧靠灰质周围的有固有束，是脊髓各节间的联系纤维。

脊髓有传导功能——来自躯干、四肢及大部分内脏的各种刺激，需要经过脊髓才能传导到脑，脑的活动指令也需要经过脊髓才能传导到上述各部。脊髓还具有反射功能，包括躯体反射和内脏反射。不过，随着脑的发展，正常情况下脊髓的反射活动总是在大脑的控制下进行的。

（二）脑

脑位于颅腔内，由大脑、间脑、中脑、脑桥、延髓、小脑组成。通常把延髓、脑桥、中脑合称为脑干，也有人把间脑并入脑干。

我国成年男性平均脑重为 1375.3g，女性为 1305.14g，初生儿平均为 455g，一岁末可增加 1 倍，至 20～25 岁时可达最高重量。现代人类都处于同一进化水平，在正常范围内人与人的脑重可有明显的差异，但不能以此来衡量人们的智力。

脑袋越大越聪明？

曾经有人认为，人的头颅大小与智慧有关；脑袋越大越聪明。这种看法有科学道理吗？答案是否定的。

第一，神经解剖学研究发现，当代人平均脑重为 1400g 左右；平均脑重在不同的民族之间差别很大：德国人为 1425g，澳大利亚人仅为 1185g，中国人介于二者之间，跨文化心理学研究表明，中国儿童的智商最高。

第二，著名学者的脑重差别也很大：屠格涅夫、拜伦的脑重达 2000 多克，而康德、法朗士的则仅有 1000g，几乎是前两者的 1/2。日常生活中我们也会发现，不太聪明的人，甚至智力低下者长着大脑袋，而脑袋小的人也有很聪明的。

由此可见，人的智力与其脑袋的大小没有关系。

那么为什么人有聪明和愚钝之分呢？曾有科学家提出，人的智力与大脑表面积有关。大脑皮层凹下去的沟越深，其表面积越大；相应的神经细胞数目和突触连接也越多，人也就越聪明。但这也不是绝对的，研究发现，海豚的脑沟裂比人脑深得多，皮层表面积和脑细胞数目也比人多。显然，海豚的智力远远落后于人类。

1. 脑干

延髓是脊髓的延续，故名。延髓腹面正中线两侧有长形隆起称**锥体**，它是由大脑下行的锥体束构成的，其中大部分纤维在锥体下方左右交叉，称**锥体交叉**。延髓腹面前外侧表面有一隆起呈卵圆形，称**橄榄体**。橄榄体外侧从上到下排列着舌咽神经、迷走神经、副神经；其内侧有舌下神经。

脑桥位于延髓的上方。腹面隆起且两侧部分缩窄，称**脑桥臂**，是连接小脑的横行纤维，附近有三叉神经；后面大半为小脑所覆盖。脑桥下缘由内向外有展神经、面神经、听神经。其背面上缘与中脑交界处发出滑车神经。

中脑在脑桥的上方，腹面两侧有一对大脑脚，由粗大的纵行纤维构成；脚间窝内有动眼神经。中脑背面有 4 个灰质圆丘，称四叠体；上面的一对称为**上丘**，是视觉反射的低级中枢；下面的一对称为**下丘**，是听觉反射的低级中枢。

脑干内部由灰质和白质组成。其灰质为分散的大小不等的神经核，可归纳为三类：第一类是脑神经核；第二类是上行和下行传导通路的中继核，如上行系统中的薄束核、楔束核和下行系统中的红核、黑质等；第三类是由网状结构中分化出来的，如橄榄核团等。

脑干的白质一部分集中在中线两旁，另一部分分布在外侧边缘。脑干的中央有一广泛区域，神经纤维在这里交织成网状，其中散布有大小不等的神经细胞集团。这个灰白质交织的区域称为**网状结构**。它始于脊髓，在脑干处扩大，向上延伸到间脑。依据细胞构造和纤维联系，把网状结构分为内侧区和外侧区。内侧区由延髓、脑桥、中脑的网状核组成，神经元较大。它们发出的轴突分支上下行走，远达间脑或脊髓，树突分布范围较广。这些特点说明它们能从各上行束接受多方面的感觉冲动，并能影响脑干其他部位直至间脑，向下可影响脊髓。外侧区由延髓和脑桥的小细胞构成，主要接受全身痛、温、触、压和内脏等感觉冲动，故外侧区又称为联络区或感受区。网状结构具有重要功能：第一，通过皮质网状束在网状结构中换元形成的网状脊髓束作用于脊髓前角运动神经元，参与躯体运动的控制；第二，接受来自体内外的刺激经丘脑广泛地传向大脑皮层，使之处于觉醒状态，从而影响大脑皮质的活动；第三，延髓网状结构中有心血管运动中枢、呼吸中枢等，控制着重要的内脏器官的活动，损毁这些中枢则危及生命。

2. 小脑

小脑位于延髓和脑桥的背部，两侧膨隆部分称为**小脑半球**，中间较窄部分称为**小脑蚓部**。小脑表面被覆一层灰质，称为小脑皮质；内部为白质称作小脑髓质。髓质内埋有灰质核团，如齿状核等。小脑通过一些纤维与脑干相连，并进一步与大脑、脊髓发生联系。

根据发生、机能和纤维联系，小脑可分为三叶：①绒球小结叶（古小脑），与调节机体平衡机能有关；②前叶（旧小脑），与调节肌张力有关；③后叶（新小脑），为锥体外系的一个组成部分，主要功能是协调随意运动（图 2-11）。

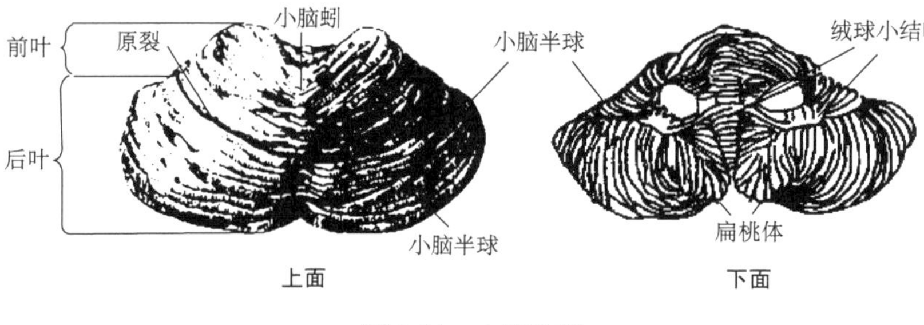

图 2-11　小脑外形

3. 间脑

间脑位于中脑与大脑半球之间并被两侧大脑半球所覆盖。其外侧部与大脑半球的实质愈合，因而它与大脑半球之间的界限不如其他脑部明显。

间脑分为丘脑、丘脑上部、丘脑下部、丘脑底部和丘脑后部 5 个部分，其中以丘脑和丘脑下部为主要结构。

丘脑位于间脑的背侧部，是一对卵圆形灰质块，其内部被“Y”形的白质形成的内髓板分为三部分，即前核（与内脏活动有关）、内侧核（可能是躯体和内脏感觉的整合中枢）和外侧核（是躯体感觉通路最后一个中继站）。在丘脑后下方有一小突起，称为**内侧膝状体**，是听觉传导束至皮层的中继站；其外侧另有一突起，称为**外侧膝状体**，是视觉传导束的中继站（图 2-12）。除嗅觉外，各种感觉传导束均在丘脑处更换神经元，然后才能投射到大脑皮层的一定部位。所以，丘脑是皮层下感觉中枢。

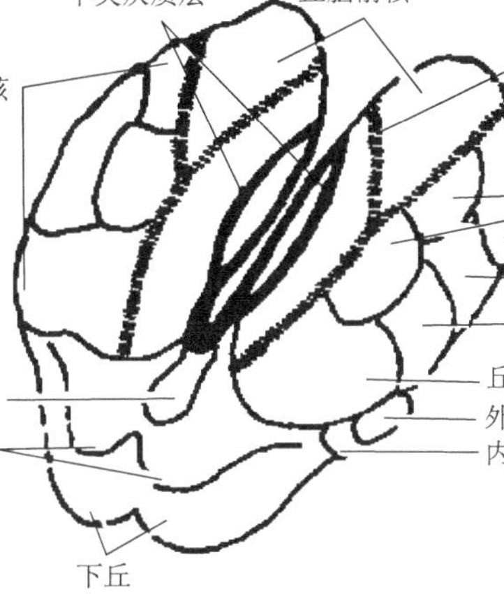

图 2-12　两侧丘脑核群及中脑顶盖模式图（背面观）

丘脑下部又称下丘脑，位于丘脑前下方。下丘脑的前下方有视神经汇合而成的视交叉，后方有对突起称为乳头体。视交叉与乳头体之间为灰结节，它向下以漏斗连接脑垂体。通常将下丘脑从前向后分为三个部分：视上部，位于视交叉上方，由视上核和室旁核组成；结节部，位于漏斗的后方，分布有腹内侧核和背内侧核；乳头体部，包括下丘脑后核和乳头体核（图 2-13）。

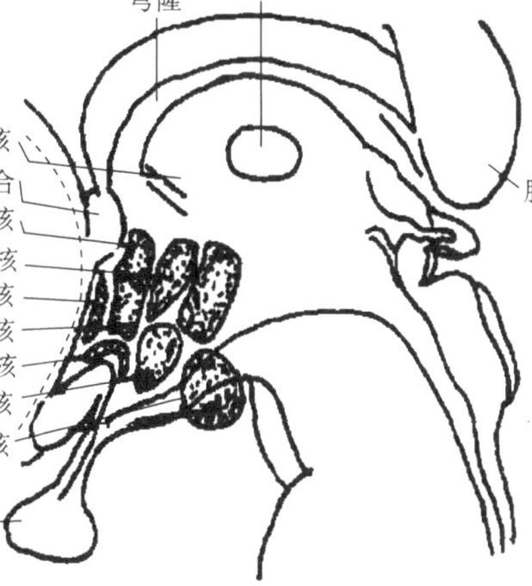

图 2-13　下丘脑诸核示意图

下丘脑是植物性神经的较高级中枢，与内脏活动有密切关系。

4. 大脑

大脑分左右两个半球，是中枢神经系统的最高级部分和心理活动的主要器官。

1）大脑的外形　　大脑半球呈卵形，其表面呈现深浅不同的沟或裂，沟裂之间隆起的部分称为回。每侧大脑半球，有三个面，即背外侧面、内侧面和底面；三个极，即额极、颞极和枕极；三条明显的沟，即中央沟、外侧裂和顶枕裂。借助于这三条明显的沟裂把大脑半球分为五叶，即额叶、颞叶、顶叶、枕叶和脑岛。

（1）半球外背侧面的沟和回（图 2-14）。额叶：中央沟起自半球上缘中点稍后，向前下斜行于半球背外侧面，其前面即为额叶。中央沟前方有与其平行的中央前沟，两沟之间为中央前回。自中央沟向前走出上下两条与半球上缘平行的额上沟和额下沟，分出了额上回、额中回和额下回。

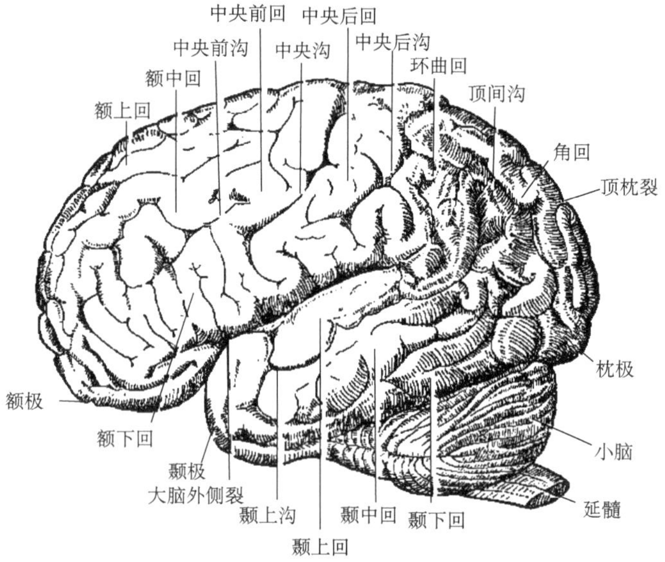

图 2-14　脑的背外侧

顶叶：外侧裂在半球背外面自前向后上方斜行；顶枕裂位于半球内侧面后部，略转至背外侧。中央沟与顶枕裂之间、外侧裂以上即为顶叶。中央沟后有一与其平行的中央后沟，两沟之间为中央后回。中央后沟向后走出一条与半球上缘平行的顶间沟，其上部为顶上叶、下部为顶下叶。顶下叶前部围绕大脑外侧裂末端形成环曲回，其后部称角回。

颞叶：位于外侧裂下方。颞叶表面有两条与外侧裂平行的颞上沟和颞中沟。颞上沟上方为颞上回，下方为颞中回。颞中沟下方为颞下回。此外，颞上回上面有几条短的横回称颞横回。

枕叶：位于顶枕裂后，在背外侧有些不规则的沟回。

脑岛：位于外侧裂深部，被部分额叶、顶叶覆盖，略呈三角形，其上有几条沟把它分成几个长短不等的回。

（2）半球内侧面的沟和回（图 2-15）。额、顶、颞、枕各叶都有部分扩展至内侧面。内侧

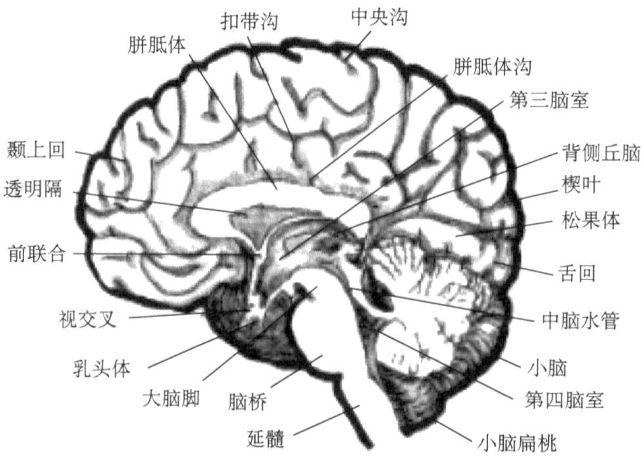

图 2-15　脑的内侧面

面的重要沟和回有：中央前后回延续到内侧面部分称旁中央小叶；枕叶有一深沟称距状裂，它与顶枕裂之间的部分为楔叶；距状裂下方为舌回；舌回向前与颞叶的海马回相连，海马回前端弯成钩形，称海马回钩；环抱胼胝体的是**扣带回**。

（3）半球底面。额叶底面有一纵行的纤维束称嗅束，其前端膨大为嗅球与嗅神经相连。嗅束向后扩大为嗅三角连于海马回前部和海马回钩等嗅觉高级中枢。

2）*边缘叶与边缘系统*　边缘叶是位于大脑与间脑交接处的穹隆形结构，主要包括扣带回、海马回和海马回钩。边缘叶与附近的皮质如额叶眶部、脑岛、颞极、海马、齿状回等，加上皮质下结构如杏仁核、下丘脑、丘脑前核、部分丘脑背核及中脑背内侧区等，总称为边缘系统。它们在结构和机能上密切相关，与其他皮质部位也有广泛的联系。边缘系统的主要功能是调节内脏活动并参与情绪反应。

3）*大脑内部结构*　大脑半球表面为一层灰质称**皮质**或皮层，其细胞类型均属多极神经元。新皮层（主要位于半球外侧面）有 6 层细胞：分子层（又称带状层）、外颗粒层、外锥体细胞层、内颗粒层、内锥体细胞层（又称节细胞层）和多形细胞层。

皮层深部为髓质，内含有神经核团（因靠近脑底，故称为**基底神经核**）和神经纤维束。基底神经核又称基底神经节，包括豆状核、尾状核、杏仁核和屏状核。其中，豆状核与尾状核合称**纹状体**；豆状核在水平切面上呈三角形，核内有两个白质薄板层将它分为三部分，外侧部最大，称为壳，其余两部分称为苍白球。髓质内的神经纤维束即白质，主要包括连接左右半球的纤维束——**胼胝体**和位于丘脑、尾状核、豆状核之间的投射纤维组成的内囊。内囊含有皮质延髓束、皮质脊髓束、丘脑皮质束及视传导束和听传导束等，因而是大脑皮质与下级中枢联系的“交通要道”。

4）*大脑皮质机能定位*　大脑皮质是整合机体生理活动和心理活动的最高神经中枢。它的不同部位的主要功能有所不同，即各种功能在皮质上具有某种程度的定位关系。某种功能的中枢部位是执行这种功能的核心，其他区域也分散有类似的功能。

运动中枢（第一运动区）主要位于中央前回；感觉中枢主要位于中央后回；视觉中枢位于楔回和舌回；听觉中枢位于颞横回；嗅觉中枢大概在海马回钩附近。

以上各中枢是人和高等动物共有的。人类由于语言和思维功能的出现，大脑皮质具有相应的中枢。

运动性语言中枢在额下回后 1/3 处，紧靠中央前回下部；听性语言中枢位于颞上回后部；视运动性语言中枢（书写中枢）位于额中回后部，紧靠中央前回管理上肢的运动区；视性语言中枢（阅读中枢）位于角回，靠近视中枢。

（三）脑脊髓被膜、脑室、脑脊液

脑和脊髓表面均有三层膜包被。脊髓被膜由外向内依次为硬脊膜、蛛网膜、软脊膜。它们向上延续为包被脑的硬脑膜、蛛网膜和软脑膜。这些膜具有保护和支持脑与脊髓的作用。

脑室是脑内的腔隙，内充满液体。它包括：侧脑室，位于大脑半球，左右各一；第三脑室，位于间脑；中脑水管，位于中脑；第四脑室，位于延髓、脑桥被面和小脑之间。各脑室相连，第四脑室有三个孔与蛛网膜下腔相通。

脑脊液是由脑室内的脉络丛（软脑膜上的血管和脑室膜上皮突向脑室而成）分泌的透明而略带黄色的液体。它自成一个循环途径且与血液循环有间接关系，有保护和营养脑与脊髓的作用，并运走代谢产物。

第三节　感觉传导路和运动传导路

神经系统活动的基本方式是反射。简单的反射活动只涉及两个神经元，即传入（感觉）神经元和传出（运动）神经元；复杂的反射则需有多个神经元参与，即在传入和传出神经元之间增加一些中间神经元，从而形成神经链。其特点是传导路径长，有传入、传出之分，多半要涉及最高神经中枢——大脑皮质。这样的神经传导通路称传导路。一般把由感受器经周围神经、脊髓、脑干、间脑至大脑皮质的神经通路称感觉传导路；由大脑皮质经脑干、脊髓、周围神经系统至效应器的神经通路称运动传导路。

一、感觉传导路

感觉传导路又称上行传导路，包括特异投射系统和非特异投射系统。

特异投射系统指把感受器发出的冲动传导到大脑皮质特定部位产生感觉的神经纤维束。它们虽结构有所不同，但也有共性。从外周感受器到大脑皮层一般有三级神经元：①第一级神经元胞体位于脑神经节或脊神经节，其周围突连于感受器，中枢突进入中枢神经系统与第二级神经元形成突触联系；②第二级神经元胞体位于脑干或脊髓内，其纤维多越至对侧上行至第三级神经元；③第三级神经元胞体均位于丘脑，它发出纤维组成丘脑皮质束，投射到大脑。

（一）深感觉（本体感觉）传导路

深感觉传导路将来自肌、腱、关节等处感受器的冲动传向大脑和小脑，从而知道自己的肢体位置和关节状态。躯干、肢体的深感觉传导路的第一级神经元胞体位于脊神经节内，其树突分布于肌、腱、关节内，轴突随脊神经进入脊髓，除分支至前角外，都在同侧后索内上行组成薄束和楔束，与第二级神经元薄束核和楔束核构成突触。第二级神经元发出纤维交叉至对侧（称丘系交叉）上行组成内侧丘系，经脑干达丘脑，与第三级神经元丘脑外侧核构成突触。第三级神经元发出纤维经内囊投射到中央后回上 2/3 处（图 2-16）。

与深感觉传导路一起上行的还有精细触觉传导路。精细触觉指能辨别物体形状和性质及两点间距离的感觉。

（二）浅感觉传导路

浅感觉传导路传导痛、温、触、压觉，因它们的感受器位于皮肤与黏膜内（图 2-17），位置较浅，故名。

1. 躯干和四肢的浅感觉传导路

第一级神经元胞体位于脊神经节内，树突分布于皮肤，轴突形成脊神经后根入脊髓后与第二级神经元（灰质后角）形成突触。第二级神经元发出纤维除与前角运动神经元形成突触联系完成简单的反射外，其余纤维越至对侧在侧索（痛、温觉纤维）或前索（触、压觉纤维）内上行组成脊髓丘脑束（入脑后称脊髓丘系）抵达丘脑，与第三级神经元建立突触联系。第三级神经元发出纤维经内囊投射到中央后回上 2/3 躯干、四肢感觉区。

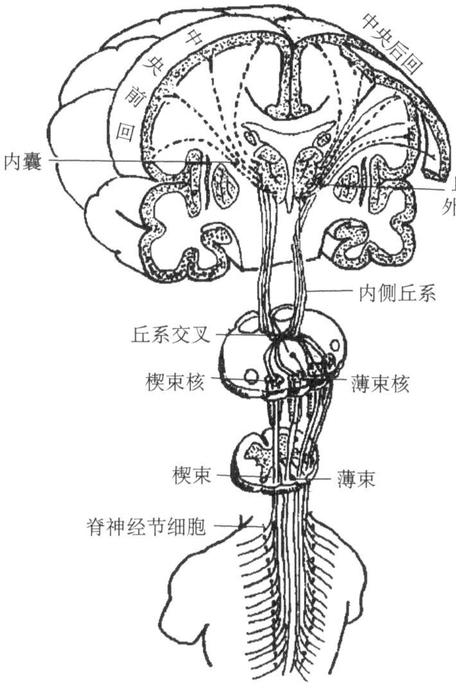

图 2-16　本体感觉与精细触觉传导路

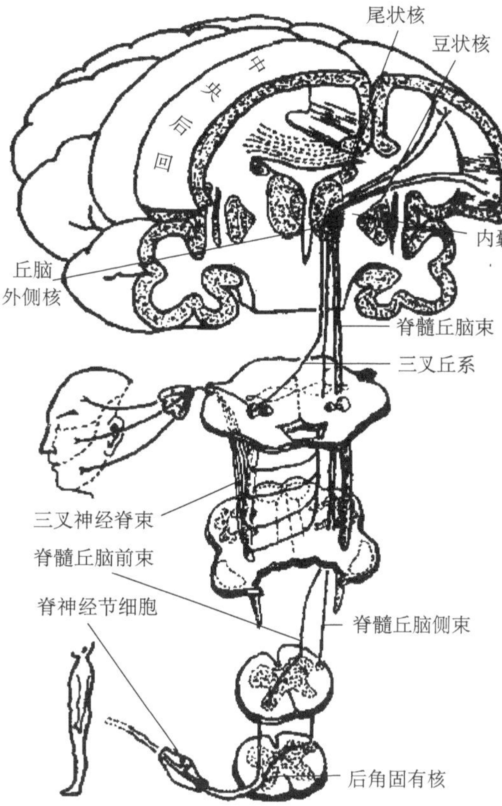

图 2-17　躯干和四肢的痛、温、触觉传导路

2. 头面部浅感觉传导路

第一级神经元的胞体位于三叉神经半月神经节内，周围突组成三叉神经感觉支至头面部皮肤和黏膜的感受器，中枢突组成三叉神经感觉根入脑止于第三级神经元三叉神经主核和三叉神经脊束核。第二级神经元轴突越至对侧组成三叉丘系上升止于第三级神经元丘脑外侧核。第二级神经元轴突组成丘脑皮质束经内囊投射到中央后回下部。

各种感觉传导路的第二级神经元通过脑干时发出侧支与网状结构的神经元发生突触联系，然后反复换元上行至丘脑内侧部分核群，最后弥散性地投射到大脑皮层的广泛区域。这一途径是由各种传导路共同组成的，它们各自失去了特异性，不再传导特异冲动，对大脑皮层的作用也失去了特异性。因此，这一弥散性的投射系统称为**非特异投射系统**。它对维持与改变大脑皮层的兴奋性，保持觉醒状态有重要作用。在此基础上，特异投射系统能引起特定的意识感觉，并可激发大脑皮层发放传出神经冲动。所以，特异投射系统和非特异投射系统的功能是密切联系在一起的。

二、运动传导路

运动传导路又称下行传导路，可分锥体系和锥体外系两个部分。

（一）锥体系

锥体系是支配人体骨骼肌随意运动的主要传导路（图 2-18），因其纤维大部分经过延髓的锥体而得名。组成锥体系的神经元为巨型锥体细胞（贝茨细胞），也称上神经元，其胞体位于中央前回运动前区和旁中央小叶的皮质，它们的轴突组成锥体束：一部分经内囊膝部下行至脑干组成皮质脑干束，陆续分出纤维止于脑神经运动核；也有些纤维先止于脑干中间神经元，换元后再到脑神经运动核。动眼神经核、滑车神经核、展神经核、三叉神经运动核、面神经核上部（支配眼轮匝肌和额肌）、疑核和副神经的脊髓核都接受双侧的皮质脑干束纤维，面神经核下部（支配口轮匝肌和颊肌）和舌下神经核只接受对侧皮质脑干束的纤维。脑神经运动核（下神经元）发出纤维分布到眼外肌、咀嚼肌、表情肌、咽喉肌和舌肌，管理它们的运动。另一部分经内囊枕部前 2/3 下行至锥体组成皮质脊髓束，其大部分纤维在锥体交叉处越至对侧脊髓侧索组成皮质脊髓侧束；不交叉的纤维在脊髓前索内下行组成皮质脊髓前束。皮质脊髓侧束下行过程中陆续止于同侧前角运动神经元，皮质脊髓前束下行过程中逐渐经白质前连合交叉并终止于对侧前角运动神经元。前角运动神经元发出轴突组成脊神经前根分布于躯干、四肢的骨骼肌，管理它们的运动。

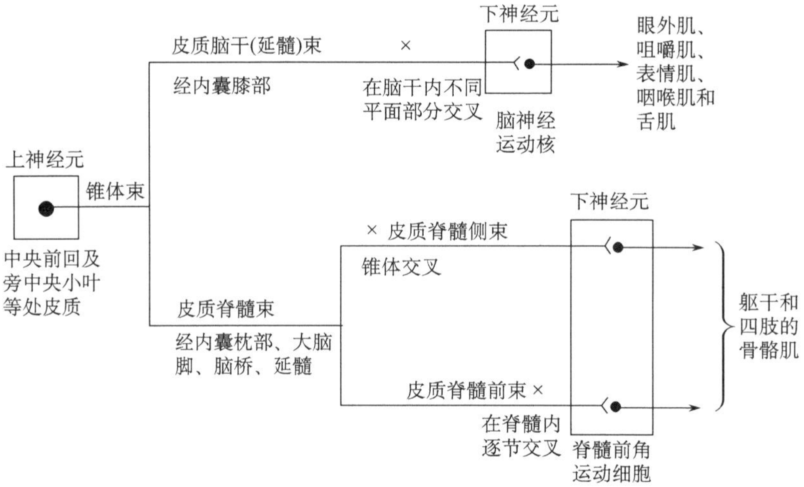

图 2-18　运动传导路

锥体系的功能主要是控制随意运动，特别是四肢远端小群肌肉（如手肌）的精细活动。研究发现，锥体系纤维控制的肌肉活动越精细，上神经元与下神经元之间的直接联系即单突触联系（无中间神经元）越多。例如，在猴类动物实验中看到，支配前肢的运动神经元单突触联系比支配后肢的神经元多，而支配前肢远端肌肉的神经元单突触联系又比支配前肢近端的多——支配前肢的指、爪关节的运动神经元，单突触联系最多；支配前肢三头肌的神经元单突触联系较少。由此可见，运动越精细，大脑皮层对参与这类运动的肌肉控制具有越多的单突触联系。

（二）锥体外系

锥体外系是指锥体系以外调节肌肉运动的皮质下行传导束。它主要起自大脑皮层的额叶和颞叶，下行过程中先与皮层下结构，如基底神经节、红核、黑质、脑干网状结构及小脑发生联系，反复换元后抵达脊髓，也有部分纤维经返回环路折回到大脑皮质。

锥体外系可以粗略地分为两部分。

1. 皮质-纹状体-苍白球系

自大脑皮质发出纤维，直接或间接止于尾状核和壳，尾状核发出纤维止于苍白球。苍白球发出纤维止于红核、黑质、丘脑底核和网状结构等。红核发出的纤维组成红核脊髓束左右交叉；网状结构发出的纤维组成网状结构脊髓束，有的交叉，有的不交叉。红核脊髓束和网状结构脊髓束均止于脊髓前角运动神经元。

2. 皮质-脑桥-小脑系

起自皮质额叶的纤维组成额桥束，起自枕叶和颞叶的纤维组成枕颞桥束。它们下行止于脑桥核，脑桥核发出纤维经对侧脑桥臂入小脑，小脑皮质发出纤维至齿状核，齿状核发出纤维交叉至对侧红核，红核发出的纤维组成红核脊髓束至脊髓前角运动神经元。

锥体外系的功能，主要是调节肌张力、协调肌肉活动、维持和调整体态姿势及习惯性动作（如走路时上肢摆动）等。它与锥体系一起控制着随意运动。

第 3 章　心理活动的神经生理学基础

伊万·米哈洛维奇·谢切诺夫
（Sechenov Ivan Mikhaillovich，1829～1905）

发现了中枢抑制现象，认为一切有意识的和无意识的活动就其发生机制来说都是反射，大脑反射包含着心理的成分。

◎人体内部的信息通过什么方式进行传递？
◎人的思想变化的快慢与神经生理活动有关系吗？

本章知识点

- 动作电位产生原理
- 动作电位与神经信息的关系
- 突触传递过程与原理
- 中枢神经系统活动过程的特征

有机体的心理行为是在神经系统活动过程中产生的，即体内外刺激首先作用于感受器并使之兴奋——产生感受器电位和动作电位；这种生物电信号所代表的兴奋过程在神经系统内部传导，经过大脑的分析与综合产生心理现象，并使有机体作出适应性行为。这个过程就是在阐述心理产生方式时常用的一个术语——反射活动。

第一节　生物电现象与兴奋

有机体活的细胞、组织兴奋时，不论其外部表现如何不同，均伴随有电位的改变，这种电位的变化统称为**生物电**。随着电子技术的发展，人体多种器官和组织的电位变化都能被精确地描记下来，如心电图、脑电图、肌电图、视网膜电图等，都是这些器官活动时电位变化的记录。

一、静息电位和动作电位

有机体细胞生物电有两种主要表现形式，即安静时的静息电位和受到刺激时产生的动作电位。

（一）静息电位及其机制

静息电位是指细胞未受刺激时存在于细胞膜内外两侧的电位差。静息电位的存在可以通过实验来证明：将微细电极（其尖端直径 0.25～2μm）和参考电极（无关电极）放在静息的神经纤维表面上，经导线输入放大器，并与电流计或阴极射线示波器联结构成电路，会发现两极的电位差为零，表明神经纤维表面各处的电位数值是相等的。但是，如果将微电极插入膜内（因电极很细，不致引起神经纤维膜损伤），参考电极仍在膜外，会发现在微电极插入膜内的瞬间电流计或示波器上显示出一个突然的电位改变，表明细胞膜存在着电位差（图 3-1）。由于这一电位差是存在于静息的细胞膜内外两侧的，故称为跨膜静息电位，简称静息电位或膜电位。

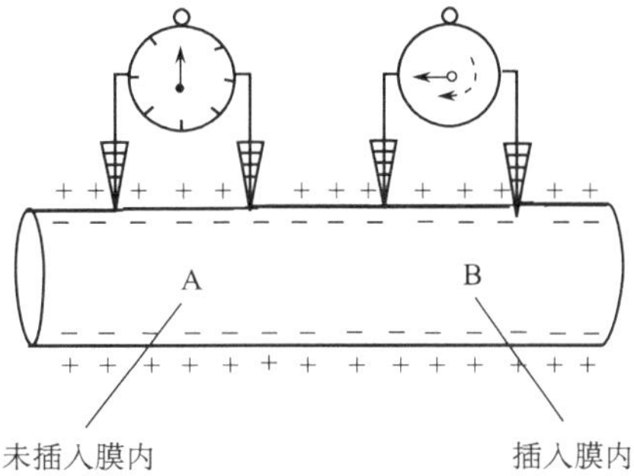

图 3-1　神经纤维的静息电位

在所有被研究过的动植物细胞（少数植物细胞例外）中，静息电位都表现为膜内较膜外为负。如果规定膜外电位为零，则膜内电位大都在–10～–100mV。例如，枪乌贼的巨大神经轴突和蛙的骨骼肌细胞的静息电位为–50～–70mV；哺乳动物的肌肉和神经细胞为–70～–90mV；人的红细胞为–10mV。大多数细胞（一些自律性的细胞如心肌细胞和平滑肌细胞例外）的静息电位是一稳定的直流电位，即只要细胞维持正常的新陈代谢而未受外来刺激，静息电位就稳定在某一固定水平。

静息电位的产生是由细胞膜本身的特性所决定的。

生物细胞膜内外两侧离子是不均匀分布的，一般是细胞内液中含有大量的 K^+（约为细胞外液的 10 倍）、Cl^-和 A^-（有机负离子的总称），而细胞外液中含有大量的 Na^+（约为细胞内液的 10 倍）、Cl^-等。由于细胞膜内外的 K^+、Na^+、A^-存在着很大的浓度差（即浓度梯度），因而必然存在着 K^+和 A^-向膜外扩散的趋势，而 Na^+有向膜内扩散的趋势。然而，神经膜对各种离子通透性大小并不一样。静息状态下神经膜对 K^+的通透性是 Na^+的 50 倍（兴奋状态则完全不同），因此 K^+很容易扩散到膜外，而 Na^+扩散到膜内的速度却很慢；同时，A^-主要是蛋白离子、有机磷酸根离子和有机硫酸根离子，它们很难或根本不能透过细胞膜，只能停留在细胞膜内。于是，K^+的外流使膜内电位变负而膜外变正。但是，K^+的这种扩散并不能无限制地进行以至达到膜两侧 K^+浓度相等的程度。事实上，最先透过膜的 K^+形成的内负外正的电场对 K^+的继续透出起着阻碍作用。可以设想，当 K^+外移开始时，使 K^+外移的膜两侧的浓度势能差大于当时阻碍 K^+透出的电势能差，于是仍有 K^+的静外移；但 K^+移出越多，两侧阻止 K^+外移的电场力将越大，最后很快达到一个平衡点。这时膜两侧浓度势差和电势差方向相反而大小相等，二者的代数和即膜两侧的电化学势差将为零。膜内外不再有 K^+的净移动，而膜两侧由于已外移的 K^+（只占膜内原有 K^+的极小部分）所造成的电位差也稳定于某一数值。此电位差称为 K^+的平衡电位。它的绝对值通常略高于静息电位，因为静息状态下膜对 Na^+的通透性虽然很低，但毕竟允许少量的 Na^+顺浓度梯度由膜外流到膜内，从而减小了 K^+外流所形成的电位差。

正常情况下，细胞膜内为负电位、细胞膜外为正电位，两者的电位差呈稳定状态，称为**极化状态**。

（二）动作电位及其机制

动作电位是指神经或肌肉细胞受到刺激时，膜电位急剧转变为膜内为正、膜外为负，并能传导下去的电位变化。如果继续用图 3-2 实验，在给予神经纤维较强刺激时，会发现膜内电位短时间由–70～–90mV 变为+20～+40mV 水平，膜电位由原来静息时的内负外正变为内正外负。这样，整个膜内外电位变化的幅度是 90～130mV，构成了动作电位的上升支或去极相。但刺激引起的这种膜电位的倒转只是暂时的，它很快恢复到受刺激前静息时的状态，从而构成了动作电位曲线的下降支或复极相。由此可见，动作电位实质上是在膜的静息电位基础上发生一次膜两侧电位快速而可逆的倒转，在神经纤维上只持续 0.5～2.0ms，使得它在描记图形上形成一次短促而尖锐的脉冲，称为**锋电位**。锋电位是动作电位的主要组成部分。在锋电位完全恢复到静息电位之前，膜两侧电位还要经历一些微小的波动，称为后电位，一般是先有一个 5～30ms 的负后电位，再出现一个延续更长时间的正后电位（图 3-2）。

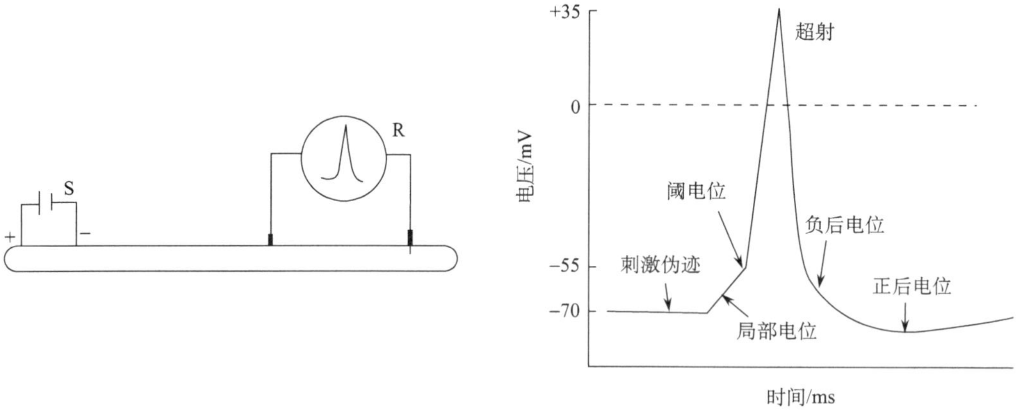

图 3-2　测验单一神经纤维静息电位和动作电位的实验模式图

R 表示记录仪器；S 是一个电刺激器。当测量电极中的一个微电极刺入轴突内部时可发现膜内持续处于较膜外低 70mV 的状态。当神经受到一次短促外加刺激时，膜内电位快速上升到+35mV 的水平，经 0.5～1ms 后再逐渐恢复到受刺激前的状态。其他说明见正文动作电位的出现与细胞膜通透性改变有关。由于膜外 Na^+浓度大于膜内，它本来就有被动地向膜内扩散的趋势，而且静息时膜内存在着相当数值的负电位，这种电场力也吸引 Na^+移向膜内。只是由于静息状态下膜对 Na^+通透性较小，Na^+的大量内流才不能实现。然而，静息状态下的细胞膜，当其某一点受到影响如施予较强的电刺激时，导致细胞膜对 Na^+的通透性急剧提高，Na^+大量流入膜内，此时膜对 K^+的通透性相对较低。Na^+内流使膜内正电荷增多，膜内电位负值消失以至于出现正值，即去极化和超射（或反极化）。此时膜内电位为正而膜外为负。膜对 Na^+通透性增大持续的时间很短，它很快进入了所谓“失活状态”，并且这时膜对 K^+的通透性增大，它很快超过了对 Na^+的通透性，于是膜内 K^+又因浓度差和电位差的推动向膜外扩散，使膜内电位由正值向负值方向发展，即发生复极化过程，至静息电位水平。

一般认为，动作电位产生过程中膜通透性的改变是通过镶嵌于膜上的某些特殊的蛋白质通道来实现的。通道蛋白最重要的特性之一是：它们可以在一定条件下被“激活”，又可以在一定条件下“失活”或“关闭”。激活就是通道蛋白结构中出现了允许某种离子顺浓度差移动的孔洞，相当于通道的开放，而失活不仅仅指通道的关闭，还包括即使受到了适当刺激通道也不能开放。一般神经纤维膜或肌细胞膜，决定 Na^+通道或 K^+通道机能状态的是膜两侧的电位差。静息状态下，细胞膜上 Na^+通道多数处于不同于失活的关闭状态，K^+通道则有相当数量处于开放状态；如果膜由于某种原因出现去极化，即膜内负电位数值减小到一定程度时，这个变化就会激活 Na^+通道使之大量开发，Na^+迅速内流；同时膜的去极化也可进一步激活 K^+通道，但这一作用过程较慢，使得因 Na^+内流而产生的锋电位达到顶点后又因 K^+通透性的增高而出现复极化；复极化又导致了 Na^+通道的关闭。

锋电位之后，膜内外的离子出现了逆浓度梯度的主动转运，即通过离子泵的作用将 Na^+从膜内泵出膜外，同时吸入 K^+，以维持正常情况下膜内外离子的极不均匀分布和静息电位状态，使得下一次刺激到来时能再次产生动作电位。离子泵的主动转运需要消耗能量，能量由细胞内的腺苷三磷酸（ATP）供给。

二、动作电位与兴奋

生理学上，最早把活的组织或细胞对外界刺激发生反应的能力叫做兴奋性。随着电生理技术的发展和实验的积累，人们发现，各种细胞对刺激发生反应（即兴奋）时虽有不同的外部表现，如肌肉收缩、腺体分泌活动等，但实际上它们都是由细胞膜上的动作电位触发引起的，因而在近代生理学术语中，兴奋性被理解为细胞受到刺激时产生动作电位的能力，而**兴奋**一词也就成为动作电位的产生过程或动作电位本身的同义词了。由此可见，有机体接受的有效刺激无论是来自内部还是来自外部，均被转化为神经系统的动作电位。动作电位是神经系统内部传导信息的唯一形式。

三、兴奋性的变化

阈强度（或称阈值，指刺激作用时间不变时能引起组织兴奋的最小刺激强度）以上的刺激，对组织的作用持续一定时间，都能够引起组织兴奋。阈强度的大小反映了受刺激组织的兴奋性高低：阈强度大，表示兴奋性低；阈强度小，说明组织的兴奋性高。

可兴奋的神经肌肉组织接受一次阈强度以上的刺激后，兴奋性会发生变化。这种变化大致分为 4 个时期。

一是**绝对不应期**。组织或细胞兴奋后在极短的一段时间内无论用多么大的刺激强度，均不能引起组织发生第二次兴奋。

二是**相对不应期**。绝对不应期之后，组织的兴奋性逐渐恢复，此时给予大于正常阈强度的刺激能引起组织再一次兴奋。

三是**超常期**。相对不应期后组织或细胞的兴奋性逐渐上升并超过正常水平，此时利用低于正常阈强度的刺激即可产生兴奋作用。

四是**低常期**。组织兴奋性又开始降低，此时给予一个比正常阈强度高且作用时间较长的刺激，才可引起组织再一次兴奋。

一般认为，绝对不应期和相对不应期大致相当于锋电位时期，超常期和低常期则分别相当于负后电位和正后电位时期。绝对不应期的长短决定着两次兴奋之间的最小时间间隔，即制约着单位时间内神经所能发放冲动的最高频率。

由于绝对不应期内，任何来自内部的或外部的刺激都不能引起反应，因此，绝对不应期的长短是决定人们对事物的反应速度、人脑内部观念（思想）改变快慢的主要因素。

四、兴奋在神经纤维上的传导

在动作电位产生过程中，膜的去极化过程犹如火焰沿导火线蔓延一样，立即以很快的速度传遍整个神经纤维，这就是神经冲动。因此，冲动一词含有兴奋和传导两个意义。

兴奋在单根神经纤维上的传导具有如下特点。

1. 双向性

一根神经纤维某一部分受到刺激而兴奋时，受刺激部位膜内电位升高变为正值，其膜外变为负值；而未受刺激部位仍处于极化状态，即膜内为负、膜外为正。这样膜内外受刺激部位和未受刺激部位都存在着电位差。由于膜两侧的溶液都是导电的，于是已兴奋的神经段和它相邻近的未兴奋段神经之间因电位差的存在而有电荷移动，形成局部电流。它的方向是：膜外正电荷由未兴奋段移向兴奋段，膜内正电荷由兴奋段移向未兴奋段。电荷移动使原来未兴奋段的神经膜内电位升高而膜外降低，即去极化，并以此传递下去（图 3-3）。

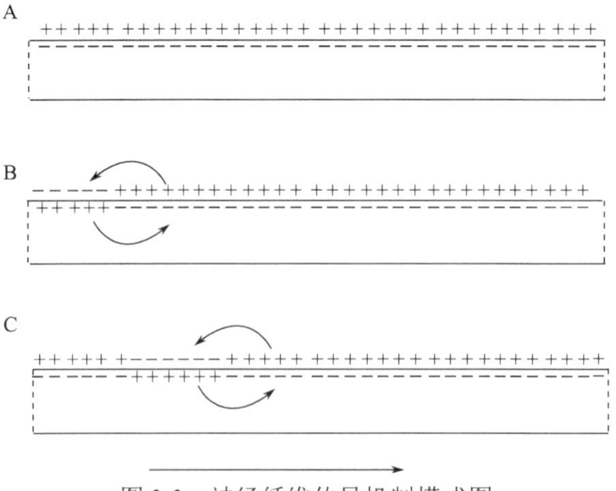

图 3-3　神经纤维传导机制模式图

弯箭头表示膜内外局部电流的流动方向；下方直箭头表示冲动传导方向

A.静息；B.发生兴奋后；C.传导过程中

2. “全”或“无”

如果神经膜各部分的极化状态是均匀的，则锋电位振幅不会因传导距离的加大而逐渐衰减变小，即锋电位的传导具有“全”或“无”的特征。阈值以上的刺激，不论其强度多大均使神经纤维作出最大反应——“全”；而阈下刺激均不能引起任何反应——“无”。这种“全”或“无”的特性对传递信息具有重要意义。

3. 绝缘性

神经干由许多神经纤维组成。这些纤维可以同时传导冲动：有的快，有的慢，有的传出，有的传入，基本上互不干扰。这种现象叫绝缘性传导，其原因在于神经纤维外包的髓鞘具有绝缘性。

4. 相对不疲劳性

与肌肉组织比较，神经传导具有相对不疲劳的特性。例如，在适宜条件下，以 50～100 次/s 的电脉冲连续刺激 9～12h，神经纤维仍可产生并传导冲动。

5. 跳跃传导

有髓神经纤维的髓鞘不能使离子有效地通过，但郎飞结处没有髓鞘，该部位离子极易通过。因此，有髓神经纤维神经冲动的传导是从一个郎飞结传至下一个郎飞结，这种传导方式称为跳跃传导。它的传导速度快，约比无髓神经纤维（非跳跃性传导，其神经膜去极化过程是连续均匀的）传导速度快 20 倍。

6. 传导阻滞

神经冲动的传导受多种因素影响。例如，机械压力、冷冻、电流、化学药物等都可以阻断冲动的传导。其中，最重要的是局部麻醉剂的作用。根据临床需要，神经干的任何部分，从离开脊髓起到外周终点止，局部麻醉剂都能使它们发生传导阻滞。

第二节　中枢神经系统活动的一般规律

外周神经元产生的兴奋通过突触传递到中枢神经系统并引起其活动；同样，中枢神经元的兴奋也要通过突触传递，才能到达效应器官引起效应活动。可见，突触是信息传递和整合的关键部位。

一、突触传递

突触位于中枢神经系统内部和脑神经节、脊神经节内。

（一）突触的结构

一个突触包括突触前膜、突触间隙与突触后膜三部分。神经元轴突末端形成许多膨大的小体——突触小体，其内部原浆中含有大量的突触小泡。小泡的直径为 200～800Å，小泡内含有能够在突触前膜与后膜之间进行传递的物质——神经递质。突触小体上直接进入突触连接的质膜，即为突触前膜。突触后膜是突触后神经元中与突触前膜相对应部分的膜，它含有特殊的分子受体，能与一定的递质发生特异性结合，从而改变突触后膜对离子的通透性。突触前膜和突触后膜较一般神经元膜略微增厚，是特化的神经细胞膜。突触前膜和突触后膜之间存在的间隙称突触间隙，宽 100～500Å。

（二）突触传递过程与原理

当神经冲动传导至轴突末梢时，引起突触前膜去极化，使其通透性发生变化——对 Ca^{2+} 的通透性增大。由于突触间隙的液体与细胞外液是连续的，因而细胞外液中的 Ca^{2+} 进入突触小体膜内。由于 Ca^{2+} 的作用，促使一定数量的突触小泡与突触前膜紧密融合并出现破裂，突触小泡内所含的神经递质释放到突触间隙中去。递质经弥散作用通过突触间隙到达突触后膜，立即与后膜上的特殊受体结合，改变突触后膜对离子的通透性，使突触后膜上某些离子通道开放，后膜电位发生变化，产生局部的突触后电位。

神经递质分为兴奋性递质（如氨基酸）和抑制性递质（如 γ-氨基丁酸）两类，它们对突触后膜通透性的影响正好相反。

1. 兴奋性突触后电位

神经冲动传导到轴突末梢使突触前膜兴奋并释放兴奋性化学递质。递质经扩散到达突触后膜并与受体结合，使后膜对 Na^+、K^+、Cl^-，特别是 Na^+ 的通透性提高，Na^+ 内流使膜电位降低，局部去极化，即产生兴奋性突触后电位，持续时间约 10ms。突触后电位是局部兴奋，当其达到一定程度（即阈电位水平）时，导致突触后神经元产生一次动作电位，并迅速传导开来。

2. 抑制性突触后电位

神经冲动引起突触前膜兴奋后如果释放的是抑制性递质，那么这种递质扩散后与突触后膜受体结合后，将使后膜对 K^+、Cl^-，特别是 Cl^-（不包括 Na^+）的通透性提高，引起 K^+ 外流和 Cl^- 内流（膜外 Cl^- 浓度高于膜内），使突触后膜的膜电位差增大（如由 −70mV 增加到 −75mV），使局部区域出现超极化。此时，突触后神经元不易去极化即不易发生兴奋，表现为突触后神经元的抑制。

二、中枢神经系统活动过程的特征

神经冲动在中枢神经系统中传递并引起兴奋或抑制的过程即为中枢神经系统活动的过程。兴奋和抑制是一切神经活动的两种基本对立的过程，但中枢神经系统的兴奋和抑制比外周神经系统更为复杂，因为中枢神经系统兴奋和抑制的传导要经过多个神经元的接替来完成。

（一）中枢兴奋过程的特征

在每一个反射活动中，中枢神经系统的兴奋过程都必须以神经冲动的形式从一个神经元通过突触传递给另一个神经元。因此，兴奋过程通过突触时的传递特征基本上就是中枢兴奋过程特征。

1. 单向传递

在神经通路中，神经信息即动作电位的传导方向只能从突触前神经元向突触后神经元传递，而不能逆向进行，这是由突触在结构上和机能上的特性所决定的。只有突触前膜内的突触小泡含有神经递质，它与突触后膜上的受体结合后才能引起突触后膜产生电位变化，因而突触传递只能是单方向进行。单向传递使中枢内的兴奋沿一定方向传导，从而使整个神经系统的活动能够有规律地进行。

2. 中枢延搁

从刺激感受器起到效应器开始出现反射活动为止所需的全部时间称为**反射时**。它实际上包括神经冲动在神经纤维上的传导时间和兴奋通过突触时的电-化学变化时间，后一部分时间即为**突触延搁**（或中枢延搁）时间。兴奋通过一个突触需 0.5～0.9ms，因此，兴奋经过的突触越多，则中枢延搁时间越长。

3. 总和

中枢神经系统发生的总和现象包括空间总和和时间总和（图 3-4）。

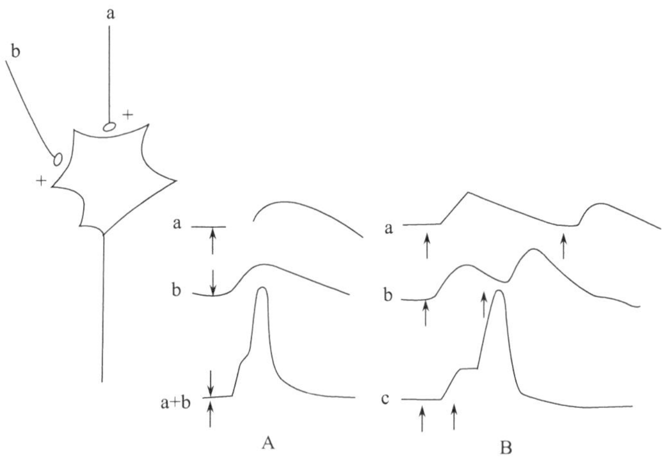

图 3-4　兴奋性突触后电位的空间与时间总和（引自北京师范大学等，1982）

A.空间总和，如果单独刺激 a 纤维和 b 纤维时，因为兴奋性突触后电位（EPSP）小不能引起动作电位；同时刺激 a、b 纤维时，由于 EPSP 的总和能产生动作电位；B.时间总和，给予 c 纤维两次刺激，时间间隔短，由于 EPSP 的总和，可产生动作电位

在中枢内，由单根神经纤维传入的单一神经冲动，一般不能引起反射性传出效应；如果若干传入纤维同时传入冲动至同一神经中枢，则这些冲动的作用就会协同起来使接受冲动的神经中枢发生传出效应，这一过程称为兴奋的**空间总和**。这是因为：中枢神经元往往与许多不同的传入神经纤维末梢发生突触联系，其中任何一个单独的传入冲动往往只能引起该神经元的局部阈下兴奋，即产生较小的兴奋性突触后电位，而不发生扩布性动作电位。如果同时有较多的传入兴奋，则各自引起的兴奋性突触后电位就会总和起来，在神经元的轴突起始段形成较强的外向电流，从而爆发扩布性兴奋，发生反射性传出效应。局部阈下兴奋状态是神经元兴奋性提高的状态，此时神经元对原来不易发生传出效应的较弱传入冲动就比较敏感，这一现象称为**易化**。可见，易化即局部阈下兴奋状态对中枢神经元兴奋性的改变起着不同程度的作用。

实验还发现，虽然用单个的弱小刺激作用于单根感觉神经不能引起反射动作，但连续对该神经施予弱小刺激，反射动作就会发生。对于神经中枢而言，这种现象称为兴奋的**时间总和**。这是因为：前一次弱刺激引起的局部阈下兴奋消失之前，又连续传来一系列冲动导致释放较多的递质，从而使各次发生的局部后电位总和起来，当它增大到临界水平时，便可爆发动作电位。

无论是空间总和还是时间总和，如果传入冲动都是抑制性的，则都引起抑制性突触后电位并发生抑制的总和，其结果是突触后神经元更难爆发扩布性动作电位。

在空间总和过程中，如果与同一个神经元发生联系的纤维有些起兴奋作用而另一些起抑制作用，那么该神经元则同时出现兴奋性突触后电位和抑制性突触后电位，二者发生拮抗，其最终结果将取决于哪一方占优势。在反射活动的通路上，传出神经元总是接受多种纤维传来的冲动，成为各种来源的突触联系的最后公路。它最终的活动表现取决于各种作用的代数和，这一原则称为**最后公路原则**。通过最后公路原则的作用，使得反射活动具有合适的强度。所以，突触部位发生的总和过程，实际上是一种神经信息在细胞水平上的整合过程。

4. 后放

中枢兴奋都由刺激所引起，但当刺激作用停止后，中枢兴奋并不立即消失，反射活动常会延续一段时间，这种现象称为中枢兴奋的**后放**（后作用）。在一定范围内，刺激越强或刺激作用时间越久，则后放延续得也越久。后放发生的机制之一在于中枢内部神经元之间的环状联系。此外，在效应器发生反应时，效应器本身的感受器（如骨骼肌中的肌梭）又受到刺激，其兴奋冲动又由传入神经传至中枢。这些继发性的传入神经的反馈作用能纠正或维持原先的反射活动，这也是产生后放的原因之一。感觉后像正是在中枢神经兴奋的后放作用基础上产生的。

5. 对内环境变化的敏感性和易疲劳性

神经中枢对体内发生的各种变化十分敏感。缺氧、二氧化碳、麻醉剂等均可作用于中枢而改变其兴奋性，使突触部位的活动发生改变。同时，神经中枢有高度的易疲劳性。当同一中枢连续发生多次兴奋传递之后，其兴奋性将逐渐降低，这种疲劳是中枢突触传递发生阻碍的结果。反射中枢包含的中间神经元数量越大，越容易产生疲劳。

（二）中枢抑制过程的特征和类型

抑制过程是兴奋过程的对立面，也是一种主动的神经过程。它的特征与兴奋过程的特征大致类似。例如，中枢抑制过程的产生也需要外来刺激，抑制也能总和，也具有后放作用等。

中枢抑制过程的发生比兴奋过程更为复杂，可分为两种类型。

1. 突触后抑制

它是由抑制性中间神经元的活动引起的一种抑制。在中枢神经系统中存在着许多抑制性中间神经元，它兴奋时其轴突末梢释放抑制性递质，导致突触后神经元出现抑制效应。由于这种抑制是由突触后膜产生抑制性突触后电位造成的，因此称为**突触后抑制**。它又分为传入侧支性抑制和返回性抑制。

（1）传入侧支性抑制。冲动沿一根传入纤维进入脊髓后，除直接兴奋某一中枢神经元外，还发出侧支兴奋另一抑制性中间神经元，通过抑制性中间神经元的活动，转而抑制了另一中枢神经元（图 3-5B）。它能使不同中枢之间的活动协调起来，即当一个中枢发生兴奋时，另一中枢则发生抑制（同时诱导），从而完成某一心理活动或生理活动。

（2）返回性抑制。某一中枢的神经元兴奋时，其传出冲动沿轴突外传，同时又经轴突侧支去兴奋另一抑制性中间神经元，抑制性中间神经元的兴奋沿其轴突返回作用于原先发放兴奋的神经元及同一中枢的其他神经元，抑制它们的活动（图 3-5A）。这种抑制可使神经元的兴奋及时停止，并促使同一中枢内的神经元之间的活动步调一致。它属于负反馈调节。

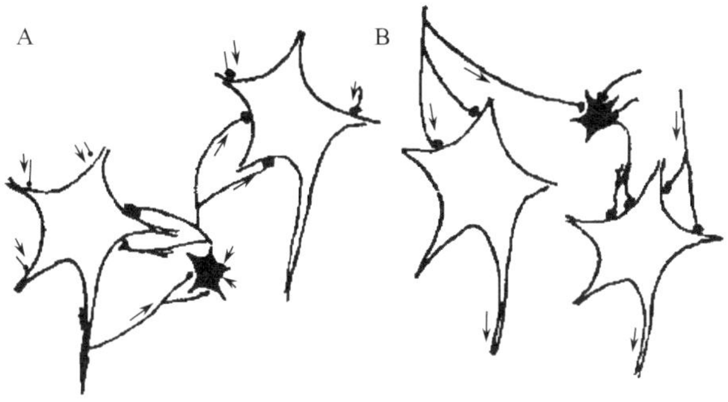

图 3-5　两类突触后抑制模式图

A.返回性抑制；B.侧支性抑制。黑色星形细胞为抑制性中间神经元

2. 突触前抑制

突触前抑制是由于突触前神经元轴突末梢的兴奋而抑制另一个突触前神经元的递质释放，并使其突触后神经元呈现出抑制效应。在此情况下，突触后膜本身的兴奋性并无变化，也不产生抑制性突触后电位，说明抑制效应产生的原因不在突触后膜而在突触前的轴突末梢，故称为**突触前抑制**。

从结构上看，突触前抑制是通过轴突-轴突型突触的活动而产生的，其发生原理可用图 3-6 来说明。神经元 a 与神经元 b 构成轴突-轴突型突触；神经元 a 与神经元 c 构成轴突-胞体突触；神经元 b 的轴突末梢不直接与神经元 c 接触，因而神经元 b 单独兴奋时神经元 c 没有反应。当神经元 a 兴奋时能使神经元 c 产生一个约 10mV 的兴奋性突触后电位。但是，在神经元 a 兴奋之前先使神经元 b 兴奋，神经元 b 释放的递质使得神经元 a 去极化；在神经元 b 的活动导致的神经元 a 去极化过程结束之前，兴奋神经元 a，神经冲动沿轴突到达突触小体时由于突触前膜正处于去极化状态，因此由神经元 a 传来的冲动使得神经元 c 产生的突触后电位幅度将低于正常水平，约只有 5mV，释放的递质量也减少，造成突触后电位不易甚至不能达到阈电位水平，不能爆发动作电位，故而出现抑制效应。

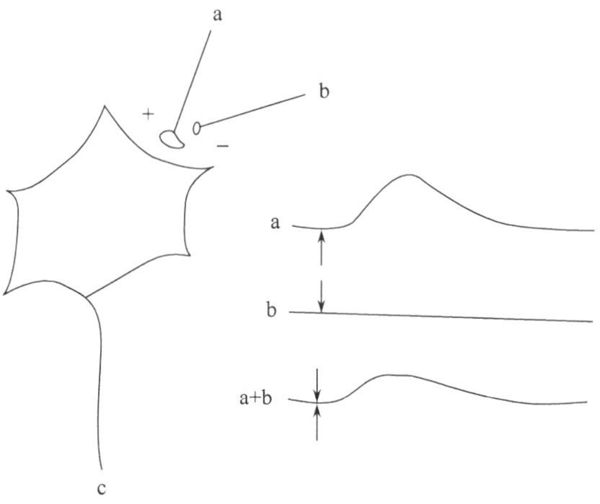

图 3-6　突触前抑制

a.兴奋性神经元，与神经元 c 构成兴奋性突触联系；b.从机能上看是一个抑制性神经元，并且不与神经元 c 直接构成抑制性突触联系；神经元 b 与神经 a 构成轴突-轴突型突触

突触前抑制在中枢神经系统内也是广泛存在的，其意义可能是控制周围传入中枢的信息。

三、大脑皮质电活动

大脑皮质同其他中枢部位一样——基本活动过程是兴奋和抑制，其神经元也具有生物电活动。大脑皮质的生物电活动有两种类型：一种是在没有任何明显的外界刺激情况下，大脑皮质经常具有的、持续的节律性电位变化，称为**自发脑电活动**；另一种是在感觉传入冲动的激发下，大脑皮质某一区域产生较为局限的电位变化，称为**皮质诱发电位**。诱发电位与自发电位的不同之处在于：①诱发电位具有一定的潜伏期，而神经系统无时不在产生自发电位；②在同一感觉系统中诱发电位的反应形式都相同，而自发电位形式不固定；③诱发电位在脑内某一部位有一定的空间分布，而自发电位可以在脑的任何部位记录出来。

（一）皮质自发电位

1. 脑电图与皮质电图

把引导电极安置在颅骨外头皮表面记录到的皮质自发电位活动，称为脑电图（electroencephalogram，EEG）。在动物实验或对患者做开颅手术时也可把引导电极直接安置在大脑皮质表面，这样记录到的皮质自发电位活动，称为皮质电图（electrocorticogram，ECOG）。脑电图与皮质电图的波形基本相同，但前者的振幅约为后者的1/10。临床上常用的是脑电图。

2. 脑电图的基本波形

脑电图的基本波形有4种。

（1）δ波。频率为0.5～3.5次/s，振幅为20～200μV。成人一般只有在深睡时才可记录到此波，它在颞区与枕区较为明显。

（2）θ波。频率为4～7次/s，振幅为100～150μV。成人在困倦时常可记录到此波。它代表着神经系统的抑制状态，如果在清醒状态下成人脑电图中出现此波，表示不正常。它在顶区和颞区较为明显。

（3）α波。频率为8～13次/s，振幅为20～100μV。α波是成人脑电波的基本波形，如果没有外加刺激，它的频率是相当恒定的。在头部任何区域都可记录到此波，但以枕区及顶区后部最为明显。

α节律与视觉活动有关，它在清醒、安静、闭目时即可出现，其波幅呈现由小变大、然后又由大变小的规律性变化，形成所谓的α节律的梭形波。睁眼、思考问题或接受其他刺激时，该波立即消失，转而出现快波，此现象称为“α波阻断”；如再行安静、闭目则α波又会重新出现。

（4）β波。频率为14～30次/s，振幅为5～20μV。安静闭目时只在额区出现β波，如果睁眼视物、突然受到声音刺激或进行思考时，在皮质其他区域也会出现β波。所以，β波的出现一般代表着皮质处于兴奋状态。

大脑皮质的不同生理状态能使脑电图的波形发生不同的变化。当皮质中许多神经元的生物电活动呈现步调一致时，脑电图上就会出现低频率高振幅的波形，此种现象称为同步化。α波即为一种同步化波。而当大脑皮质中许多神经元活动步调不一致时，脑电图上则会出现高频率低振幅的波形，此种现象称为去同步化。α波阻断出现的β波即为一种去同步化波。通常认为，脑电图中高振幅的慢波消失而代之以低振幅的快波时，表明大脑皮质兴奋过程的增强；反之，则表明抑制过程的增强。

（二）皮质诱发电位

由于大脑皮质随时在活动着并产生自发电位，因此，皮质诱发电位时常出现在自发电位的背景上。

在皮层相应的感觉区表面引导出的诱发电位可分为两部分：一为主反应，另一为后发放。主反应出现的潜伏期一般为 5～12ms，其长短取决于感觉冲动传导路径的长短及冲动传导的速度快慢等因素。它一般表现为先正后负的电位变化。在主反应之后，常有一系列正相的周期性电位变化，称为后发放，其周期节律一般为 8～12 次/s。

四、反射活动及其协调

神经系统活动的基本方式是反射。高等动物的一切心理活动和行为及生理活动都是通过反射来实现的。

（一）反射的定义

所谓反射是指有机体在中枢神经系统参与下对内外界刺激的规律性应答。

实现反射活动的神经结构称为反射弧。它一般由 5 个部分组成，即感受器、传入神经、神经中枢、传出神经和效应器；其中，神经中枢起主要作用。中枢神经系统内部参与某一反射活动的细胞群即为该反射活动的神经中枢。

刺激作用于感受器引起感受器兴奋，兴奋沿着传入神经传到神经中枢，神经中枢兴奋并进行分析综合，然后发出传出冲动沿传出神经到达效应器引起效应活动。这就是反射活动的一般模式。

（二）反射活动的协调

在同一时间内机体进行着各种各样的反射活动，它们之间互相配合，表现出高度的协调，以适应当时机体活动的整体需要。反射活动协调的主要方式有以下几种。

（1）诱导。分为正诱导和负诱导。前者指一个中枢的抑制同时引起其他中枢的兴奋或继时性地引起自身的兴奋；后者指一个中枢的兴奋过程同时导致其他中枢的抑制或继时性地导致自身的抑制。

（2）扩散。某一中枢的兴奋或抑制通过突触联系扩布到其他中枢的过程，即为扩散。神经元的辐散式排列是中枢神经过程扩散的结构基础。

（3）聚合。即前面提到的空间总合现象。它的结构基础是中枢内神经元按聚合原则排列——许多神经元通过轴突末梢与同一个神经元构成突触联系。

（4）反馈。效应活动本身又作为新的传入信号返回到神经中枢，维持调整或校正反射活动，这种现象即为反馈。其中，效应活动信息的返回传入能够增强控制中枢原来的活动称为正反馈；能够减弱控制中枢原来的活动的反馈联系称为负反馈。中枢内某些神经元的环状排列是反馈的结构基础。

反馈能够提高控制系统的稳定性，实现反射活动调节的自动化和精确化。

第 *4* 章　注意的神经过程

伊凡·彼特诺维奇·巴甫洛夫

(Ivan Petrovich Pavlov, 1849～1936)

条件反射理论和高级神经活动类型学说的创始人；论述了基本的神经生理过程——兴奋和抑制现象的扩散和集中及其相互诱导的规律。1904年，因研究消化腺分泌获诺贝尔生理学或医学奖。

◎“头悬梁、锥刺股”为什么能够提高注意力？

◎人为什么能够“视而不见、听而不闻”？

本章知识点

- 警觉网络的组成成分及各自作用
- 定向网络的组成成分及作用顺序
- 丘脑网状核闸门理论
- 神经元活动匹配理论

人的心理活动是从注意开始的。注意使有机体选择一定的事物作为心理活动的对象并维持下去，它对人的心理活动和行为过程的顺利进行起着保证作用。当我们聚精会神地看书学习的时候能够做到“视而不见、听而不闻”，这正是注意的功能。在人类所有实践领域中，注意受到干扰或其范围受到限制是造成失误或事故的主要原因之一。例如，全世界范围内不断有空难事故的报道。空难的发生除了飞机自身的故障以外，还与飞行员和执行空中调度的工作人员的注意有关——表现为他们同时要注意并处理许多信息，而又不具备这种能力；或者是他们本应注意到一个重要的信息时却对一个不重要的信号作出反应。在同一时刻，人注意到了什么，没有注意到什么，与神经系统特别是大脑的活动有密切关系。

第一节　注意的神经解剖学基础

认知神经科学认为，注意是通过一些脑区的神经网络活动来实现的。它既不是某一脑区的特性，也不是全部脑区的功能。参与注意的各个脑区并不执行同样的功能，不同脑区在注意过程中发挥着特定作用。

注意的神经网络包括警觉网络、定向网络和执行网络。

一、警觉网络

人只要处于警觉状态，就可以把注意力集中到自己精神生活的某些方面，并且能表现出不同范围和不同程度的注意：从几乎没有注意到几乎对所有正在进行的事情进行广泛的注意，再进一步把注意力集中到自己的某种暂时性精神活动的一个窄小方面。

Parasuraman 和 Davies（1984）采用两种方法研究了警觉同注意的关系：一是注意目标出现概率很低的那些令人厌恶的作业，如军事上的监视雷达荧屏以发现可能的敌方飞机或导弹；二是应用警告信号，如把警告用于竞走以使参赛者迅速准备离开起点。结果表明，警觉水平的提高能够改善对注意目标的觉察速度。对此比较一致的看法是，警觉的作用在于影响注意系统从而改善对目标的动作速度。

警觉状态主要依靠脑内网状结构上行激活系统的持续作用来调节。有机体通过各种感受器把所接受的适宜刺激转变为神经冲动。神经冲动沿着特异投射系统传向大脑皮层的过程中，通过脑干时发出侧支进入脑干网状结构，与其中的神经元多次发生突触联系。于是，这部分神经纤维失去了传递来自各种感受器原有感觉信息的功能；它们上行弥散地投射到大脑皮层广泛区域，使大脑皮层处于兴奋状态以维持适当的警觉水平，在此基础上大脑才能够加工特定的感觉信息并发放传出神经冲动。也就是说，网状结构上行系统能够激活并维持大脑皮层处于警觉状态。

上行网状激活系统主要由去甲肾上腺素（norepinephrine，NE 或 noradrenaline，NA）能、多巴胺（dopamine，DA）能、胆碱（乙酰胆碱，acetylcholine，ACh）能和 5-羟色胺（serotonin，5-HT）能神经纤维组成。动物和人类的实验研究从多个方面揭示了它们在注意过程中的作用。

（一）上行去甲肾上腺素系统的功能

上行去甲肾上腺素（NE）系统神经元的胞体位于脑桥部位的蓝斑。蓝斑神经元的轴突呈扇形投射到几乎所有的脑区：大脑、丘脑和下丘脑、嗅结节、小脑、中脑及脊髓（图 4-1）。蓝斑神经元的纤维在大脑中的弥散程度最大。

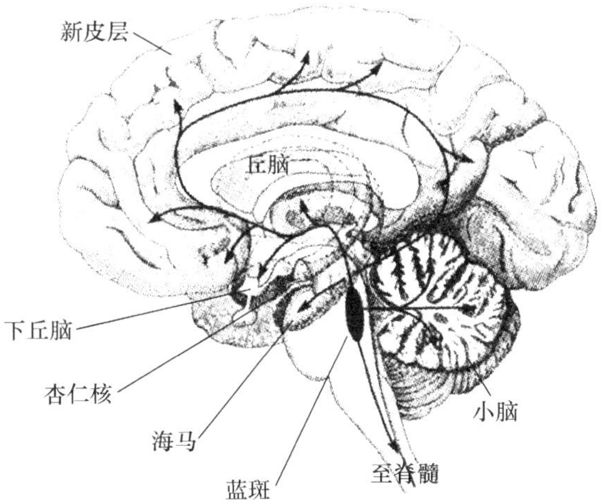

图 4-1　起源于蓝斑的上行去甲肾上腺素系统（引自 Nicholls et al.，2002）

通过清醒的大鼠和猴的实验发现，环境中新的、不可预知的、非疼痛的感觉刺激是激活蓝斑神经元的最佳刺激；相反，当动物处于非警觉状态，如安静地坐着消化一顿美餐的时候，蓝斑神经元的活动程度最低。当周围环境中发生了有机体感兴趣的事情，蓝斑便加入到脑的唤醒过程。多数研究者认为，蓝斑内去甲肾上腺素神经元的活动能够提高动物的警觉水平——注意周围环境的能力增强。

在鼠脑内注射神经毒素 6-羟多巴胺（6-OHDA）到蓝斑皮层通路（又称背侧去甲肾上腺能通路或 DNAB），导致 NE 严重耗竭，能使其含量少于对照组的 10%。DNAB 损伤鼠在完成习得条件辨别任务中存在一定缺陷。这种任务要求实验鼠必须学会一个规则来引导选择。这个规则是：如果刺激为 X，则反应 Y；如果刺激为 a，则反应 b。

蓝斑-皮层 NE 耗竭确实能够导致注意功能障碍。Carli（1993）等采用 **5 项选择序列反应时任务**（5 choice series reaction time task，5-CSRTT）训练鼠检测不可预测地出现在 5 个位置之一的短暂视觉刺激。这个实验所用的仪器是 25cm×25cm×25cm 的箱子，其背面有 5 个圆孔，排列为一个弧形。每次只有一个圆孔发出光束，即短暂的视觉刺激；如果动物用鼻子触碰这个发出光束的圆孔，可以通过与其连接的装置获得食物（45mg 的食物球）奖赏，算作正确反应。然后，过 5s，下一个视觉刺激呈现。如果大鼠在刺激呈现之后 5s 没有触碰出现刺激的圆孔，或者 5s 之内触碰了其他没有呈现刺激的圆孔，或者是在呈现刺激之前就过早地触碰了下一个将要出现刺激的圆孔，都不能得到食物奖赏，算作错误反应。由 6-OHDA 诱发 DNAB 损伤的鼠在标准任务中，也就是视觉刺激按照圆孔的顺序依次呈现时，作业成绩不受损害；但在下列三种情况下作业成绩变差：一是在每一个刺激呈现之前插入短暂响亮的白噪声；二是当刺激的出现不可预测（随机呈现）时；三是在外周和中枢注射 d-苯丙胺到伏隔核，引起运动活动增加（此时动物出现冲动行为和过早的反应）。尤其是 DNAB 损伤大鼠在短暂的噪声干扰或者行为传出增强情况下，五项选择任务中的辨别作业受到的损害更加严重（图 4-2A）。

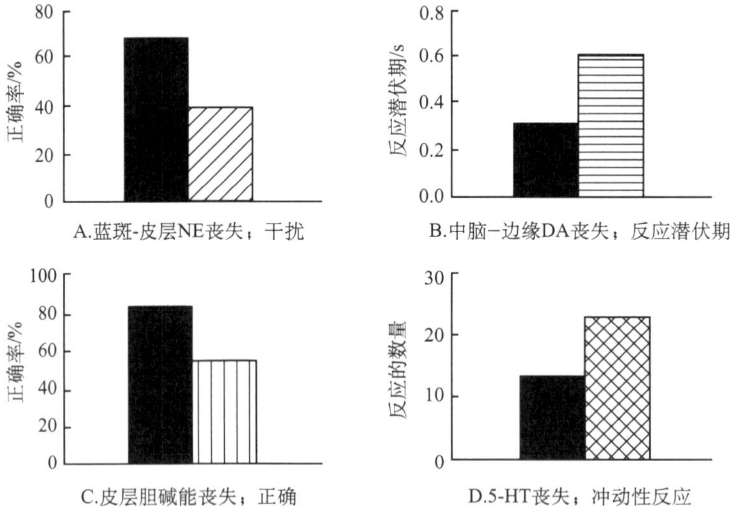

图 4-2　在 5 项选择任务中，显示对 NE 系统、DA 系统、胆碱系统和 5-HT 系统选择性损伤后的影响对比简图（引自沈政等，1998）

图中表示出每一种损伤条件下出现注意缺陷的最优条件。A.蓝斑-皮层 NE 系统，基线水平没有缺陷，但白噪声干扰之后正确率降低；B.中脑-边缘 DA 耗竭，最主要是反应基线速度和整体概率受到影响；C.皮层胆碱系统耗竭，基线正确率受到影响；D.5-HT 耗竭，正确率不受影响，但冲动性反应增加。图中有线条的白色直方图代表损伤动物，黑色直方图代表控制组动物根据这些研究成果，Everitt 等（1990）提出了一种假说，认为蓝斑-皮层投射的正常功能是保持在高度唤醒水平下注意的选择性。

此外，改变人类中枢 NE 功能也会影响注意。氯压定这种药物用于治疗高血压，能抑制神经元介导的儿茶酚胺（NE）释放。静脉内注射氯压定的正常人类志愿者对需要注意参与的作业变差。例如，对于较难的配对言语联想出现困难；同时被试在连续作业中检测出靶刺激的能力降低——在这种作业中，被试必须检测出数字串中的目标。

（二）上行多巴胺系统的功能

上行多巴胺（DA）系统起源于两个部位：一是基底神经节的黑质，投射到纹状体，构成黑质-纹状体 DA 系统，这个系统促进随意运动的启动；二是起源于中脑的腹侧被盖区，投射到额叶皮层和边缘系统，调控心理活动，参与奖赏以强化某些适应性行为，如滥用药物导致的成瘾行为等（图 4-3）。

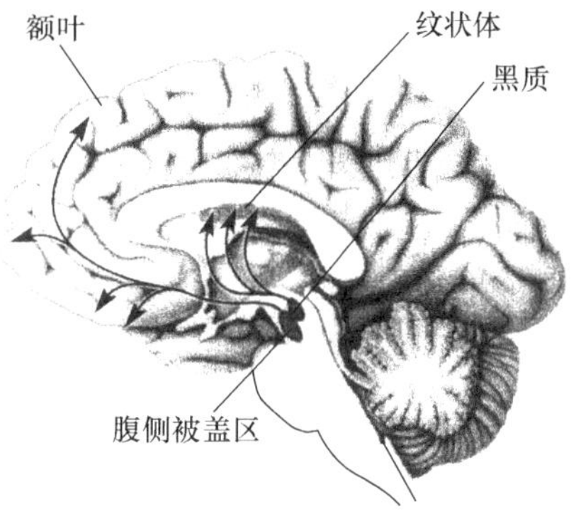

图 4-3　起源于黑质和中脑腹侧被盖区的上行 DA 系统（引自寿天德，2006）

中枢-边缘 DA 系统能够将动机转化为动作。这一观点得到了如下事实的支持：精神运动兴奋药物如苯丙胺和可卡因的强化效应，部分地通过这个系统发挥作用；被 6-OHDA 所影响的腹侧纹状体中脑-边缘 DA 耗竭，降低了动物在新异环境中或在食物面前的运动性活动。在注意的五项选择任务中，中脑-边缘 DA 耗竭对大鼠检测目标刺激的准确性影响不大，却影响了反应的潜伏期（潜伏期延长，图 4-2B）。由此看来，这个系统的主要功能在于激活行为反应，以便获得强化物。

中脑-纹状体 DA 系统在唤醒过程中的作用也许可以用其对行为的激活或增强来做很好的解释。例如，预先训练鼠对呈现于头两侧的刺激总是将头转向刺激出现的对侧空间。结果发现，中脑-纹状体 DA 耗竭会使这些鼠的反应变得非常迟缓。这种反应的延迟效应被认为依赖于行为控制中内部线索的丧失。Brown 和 Robbins（1991）在一项研究中提供了一个内部唤醒丧失的显著例子：训练鼠对呈现在两侧的视觉刺激作出简单选择反应，刺激呈现之前，除了有一个前线索之外，还有一个可变的刺激前期。纹状体 DA 耗竭没有改变前线索反应时的有益效果（图 4-4）。事实上，由于纹状体 DA 耗竭导致反应的正常加速效应被取消。这个实验暗示了纹状体 DA 在反应准备过程如运动准备中的作用。

（三）上行胆碱系统的功能

上行乙酰胆碱系统的起源也有两个部分：一个是基底前脑复合体，主要包括内侧隔核和 Meynert 基底核，分别投射到海马和新皮层；另外一个位于脑桥和中脑被盖区，通过背侧丘脑向上投射到大脑（图 4-5）。

中枢胆碱能系统功能影响大脑皮层的唤醒从而在注意中具有重要作用。乙酰胆碱拮抗剂能够降低代表皮层唤醒的脑电活动，而其激动剂则能够提高皮层的脑电活动。Day 等（1991）通过显微透析方法研究发现，纹状体、海马和前额皮层乙酰胆碱释放量与动物警觉状态和行为唤醒密切相关：这些区域的乙酰胆碱水平动物活动时最高、不活动时最低。

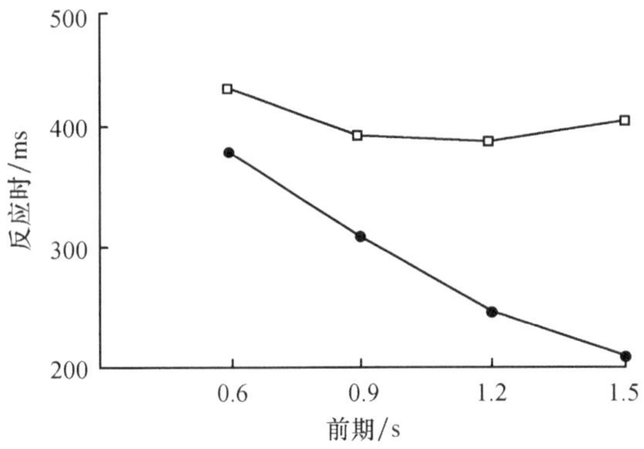

图 4-4　纹状体 DA 耗竭对反应时的影响是刺激前期的函数（引自 Gazzaniga et al., 1998）

图中说明，前期延长，反应速度逐步增加。纹状体 DA 耗竭后，反应速度不增加。此图只显示了简单反应时的数据。在该条件下，鼠预先得到何种反应是正确的信息。图中实心圆代表控制组，空心方框代表纹状体 DA 耗竭组

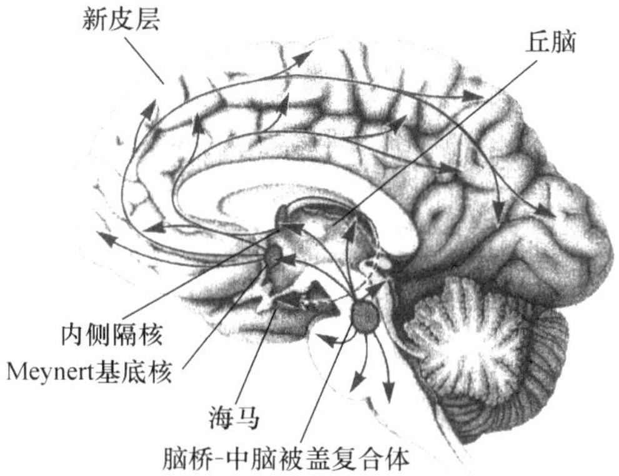

图 4-5　起源于基底前脑和脑干的上行胆碱系统（引自寿天德，2006）

Robbins 等（1989）研究发现，在注意的 5 项选择任务中，皮层胆碱乙酰转移酶减少了约 70%的大鼠，检测短暂视觉刺激随机呈现位置的能力大幅度降低，正确反应率不足 60%（图 4-2C），并且，视觉刺激的持续期从 500ms 进一步缩短时，这种注意缺陷变得更加严重。研究者多方面研究发现，这类大鼠的动机、感觉和运动功能并没有出现障碍。也就是说，它们在五项选择任务中反应能力的下降，与动机、感觉和运动功能无关，因而归因于注意缺陷。

脑干中的乙酰胆碱神经元向外侧膝状体投射的来自非视网膜（即视网膜以外的其他区域）信息输入，通过抑制中间神经元而产生去抑制作用，也就是通过抑制中间神经元的活动解除中间神经元对输入的视觉信息的抑制作用，从而局部地增加了信号传递比，提高了信号检测能力。麻醉动物视网膜神经节细胞的动作电位，只有 40%～50%能够引起视觉通路中外侧膝状体中继细胞产生动作电位，这个信号传递比可以通过阻断外侧膝状体内抑制性神经回路而大大提高。因此，上行胆碱系统在注意过程中的作用机制，一种可能性是胆碱能投射通过提高新异刺激的作用，帮助了刺激在皮层水平的加工，可能是通过提高信号/噪声比的机制而起作用。

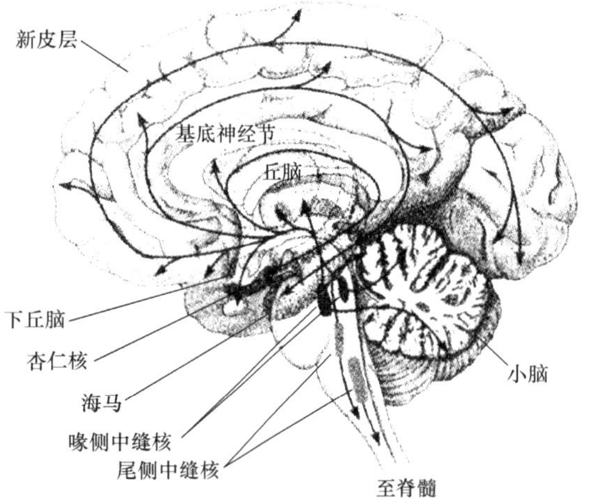

图 4-6　起源于中缝核群的上行 5-HT 系统（引自 Nicholls，2002）

（四）上行 5-羟色胺系统的功能

上行 5-羟色胺（5-HT）系统起源于脑干中缝核群的前端（即脑桥和中脑的中缝核），以弥散的方式投射到脑内的大部分区域（图 4-6）。

关于 5-HT 影响注意的确切资料不多。有证据表明，在某些情形下，对 5-HT 的操作影响到与行为抑制有关的过程。例如，在 5 项选择任务中，大鼠脑内 5-HT 耗竭所产生的显著效应是过早反应或冲动性反应显著增加（Harrison，1992；图 4-2D）。

Robbins 等对上述递质系统在注意中的作用进行了总结，认为：蓝斑-皮层 NE 系统有维持紧张或唤醒的情景下辨别能力的保护功能，因而参与了选择性注意的加工；中脑-边缘 DA 系统和中脑-纹状体 DA 系统有助于不同形式的行为激活，从而在认知或运动的传出中扮演重要角色；皮层胆碱能系统促进刺激在皮层水平的加工，在注意和记忆信息加工中处于基础地位；5-HT 系统有助于行为抑制即降低无关信息引起的活动，它与上述三个系统的功能是对立的。在许多情况下，这些上行网状激活系统在不同程度上同时活动，以优化加工能力，易化反应传出。

总的来说，网状结构上行激活系统通过维持大脑皮层的激活状态，从而参与了注意过程。但是，上述资料多为动物实验结果，是否与人类的实际情况相一致，有待于进一步检验。尽管如此，通过上行网状激活系统的功能维持大脑觉醒，从而提高注意力却早已被人们所应用。中国古人读书困乏的时候，“头悬梁、锥刺股”，从而使自己清醒、保持注意力继续看书。道理何在？瞌睡的时候头颈肌松弛拽拉头发或者用锥子扎身体，这些刺激一方面通过特异传导系统传递到相应的感觉区产生痛觉；另一方面又通过非特异投射通路（上行激活系统）刺激大脑广泛区域，使其保持觉醒状态。

二、定向网络

定向网络的主要组成部分是顶叶、中脑的上丘和丘脑。

（一）顶叶

英国神经病学医生 Brain（1941）曾报告了一系列单侧顶叶损伤的病例，发现三个患者有不同形式的视觉定向障碍——不能对出现在脑损伤对侧空间的刺激作出适当的反应。此后发现顶叶（尤其是右顶叶）损伤者都具有此类症状。这些右顶叶损伤导致的感觉和注意障碍被称为**对侧疏忽综合征**。

对侧疏忽综合征

对侧疏忽综合征的主要表现是：患者在自己的家里不能从一间房里走到另一间房里，总是选择位于右侧的门而不进左侧的门，老是右转而不肯左转。当要求患者临摹一朵花时，患者只描绘右半部，忽视左半部；当要求患者把一条直线进行二等分分割时，患者总是忽视线条的左半部分，把右半部分当作一个整体进行分割（图 4-7）。日常生活和学习中，患者半侧空间忽略亦有表现：用餐时盘子左侧部分的饭菜剩下；走路该往左拐却不左拐；读书时，这类患者也会遇到困难，他们似乎只能看见纸张右侧的字词，甚至连单词也会读错，如把 CAGE 读为 AGE，等等。

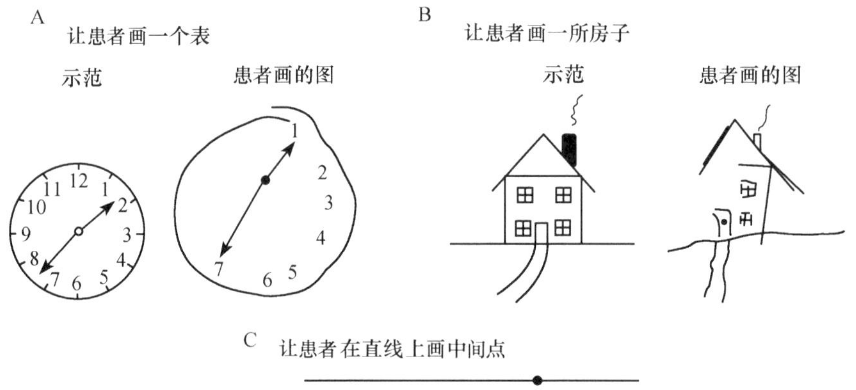

图 4-7　一个患有对侧疏忽综合征的患者在执行视觉空间任务时的表现（引自吕国蔚，2000）

顶叶损伤造成的对侧疏忽综合征的原因可能来自两个方面：一是对损伤的大脑半球同侧线索的过度注意；二是注意损伤的大脑半球对侧的目标出现了困难。

在神经心理学研究中，通过检测反应时研究注意转移的实验范式被广泛应用于研究皮层及皮层下结构损伤患者的功能障碍。Rafal 等（1995）采用这一范式研究了顶叶皮层（颞顶联合部位）损伤的患者的注意障碍。实验中给出周边视野线索以引起对损伤对侧视野和同侧视野的注意。视觉目标既可以出现在线索位置（有效线索），也可以出现在线索的另一侧视野（无效线索）。被试的任务是一旦发现电脑显示屏上出现视觉目标时尽快按计算机键盘，以此方法测定反应时。结果表明，如果注意一开始就被有效线索引起，对损伤半球的对侧视野目标的反应时不慢于对损伤同侧视野目标的反应时。这说明患者能够将注意指向损伤半球的对侧视野，并对线索作出反应。但是，当线索提示出现在损伤半球的同侧视野，而视觉目标出现在对侧视野（无效线索），反应时要延长许多。这说明顶叶损伤并不影响注意对侧视野的能力，而是破坏了摆脱对同侧刺激的注意，进而去检测对侧视野中目标的能力。

由于对侧疏忽综合征与顶叶有关，因此，顶叶特别是顶下叶是与注意相关的主要部位。此外，对侧疏忽综合征特别与右半球顶叶损伤有关。研究发现，右侧顶叶同时主管对身体左右两侧及其外部空间事物的注意，而左侧顶叶只管对身体右边空间的注意。因此，左顶叶损伤造成的障碍可以被右侧顶叶功能所补偿；相反，如果右侧顶叶损伤则不能得到左侧顶叶对左半身注意的补偿。使用正电子发射断层显像（PET）技术研究正常人脑的注意功能时发现，当被试被要求注意左侧视野内的特定视觉刺激（如事物的形状、颜色和运动速度）时，右侧顶叶皮层的血流就会增加；如果把视觉刺激呈现在右侧视野，左右两侧顶叶皮层的血流都会增加（图 4-8）。不仅如此，如果要求被试保持一般的警觉，右侧顶叶和额叶都有血流增加，说明顶叶以外的延伸区如额叶可能也参与了注意过程。

顶叶皮层存在**“注意神经元”**。猴的眼球运动是注意行为的重要指标。当猴的眼睛凝视某个感兴趣的目标时，通过单细胞放电记录就会找到对注意敏感的神经元。猴在盯住食物或新奇物件等感兴趣目标时，其顶叶的某些神经元会增加放电；只要它盯住目标不动，放电就会持续。让实验的猴凝视一种它本身并不感兴趣的视觉刺激的同时给予食物，也能记录到同样的反应。当动物的注意力减弱，它的眼球就会再动起来，并且，神经元的放电也恢复到了原来的状况。

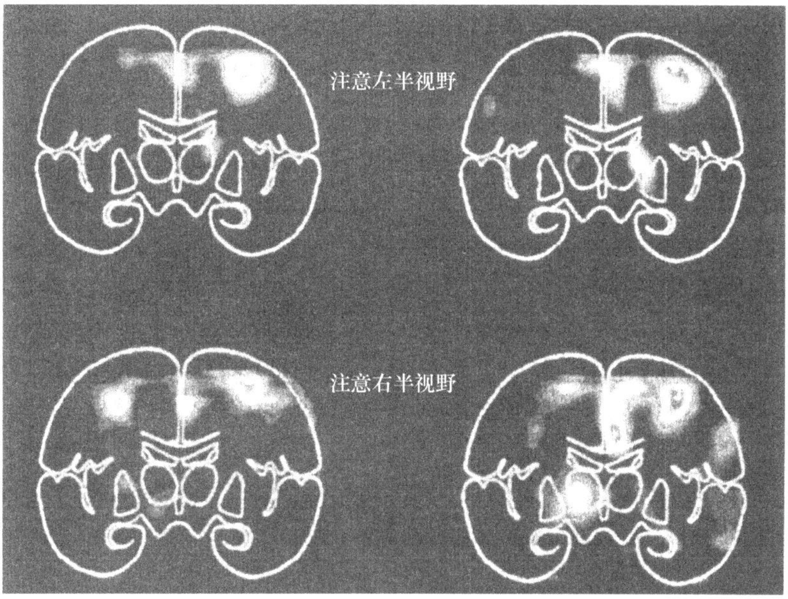

图 4-8　被试分别注意左右视野时顶叶活动的 PET 成像（引自寿天德，2006）

单细胞放电记录表明，顶叶皮层对注意转移也非常敏感。例如，训练猴注视一个光点，当光点暗下来时立即把握着杠杆的手松开才能够获得食物奖励。然后增加实验情境的复杂程度——在所记录的细胞的感受野之外，加入第二个光点，训练猴在第一个光点暗下来时去注意第二个光点。记录结果表明，额叶和顶叶皮层的视觉反应细胞约有一半在准备转移注视点时出现强烈的反应。继续训练猴注视屏幕上先后出现的第一个光点和第二个光点，并在第二个光点暗下来时迅速松开手中的杠杆，从而获得食物。在此情况下，猴注视第二个光点时顶叶的许多细胞反应加强，额叶却未出现类似反应。由此可见，顶叶细胞反应的加强似乎代表着总的注意系统的工作。

（二）中脑上丘

上丘及其周围区域的损伤影响视觉定向。进行性麻痹是一种进行性退变痴呆，典型症状之一是产生了随意眼动，尤其是在垂直平面上眼睛运动的明显麻痹。这种病症是由于间脑、中脑、小脑等皮质下核团正常机能遭到了破坏所致。其中，上丘及其邻近顶盖区机能的退变是它的特点。这一特点为研究中脑-外侧膝状体通路在调节视觉引导行为中的作用提供了极好的被试。Rafal 及其同事（1995）利用检测反应时研究注意转移的实验范式对此类患者进行了在垂直平面和水平面定向的隐性注意速度的比较研究。结果表明，患者不仅眼睛运动速度慢，而且进行隐性视觉注意转移的速度也慢。在无效线索条件下，患者检测垂直平面上与水平面上的注意目标的反应时是类似的；但在垂直平面上，有效线索不能引起注意警觉，有效线索和无效线索对发现注意目标的反应时没有差异。由此可见，中脑上丘及其周围区域的损伤破坏了有效线索引导行为定向的作用。

（三）丘脑枕核

丘脑损伤患者及丘脑枕核被化学损伤的猴在隐蔽定向上表现出困难。如果在损伤对侧视野的注意目标周围，设置干扰因素，丘脑损伤患者或猴对目标的选择性注意出现困难，他们往往出现错误性反应。Petersen 等（1985）进行的单细胞记录发现，当刺激是即将进行的眼睛运动扫视的目标或者当动物不需要移动眼睛就能注意到刺激目标时，丘脑枕核对该视觉刺激的放电率增加。LaBerge 等（1990）对正常人类被试的研究资料表明，当被要求过滤掉无关的视觉刺激时，在注意目标所在视野的对侧丘脑枕核的代谢选择性地得到加强。研究者要求被试识别目标形状 O（相对于 C 或 0），而该目标又被 8 个相似的侧翼刺激 G 或 Q 从各个方面包围起来。这样，在完成对形状的选择性注意操作时加强了脑的功能活动。就平均结果来说， 8 个侧翼刺激呈现于视野时，其对侧的丘脑枕核比没有接受侧翼刺激的视野对侧丘脑枕核的葡萄糖吸收率明显增大。这些发现说明，当视野邻近区存在其他形状刺激时，丘脑枕核对视觉形状的选择性具有重要作用。

上述关于顶叶、中脑上丘和丘脑枕核的注意功能研究具有两个方面的重要意义。首先，它们证实了关于诸解剖区域执行单个认知操作的想法。其次，它们提示一个涉及隐蔽的注意转移的事件顺序的特殊假设：先是顶叶使注意脱离现在的注意焦点，然后中脑将注意的指针移向注意目标所在的区域，并且枕核参与对指向区域的信息输入实施限制。

三、执行网络

神经心理学研究表明，额叶的一些区域包括扣带回参与注意的执行。人类的前额叶损伤，导致多种多样的注意障碍。一是前额叶损伤患者注意的调控能力低下，很难把注意力集中到被特别暗示的事情上，过分敏感新异刺激和环境干扰。患者注意力容易分散——他们在没有干扰的情况下能完成某些事情，但是，有外人走进房间或病房中有人在说话，他们就会停止原来的工作，把视线转向进来者或说话者的方向。由于注意力高度分散，他们无法完成有目的的行为。二是前额叶损伤的患者常常不能根据暗示信号调整自己的行为，注意力很难在不同的事物或不同的行为操作之间进行转移。例如，要求患者根据文字提示摹写一串简单的图形或符号，患者通常能正确地摹写出第一个，甚至也能正确地摹写第二个，但是，越到后来，患者就无法再根据文字暗示进行摹写，而是一直重复描绘第一个或第二个图形。也就是说，前额叶患者很难抑制已建立起来的行为模式，额叶损伤导致了行动的选择性和组织性受到了破坏。

Goldman-Rakic 等（1993）测量了猴眼睛运动延迟反应作业过程中前额皮层与后顶叶皮层的活动。这种任务要求动物把眼睛移向几秒钟之前闪现过的视觉目标位置。结果发现，上述两个区域中，有些细胞对线索出现的位置敏感，另一些细胞对 3s 的延迟期间即将进行的眼睛运动方向敏感。

Duncan（1995）提出了这样的假设：特定的额叶皮层对目标权重功能起主要作用，它可能具有一般目标选择系统的功能。这种假设最直接的证据来自用 PET 技术测量的与活动任务有关的大脑血流量和代谢方面的变化。研究发现，额叶的两个区域，即背外侧前额叶和扣带前回，在完成许多不同的复杂任务中，处于激活状态，表明其功能变得更加活跃。这些任务主要是言语作业和视觉目标选择，包括对名词反应产生动词、产生随意的手指动作、对连续的刺激产生复杂的视觉对比以及在不同的情境中回忆语言材料。这一实验说明背外侧前额叶和扣带前回可能是参与对许多不同的新异刺激或微弱提示活动注意的脑区。

另外，在完成所谓的 Stroop 干扰任务中扣带回前部被显著激活（图 4-9）。这种任务要求命名一个表示某种颜色的字的印刷颜色，也就是从“背景”中提取“信号”，如要求被试在规定的时间内说出用红色印刷的“绿”字的颜色。在这种情况下，被试需要排除“绿”字本身所代表的颜色，才能道出这个“绿”字的印刷色是红色。这个实验表明扣带回前部对觉察目标的心理操作是敏感的。

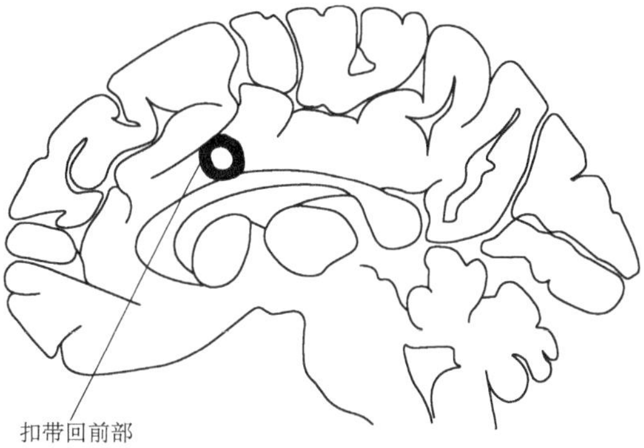

图 4-9　操作 Stroop 任务时扣带回前部被选择性地激活（引自寿天德, 2006）

第二节　注意的生理学过程

一、注意产生的方式

“注意”从其产生方式上说是一种定向反射。

20 世纪初，巴甫洛夫让其助手训练狗形成了对声音的食物性条件反射，他本人曾去参观指导。巴甫洛夫发现，每当自己在场时，实验就会失败——实验动物已经建立的条件反射明显地受到抑制。巴甫洛夫分析认为，他在场成为一种新异刺激（陌生人），实验动物对这种新异刺激产生了一种特殊反射，并抑制已经建立的条件反射。巴甫洛夫把这种特殊的反射称为定向反射。因此，所谓**定向反射**是指当新异刺激出现时，有机体将感官朝向刺激物，试图探明它“是什么”的反射。按照巴甫洛夫（1951）的话说：每一分钟落在我们身上的各种新的刺激物，就在我们本身引起相应的运动，以便我们更好地、更完全地去审视这些刺激物。我们注视所表现出来的形象，倾听发出来的声音，用力地嗅着接触到的气味；而且，如果这些新的物体靠近我们的话，还想去抚摸它。总之，就是力图用各种相应的外部感官去把握和占有各种新的事物。

由于在定向反射中有机体将心理活动集中在新异刺激物上，同时离开了其他事物，因此被认为是注意产生的方式。定向反射是人和动物共有的。

在新异刺激引起的定向反射中，有机体的生理活动发生下列变化。

（1）植物性神经功能变化，如瞳孔散大、皮肤导电增强、躯体血管收缩、头部血管舒张、心率一般变慢。

（2）脑功能变化，如脑电图出现去同步化快波，皮层兴奋性提高。

（3）运动功能变化，如头颈肌和眼外肌收缩，使感觉器官朝向刺激源。

上述生理反应不随刺激性质和刺激量（指给予刺激或撤除刺激）的差异而变化。但是，重复的刺激模式则引起定向反射的消退；相反，变换刺激模式将再次引起定向反射。

定向反射一开始带有无条件反射性质，当环境中有新异刺激物出现时，有机体不由自主地去注意它，这就是定向反射初期的具体表现。在这种无条件定向反射的基础上，以后又进一步发展了条件性的定向反射，如人类有意识的观察和探索活动等。这种条件性的定向反射主要受人们的需要、动机和活动目的所支配。

二、注意的中枢过程

一般认为，注意产生的中枢过程是兴奋和抑制的相互诱导。**诱导**分为正诱导和负诱导两种。前者指皮层某一区域的抑制过程引起或加强该区域邻近部位或同一区域的兴奋过程；后者指皮层某一区域的兴奋过程引起或加强该区域邻近部位或同一区域的抑制过程。大脑皮层上兴奋和抑制的相互诱导服从于**优势原则**——当有机体把某种事物作为自己心理活动的对象时，该事物在大脑皮层上引起一个强烈的优势兴奋中心，这个优势兴奋中心对皮层其他区域较弱的兴奋起抑制作用。优势兴奋中心的兴奋程度越高，对其他区域的抑制作用越强，这时的注意力越集中。其他事物，有的投射到优势兴奋中心的边缘，即注意的边缘；多数投射到优势兴奋中心之外，即注意的范围之外。因此，当人的心理活动高度集中在某一对象时，对其他事物就会“视而不见，听而不闻”。

当新的强烈刺激出现时，优势兴奋中心便从其他区域转移到这种新的强烈刺激的皮质代表点，这便是注意转移的机制。当然，皮层上优势兴奋中心的出现与转移，不仅取决于刺激物的强度和新颖性，也取决于刺激物对有机体的意义。借助于皮层上优势兴奋中心的建立和转移，有机体便能够有效地对刺激物进行选择。人所特有的第二信号系统使人能按照自己或别人的提醒坚持注意或转移注意。

第三节　注意的神经生物学理论

一、丘脑网状核闸门理论

Skinner 和 Yingling（1977）在总结当代神经生理学和他们自己研究成果的基础上，提出了注意机制的丘脑网状核闸门理论。该理论认为，丘脑抑制性网状神经核既接受丘脑-额叶系统的特异性兴奋作用，又接受中脑网状结构泛化性的抑制影响，从而使它成为一个抑制性闸门。这个闸门对丘脑的各种感觉接替实施控制，从而对各种感觉冲动进行筛选。只有能够通过闸门的神经冲动才能传导到大脑皮层，没有通过闸门的神经冲动则不能到达大脑皮层。内侧丘脑-额叶系统是指在结构上有直接联系，在机能上关系更为密切的内侧丘脑某些神经核、额叶皮质（主要是额叶颗粒层细胞），以及连接它们的双向通路——丘脑下合脚。内侧丘脑-额叶系统通过精确投射的方式调节网状核的活动，抑制无关刺激向大脑皮层的传递，表现为选择性随意注意。而中脑网状结构通过弥散投射的方式调节网状核的活动，从而控制着不随意注意。

丘脑网状核闸门理论的基本依据来自慢性动物实验。实验方法是：通过手术在猫内侧丘脑-额叶系统埋藏冷冻探头以实施可逆性抑制。另外，还在将要实施刺激的神经部位埋藏电极以兴奋它们的活动。动物手术恢复后进行实验。

实验程序分为下列几个步骤。

第一，训练动物建立按动杠杆获得食物的条件反射。条件反射形成后，偶尔给动物呈现几次无关的灯光，这时能引起动物的注意行为，如将头部转向灯光等。但多次重复呈现灯光后，这种注意行为消失。因为灯光本身对动物无意义。如果通过冷冻探头对内侧丘脑-额叶系统施加抑制作用时，灯光这种无关刺激不仅总能引起动物的注意行为，甚至能妨碍操作性条件反射的正常进行。通过电生理实验还发现，对丘脑下脚实施阻抑或者额叶损伤时，大脑视觉或听觉诱发电位在受到无关而重复的视听刺激时升高。逐渐扩大这种阻抑的范围时发现，大脑视觉和听觉诱发电位的增大不是同时发生的，各种感觉诱发电位变化在丘脑下脚都存在着各自对应的部位。这些实验说明，内侧丘脑-额叶系统在正常情况下的生理功能是抑制无关的刺激，从而使注意的对象从无关刺激的背景中突出出来，即实现注意的选择作用，而这种对无关刺激选择性抑制的基础是内侧丘脑-额叶系统结构的特异性——丘脑下脚不同部位接受不同的感觉刺激。

第二，对上述动物继续实验，通过埋藏刺激电极刺激中脑网状结构时大脑感觉诱发电位波幅升高，而刺激内侧丘脑等处则使其波幅降低；阻抑中脑网状结构使脑电图出现了梭形波，此时如果再对内侧丘脑、额叶颗粒层细胞或丘脑下脚施加抑制，则可使上述脑电图梭形波消失；刺激中脑网状结构时在网状核上产生高幅正波（正波代表抑制），刺激内侧丘脑则在网状核上产生高幅负波（负波代表兴奋）；如果在刺激中脑网状结构使网状核产生正波后再抑制丘脑下脚，会使该正波加大。这些实验说明：①中脑网状结构和内侧丘脑-额叶系统的作用是相反的。②中脑网状结构和内侧丘脑-额叶系统在网状核发生了聚合。在正常情况下，前者对网状核具有抑制作用，后者对网状核具有兴奋作用。它们的机能是通过同一个结构——网状核实现的。

第三，网状核是一个**抑制性神经核**——它的兴奋将引起受它支配的神经元产生抑制。它接受的传入纤维主要来自中脑网状结构、内侧丘脑和额叶颗粒层细胞，而它的传出纤维不是投射到大脑皮质而是分布到丘脑的其他神经核。丘脑网状核的这种结构特点为它对各种感觉接替核的控制提供了前提条件。

实验发现，正常情况下对视束进行刺激能在该视束同侧初级视觉皮质上记录到视觉诱发电位，但是，如果先以 250Hz 的电脉冲对靠近外侧膝状体处的网状核部位施加 30ms 的刺激，在此后的 100ms 内刺激视束则不能引起上述视觉诱发电位，或者使该诱发电位大为减小。刺激网状核的其他部位，对视觉诱发电位的影响轻微，甚至没有影响。在听觉诱发电位或体表诱发电位研究中也发现了同样现象：只有刺激网状核的不同特定部位，才能分别对这两种诱发电位产生影响。这说明，丘脑网状核对感觉传导具有抑制作用，而且它对各种感觉诱发电位的抑制作用具有严格的结构特异性。

由于丘脑网状核闸门理论的依据来自动物实验，它对人类是否适用有待于进一步探讨。

二、神经元活动匹配理论

苏联学者 Sokolov（1969）认为，定向反射是一个包括许多脑结构在内的复杂系统的功能表现。这个功能系统的最显著特点是在新异刺激作用下形成的新的刺激模式与神经系统活动模式之间不匹配时，将产生不随意的定向反射。

具体来说，刚刚发生的外部刺激在神经系统内部能够形成由某些神经元组合而成的固定反应模式。如果同一刺激重复呈现，传入信息与已形成的反应模式相匹配，定向反应就会消退。因此，在一连串的重复刺激中，只有前几次刺激能够有效地引起定向反射；几次刺激或刺激持续几秒钟之后，定向反射就会消退。但刺激因素发生变化，新的传入信息与已形成的神经活动模式又出现了不匹配，结果使定向反射又重新建立起来。Sokolov 认为，无论是首次应用的新异刺激引起的定向反射，还是在它消退以后由于刺激模式变化再次引起的定向反射，都是由同一种神经元活动模式匹配的机制所实现的。

那么，刺激模式和神经元活动模式的匹配机制发生在哪个环节呢？Sokolov 提出，这种机制发生在对刺激信息反应的传出神经元中。在这里将感觉神经元传入的信息模式和中间神经元保存的以前刺激痕迹的模式加以匹配。如果两个模式一致（匹配），传出神经元不再发生反应；两个模式不一致，就会导致传出神经元从不反应状态转变为反应状态。进一步实验分析表明，不匹配机制引起神经系统反应性增加的效应可以发生在中枢神经系统内部的许多结构和功能环节上。

Desimone（1995）的实验在一定程度上为神经元活动模式匹配理论提供了证据。实验过程是：训练猕猴对荧屏上闪现的黄色光点发生反应，然后在荧屏上出现一个分散注意力的红色光点，同时记录脑区域中不同神经元的放电反应。结果发现，对分散注意力的信号发生反应的神经元很快被邻近神经元所抑制（动作电位幅度明显降低）。

研究者认为，在视觉通路中的神经元竞相变为活性状态时，大脑存储记忆的脑区域（记忆物体特性）中延伸出来的神经细胞对这种竞争具有倾向性。这种倾向性的作用方式和结果是，在引起神经元的活动方面，不熟悉的物体和记忆中很重要的物体比起那些熟悉的、不重要的物体，更有可能获胜。结果导致了那些不熟悉的和记忆中具有重要作用的物体成为注意的对象；同时抑制了那些熟悉的和不重要的物体的信息传入。

三、形状识别中选择性注意的神经解剖模型

这个模型是 LaBerge（1995）在总结了前面介绍的 Petersen、Goldman-Rakic 及其本人对丘脑枕核与额叶皮层在选择性注意中作用的研究成果的基础上提出来的。它所涉及的脑结构主要包括视皮层 V4 区、后顶叶皮层、背侧前额皮层和丘脑枕核，特别强调丘脑枕核在形状识别选择性注意中的作用。

LaBerge 认为，位置选择所必需的空间信息加工主要发生在 V4 区；与 V4 区有直接联系的脑区是后顶叶皮层；而后顶叶皮层又受其他专门负责空间信息的脑区的影响，尤其是受背侧前额皮层及专门负责视觉空间信息的主要皮层下区域——上丘（负责处理与眼睛运动有直接关系的信息）和丘脑的影响。

在短时间内，例如，在提示的位置线索与需要反应的信号出现之间的这段时间内，或是在进行一组测试的时间内，视觉目标的位置储存在背侧前额区。这一区域对空间位置进行编码的细胞，能够以两种重要的方式把编码后的空间信息投射到后顶叶皮层相应的空间位置编码细胞：一是紧张性（持久的）编码，如需要维持对一个位置的警觉注意，或维持准备对视觉目标作出感觉运动反应的姿势（如抓或握）；二是位相性（简短的）编码，如为了从杂乱视野中选择一个目标，需要将空间注意范围编码，或者需要激发一个对视觉目标的感觉运动反应。

背侧前额区纤维不仅投射到后顶叶皮层，而且投射到丘脑枕核等部位。这是实现自上而

下的注意控制的基础。

丘脑枕核位于丘脑后部，约占丘脑总体积的 2/5，是丘脑中最大的核团（图 4-10）。

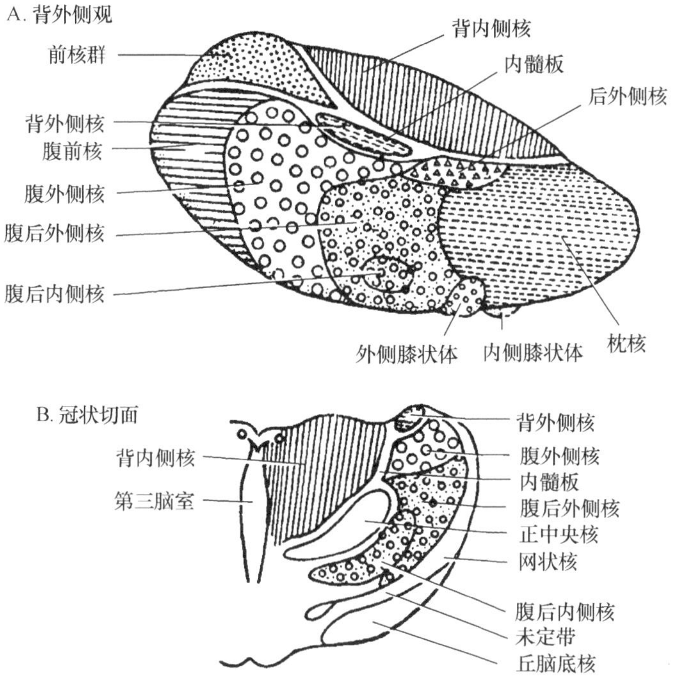

图 4-10　丘脑主要神经核（示丘脑枕核和丘脑网状核）

丘脑枕核细胞接受外部信息的输入，同时接受皮层下行纤维的输入。这种皮层下行纤维的输入为丘脑枕核发出的上行纤维提供了反馈，从而形成兴奋性皮层-丘脑-皮层的环路。这一环路可能使视觉皮层对目标所在区域的反应增强。在丘脑内部，神经细胞组成柱状，因而通过一个丘脑枕核细胞传入的信息与通过丘脑枕核的其他细胞传入的信息是分离的。同时，在丘脑内部通路中，丘脑枕核发出纤维上行到达丘脑网状核。丘脑网状核通过侧抑制作用对其他通路实施抑制，导致由周边区域传入的信息强度在皮层上衰减。因此，在选择性注意过程中，既需要有兴奋性皮层-丘脑-皮层环路引起的对目标区反应增强效应的参与，也需要由丘脑内部通路中的侧抑制作用产生的对周边刺激反应衰减效应的参与。这两种效应导致通过丘脑到达皮层的不同功能柱的信息之间出现强度上的差别，从而形成目标与周边刺激之间的鲜明对比，实现选择性注意。

研究者认为，上述神经联系的知识虽然来源于动物（如猴、猫和大鼠），但由于人类与猴的丘脑存在着几乎一样的结构，因而可以推广到人类。

第 5 章　感觉过程

赫尔曼·冯·赫尔姆霍兹
（Hermann von Helmholtz，1821～1894）

在心理学的多个方面都做出很大的贡献，提出了著名的色觉“三原色学说”和听觉“共振学说”。

◎为什么人有时候会戴着眼镜找眼镜？
◎色盲、色弱是怎么产生的？

本章知识点

- 感受器的生理特性与神经信息的关系
- 视网膜进行视觉信息加工的结构基础
- 两种视觉系统
- 视杆细胞的感光换能过程
- 色觉机制的现代观点
- 视皮层细胞感受野特点
- 声音分析机制
- 双耳声源定位的依据

我们能够欣赏色彩斑斓的画卷，聆听旋律优美的音乐，闻出芝兰之香，嗅出榴莲之“臭”，品味酸、甜、苦、辣、咸，这些都属于感觉。所谓感觉是指脑对直接作用于感觉器官或感受器的客观事物的个别属性或个别特征的反映。

感觉的产生是通过感觉系统产生的。感觉系统包括感觉器官或感受器、感觉神经（传入神经）和感觉中枢（过去也把这三个部分称为分析器）。感觉器官或感受器获取体内外环境信息并转化为动作电位；动作电位通过感觉神经传导至脑内的感觉中枢；感觉中枢进行加工分析，从而产生感觉。各种感觉系统从感受器到感觉中枢是相互独立的，因此，来自体内外的各种有效刺激必然引起相应的感觉。

第一节　感受器的一般生理特性

感受器是指分布在体表或组织内部的一些专门感受机体内外环境变化信息的结构或装置。它有多种多样的组成形式：有些感受器本身就是外周感觉神经末梢，如痛觉感受器；有些感受器是在裸露的神经末梢外再包裹一些特殊的组织结构，如感受触压刺激的环形小体；还有些是由结构和功能高度分化的感受细胞以突触的形式与感觉神经末梢相联系，形成了感觉器官，如眼、耳等。这些感受器或感觉器官具有一些共同的生理特性。

一、感受器的适宜刺激

各种感受器最突出的机能特点是它们有各自最敏感的能量刺激形式。这就是说，用某种能量形式的刺激作用于某种感受器时，只需要极小的强度（即感觉阈值）就能引起相应的感觉。这一能量刺激形式或种类就称为该**感受器的适宜刺激**（adequate stimulus），如一定波长的电磁波是视网膜光感受细胞的适宜刺激，一定频率的机械震动波是耳蜗毛细胞的适宜刺激。每一种感受器只有一种适宜刺激，对其他形式的能量刺激或者不发生反应，或者反应性很低。正因为如此，机体内外环境中所发生的各种形式的变化，总是先作用于与它们相对应的那种感受器。这一现象的存在，是由于动物在长期的进化过程中逐步形成了具有各种特殊功能结构的感受器以及相应的附属结构的结果，其意义在于对内外环境中某种有意义的变化进行精确的分析。

二、感受器的换能作用

各种感受器在功能上的第二个共同点，是把作用于它们的各种有效刺激转变为相应的传入神经纤维上的动作电位或锋电位，这种现象称为**换能作用**。也就是说，每一种感受器都可以看作一个特殊的生物换能器。感受器怎样把刺激能量转变为相应的神经电信号，这在不同的感受器各有特点。但大量的研究表明，不论何种感受器，刺激在转变为神经动作电位以前，一般都要在感觉神经末梢或感受细胞上引起一个在性质上类似于局部兴奋的电变化。这种电变化称为**感受器电位**（receptor potential）或发生器电位。感受器电位不是“全”或“无”式的，它的大小在一定范围内和刺激的强度成比例，有总和现象，只能以电紧张的形式在膜上扩布传导一个很短的距离，但是感受器电位的这种影响可以使邻近的具有通透性的膜去极化，而当这种去极化达到该处膜的阈电位数值时，就会在感觉神经上引起一次传向中枢的动作电位。图 5-1 是在猫的肠系膜的单个环层小体上进行的实验记录，从中可以较清楚地看出感受器电位和动作电位产生之间的关系。环层小体一般接受有髓神经纤维支配，末梢处髓鞘消失，包被在环形结构之中，但环形结构中通常都留有一个郎飞结。当用一个轻微的触压刺激作用在环层小体的表面上时，在靠近环层小体的神经纤维上可记录到刺激所引起的电变化。图 5-1A 表明，当触压刺激强度依次增大时，它会突然转变为膜的快速自动去极，产生一次锋电位。图 5-1B 是预先把环层结构小心地剥除，暴露出神经末梢，在此情况下触压刺激直接作用于神经末梢，仍能引起类似图 5-1A 的反应，说明环层结构对换能过程并不是必需的。图 5-1C 是预先在裸露的神经末梢上的第一个郎飞结处用局部麻醉剂或局部损伤使该处膜丧失正常机能，在此情况下触压刺激只能引起感受器电位而没有锋电位产生。图 5-1D 是在实验前数日已经在靠近脊髓处将传入纤维切断，使神经纤维发生变性，这样在实验中既无感受器电位产生，也无动作电位产生。这些实验事实说明，感受器电位是产生在裸露的神经末梢处，它以电紧张（或局部电流）的形式使第一个郎飞结处的膜去极化，如果达到后者的阈电位水平就引起一个依次沿郎飞结做跳跃式传导的动作电位。在外界刺激强度较大并持续作用的情况下，感受器电位可迅速达到最大值并持续一定时间。这样，当第一个郎飞结处的膜复极化时，立即会出现第二次动作电位，即只要感受器电位足够大且持续存在，传入纤维上就可能产生一个个连续的神经冲动传向中枢。由此看来，感受器电位是和刺激的强度与持续的时间成比例的，而感受器电位又导致了相应频率和数量的神经冲动，这样就使得神经冲动和刺激之间也保持了某种比例关系。至于机械刺激在这里是怎样引起感受器电位的，一般认为是膜的机械变形引起了神经末梢对 Na^+ 的通透性增大，结果 Na^+ 内流使膜电位降低，形成了感受器电位。

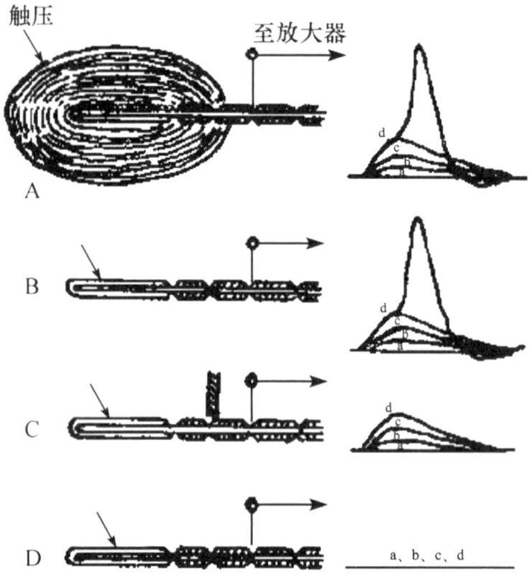

图 5-1　猫肠系膜环层小体的发生器电位和动作电位的产生

在图中左侧箭头表示触压刺激，a～d 表示依次增加刺激强度（说明见正文）

三、感受器的编码作用

感受器在把外界刺激转变为神经动作电位的过程中，不仅仅是发生了能量形式的转换，更重要的是把刺激所包含的环境条件变化的信息也转移到了动作电位的序列和组合之中，这一过程称为**编码作用**。例如，外界的物体能够成像在视网膜上，但由视网膜传向中枢的信号，只能是视神经纤维上的动作电位。因此，关于外界的物体或物像的信息，只能包含在这些动作电位的组合和序列之中，这种现象就如同电报局在发报以前要把待传送的信息转换成某种电码的序列一样。编码也就是信号形式的转换，它首先发生在感觉系统的起始处——感受器（在各级中枢神经元的接替处还要进行再编码），因为由任何传入神经纤维传向中枢的信号只能是动作电位。人类的各种主观感觉产生于大脑皮层，而大脑皮层产生感觉的直接依据只能是经过编码的神经电信号。关于人的感觉能否正确地反映客观世界，历来是哲学上唯物论和唯心论激烈争论的问题。从上述生物学提供的事实来看，人和动物正是根据各种传入信号而形成各种感觉、知觉并改变机体的各种机能状态，使有机体相当完善地适应不断变化着的环境条件。这一事实本身就说明感觉可以比较准确地反映客观事物的真实情况，而且它的精确程度随着长期的进化历程和人类个体的实践活动而逐步完善。

那么，感受器是怎样把刺激的质和量编码在神经电信号之中的？

来自任何感受器的传入冲动，都是一些在波形和产生原理上基本一致的动作电位。例如，由视神经、听神经或皮肤感觉神经上记录到的动作电位并无本质上的差别。因此，不同性质的外来刺激不可能是通过某些特异的动作电位形式或频率特性来编码的。大量事实说明，不同种类感觉的产生，不但取决于刺激的性质和被刺激的感受器，也取决于传入冲动所到达的大脑皮层的终端部位。例如，用电刺激直接作用于视神经，人为地使它产生传向枕叶皮层的传入冲动或者直接刺激枕叶皮层使之产生兴奋，均会引起光亮的感觉，而且主观上感到这种光亮发生于视野的某一部分；临床上发现，患者由于肿瘤等病变压迫听神经时会产生耳鸣症状，而某些痛觉传导通路或相应中枢的刺激性病变也常引起身体一定部位的疼痛。这些都说明，感觉的性质取决于传入冲动所到达的高级部位，而不取决于动作电位本身的特性。也就是说，在整体情况下对刺激物类型的分辨过程是：在进化过程中由于感觉装置的分化，使某一感受器变得对某种性质的刺激特别敏感，由此产生的传入信号又循特定的传导途径（即特异传导通路）到达特定的皮层中枢，引起特定性质的感觉并区分出刺激物的类型。

在某一感觉系统中，刺激的强度也不可能通过动作电位的大小和波形来编码，因为它们是“全”或“无”式的。然而，刺激的强度可以通过神经冲动发放的频率及其所兴奋的神经纤维的数目多少来编码。如前所述，较强的刺激可以由感受器转换成为较强且持续时间较久的感受器电位，后者可引起较高频率的冲动持续发放。图 5-2 的实验清楚地说明了感受器所受刺激强度和传入神经上动作电位的频率之间存在着某种对应关系。图中每一条曲线都代表用一个直径 1mm 的小塑料棒压迫人手的一个触压感受点时，在相应的传入纤维上记录到的连续放电情况，曲线右端的数字表示每次的刺激强度。从图 5-2 中可以看出，这一感受器的阈值大约是 0.5g，即它对 0.2g 的触压无反应，但在 0.6g 时已有明显反应。以后随着重量的增大，冲动频率也越来越高。由此可以认为，传入纤维上动作电位的频率和刺激强度之间存在着一定的比例关系。这就意味着不同强度的刺激是由不同的调频式电信号来编码和传送的。不过，这种方式只能表示范围有限的各种刺激强度，因为大多数感觉纤维传导冲动的频率每秒不超过几百次，而在视觉过程中人们能感受到的光照强度的上限和下限的差别达 1000 万倍（初升的月光与正午的阳光能量之比为 1∶10 000 000），在听觉中人们能感受到的刺激强度的上限和下限的差别达几百万倍（雷声比钟表的滴答声的能量高几百万倍）。对于这种变化范围较大的刺激强度的编码，可以通过兴奋神经纤维数目的多少来实现。还以上述实验为例，在触压刺激继续加大的情况下，同一刺激有可能引起较大面积的皮肤变形，使一个以上的感受器和传入纤维向中枢发放冲动。这样，刺激强度可以由激活的感受器或感受细胞及神经纤维的数目来代表，因而每一条神经纤维上冲动的多少和传导冲动的神经纤维数目的多少都可以反映刺激的强度。实际上，任何一个自然刺激在空间和时间上的变化都是十分复杂的，因此它们被编码的情况也必然是十分复杂的。

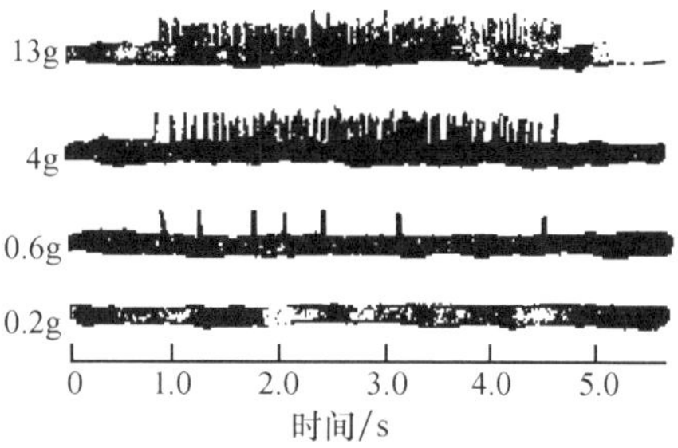

图 5-2 不同重量的触压刺激在单一传入纤维上引起的冲动频率的改变

四、感受器的适应现象

当刺激作用于感受器时，经常看到刺激虽然仍在继续作用，但神经纤维上的传入冲动频率已开始下降，这一现象称为**感受器适应**。适应是所有感受器的一个功能特点，但不同的感受器适应出现的快慢有很大差别，通常可以把它们区分为快适应感受器和慢适应感受器。前者以皮肤触觉感受器为代表，当它受刺激时只在刺激作用的短时间内有传入冲动发放，以后刺激虽仍然存在，但传入冲动可以逐渐降低到零；后者以肌梭、颈动脉窦压力感受器和痛觉感受器为代表，它们在刺激持续作用时，一般只是在刺激开始作用后不久出现一次冲动频率的某种程度的下降，但以后可以较长时间维持在这一水平上，直至刺激被撤除为止。感受器适应的快慢各有其意义，它把刺激的变化或不变的信息提供给大脑，反映出刺激的有效性。

为什么有时我们会戴着眼镜找眼镜？

生活中有时我们会戴着眼镜找眼镜、戴着手表找手表。其原因在于触压觉适应最快。戴上眼镜最初对鼻梁有轻微的触压，但这种触压刺激导致的动作电位短时间内衰减至阈下电位水平，使得由此引起的触压觉不再被感知。快适应也可以看作一种信息封闭的形式，目的在于避免神经系统被那些不再能提供有效信息的刺激所淹没。例如，触觉的作用一般在于探索新异的物体或障碍物，它的快适应有利于感受器再接受新的刺激。试想：我们穿着的衣服对人体会产生触压觉刺激，如果这种刺激不被快速适应，那势必干扰正常的学习和工作。

当然慢适应有利于对机体某些机能如姿势等进行持久的调节，并对那些特别重要的刺激保持高度的警惕性。

适应并非疲劳，因为对某一刺激产生适应之后，增加此刺激的强度又可引起传入冲动的增加。

感受器产生适应的快慢机制在于它们对持续刺激具有不同的反应特性。受到刺激时，慢适应感受器电位可以维持在相对恒定的去极化水平，而快适应感受器电位则很快下降至低于触发神经冲动的阈值水平，甚至回到静息电位水平（图 5-3）。这两种感受器电位的差异与 Na^+、K^+电导变化以及感觉神经末梢周围组织特性有关。如环层小体的环层结构就与触觉的快适应有关，因为它容易把作用于小体表面的快速压力变化传递给感觉神经末梢，而对于持续作用的压力则由于该结构的弹性而部分地予以抵消。另外，与感觉神经末梢相邻接的产生动作电位的膜的特性的改变，也与适应的产生有关。在整体情况下，感觉的适应不仅与感受器有关，也与产生感觉的有关中枢的特性有关。

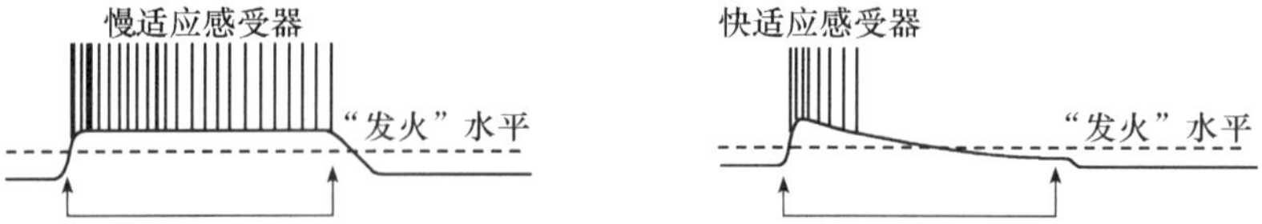

图 5-3　快、慢适应牵拉感受器电位与动作电位（引自吕国蔚，2000）

第二节　视 觉 过 程

自然界形形色色的物体及文字、图片等形象，主要是通过视觉系统在人脑得到反映。据估计，人脑获得的信息中有 70%～90%来自视觉系统，由此可见视觉对人的重要性。

引起视觉的外周感觉器官是眼睛。眼球的基本结构，除了控制眼球运动的眼外肌和起保护营养作用的巩膜、脉络膜外，其主要部分是位于眼球正中线上的折光系统和位于眼后部的视网膜，它们与视觉传入信息的产生有直接关系。角膜、房水、晶状体、玻璃体构成了眼内的折光系统，使外来的光线发生折射，最后成像在视网膜上。人眼的适宜刺激是波长 370～740nm 的电磁波。在这个所谓的“可见光谱”的范围内，人脑通过接受来自视网膜的传入信息能够分辨出视网膜上像的亮度和色泽，因而可以看清视野内发光物体或反光物体的颜色、轮廓、形状、大小、远近和表面细节等情况。

视觉信息在视网膜上被转变为神经冲动由视神经传入脑内（图 5-4）。在人类，两眼视网膜鼻侧的神经节细胞的轴突分别交叉到对侧，形成视交叉；颞侧纤维不交叉。在视交叉处，左眼视网膜鼻侧的纤维和右眼视网膜颞侧的纤维形成右边视束，而右眼鼻侧的纤维和左眼颞侧的纤维形成左边视束。视束纤维的一部分终止于上丘，完成瞳孔调节、视觉定位等活动；大部分纤维终止于外侧膝状体，在这里更换神经元，由中继神经元的轴突组成视放射投射到枕叶 17 区的一级视觉皮质。一级视皮质周围的广大区域一般也有视觉功能，并接受来自丘脑的纤维。这样，从两眼传入的信息汇合在大脑皮质，从而产生种种视知觉。

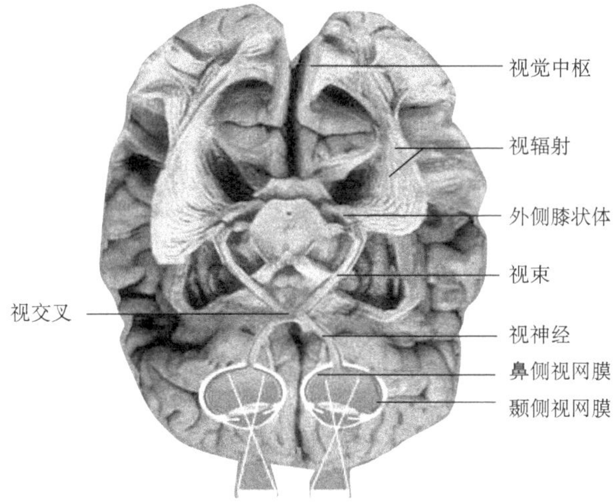

图 5-4　视觉传导路（扫码见彩图）

一、视网膜的结构特点

来自外界物体的光线，通过眼的折光系统在视网膜上形成物像，视网膜把物像转变成视神经纤维上的神经信号，传导到大脑皮层后引起视觉中的“像”。

视网膜的厚度为 0.1～0.5mm，但结构十分复杂。由于胚胎发育中视网膜与脑均起源于外胚层，形态结构与脑相似——形成了多层细胞和突触联结，功能上亦能处理复杂的视觉信息，因而又称为“外周脑”。它犹如脑的一个“派出所”。视网膜的最外一层细胞是色素细胞。因为它含有色素颗粒和维生素 A，对与之邻近的感光细胞起营养和保护作用，为维持正常的视网膜功能所必需。色素细胞层内侧是由三级神经元组成的细胞层：第一级是光感受器（photo-receptor），由无数视杆细胞（rod）和视锥细胞（cone）组成；第二级是双极细胞（bipolar cell）；第三级是神经节细胞（ganglion cell）。由神经节细胞发出的轴突形成视神经（optic nerve）。这三级神经元构成了视网膜内视觉信息传递的直接通道。此外，在第一级与第二级神经元之间有水平细胞（horizontal cell）层，它从感受器接受信息，并反馈输出到感受器，同时也输出到双极细胞。这三层细胞之间形成了复杂的突触联系网络层，称为外网络层。在第二级与第三级神经元之间，有无长突细胞（amacrine cell）层，它从双极细胞接受信息，又负反馈地输出到双极细胞，同时又输出到神经节细胞。这三层细胞之间形成的复杂突触联系网络，称为内网络层。外网络层和内网络层细胞突起在细胞层之间水平延伸，把相邻的神经元联系起来（图 5-5）。

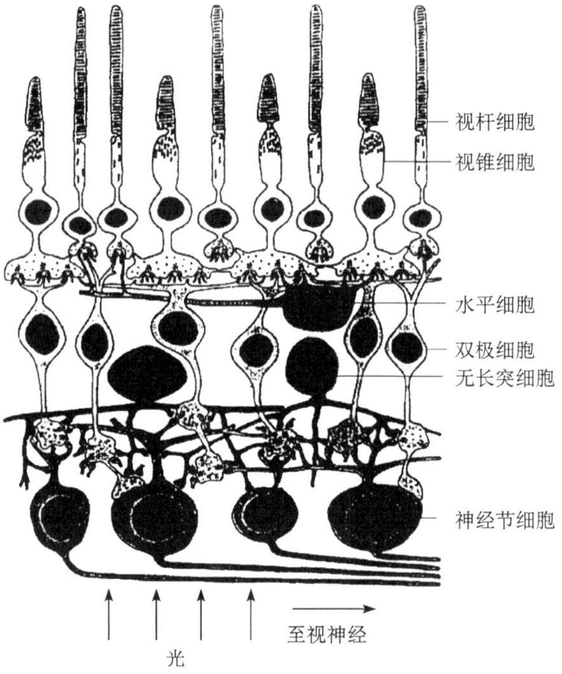

图 5-5　灵长类动物视网膜结构（引自徐科，2000）

由神经节细胞层发出的神经轴突，先在视网膜表面聚合成束，然后穿透视网膜在眼的后极出眼球，这就在视网膜表面形成了视神经乳头。在乳头范围内实际上没有视网膜特有的细胞结构，因而落在此处的光线将不被感知，故称为盲点。但正常时由于两眼视物，两侧盲点可以相互补偿，并且由于高级视觉中枢的作用，人们主观上并不感觉到盲点的存在，就是单眼视物时也是如此。

视网膜中的视杆细胞和视锥细胞的光敏感性存在明显差别。视杆细胞对光的敏感度较高，在昏暗的环境中能引起视觉；但不产生色觉而只能区别明暗，并且视物时只有较粗略的轮廓感，精确性差。视锥细胞对光的敏感性较低，只能在类似白昼的强光条件下才能起作用；但视物时能分辨颜色，分辨力也高——能分清物体的细节。

人眼视网膜中视杆细胞和视锥细胞在空间分布上是不均匀的，越靠近视网膜周边部位，视杆细胞越多而视锥细胞越少；越靠近视网膜中心则视杆细胞越少视锥细胞越多。并且，眼球后极稍偏外侧的黄色色素区——黄斑的中央凹处，没有视杆细胞而全部是视锥细胞。与此相对应，人眼视觉的主要特点是，中央凹在亮处有最高的视敏度（分辨物体细节的能力）和色觉，而在暗处视力较差；相反，视网膜周边部位能感受弱光刺激，但精确度差且无色觉。另外，两种感光细胞和双极细胞及神经节细胞形成信息传递系统时，逐级之间都有一定的聚合现象，但视锥系统的聚合程度较小，在中央凹部位甚至可以发现一个视锥细胞只和一个双极细胞联系、一个双极细胞又只和一个神经节细胞联系的无聚合“单线联系”。与此相反，在视杆系统中则普遍存在着多个视杆细胞会聚于一个双极细胞、多个双极细胞又会聚于一个神经节细胞的情况，在视网膜周边部位甚至可以发现多达 250 个视杆细胞最后会聚于一个神经节细胞。这种结构上的特点显然是同视锥系统有较强的细节分辨能力而视杆细胞有较高的弱刺激总和能力相一致的。

二、光感受器的感光换能过程

人类的视网膜内存在 4 种光感受器：视杆细胞和 3 种视锥细胞（图 5-6）。每一种光感受细胞有内段和外段组成。内段包括细胞体和一个像轴突似的细小部分。这个像轴突的小部分延伸到外网络层并在其膨大的末端形成各种突触（图 5-7）。视杆细胞和视锥细胞在形态上有所不同，但是它们的外段都充满着折叠紧密的盘膜。盘膜是由镶嵌着一种特殊分子——视色素分子的脂膜构成。视色素是行使光-化学-电转换的物质基础，它由一个生色基团——维生素 A（视黄醛）与视色素蛋白（视蛋白）构成。不同光感受器中的视色素在化学结构上略有差异。编码人的 4 种视色素的视蛋白基因已经被鉴定和分离出来。据推算，视锥细胞视蛋白的氨基酸序列约有 40%与视杆细胞视蛋白是相同的，而红敏和绿敏视锥细胞之间则有 95%相同。不同光感受器的视色素分子之间化学结构上的差异使每一种色素具有不同的光谱吸收特性。

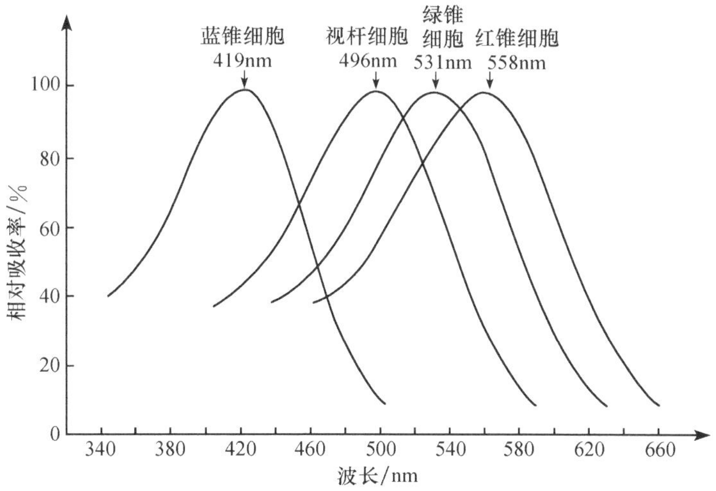

图 5-6　人的 4 种光感受器色素的相对光谱吸收曲线（引自徐科，2000）

视杆细胞中的视色素称为**“视紫红质”**（rhodopsin，Rh），其光谱吸收曲线的峰值波长为 500nm。人眼视网膜的视锥细胞不仅数量少而且体积小，因而很难将其分离并提取其视色素。人们曾经从视锥细胞为主的一些鸟类（如鸡、鸽）视网膜中提取出了视色素，命名为“视

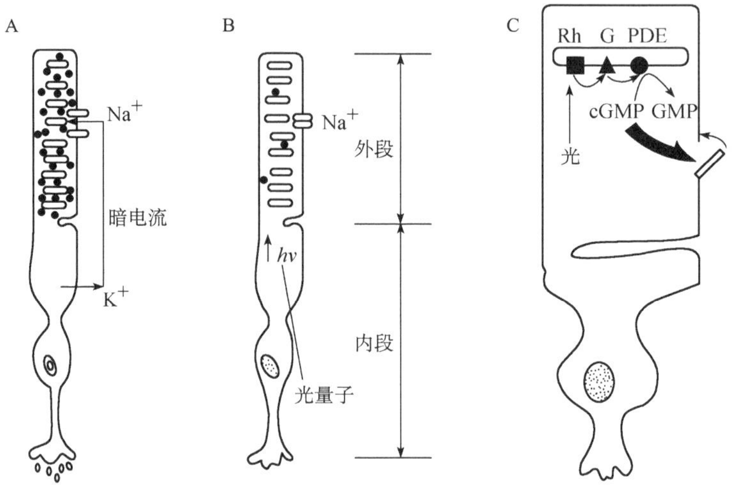

图 5-7　光感受细胞换能机制示意图（引自寿天德，2006）

细胞外段盘膜上的 cGMP 门控通道在光照引起的光感受器的电活动变化起关键作用。图示为视杆细胞，也适用于视锥细胞。A. 在黑暗中，cGMP 浓度较高，其分子与膜上的 Na^{+}通道蛋白结合使通道打开，细胞外 Na^{+}或者其他阳离子进入细胞内部，形成暗电流，使细胞去极化，释放兴奋性神经递质；B 和 C.光照时感受器细胞外段内部的视色素分解为视黄醛和视蛋白，最终使 cGMP 水平下降，导致通道关闭，细胞超极化，神经递质停止或减少释放

紫蓝质”（iodopsin）。后来，人们通过先进的实验方法（如显微分光光度法、颜色部分漂白和电生理等方法）证明，人和猕猴的 3 种视锥细胞色素的光谱吸收峰值分别在 430nm、530nm 和 560nm，它们各自对蓝、绿、红 3 种颜色最敏感。实际上 3 种视锥色素的敏感曲线有很大的重叠，特别是红敏和绿敏视锥色素之间靠得很近。由于这种重叠，600nm 的光线会诱发峰值在 560nm 的红锥细胞产生最大反应，但同时也会在较弱程度上诱发其他两种视锥细胞的反应。因此，红锥细胞并不是只反应长波长的光波（或红光），只不过对这种波长的光反应比对其他波长的光强而已。另外两种视锥细胞的反应特性与之相同。

那么，感光色素是怎样发挥换能作用的？光感受器中的光-化学-电换能过程的内部信使是 cGMP（环化鸟苷酸）。在黑暗中，光感受细胞外段盘膜上的 cGMP 分子与 Na^{+}通道蛋白结合，使 Na^{+}通道维持开放，Na^{+}持续内流，形成从内段流向外段的暗电流（dark current），此时光感受细胞去极化，即处于兴奋状态，光感受细胞的突触释放兴奋性神经递质谷氨酸，而此时视色素分子中的视黄醛是 11-顺式视黄醛；光照时，光感受细胞外段内部的盘膜上的视色素受到光量子的作用，其中的 11-顺式视黄醛转化为全反式视黄醛（不能与视蛋白结合），导致视色素分解为视黄醛和视蛋白。与此同时，激活盘膜上的鸟苷酸结合蛋白（G 蛋白），G 蛋白再去活化磷酸二酯酶（PDE），此酶迅速使内部信使 cGMP 分解为 GMP，使其在细胞内浓度下降，引起光感受细胞外膜上受 cGMP 控制的 Na^{+}通道关闭，暗电流骤降或者消失，光感受器细胞转而进入超极化状态，其轴突所释放的兴奋性神经递质减少或者完全终止。这样光能便转换为光感受器的神经电信号。由此可见，光照引起感受细胞产生超极化反应，这个过程称为光致超极化（light-induce hyperpolarization）（图 5-8）。

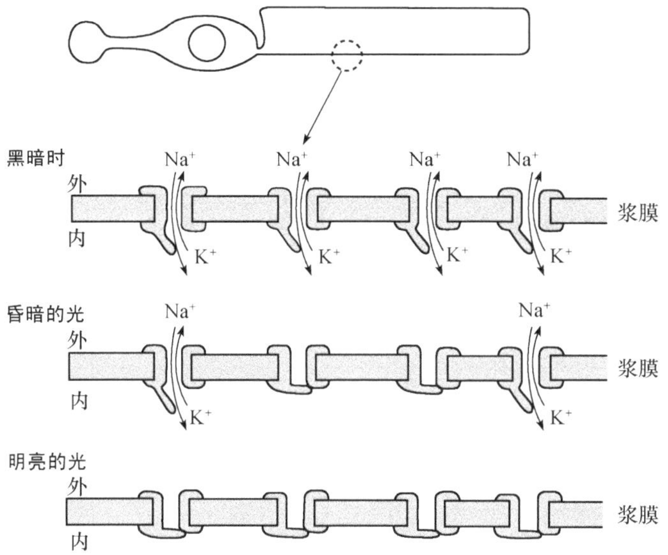

图 5-8　光感受器外段膜上可被光关闭的非特异性阳离子通道。被关闭的通道所占的比例取决于光强（引自张守信和金连弘，2002）

视紫红质在光照时迅速分解为视黄醛和视蛋白是一个多阶段反应。分解的引起首先在于视黄醛分子构型的改变。在视黄醛的两种形态中：全反式视黄醛的分子链是伸直形式的；11-顺式视黄醛的分子链是弯曲形式的。视蛋白只能和 11-顺式视黄醛连接形成视紫红质。不过，11-顺式视黄醛是不稳定的，只能在黑暗中存在。当光量子冲击到视网膜被视紫红质捕捉，也就是视紫红质曝光（如吸收一个光量子），弯曲的视黄醛分子链伸直变成全反式视黄醛。而视蛋白不能与全反式视黄醛连接，因而导致视黄醛分子的脱落，也就是视紫红质分解成为视蛋白和视黄醛（图 5-9）。

在亮处分解的视紫红质，在暗处又可重新合成，即它是一个可逆的反应，平衡点取决于光照的强度。视紫红质合成的第一步是全反式视黄醛变为 11-顺式视黄醛，这是一个耗能的酶促反应；其次，变构后的视黄醛再和视蛋白结合，这一步可以很快完成且不需要能量。此外，储存在视网膜最外层色素细胞中的维生素 A 也是全反式的，它们也可在耗能的情况下转变为 11-顺式维生素 A 并进入视杆细胞，然后再氧化成 11-顺式视黄醛，参与视紫红质的合成与补充，但这个过程进行得很慢。人在暗处视物时，实际上既有视紫红质的分解，又有它的合成，这是人在暗处能不断视物的基础。光线越暗，合成速度越大于分解速度，视网膜中视紫红质的浓度也越高，使视网膜对弱光的敏感度也越高。相反，人眼在亮处时，视紫红质分解增强，合成过程甚弱，这就使视网膜中较多的视紫红质处于分解状态，不能继续“感受”光的刺激。在这种情况下，视觉主要由视锥系统的活动所引起。视紫红质在分解与再合成过程中，有一部分视黄醛将被消耗掉，主要靠血液中的维生素 A 来补充。否则，将影响人在暗处的视力，引起所谓夜盲症。

光感受细胞中视色素分解产生的电信号通过突触联系传递给双极细胞。双极细胞既直接从光感受器接受输入信号，又间接地通过水平细胞的联系接受邻近感受器的输入信号。双极细胞的感受野明显地呈现中心和周边区相拮抗的同心圆结构。根据对光点刺激反应的不同，

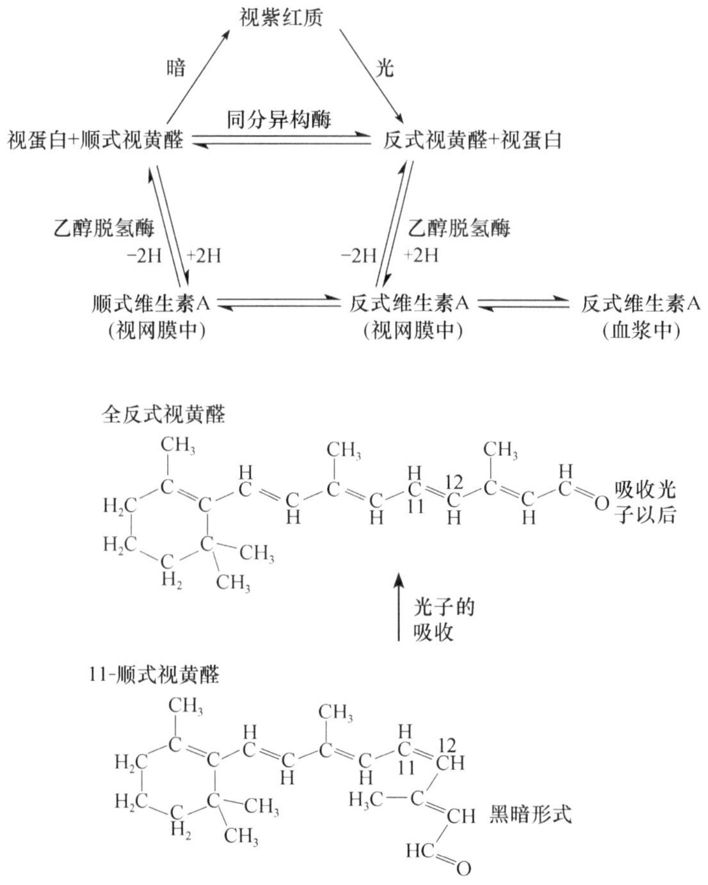

图 5-9 视紫红质的光化学反应过程（下方为视黄醛的两种构型）

双极细胞被区分为**给光中心**（on-中心）双极细胞和**撤光中心**（off-中心）双极细胞两种类型。前者对感受野中心的光刺激呈现去极化反应；后者则对感受野中心的光刺激呈现超极化反应（图 5-10）。这里的**感受野**指的是一个神经细胞或一根神经纤维所控制的视网膜面积。

由此可见，视网膜中相当一部分细胞在光刺激下产生兴奋的同时，对其相邻的细胞施加相反的作用，或称侧抑制作用。

神经节细胞是视网膜的输出神经元。一个神经节细胞可以通过双极细胞和水平细胞联系许多个感光细胞的输入，而相邻的神经节细胞之间，又可以通过无长突细胞的水平分枝形成相互联系。从神经节细胞开始产生动作电位。神经节细胞的感受野和双极细胞一样，具有拮抗式同心圆结构，并且也有 on-中心细胞和 off-中心细胞之分。off-中心神经节细胞和 on-中心神经节细胞的树突分别接受 off-中心和 on-中心双极细胞的轴突输入。由此在视网膜内形成了独立的 on-通路和 off-通路。on-通路和 off-通路在知觉上可能与传递明-暗或黑-白信息有关。因为对我们的视觉系统来说，“暗”并不简单意味着物理光强度的减弱或缺乏。事实上，暗和亮是同等重要的视觉信号，明度和暗度分布在构成各式各样的图像特征时具有同样的重要性。

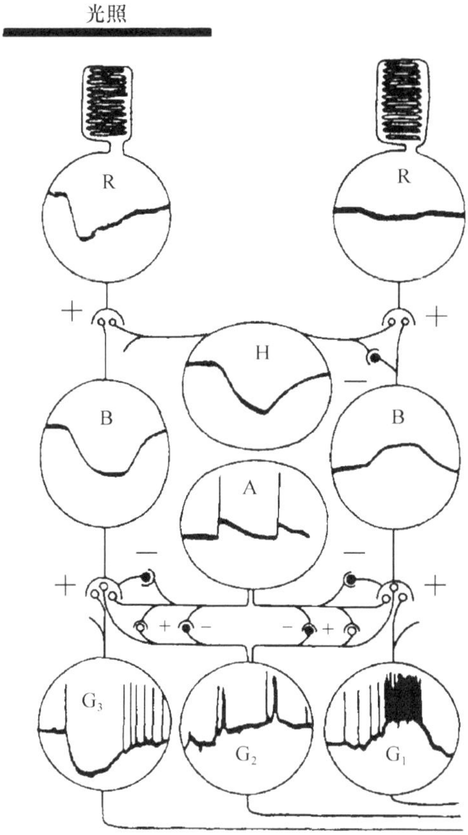

图 5-10　脊椎动物视网膜神经元的功能组织方式

图中左侧视网膜受到了光刺激，左侧光感受器细胞（R）对闪光反应是膜电位的超极化，其正下方的双极细胞（B）随着也发生超极化反应，导致正下方的神经节细胞（G_3）也产生超极化反应——G_3的自发放电在闪光瞬间停止，闪光结束时放电突然骤增，形成所谓撤光（off）-反应——这是因为双极细胞直接与光感受细胞形成的突触联系是兴奋性的，它在中心变暗时通过兴奋性突触被激活后，引起其后的神经节细胞发生相应变化。右边的光感受器（R）由于没有受到光刺激，因而没有反应，但其正下方的双极细胞（B）却由于受到水平细胞（H）侧面传来的输入而对闪光产生去极化反应。水平细胞侧向输入是一种负的效应，它使双极细胞的反应极性相反，这是因为两者之间的突触联系是抑制性的。当光刺激使光感受细胞超极化时，双极细胞从压抑中获得释放，从而被激活起来。右边的双极细胞去极化后，通过释放神经递质作用于其正下方的神经节细胞（G_1），使其去极化，从而产生所谓给光（on）-反应。无长突细胞（A）的反应对闪光的时间变化量特别敏感，因而表现为对给光和撤光瞬间有反应，使得其正下方的神经节细胞（G_2）成为给光-撤光（on-off）型反应细胞

三、视锥系统与颜色视觉

视锥系统由视锥细胞和有关的传递细胞，如双极细胞和神经节细胞等构成。视锥细胞的重要特点是具有辨别颜色的能力。颜色视觉是一个复杂的物理-心理现象，色觉的不同是不同波长的光线作用于视网膜而在人脑引起的主观映象。人眼在光谱上一般可以区分出红、橙、黄、绿、青、蓝、紫 7 种主要颜色，每种颜色都和一定波长的光线相对应。但通过仔细检查发现，人眼在可见光谱上能够区分出的颜色不下 150 种，说明光波长度只要有 3～5nm 的增减，就可被视觉系统分辨为不同的颜色。显然，设想在视网膜中存在有上百种专门对不同波长的光线发生反应的视锥细胞或感光色素，是不大可能的。但是，物理学上从牛顿时代或更

早就已经证明了这样一条规律，即一种颜色不仅可以由一定波长的光线所引起，而且可以由两种或两种以上的其他波长的光线混合作用所引起。例如，把可见光谱上的七色光在牛顿色盘上旋转便会引起白色的感觉；用红、绿、蓝三种色光作适当混合，可以引起可见光谱上任何颜色的感觉——由此人们把红、绿、蓝定为三原色。三原色混合的原理不仅早已广泛应用于彩色照相、彩色电视等方面，而且被用于说明颜色视觉的产生机制——人们提出了色觉的三原色理论。

（一）Young-Helmholtz 的三原色理论

根据颜色混合的各种事实，早在 19 世纪初，Young（1809）和 Helmholtz（1824）就已经提出了颜色视觉的**三原色理论**，或叫做三种感受器理论，以后又得到了发展。三原色理论认为，人眼内有三种基本的颜色感受器，实际上就是视网膜中的三种锥体细胞，每一种锥体细胞含有一种色素；三种锥体细胞色素的光吸收特性不同，即在光照射下它们吸收和反射不同的光波；并且设想当光谱上介于红、绿、蓝三者之间的波长光线作用时，它们可对吸收光波波长与之邻近的两种锥体细胞或色素起到一定程度的刺激作用，于是在中枢引起光谱上介于此两色之间的其他颜色的感觉。三原色学说用较简单的生物学感受结构的假设说明了复杂的色觉现象，一般为多数人所接受。

如前所述，综合大多数研究和一些心理物理实验的结果，不仅证明视网膜中确实有三种锥体细胞存在，而且得到的三种锥体细胞色素的光谱吸收曲线也是比较一致的——吸收峰分别在波长为 445nm、537nm、570nm 左右。

20 世纪 80 年代中期以来，三原色学说的研究已经深入到了基因水平。控制视色素的基因也被识别出来。它们制造的分子对红、绿、蓝光敏感。红色素与绿色素基因肩并肩地位于 X 染色体上，蓝色素基因在染色体 7 上。

三原色学说及其证据不仅能充分解释颜色混合现象，而且大体上也说明了色盲或色弱问题。色盲分为红色盲、绿色盲和蓝色盲（极为少见），患者不能感知光谱的相应波段，其中红绿色盲常同时出现。导致色盲的原因被认为是患者缺少相应的视锥细胞，且与遗传因素有很大关系。红、绿色盲的原因已经证明是由于缺少相应的视色素所致。色弱是指有些人对某种颜色的识别能力低一点，即他们并不缺乏某种视锥细胞或基因，只是对某种颜色的反应能力较低。

然而，三原色学说也存在着局限性。这种局限性最突出地表现在两个方面：第一，按照该学说的最初观点，只有当三种纤维同时兴奋时才能产生白黑系列的非彩色感觉。既然色盲患者缺乏一种或几种视锥细胞或神经纤维，是不应有白色感觉的，然而事实却相反——全色盲人同样也有明度（或白色）感觉。第二，三原色学说不能满意地解释负后像和同时对比问题。

（二）色觉对立机制理论

如果将同样的蓝色纸块放在黄色或其他颜色的背景上，人们会觉得放在黄色背景上的那个蓝色纸块特别“蓝”或特别鲜亮，也会觉得背景（黄色）比放蓝色纸块前更“黄”了。这种现象称为颜色的对比，而黄和蓝则称为对比色或互补色。同样。红和绿互为对比色，白和黑互为对比色。根据这些用三原色学说不能满意地说明的现象，Hering（1874）提出了另一种色觉学说——**对立机制学说**或称为四色学说。

Hering 的理论是根据以下的观察：有些颜色看起来是单纯的，不是其他颜色的混合色；另一些颜色看来则是由其他颜色得来的。一般人都会认为，橙色是红和黄的混合色，紫色是红和蓝的混合色，然而，红、绿、蓝、黄却是纯色，它们彼此不相似，也不像是其他颜色的混合色。因此，Hering 认为可能存在红、绿、蓝、黄 4 种原色。Hering 理论的另一个根据是，我们找不到一种看起来是偏绿的红或偏黄的蓝，而只有偏黄的红即橙色及绿蓝色。红和绿以及黄和蓝的混合得不出其他颜色，只能得到灰色或白色。这就是说，绿刺激可以抵消红刺激的作用，黄刺激可以抵消蓝刺激的作用。于是，Hering 提出红和绿感受器、黄和蓝感受器是两对起对立作用的感受器，黑和白是第三对对立的感受器。另外，假定视网膜中有三对视素，即白-黑、红-绿、黄-蓝视素，每对视素对光照和黑暗呈现相反的反应，如红光使红-绿色素破坏（异化）、绿光使它建设（同化）。光刺激破坏白-黑视素，引起神经冲动产生白色感觉。无光刺激时白-黑视素重新建设，此时产生黑色感觉。因为各种颜色都有一定的明度，即含有白色成分，故每一颜色不仅影响其本身视素的活动，而且也影响白-黑视素的活动。

根据上述假设，当对比色混合时，某一对视素的两种对立过程形成平衡，因而不产生与该视素有关的颜色感觉，但所有颜色都有白色成分，故引起白-黑视素的破坏作用而产生白色或灰色的感觉。同样，当所有颜色都同时作用到各种视素时，红-绿、黄-蓝视素的对立过程都达到平衡，此时只有白-黑视素活动，从而引起白色或灰色感觉。

对同时对比的解释是，当视网膜一部分正在发生某一对视素的破坏作用，其相邻部分便发生建设作用，引起同时对比。对负后像的解释是，当外在颜色刺激停止时，与此颜色有关的视素的对立过程开始活动，因而产生原来颜色的补色感觉。

色觉的对立机制学说，也得到了现代生理学实验研究的证明。视网膜大多数水平细胞对任何可见光的反应，都是呈现超极化。这种细胞被称为亮度型（或 L 型）；在色觉发达的动物，如鲤鱼、鳖等，还存在另一种水平细胞，它们对某波段光刺激反应为超极化，对其他波段的光刺激反应为去极化。这类水平细胞被称为色度型（或 C 型）。C 型水平细胞反应的基本类型，或为双相反应——对绿光呈现超极化、对红光呈现去极化（R/G 型），或对蓝光呈现超极化、对绿光呈现去极化（G/B 型），或为三相反应——对红光和蓝光呈现超极化，对中间波长的光波呈现去极化（图 5-11）。这说明 C 型水平细胞已经对不同波长的光波呈现极性完全相反的反应。这类对不同颜色刺激的拮抗式反应，可以看作色觉对立机制学说的证据之一。后来发现，视网膜其他细胞，如双极细胞、无足细胞、神经节细胞，以

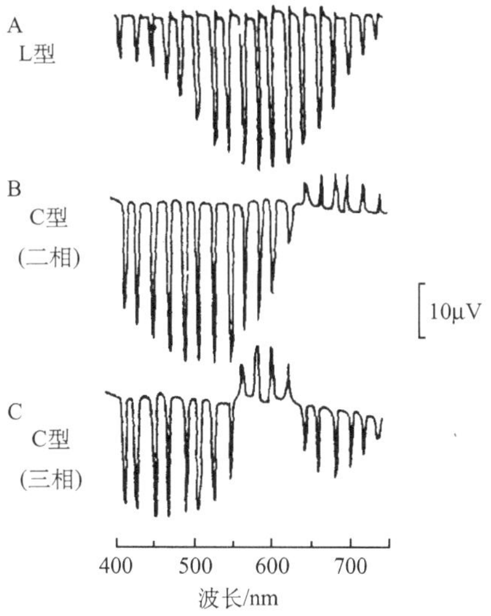

图 5-11　鲤鱼视网膜水平细胞对不同波长闪光刺激产生的 S 电位

A.L 型反应；B.二相 C 型反应；C.三相 C 型反应

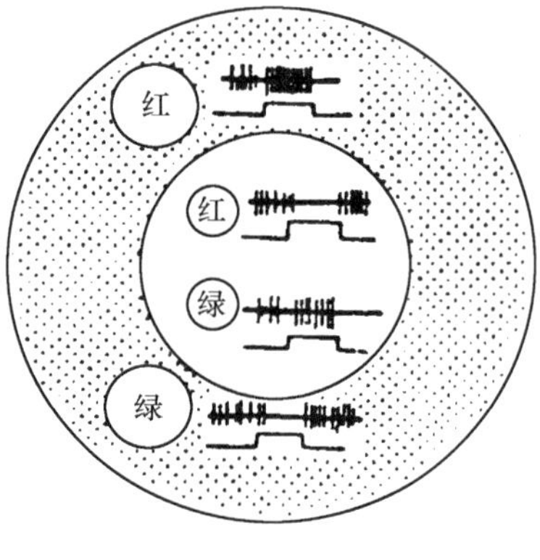

图 5-12　金鱼眼视网膜细胞双拮抗编码单位

及更高水平的外侧膝状体细胞、视皮层细胞，对颜色的反应也都是拮抗式的。可见，拮抗式反应是颜色信息沿神经通路传递的一种主要方式。例如，猴和金鱼视网膜神经节细胞的感受野，不论是其中心还是周边，对红、绿刺激的反应都是拮抗的；并且，对每一种颜色刺激来说，中心和周边的反应也是相拮抗的（图5-12）。这些科学研究发现为色觉对立机制学说进一步提供了证据。

Hering 的学说也存在着不足之处，突出表现在对三原色能产生光谱上一切颜色这一现象没有给予说明，而这一物理现象正是近代色度学的基础，至今仍有效地指导着颜色技术的实践。

（三）色觉机制的现代观点

一个多世纪以来，Young-Helmholtz 的三原学说和 Hering 的对立机制学说进行了长期反复的论争；这两种学说都得到了一些研究成果的支持，同时二者也都存在着某些局限性。如果把这两种学说结合起来，则能比较圆满地解释色觉机制问题。

根据色觉机制的现代研究成果，目前人们普遍认为，尽管视网膜是红、绿、蓝三色锥体细胞接受系统——颜色信息在感受细胞这一级是以三色独立变量接收的，但色觉信息传至神经节细胞时则变成了四色系统——色信息不再简单地以红、绿、蓝三条独立的“专线”向中枢传递，而是编码为拮抗对的形式向中枢传递，这就保证了不同感受细胞的信号不在传递中混淆起来。其传递方式概述如下：神经节细胞和外侧膝状体细胞通过双极细胞与视锥细胞相联系，其联系方式类似图 5-13 所示。这样，神经节细胞的活动代表了不同视锥细胞群所受的刺激之差。例如，一个＋G、－R 细胞的放电反映了中波视锥细胞的兴奋减去长波视锥细胞的兴奋之差（M－L）；一个－G、＋R 细胞的放电则反映了长波视锥细胞的兴奋减去中波视锥细胞的兴奋之差（L－M）。虽然中波视锥细胞和长波视锥细胞最敏感的光波波段距离很近，但是中波反应减去长波反应（M－L）之差仍然能引起＋G、－R 细胞的很强反应，这时光波波长约在 500nm 附近即光谱的绿色或蓝色部分。同样，长波兴奋减去中波兴奋（L－M），即对－G、＋R 细胞的效应约在波长为 650nm 附近，位于光谱的橘红部分。其他波长的光的配合原则与此相同。

根据上述情况，**色觉机制的现代观点**认为，颜色视觉过程可以分为几个阶段：第一阶段，视网膜有三种不同的视锥细胞，它们各有独立的视色素能够选择地吸收不同波长的可见光，同时每一物质又可单独地产生白-黑反应——在强光下产生白的反应，无光刺激时产生黑的反应。第二阶段，在色信息由视锥细胞向视觉中枢传递过程中，上述三种反应又重新组合，形成三对拮抗的反应，即红-绿、黄-蓝、白-黑反应。第三阶段，在皮层上产生颜色感觉。因此可以说，Young-Helmholtz 三原色学说和 Hering 的对立机制学说都只是对颜色视觉的某些方面的正确认识，必须通过两者的相互补充才能较为全面地揭示色觉的机制。诺贝尔奖获得者、美国的生理学家 Hartline 曾对此做过一个很好的总结：在 Helmholtz 和 Hering 之间的长达一个世纪的争论似乎是得到了解决——两者都是正确的。

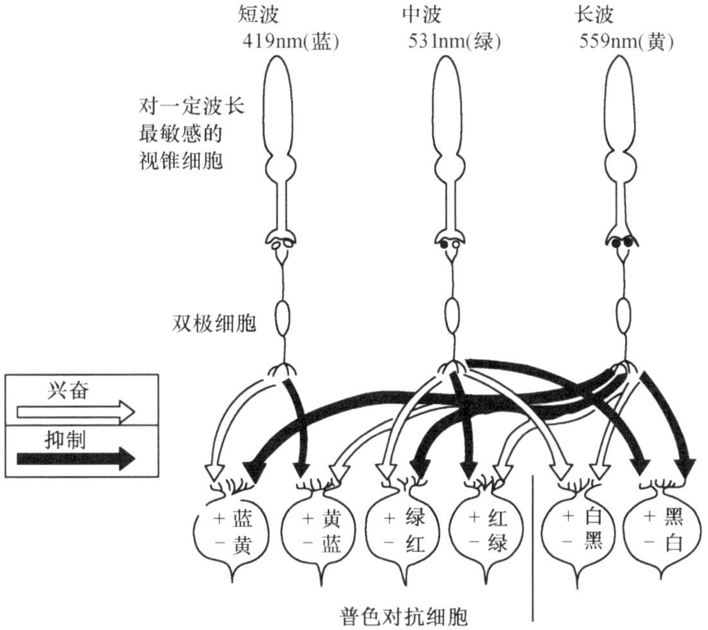

图 5-13　视网膜中色觉系统的连接模式

四、外侧膝状体在视觉信息平行处理中的作用

外侧膝状体（图 5-14）具有相似功能的细胞在空间上靠拢，形成了初步分离的信息平行处理通道。

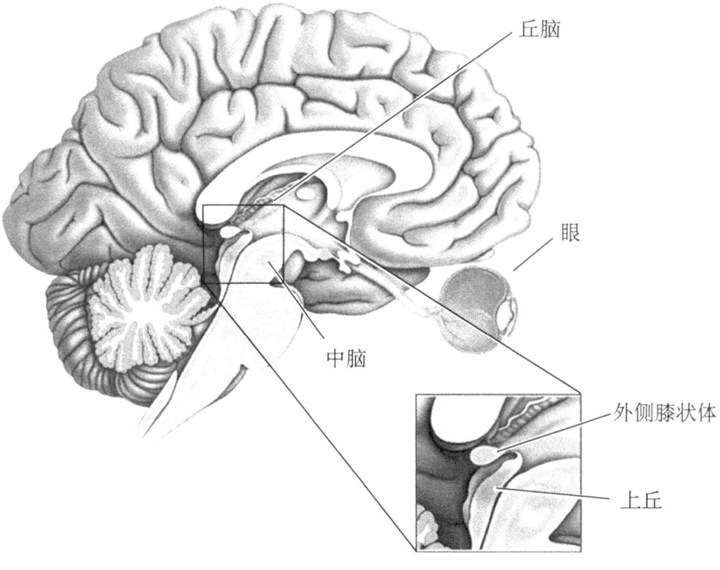

图 5-14　外侧膝状体的结构（扫码见彩图）

1. 给光中心和撤光中心通道

外侧膝状体神经元的感受野与神经节神经元具有相似特点：同心圆构型，中心-周围拮抗，可以分为给光中心细胞和撤光中心细胞。

2. X、Y 和 W 通道

在猫的视觉传入系统中发现有三条平行的通道，分别被称为 X、Y 和 W 通道。猫的视网膜神经节细胞分为 X、Y、W 三类。X 细胞（X cell）树突范围小，轴突投射到外侧膝状体 X 细胞层，后者的轴突大部分投射到 17 区，少量（约 10%）到 18 区。X 通道纤维传导速度慢，感受野小，其反应具有线性特征。该通道中神经细胞空间分辨能力高，对比敏感度低，与检测图像的细节有关。Y 细胞（Y cell）树突广泛分支，轴突投射到外侧膝状体的 Y 细胞层，后者的轴突主要投射到 18 区。Y 通道纤维传导速度快，反应具有非线性特征，对比敏感度高，而空间分辨能力低，可能与检测亮度和运动信息有关。W 细胞（W cell）胞体很小，树突稀疏而长，感受野与 Y 细胞大致相仿，但轴突特别细，与外侧膝状体 W 细胞层联系，后者的轴突投射到 17、18、19 区。该通道传导速度最慢。一些 W 细胞对目标的运动方向敏感，其反应模式多为给光-撤光型，属于方向敏感细胞和边缘检测器。

大部分视皮层细胞在左、右视网膜上都有一个感受野，即接受双眼输入。同一物体在双眼视网膜上的成像位置存在差别，称为双眼视差（disparity）。它是立体视觉的基础。Pettigrew 等证明，猫（其外侧膝状体从背侧到腹侧共分为 A、A_1 和 C 三层，而 C 层又可以分为 C、C_1、C_2 等若干亚层）的不同的视差信息分别经由 X、Y 和 W 通道分别进行平行处理。X 通道对注视平面内的双眼视差信息编码后投射到皮层 17 区，Y 通道对近于注视平面内的会聚性视差信息编码后再投射到 17 区和 18 区；W 通道对远于注视平面的发散性视差信息编码后投射到皮层 19 区（图 5-15）。

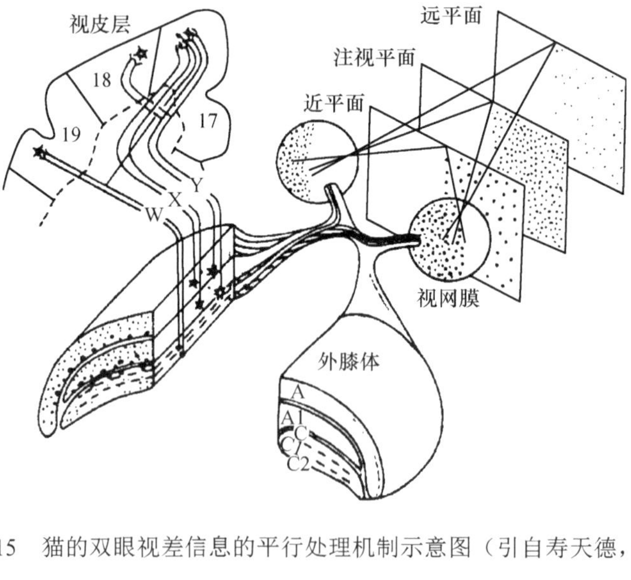

图 5-15　猫的双眼视差信息的平行处理机制示意图（引自寿天德，1997）

3. 左、右眼信息通道

灵长类的外侧膝状体由 6 层细胞构成（图 5-16）。两眼的传入分别投射到三个不同层次：从同侧眼（相对于外侧膝状体）来的纤维终止于第 5、3、2 层；从对侧眼来的纤维终止于第

6、4、1 层。这些相互重叠的每一层次都与视网膜有点对点的对应关系。因此视网膜上邻近的点投射在外侧膝状体的每一层上也是相邻的。并且，由于这 6 层细胞是按视网膜投射整齐的重叠起来，所以，如果在第 6 层的某一点的细胞从左侧视网膜的一个特定点接收输入，那么第 5 层相应点的细胞必定是从右侧视网膜对应点接收输入。这种解剖结构上的对应关系使双眼视网膜相应点输入的信息能够建立相互联系。外侧膝状体分离的左、右眼信息分别投射到视皮层左、右眼优势柱，与其对应的眼优势细胞产生联结（图 5-17）。

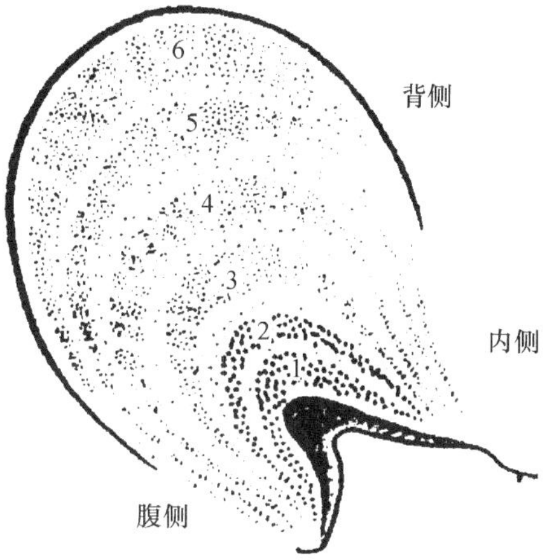

图 5-16 灵长类动物外侧膝状体结构图（引自 Nicholls，1992）

背侧 4 层（3、4、5、6 层）为小细胞层；腹侧 2 层（1、2 层）为大细胞层

4. 方位敏感性信息通道

20 世纪 80 年代以来，许多研究证明神经节细胞具有较弱但确实存在的方位敏感性。我国学者寿天德等（1989）的研究证明，外侧膝状体中继细胞也具有与视网膜神经节细胞相似的、向心的最优方位分布规律。具有相似最优方位的神经元在外侧膝状体内部已经聚集在一起进行了初步的分类编组，这种按最优方位相近原则进行的有组织的排列似乎是为视皮层内高度有序的方位功能柱的产生做出的安排。

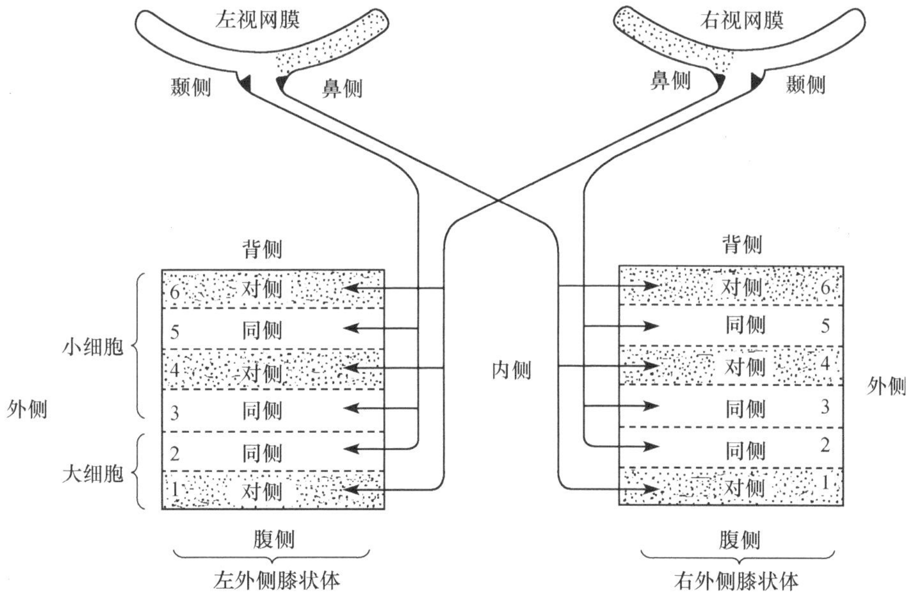

图 5-17 外侧膝状体各层细胞接受的信息输入（引自张守信和金连弘，2002）

5. 空间频率通道

每种图像的基本特征在单位视角中重复出现的次数就是该特征的空间频率（周/度）。例如，室内暖气设备的散热片映入眼内时，在单位视角中出现的片数就是它的空间频率。猫的视网膜与外侧膝状体的 X、Y 型细胞都具有分别对高低空间频率的光栅刺激敏感的特性。猴

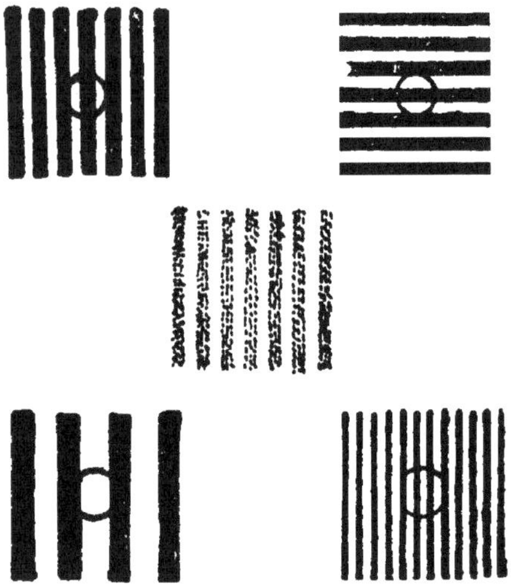

图 5-18　栅条图形的掩蔽

的视网膜 A 型和 B 型细胞，以及它们支配的外侧膝状体大细胞和小细胞也表现出对低、高空间频率光栅反应的显著差异。猫和猴的视皮层 17 区均存在着空间频率功能柱。由此可见，视觉信息很可能是通过空间频率强弱不同的多通道进行分析处理的，这种观点被称为**空间频率多通道模型**。栅条图形的掩蔽实验对此提供了支持。实验程序是：让观察者坐到某一位置使他刚刚能看见图 5-18 中心的垂直栅条（目标图形）。先注视左上图的垂直栅条（适应图形）上的小圆圈 2～3min，然后再看中心垂直栅条，这时中心栅条的条纹就看不清楚了。用同样方法注视右上图的水平栅条（适应图形）一段时间，就会发现注视水平栅条后并不影响图中心的垂直栅条的清晰度。可见，当两个栅条的方向相同时，一个栅条图形才能够最大程度掩蔽另一栅条图形。当适应栅条和目标栅条的方向差别达到 20°左右时，掩蔽强度会降低一半，说明栅条图形的掩蔽具有方向性。据此可以推测人类视觉系统中存在着调谐不同方向的觉察器，它被刺激物作用一段时间后有一个适应或不反应阶段。注视垂直栅条以后使得垂直觉察器的感受性降低，因而再看相同方向的栅条就不敏感了。而看水平栅条后并不影响观看垂直栅条的清晰度，因为这两种栅条分别由不同的觉察器所提取。

图形掩蔽试验还能揭露人类视觉系统对空间频率范围的选择性。图 5-18 的左下图栅条的空间频率是中心栅条的 1/2，而右下图栅条的空间频率是中心栅条的 2 倍。注视左下或右下的栅条 2～3min，再看中心栅条，它的清晰度并不受影响。这是因为目标栅条和适应栅条的空间频率之差较大。以上事实说明，栅条的空间频率及方向必须类似才能彼此掩蔽。观察适应栅条以后，感受性降低只局限于适应栅条空间频率的邻近范围，并不影响与此差别比较大的空间频率栅条的感受性。这一实验说明，视觉系统中可能有对不同空间频率刺激敏感的特征觉察器。

6. 运动方向信息通道

研究发现，猫视网膜 22% X 型和 34% Y 型神经节细胞具有显著的方向敏感性，其外侧膝状体 X 型和 Y 型细胞均有 1/3 对方向敏感。它们投射到视皮层，构成了运动方向信息通道。

7. 颜色信息通道

猴视网膜 A 型和 B 型神经节细胞分别平行地投射到外侧膝状体的 1～2 层（即大细胞层）和第 3～6 层（即小细胞层）。所以，外侧膝状体大细胞层细胞无色觉，而小细胞层具有色觉信息处理功能。外侧膝状体的大、小细胞层再平行分离地投射到初级视皮层（17 区）的第Ⅳ层的不同亚层，进行更高一级的色觉信息处理。

五、视皮层功能构筑

（一）视皮层分区

视皮层的范围已从传统意义上的枕叶扩大到顶叶、颞叶和部分额叶在内的许多新皮层区

（Van Essen，1985），总数达 25 个；还有 7 个视觉联合区。这些具有视觉功能的皮层区域的总和约占大脑新皮层总面积 55%，足以说明视觉信息处理在整个脑功能中所占有的分量。

灵长类枕叶的主要功能是视觉（图 5-19），从形态上分为 3 个区：17 区、18 区、19 区；从功能上则分成 4 个区。

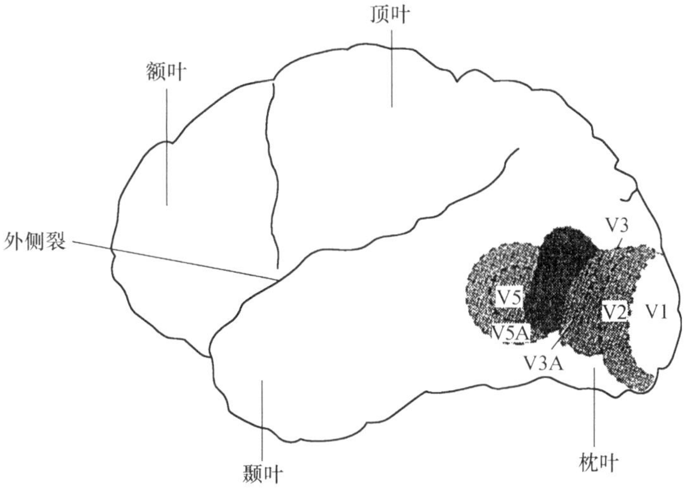

图 5-19　高级视皮层在枕叶和颞叶中的定位（虚线表示在沟裂中的皮质区）（引自张守信和金连弘，2002）

第一视区（V1，位于 17 区），又被称为纹状皮层（striate cortex）。猴的该区使用细胞色素氧化酶染色后在切面上呈现出密密麻麻的深色斑点排列成行，甚至成念珠状。它接受外侧膝状体的直接输入，因此也称为初级视皮层（primary visual cortex）。

第二视区（V2，位于 18 区的背侧），视觉联络区。该区使用细胞色素氧化酶染色后在切面上呈现彼此平行排列的粗条纹和细条纹以及条间区（图 5-20）。它主要接受 17 区的传入以及来自外侧膝状体大细胞、丘脑枕部和上丘中继的来自视网膜的传入信息。

第三视区（V3，位于 18 区的腹侧），视觉联络区；接受来自 17、18 区的输入，还接受来自外侧膝状体大细胞、丘脑枕部和上丘中继的来自视网膜的传入信息。

第四视区（V4，位于 19 区，深埋在颞上沟后壁），也是视觉联络区；接受来自 17、18 区的输入，还接受来自外侧膝状体大细胞、丘脑枕部和上丘中继的来自视网膜的传入信息。

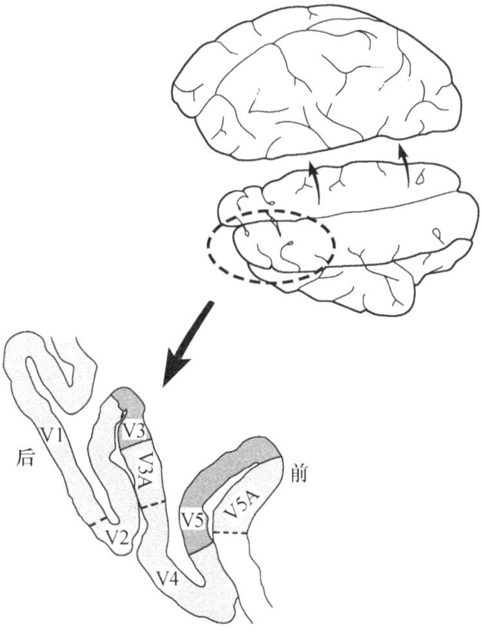

图 5-20　通过灵长类脑的水平切面观察到的高级视皮层定位（引自张守信和金连弘，2002）

此外，还有第五视区（V5），也称作中颞区（middle temporal, MT 区），已进入颞叶范围。

（二）初级视皮层神经元感受野

20 世纪 60 年代初，美国科学家 Hubel 和 Wiesel 探索了视皮层细胞感受野的性质，发现这些细胞普遍对弥散的光刺激没有反应，而对具有特定方位的明暗对比边或条形刺激产生选择性反应，据此在功能上把视皮层细胞分为简单细胞、复杂细胞和特殊复杂细胞（最初称为超级复杂细胞）。

1. 简单细胞

简单细胞（simple cell）的感受野有一条中央带，可以是给光型或撤光型，两侧是平行的拮抗区。这种细胞对处于拮抗区边缘一定方位和一定宽度的条形刺激反应强烈，适合于检测具有明暗对比的直边，并且对边缘的位置和方向具有严格的选择性；稍微偏离（如超过 20°），反应迅速衰减（图 5-21）。每一个简单细胞都有一个最优方位。如果用弥散光照射整个感受野细胞，几乎记录不到任何反应，表明中央带与两侧拮抗区在功能上可以严格地互相抵消。

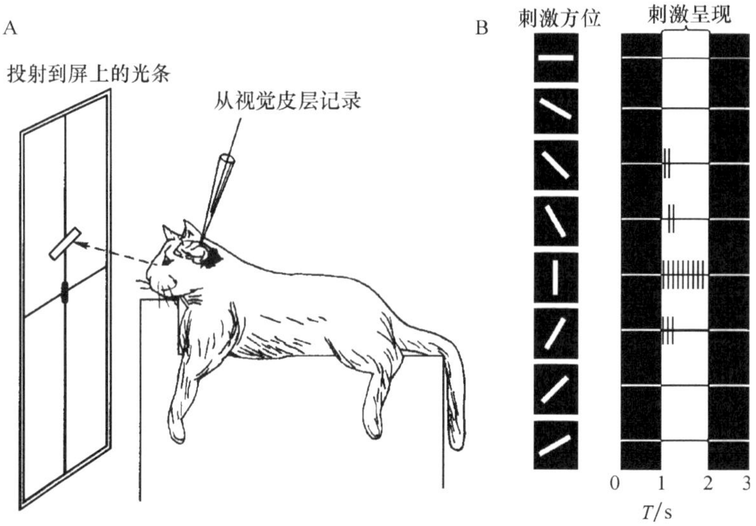

图 5-21　视皮层简单细胞对亮暗边界的方位（朝向）刺激选择性的反应（引自寿天德，2006）

A.实验装置：麻醉猫佩戴着角膜接触镜，面向前方的屏幕。长条形运动目标在屏幕上经过细胞感受野，微电极记录该细胞对目标的反应。B.视皮层神经元对特定方位的亮棒产生强烈反应，而对其他方位的亮棒刺激反应迅速降低或者消失

2. 复杂细胞

复杂细胞（complex cell）的感受野对特定方向的光带移动也呈现最强反应，然而与简单细胞比较，差异显著：对于在感受野中任何位置的同方向线状光都有相似反应，即只有方向信息没有位置信息。

3. 特殊复杂细胞

特殊复杂细胞（special complex cell）对条形刺激的反应类似于复杂细胞，区别在于特殊细胞一端或两端存在很强的抑制区，因而对条形刺激的长度有一定的限制，超过了这个长度

导致该细胞的活动出现抑制，即反应减少或者消失。这种现象被称为端点中止反应。此外，特殊细胞对一定位置上的拐角有反应。图 5-22 显示的是一个特殊细胞的反应。它对弥散光、光点及非最优方位的刺激都没有反应。这个细胞的最优刺激是其感受野内某个特定位置上朝某一方向运动的拐角。这个细胞的感受野是由左右两个相拮抗的部分所组成，所以，当有光刺激落在右侧的抑制区时（图 5-22d、e），反应减少乃至消失；只有当光完全照到兴奋区（图 5-22c）时产生最大反应。

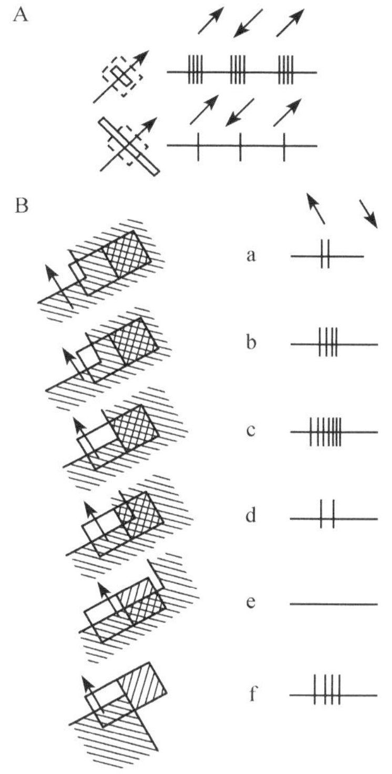

图 5-22　特殊细胞的反应（引自寿天德，1997）

A.有的对光棒的方位和长度有选择性，光棒超过了一定长度导致端点中止反应；B.有的对更复杂的图形（如拐角）产生选择性反应

（三）初级视皮层中的颜色敏感神经元

在猴的视皮层17区发现了一些反应颜色对比的简单细胞、复杂细胞和特殊复杂细胞。图 5-23 表示一种对颜色对比进行反应的简单细胞。它的中间区域对红光和绿光条形刺激呈现拮抗反应：红光引起给光反应（a），绿光引起撤光反应（b）；两条红光刺激两侧引起撤光反应（c），两条绿光刺激两侧导致给光反应（d）；中间红光、两侧绿光刺激引起强烈的给光反应（e）；中间绿光、两侧红光刺激导致强烈的撤光反应（f）。

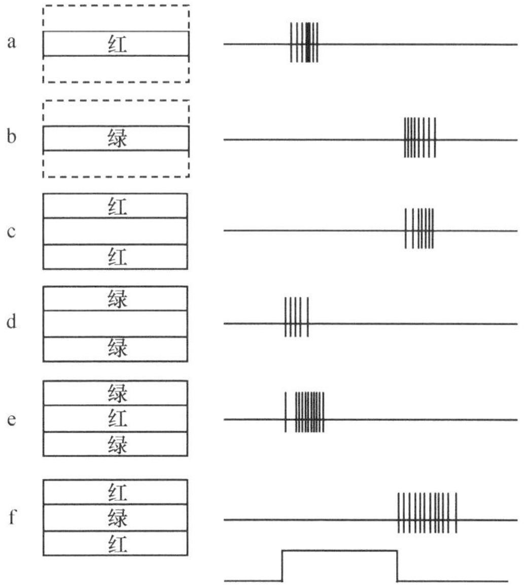

图 5-23　猴的视皮层 17 区一个颜色对比简单细胞的感受野反应（引自寿天德，1997）

（四）视皮层功能柱

具有相同功能特性的皮层细胞，按照有规则的空间结构排列起来构成柱状，称为**皮层功能柱**。视皮层功能柱垂直于皮层表面，排列成片层结构。在同一“柱”内的神经元的感受野特性几乎完全相同。

1）方位柱　方位柱（orientation functional column）是具有相同最优反应方位的视皮层细胞组成的功能柱。方位柱对视觉刺激在视野中出现的位置和方向的特征进行提取，它由简单细胞、复杂细胞等组成。这些细胞不仅对边界线、边角的位置，而且对线段和角出现的方向与运动方向均能进行特征提取，也就是对这些刺激作出最佳反应。

2）空间频率柱　皮层神经元按其发生最大反应的频率不同，分成许多功能柱，称为空间频率柱（spatial frequency column）。具有高空间频率的功能柱集中于 17 区中央皮层，具有低空间频率的功能柱则向 17 区中央的周边区域扩散分布。任何复杂的图形均可由空间频率不同的许多神经元同时反应而被感知。从皮层表面看，空间频率功能柱呈带状连续分布，与眼方位柱和眼优势柱等相交。

3）颜色柱　在眼优势柱内，可见到插入的一些小颜色柱（colour column），其直径为 0.1～0.15mm。同一柱内所有细胞有相同的光谱反应特性。颜色特异性的变化与方位变化互不相关，但颜色柱与眼优势柱发生重叠关系。

4）眼优势柱　猴视皮层第Ⅳ层细胞，直接接受外侧膝状体纤维的输入，因此，只能为一侧眼所驱动。但第Ⅳ细胞层之上和之下的细胞，绝大多数（80%以上）可为双眼所驱动。这些细胞接受双眼驱动时，总是有一侧眼占优势。眼优势可以根据分别刺激同侧或对侧眼的感受野所产生的反应的大小来决定。

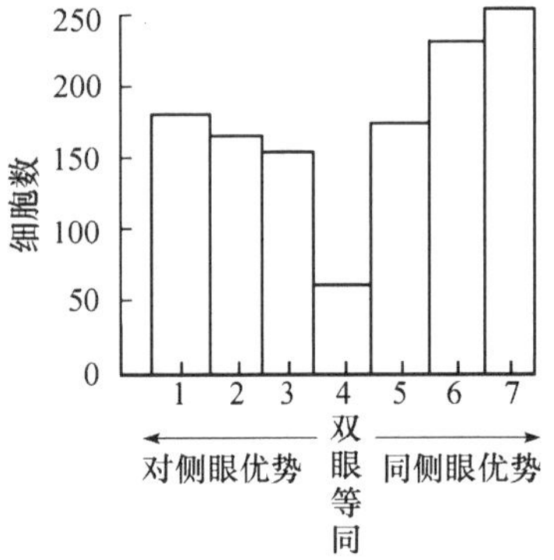

图 5-24　猴眼优势的分布直方图（1116 个细胞）
（引自阮迪云和寿天德，1992）

从图 5-24 可知，视皮层细胞从仅为对侧激活的第 1 组逐渐过渡到了仅为同侧激活的第 7 组，而第 4 组对双眼刺激的反应大小相同。当微电极垂直皮层表面下插时，如果第 1 个细胞是右眼优势则所有的细胞均为右眼优势（图 5-25 中箭头 2）。这说明，视皮层整个厚度被隔成了许多薄壁层，相邻薄壁层内的细胞分别为左眼或右眼所驱动。这种分别对左、右眼输入的刺激产生优势反应的薄壁层称为眼优势柱（ocular dominance column）。

5）视皮层的基本单位——超柱　视皮层的基本结构功能单位是 1mm 见方、2mm 深的小块。它包含一组对所有方位有用的方位片层和一组对双眼有用的眼优势片层（或许还有一组由表及里的、垂直的、对不同的空间频率有用的空间频率片层）。这种基本单位称为**超柱**（hypercolumn，图 5-26）。超柱遍布皮层 17 区，可以认为超柱的功能组织状态就是 17 区的功能组织状态。

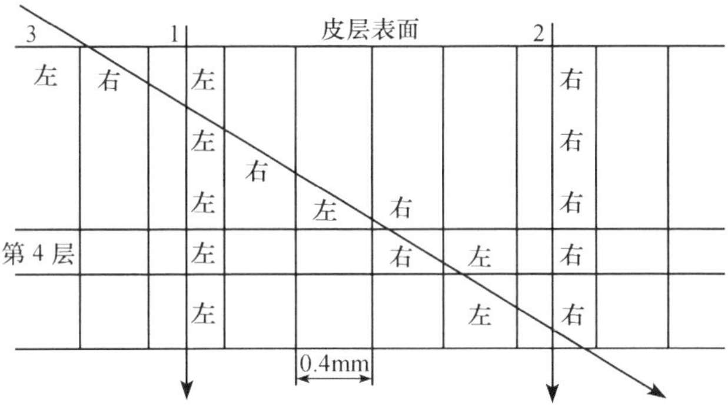

图 5-25　电生理方法揭示的眼优势柱示意图

（引自阮迪云和寿天德，1992）

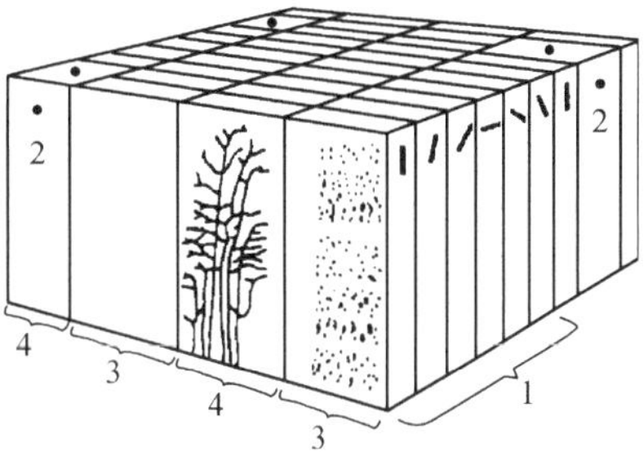

图 5-26　视皮层功能超柱示意图

1.方位柱；2.颜色柱；3.左眼优势柱；4.右眼优势柱

视皮层中的超柱对投射在同一视野中的各种特征，如颜色、方位等，进行同时性或并行信息提取，并进行初步综合，构成简单视知觉的生理基础。

第三节　听 觉 过 程

听觉的外周感觉器官是耳。耳可分为外耳、中耳和内耳。听觉的适宜刺激是声波，通常人所能感受到的声波频率是 16～20 000Hz（赫兹）。

概括地说，听觉过程包括声波机械振动→电→化学→神经冲动→中枢信息加工等环节。从外耳的集声至内耳基底膜的运动都是机械过程或称为声学过程；基底膜毛细胞受刺激后引起电变化，继而是化学递质的释放，突触兴奋和神经冲动发放；冲动传至中枢后则是一连串的信息加工感知过程。

一、声音的传递（传音）

外耳包括耳廓和外耳道，它以鼓膜与中耳相隔开。中耳内有听骨链——由锤骨、砧骨和镫骨组成的杠杆系统。

声音由外耳道传至鼓膜。鼓膜对声音刺激的感受有如下特性：第一，鼓膜随声波振动而振动，其反应几乎完全与刺激同始终。这一机能特性非常重要，否则，如果刺激停止后鼓膜仍能继续振动，便无法正确地传达声音。第二，鼓膜形似斗笠，使其周围部分的振动传至顶端时，振幅减小而力量加强。这一特性也很有意义，因为鼓膜顶端凸起和中耳的听骨直接相连，从而间接与内耳相关联。顶端振动的振幅减小，直接或间接地对中耳和内耳起保护作用，而力量加强又有利于推动听小骨。

听小骨中的锤骨柄衔接于鼓膜脐部（即凸起部分），鼓膜运动时使锤骨柄旋转，从而带动砧骨，砧骨长突又带动镫骨，镫骨板正嵌在内耳前庭窗上，从而振动内耳中的液体。

声波在上述传导过程中经过了逐级放大。其一，外耳道一端开口，一端终止于鼓膜。根据物理学原理，声波在这样的管腔中可产生共鸣作用从而使声波压力放大。如以 500Hz 的声波计算，经外耳道共鸣作用后可放大 2 倍。其二，听骨链中的锤骨柄比砧骨长突更长些，两者之比为 1.3∶1，这样，声波经听骨链传导又能被放大 1.3 倍左右。其三，鼓膜振动时，实际发生振动的面积约为 55mm^2，而前庭窗的面积只有 3.2mm^2，如果听骨链传递的总压力不变，则作用于前庭窗上的压强将增大 17 倍左右。这样算来，声波在传递过程中的整个增压效应约为 44 倍。

二、耳蜗对声音的感受（感音）

声音传到内耳后由耳蜗中的基底膜感受并产生电变化。

（一）耳蜗的结构特点

耳蜗主要由一条骨质的管道围绕一个锥形的骨轴盘旋 2.50～2.75 周而成。在耳蜗管的横断面上可见两个分界膜：一为斜行的前庭膜；一为横行的基底膜。此二膜将管道分为三个腔（图 5-27），分别称为前庭阶、鼓阶和蜗管。前庭阶在耳蜗底部与前庭窗膜相接，内充外淋巴。鼓阶在耳蜗底部与圆窗膜相接，也充满外淋巴。两阶中的外淋巴在耳蜗顶部相通。蜗管是一个盲管，其中内淋巴浸浴着位于基底膜上的声音感受器——柯蒂氏器的表面。**柯蒂氏器**（Corti’s organ，也称螺旋器，图 5-28）由支持细胞和毛细胞构成。毛细胞有内外两群：内侧毛细胞成单行排列于近蜗轴侧；外侧毛细胞成 3～5 行排列于蜗管的外侧，它们都是声音的感受细胞。支持细胞主要具有支持作用。此外，支持细胞之间有较大的间隙，包括内外隧道和尼埃尔氏间隙（Nuel’s space）。在这些间隙中存在成分上与外淋巴一致的液体，且通过基底膜上的小孔与鼓阶中的外淋巴相通而与蜗管中的内淋巴相隔绝。这样使得毛细胞顶部与蜗管中的内淋巴接触，而毛细胞的周围和底部则与外淋巴接触。毛细胞顶部有听毛，与盖膜相触或插入盖膜的胶冻状物质中。盖膜内侧连于蜗轴，外侧游离在内淋巴中。在毛细胞的底部有耳蜗神经纤维分布。

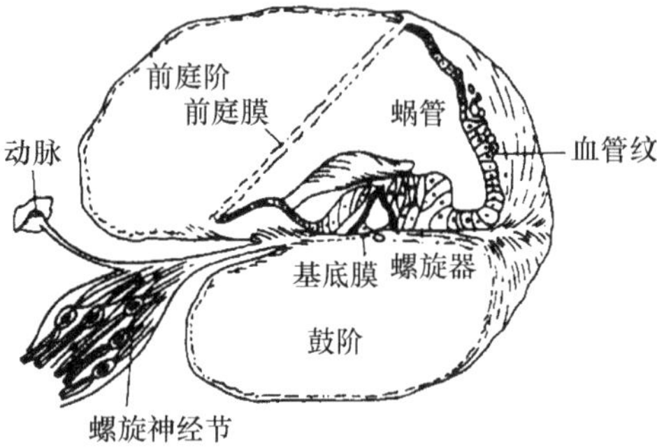

图 5-27　耳蜗的横断面（引自周衍椒和张镜如，1996）

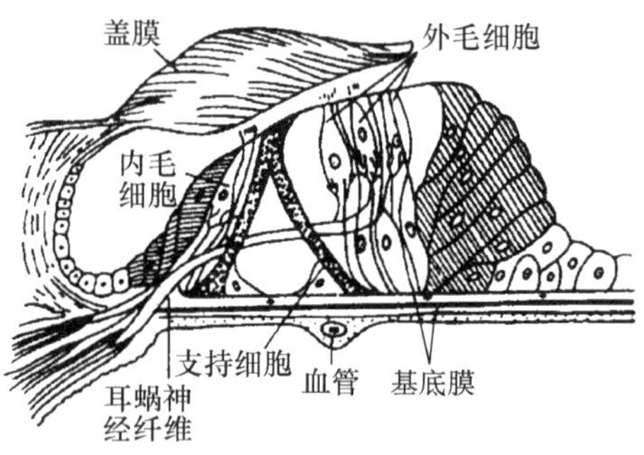

图 5-28　耳蜗螺旋器（引自吕国蔚，2000）

（二）耳蜗的感音过程

声波传到内耳引起淋巴液振动，从而使基底膜随之振动，导致基底膜上的毛细胞与盖膜的相对位置不断发生变化，进而引起毛细胞发生膜电位变化，产生耳蜗微音器电位。这种电变化的特点是潜伏期短，并且它的波形、频率同刺激声非常符合，说明耳蜗像微音器一样，可以把声波振动的机械能转变为电能。这种微音器电位的产生可能是听神经纤维产生动作电位的主要决定因素，两种电变化之间通过化学递质的释放来衔接。

三、听觉中枢和听觉的传出控制

（一）听觉传导路和听觉中枢

听觉传导路至少包括四级神经元：一级神经元是螺旋神经节中的双级细胞，由它发出的神经纤维组成耳蜗神经进入延髓，止于耳蜗神经核；由耳蜗核发出的神经纤维大部分交叉到对侧，直接上升或经上橄榄核上升构成外侧丘系；外侧丘系上行止于中脑背面的下丘及丘脑后部的内侧膝状体。从内侧膝状体发出的神经纤维经听放射到达大脑皮质颞叶听区。从耳蜗核发出的小部分不交叉的神经纤维到同侧上橄榄核，随同侧的外侧丘系上行（图 5-29）。所以，听觉神经纤维到大脑皮质的投射是双侧性的，一侧皮质的代表区与双侧耳蜗感音器官的功能有关。

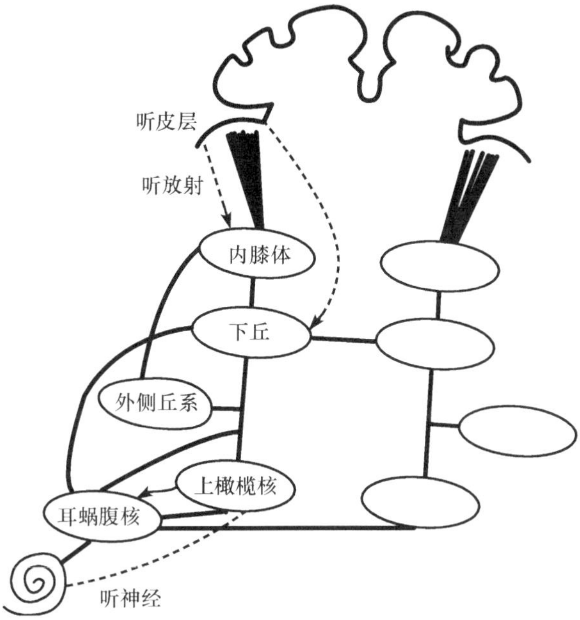

图 5-29 听觉系统中枢通路

（二）听觉的传出控制

在听觉系统中，中枢尤其是大脑皮质对低位中枢和外周感觉器官有传出纤维支配，能在各级水平上对传入冲动起调节控制作用（见图 5-29 中的虚线）。橄榄耳蜗束就是听觉的传出纤维束，它主要发自同侧的上橄榄核，开始与前庭神经同行，至内耳与耳蜗神经合并，止于毛细胞等处。刺激橄榄耳蜗束时，耳蜗神经动作电位减少，因而被认为是听觉的一种传出控制，是听觉感受器本身功能反馈调节的基础。

四、声音分析

（一）声音频率分析及编码

1. 声音频率的听神经编码

如前所述，神经冲动以不同的组合形式在神经纤维中传输成为编码。一根神经纤维上的神经冲动的振幅与波形都是相对固定的。因此，神经冲动的振幅与波形不能反映声音的特性。不同形式的声音信息只能依据神经冲动的节律、发放冲动的时间间隔，以及发放冲动的神经纤维在基底膜上起源部位来传递。关于声音频率分析的机制，主要有两种观点对其进行解释。一种观点可以归为**空间机制**，认为不同频率的声音兴奋基底膜不同部位的感受细胞；兴奋的部位是频率分析的依据。另一种观点可以归为**时间机制**，认为不同频率的声音使听神经兴奋后发放不同频率的神经冲动，冲动频率是声音频率分析的依据。这两种观点都获得了一些实验证据但也都存在局限性，因而被人们同时接受，并认为两者是互相补充的。行波论和排放论是这两种观点的典型代表。

1）行波论（travelling wave theory）　对人的尸体和动物的耳蜗以及人工设计的耳蜗模型的研究发现，声音引起的基底膜波动产生的行波确实是从耳蜗基底部开始逐步向顶部移动的，并且在移动过程中行波的振幅发生变化：行波最大的振幅，在高频率的声音刺激时靠近耳蜗基底部，声音的频率逐渐降低时则逐渐移向耳蜗顶部。行波经过了最大振幅之后便很快衰减（图 5-30）。螺旋器感受细胞在行波振幅最大部位受到的刺激最强。**行波论**认为，行波振幅最大的部位是频率分析的依据：基底膜靠近底部接受高频声波，靠近顶部接收低频声波，中间部位接受的声波刺激则按照频率依次排列。这就是空间机制的具体说明。

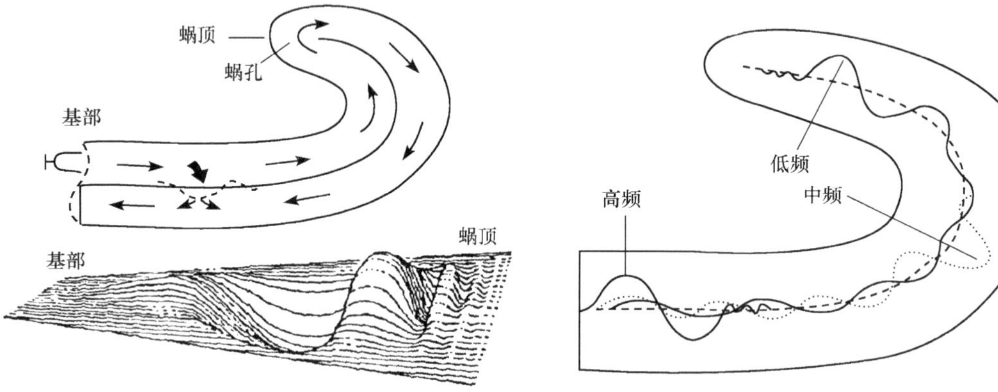

图 5-30　声波在耳蜗内的衰减（引自徐科，2000）

2）排放论（volley theory）　不同频率的声音引起听神经兴奋后发放的冲动频率不同。根据声音的频率，听神经发放不同频率的冲动来传递声音频率信息。频率低于 400Hz 的声音，听神经按声音的频率发放冲动，即以冲动的周期来传递低频音的频率信息。但是，一根神经纤维上发放冲动的频率一般不超过每秒数百次，不能反映中高频率的声音刺激。**排放论**认为，400～5000Hz 声音作用时，神经纤维分成若干组，每组纤维间隔若干声波周期发放一次冲动，各组互相错开，依次进行。每组纤维发放的冲动频率虽然跟不上声波频率，但每个声波周期内总有一定数目的纤维发放。各组纤维同时发放的总数与声音频率接近，在听神经总体上组成排放（图 5-31）。排放的时间构型，也是声音频率信息传递方式之一。

2. 频率分析的中枢机制

不同形式编码的神经冲动作用于听觉中枢才能产生不同的音调和响度感觉。听觉中枢对声音分析也具有重要作用。

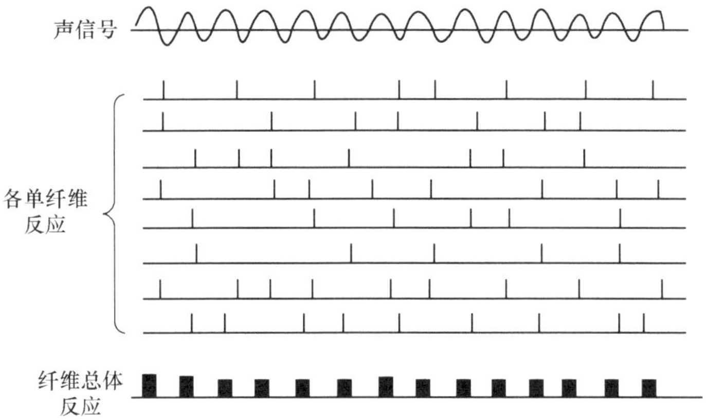

图 5-31　听神经纤维上排放的组成

据测算，耳蜗对声音频率的分辨率是不高的——在 1000Hz 左右时约为 30Hz，而人在 1000Hz 时却能辨别 3Hz 甚至更小的频率差。对声音频率进行精确分析显然是在中枢部位进行的。实验发现，动物从耳蜗核至听皮层的各级中枢的某些部位，神经细胞的排列都或多或少地有频率区域分布的特点，并且，耳蜗基底膜各部位在听皮层表面也有其系统性的特殊投射区。图 5-32 所示的是猫听皮层表面的声音频率投射图，图中小数字代表该局部皮层细胞对声音反应的最优频率。由左下侧猫脑整体图可知，皮层细胞反应的最优频率是按头额部向枕部顺次递减。另外，神经元的放电与刺激声的同步锁相关系在内侧膝状体及其以下的各级中枢中都可被观察到，在耳蜗核和上橄榄核水平尤为明显。这些事实说明位置原则和时间原则在听觉中枢的频率分析机制中都是重要的。

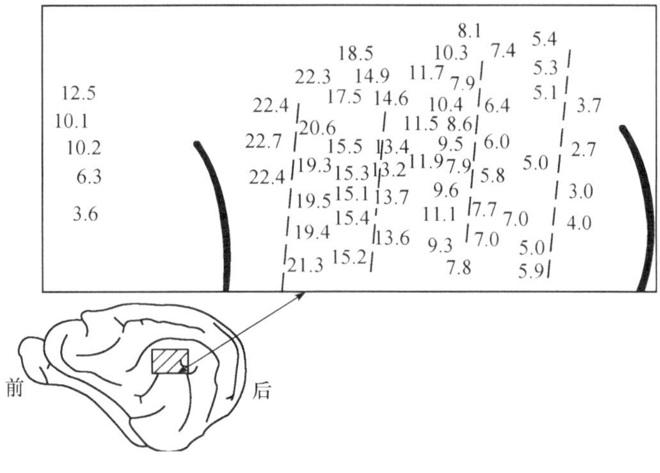

图 5-32　听皮层表面的声音频率投射图（猫），数字表示该区细胞反应的最优频率（kHz）

（二）强度分析机制

按照一般规律，感受细胞和神经单元的兴奋阈值有高有低，不同刺激强度兴奋的感受细胞和神经单元的多少不同，且每一神经单元兴奋后发放的冲动数目也不一样。这样，被兴奋的单元是高阈值还是低阈值，被兴奋单元的总数是多是少，发放的神经冲动频率是高是低，这三者都可以成为强度分析的依据。一般情况下，随着声音强度加大，由于单根听神经纤维上放电频率增加和它们在空间上活动纤维的数目增多，因而感到声音很响。

在动物的听神经和听觉中枢，声音刺激强度与反应的上述关系都能够找到实验证据。但也有资料表明，听皮层及其他听觉中枢与声音强度之间也存在着一定的区域分布关系，即不同的区域分别对不同强度的声音刺激敏感，似乎位置原则也在起作用。

五、声源定位与双耳听觉

声源定位指听觉系统对声源方位的判断。对于正常人，由于声源到达两耳的距离不同及声音传播途径中屏障条件的不同，从某一方位发出的声音到达两耳时便有时间差和强度差，它们的大小与声源的方位有关。双耳感受到的声音时间差和强度差便是声源定位的主要依据。对于低频率的声音，由于波长较长，头的阻隔作用小，两耳听到的声音强度差别也较小。在此情况下，判定声源方位主要靠两耳感受声音位相上的差别，也就是声波同一相位到达两耳的时间先后不同。听觉神经元在声波作用时，增加单位发放频率的现象，并不是发生在整个声波周期时间内，而是仅出现在声波周期的某一时相上。头两侧的听觉神经元中，有些对同相位声波产生同步性单位发放。神经元仅在声波某一相位时改变单位发放频率，两侧神经元对同相声波产生同步性单位发放的机制，称为听觉神经元单位发放的锁相机制。低频声波到达两耳的相位不同，由于两侧神经元单位发放的锁相机制，导致一侧神经元增加单位发放频率，从而造成两侧神经元单位发放的不对称性，产生了时差效应，据此对声源给出准确的空间定位。

锁相关系如图 5-33 所示。

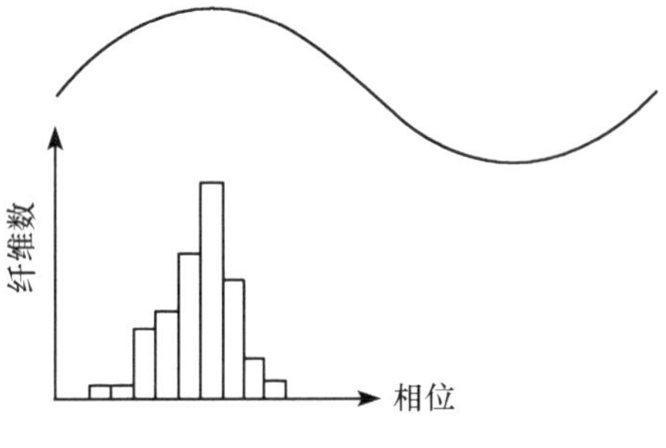

图 5-33　锁相关系

对于高频声音刺激，两耳时差效应并不如低频声刺激那样有效，对此在听觉系统中还有双耳强度差效应。如果一个高频声波来自左侧或右侧，由于头部本身构成了声音传播的障碍物，使其到达对侧耳中的音强受到损耗，这样在两耳之间形成了强度差，导致神经元单位发放频率的不对称性，据此对声源进行定位。

另外，如果声源位于正前方或正后方，需要转动头部（外耳能转动的动物如鹿，转动外耳也可）才能判断声源是位于正前方还是正后方，否则，声音到达双耳的时间和强度相等，难以判断声源确切方位。

听觉系统对同一个声音到达双耳的时间差和强度差的分析发生在脑干水平以上，因为在脑干以下双耳的听觉传导路没有发生交互作用。两耳听觉传导路发生交互作用的最低中枢是上橄榄核。并且，上橄榄核的许多细胞对声音到达两耳的时间差别和强度差别很敏感。下丘接受的是脑干多个神经核团输入的信息，它的某些神经元只反应某一方向来的声音而不反应其他方向来的声音。因此，声源方位的辨别可能是由这些中枢内的许多细胞活动的特殊空间和时间模式决定的，也可能是更高级的中枢分析加工的结果。

双耳听觉除了在声源定位中具有重要功能之外，与单耳听觉相比，还具有其他明显的优点。由于双耳综合的结果，声音的响度增加，较单耳听觉时高 3～6dB。双耳听觉的辨别能力比单耳好，特别是在噪声干扰的情况下，双耳听觉对语言的识别能力明显地比单耳高。在双耳听觉中，右耳似乎对语言信号的感受能力占较重要地位，左耳似乎对非语言信号的感受占较重要地位。这可能与大脑左右半球的分工有关。

第四节　平衡觉、化学觉和痛觉

一、平衡觉与动觉

内耳中除耳蜗外，还有三个半规管、椭圆囊和球囊，这三者（合称为前庭器官）是人体对运动状态和头在空间位置的感受器。当机体进行旋转或直线变速运动时，速度的变化（包括正、负加速度）刺激了三个半规管或椭圆囊中的感受细胞；当头的位置和地球引力作用方向的相对关系改变时，则刺激球囊中的感受细胞。这些刺激引起的冲动，沿第Ⅷ对脑神经的前庭支传向中枢，引起平衡觉。

前庭器官的感受细胞具有类似结构，都称为毛细胞。毛细胞顶部一般有 60～100 条纤细的毛按一定方向排列着。其中最长的一条位于细胞顶端一侧边缘，称为动毛；其余的毛较短，称为静毛。用电生理学方法证明，当外力使动毛和静毛倒向一侧时，位于毛细胞底部的神经纤维（即位听神经前庭支）上就有神经冲动发放频率的改变。由于各前庭器官中毛细胞所在位置和附属结构的不同，使得不同形式的变速运动都能以特定的方式改变毛细胞倒向，导致相应的神经纤维向中枢发放冲动的频率发生变化，因而引起特殊的运动觉和位置觉，并出现各种躯体和内脏机能的反射性改变。

三个半规管形状大致相同，但各处于一个平面上且相互垂直，每个半规管约占 2/3 个圆周，一端有一个相对膨大的壶腹。两侧的水平半规管在同一平面上，如果人在直立行走时前倾 30°，则此平面正好与地面平行。半规管壶腹内有壶腹嵴，它的位置与半规管的长轴垂直。壶腹嵴中有一排面对管腔的毛细胞，其顶端的毛埋植在一种胶质性的圆顶形终帽之内。毛细胞上动毛和静毛有固定的关系。例如，在水平半规管内，当充满管腔的内淋巴由管腔向壶腹方向移动时，正好能使壶腹中毛细胞顶部的静毛向动毛一侧弯曲，于是引起该侧壶腹向中枢发放大量的神经冲动。水平半规管的结构特点使它能感受人体以身体长轴为中轴所作的旋转变速运动。旋转开始时，由于管腔内淋巴的作用，左侧水平半规管中内淋巴将压向壶腹方向，而对侧管中压力作用的方向正好是离开壶腹（图 5-34）。当旋转变为匀速时，管腔内淋巴同时运动，于是两侧壶腹中毛细胞都恢复自然状态。到旋转停止时，毛细胞又受到刺激，但压力在两侧壶腹中的作用方向和旋转开始时正好相反。和水平半规管类似，其他两对半规管可以接受和它们所处平面相一致的旋转变速运动的刺激。

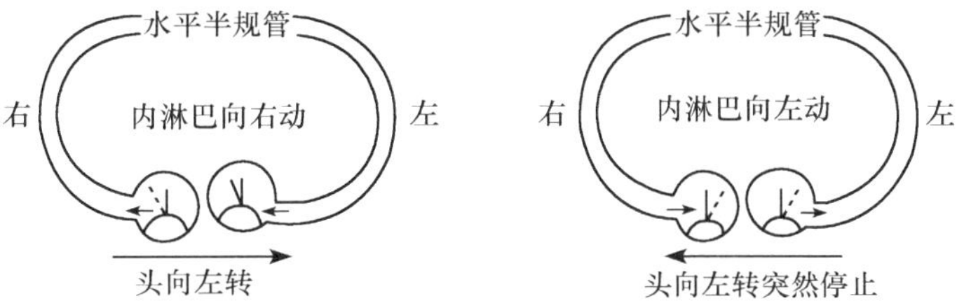

图 5-34　旋转时内淋巴流动方向

在椭圆囊和球囊，毛细胞存在于囊斑结构中，游离的纤毛则穿插在一种称为耳石膜的结构之中。耳石膜是一块胶质板，主要结构是由碳酸钙和蛋白质组成的耳石。耳石的相对密度大于内淋巴，因而具有较大的惯性。椭圆囊和球囊的不同在于囊斑和人体的相对位置不一样。人体直立时，椭圆囊中囊斑平面的位置呈水平状态，耳石膜在毛细胞顶部纤毛的上方；球囊中囊斑的位置呈垂直状态，毛细胞和纤毛向水平方向伸出，耳石膜悬在纤毛外侧，与囊斑相平行。仔细检查两个囊斑平面上分布着的各个毛细胞顶端静毛和动毛的相对位置关系时，可以发现各不相同。毛细胞的这种配置使得它们能够分辨人体在某一囊斑平面上所作的各种方向的直线变速运动。例如，当人体在水平方向以任何角度作直线变速运动时，由于耳石膜的惯性，在椭圆囊的囊斑上总有一些毛细胞由于它们的静毛和动毛的独特位置，正好能发生静毛向动毛一侧做最大的弯曲，由此产生的神经信号就表示在这个方向上有变速运动。球囊囊斑上的毛细胞可以感受头在空间位置和重力作用方向之间的差异，因而可以判定头以地面为参考点时的相对位置变化。

前庭器官受到过度或过长时间刺激时，常会引起恶心、呕吐、眩晕和皮肤苍白等现象，称为前庭植物性神经反应，严重时称为晕船、晕车或航空病。有些人前庭机能非常敏感，前庭器官受到微弱刺激就会引起种种不适。

前庭器官的投射区在颞叶后部（中央后回 2 区稍前），最终在这里产生平衡觉。

二、痛觉

疼痛是人类受到伤害性刺激时产生的一种不愉快的主观感觉，以提供躯体与内脏受损的信号。疼痛包括痛觉与痛反应。前者常与其他感觉混杂，主要发生在高级脑部位；后者表现出躯体运动和自主神经活动的系列改变，伴有情绪心理活动，可发生在中枢神经系统的各级水平。

痛觉的机能是保护性的，几乎不产生适应，在有害刺激作用的时间内一直发生反应，直到刺激停止。痛刺激引起机体产生一系列保护性反射，如肾上腺素分泌、血糖增加、血压上升、血液凝固加快等。

（一）痛觉与痛反应

痛觉可分为三类：一是快痛（刺痛），在伤害性刺激作用下快速形成，去除刺激则立即消失，定位明确，痛反应不明显，由周围神经中 Aδ 纤维传导。二是慢痛（灼痛），多由病变引起，痛觉形成和消退均缓慢，性质变化多端且定位不清，伴有较强的痛反应，由周围神经中 C 纤维传导。三是钝痛，由躯体深部组织与内脏受损引起，定位差，伴有强烈的痛反应和情绪色彩，由 Aδ 与 C 纤维传导。

痛反应也可分为三类：一是局部反应，受到伤害性刺激的局部出现血管扩张、组织水肿等现象，是由于神经终末受刺激后释放出某些化学物质，直接或间接地刺激局部所引起。二是全身反应，在中枢神经系统参与下，机体对伤害性刺激作出的有规律应答反应，如骨骼肌收缩、心率加快、血压升高等躯体与交感神经兴奋反应。三是行为反应，在高级脑部位参与下，机体对伤害性刺激作出的躲避、反抗、攻击等整体行为反应，带有强烈的情绪色彩。

（二）痛觉适宜刺激与痛觉感受器

痛觉的适宜刺激不是单一的，电、机械、过热、过冷和化学刺激等都可以引起痛觉。这些刺激的共性是都能使机体发生损伤，所以 Sherrington 在感觉分类中把痛觉叫做损害感受性，也就是对有害因素的敏感性。

痛感受器是广泛分布于皮肤各层、小血管与毛细血管、腹膜及黏膜下层的游离神经末梢。除了皮肤痛以外，还有来自肌肉、肌腱、关节等处的深部痛和来自内脏的内脏痛。内脏痛有时难于准确地定位，它常常牵涉到身体的其他表面，叫牵涉性痛，心绞痛是牵涉内脏痛的典型例证。深部肌肉痛也可牵涉到身体表面。

（三）致痛物质

电镜下观察到痛觉传入神经终末轴突外包裹着一层施万细胞的胞质，其终末与组织细胞或组织液接触，是化学物质的易感区域。伤害性刺激使受损组织细胞释放致痛化学物质。这些致痛物质来自以下几个方面：①直接从损伤细胞溢出，如 K^+、组织胺、ACh、5-HT、ATP 等；②在损伤细胞释放物中酶的作用下，在受损局部合成或通过血清蛋白及白细胞游走带入，如缓激肽、前列腺素等；③由伤害性感受器本身释放，如 P 物质。图 5-35 表示周围致痛物质作用途径，有直接作用和继发作用两种。前者指损伤造成 K^+、缓激肽、前列腺素的释放，直接兴奋了伤害性感受器，使其过敏。后者指伤害性传入冲动可经分叉纤维向另一神经终末传递，引起 P 物质等释放，造成血管舒张、组织水肿，使组织胺进一步堆积；P 物质还可刺激肥大细胞释放组织胺和 5-HT，激活邻近伤害感受器，造成持久疼痛与痛过敏。

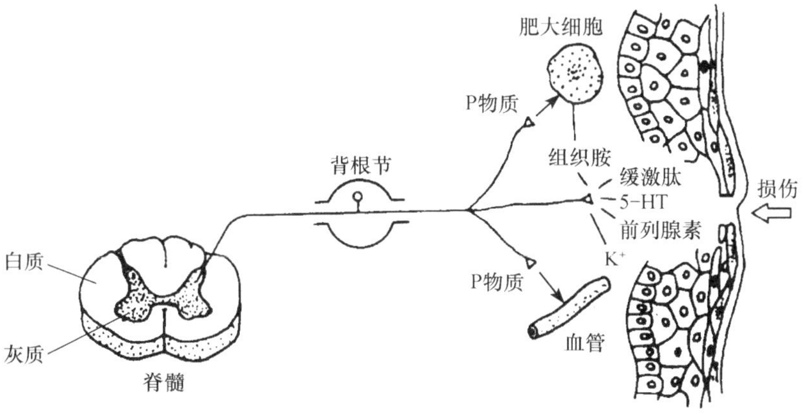

图 5-35　损伤引起致痛物质的释放及其作用途径（引自吕国蔚，2000）

（四）痛觉中枢

在大脑皮层，当伤害性刺激作用于人的前臂时，使用 PET 观察到前扣带区和躯体感觉 I 区、II 区被激活。前扣带皮层参与痛觉反应，躯体感觉 I 区、II 区参与痛觉的精确定位与分辨。

三、化学觉

人们最熟悉的化学觉是嗅觉和味觉。

（一）嗅觉

嗅觉感受器是位于上鼻道及嗅中隔后上部的嗅上皮，两侧总面积约 $5mm^2$，其上分布有嗅细胞。嗅细胞呈杆状，顶端有 5～6 条短的纤毛，另一端变细成为长突，组成嗅丝穿过筛骨直接进入嗅球，与嗅觉系统第二级神经元发生联系。嗅细胞受到悬浮在空气中的微粒或溶于水及脂质中的物质刺激时，便有神经冲动传向嗅球，进而传向更高级的嗅觉中枢——海马回钩和齿状回，产生嗅觉。

不同动物的嗅觉敏感程度差异很大，同一动物对不同物质的敏感程度也不一样。当空气中含有麝香的浓度为 0.000 04mg/L 时，人即可嗅出，而乙醚则需浓度达到 5.833mg/L 时，才能嗅出。嗅上皮究竟能区分出多少种气味，怎样区分出这些气味，尚无定论。一般认为，分辨多种不同的气味是通过四种基本嗅觉，即香、酸、糖味、腐臭等组合而实现的。有些物质的气味与它们具有某种化学成分有关，如含有 H^+的物质常有酸味；但又不是绝对的。例如，香蕉和香蕉水所含成分并不相同，但气味相似。

不同气味能使人产生不同的感觉，从而对人的心理和行为产生不同的作用。这方面的研究已经广泛应用于各个实践领域。例如，在工厂车间放一种芳香物质，可使人精神振奋，减轻疲劳，提高劳动效率；在病房中放一盆天竺花，它的香味有镇静作用，能使患者安然入睡；在剧院吹送某种气味（如海滨气味），会使观众产生身临其境的感受，增加剧情的感染力；公安人员利用气味，还能帮助侦缉破案。

（二）味觉

味觉的感受器是味蕾，主要分布在舌的背面特别是舌尖和舌的侧缘，会厌和咽后壁等处也有。味蕾由味觉细胞和支持细胞组成，它是一种化学感受器，适宜刺激是一些溶于水的化学物质。味觉细胞末端有纤毛，从味蕾的味孔穿出。支配味蕾的感觉神经末梢包围在味觉细胞周围，将冲动传入中枢。

味觉可分为酸、甜、苦、咸 4 种，其他更复杂的味觉如辣等被认为是上述四种味觉的混合。4 种味觉在舌的各部位敏感度不同：舌尖对甜、咸最敏感；而舌的外侧对酸最敏感、舌根对苦最敏感。

味觉信号经面神经、舌咽神经和迷走神经传导至孤束核，再到丘脑腹内侧核，最后抵达颞叶的前岛和额叶的岛盖（岛叶）。在这些部位可以发现对味觉刺激高度特异性的神经元。另外，味觉与下丘脑和边缘系统也有关系。这些结构主要影响食物的美味和摄食动机。

一种味觉细胞对多种味觉刺激物都具有反应性。由此看来，味觉主要是由中枢进行编码的。其编码的方式研究人员提出了标线学说和计算学说。标线学说把味觉细胞分为咸味型、甜味型等。味觉细胞向中枢传递的味觉信号由它对哪一种味质在单位时间内产生的动作电位最大所决定；并且，这种味觉信号直接通过特异敏感的神经纤维传递。计算学说认为，某种味质能够引起所有神经纤维反应，但反应方式不同；味觉反应是通过单一味觉细胞反应性动作电位的分析计算产生的；大脑根据参与反应的细胞和神经纤维的数量以及动作电位的幅度区别各种味觉。

味觉的辨别力使人能主动地选择食物，这是受血液中化学成分影响的。例如，肾上腺皮质功能低下的人，由于氯化钠的排出量增加，血液中钠离子减少，他就主动选择含盐食物。这种行为是靠味觉参与实现的。可见，味觉的生理意义不仅在于保证人和动物机体的营养，而且与维持体内环境的动态平衡有关。

第 6 章　知觉生理学

约翰·奥基夫
（John O'Keefe，1939～）

发现参与方位知觉与记忆的大脑定位系统的细胞，2014年获得诺贝尔生理学或医学奖。

◎面孔失认症是怎么产生的？
◎人是怎样识别字母的？

本章知识点

- 视知觉恒常性与视网膜成像的关系
- 视知觉初级通路与高级知觉通路
- 运动、颜色、形状和空间知觉的脑区
- 图像识别的精灵模型

知觉是脑对客观事物各种特征及其关系的整体反映——脑将直接作用于感觉器官的刺激物的各种特征或信息组合在一起并对其意义进行反映。于是，当我们注视一个人的面孔或者人脸的图片时，不仅看到了这个人头发颜色和发型、眼睛的大小、鼻子的形状、嘴唇的厚薄、脸形的长圆，而且能够把这些特征组合在一起，觉察出这是一张人的面孔以及这副面孔是美是丑。当然，在这个过程中，知识经验也具有重要作用。因为人类总是根据已有的经验去知觉事物的。现代神经生理学、神经心理学及人工智能研究在知觉领域获得了许多科学实验事实，积累了丰富的资料，尤其是对灵长类动物的知觉模式及其神经生理机制的研究取得了重要进展。这对解释知觉神经机制提供了有价值的知识。

按照知觉过程中起主要作用的感觉系统的不同，可以把知觉分为视知觉、听知觉、嗅知觉、触知觉等。本章主要阐述视知觉的机制。

第一节　视网膜成像与视知觉恒常性

一、知觉恒常性的概念

知觉恒常性是指知觉对象本身不变但知觉的条件发生了改变，此时知觉的映像仍然保持不变的现象。例如，一个熟人，无论他距离我们远近、是否改变发型、他周围的光线是明亮还是阴暗，我们对他的身体高矮、胖瘦、服装颜色的知觉却是恒定不变的。知觉恒常性的存在使得人们能够更真实地反映外部物体所固有的特性。

知觉恒常性被认为是人和高等动物进化过程中遗传下来的能力。有这样一个实验：训练阶段给幼小的猴看一些物体的原形，之后在进行测验时原形物体被换成朝向、大小和光照条件不同的原形物体的变形体。实验发现，这些猴在第一次面对每一种变形体时，基本上都能进行正确识别，正确率在 80%左右（随机水平为 33%）。对于这些幼小的猴来说，第一次见到的是物体的原形，而测验见到的是这种物体的变形体，显然，它们能够识别出曾经见过的物体的变形体，不是依靠经验的积累，而是依靠自身所拥有的一种能力。

二、刺激图形在视网膜成像的方位对知觉恒常性的影响

关于刺激图形在视网膜成像的方位对知觉恒常性的影响，我们可以通过下列实验进行验证（寿天德等，1998）：把一个正方形纸片贴在墙上，使其下边与地面平行。观察者采用两种方法来看：头保持正直，或旋转 45°。在这两种情况下视网膜上的物像方位不同，但是这对正方形的知觉没有影响。然而，如果把垂直于地面的正方形纸片旋转 45°，在这种情况下，刺激图形（正方形）相对视网膜的朝向及其相对周围环境的方位都发生了变化。观察者仍以上述两种不同的位置去看，结果知觉到的往往是菱形。从这一现象上来看，由刺激旋转同时产生的视网膜成像方位的变化和刺激与其周围环境相对方位的变化中，似乎前一种变化对知觉恒常性没有影响，而后者则破坏了知觉恒常性。

但是我们继续进行下面的观察，就会发现由刺激旋转同时产生的视网膜成像方位的变化对知觉恒常性也有重要影响。

把书倒过来读，多用一点时间读者可能读出上面的句子。然而，要读倒置的连笔草书的诗词或英文句子（图 6-1）就非常困难，甚至无法读出。

图 6-1　倒置的英文句子

如果我们两腿分开，身体向下弯曲 90°，也就是头顶向下，眼睛向后看相对于环境正立的书，则会觉得更难读了。

图 6-2 是一张有趣的交变图，正看是老头，如果头朝下或把书倒放，它则变成了少妇。

图 6-3 是一个简单却很有趣的楼梯图。观察者会认为其中涂了阴影的两个面属于同一级台阶。然而把书倒转过来再看，那两个面却分别属于两个不同的台阶了！图形分割对知觉非常重要，Hoffman 和 Richards 发现：两个任意形状的曲面做随机穿插时，其相交的边界总是在凹性不连续处。或换句话说，紧靠在一起的两个物体，它们的分界线一定是凹性的不连续处。这一现象被认为是一个数学定律。用这个定律可以理解楼梯图分割的变化：在正看时，两个阴影之间的相交线是在凸处，所以这条线必然不会把两个侧面分割开来；倒转后这些相交线成为凹性不连续的线，它就把两个侧面分割开来了。

图 6-2　老人与少妇

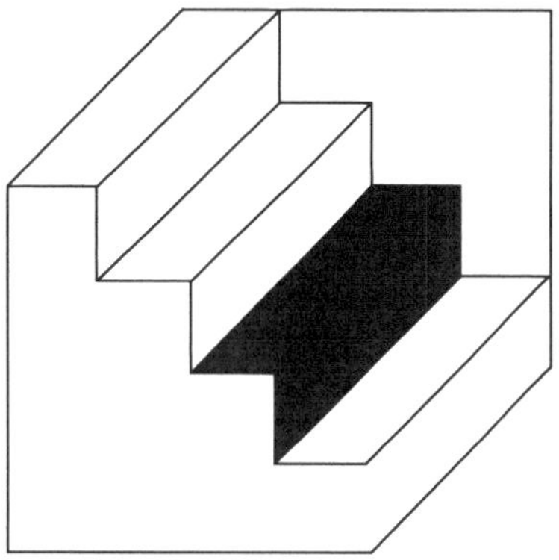

图 6-3　楼梯图

上述现象都说明，刺激图形在视网膜成像的朝向对知觉恒常性也有影响。所以，刺激图形相对周围环境方位的变化与视网膜成像的朝向变化都会影响知觉恒常性。

总之，一个刺激物本身可以不受时间、空间和环境的影响，保持其局部几何性质的恒定，视觉系统也具备抽提这种不变性质的能力；然而，这种知觉恒常性是有限制的、受条件约束的。它可能因为刺激太复杂、大脑加工太困难或需要更多的神经结构参与，甚至是需要更多的信息处理时间而无法实现。

第二节　形状、颜色、运动信息的平行处理机制

形状知觉、颜色知觉和运动知觉，都属于视知觉，因而与视觉系统的信息加工处理有密切关系。

一、视知觉对象信息平行处理系统：初级知觉通路

猴的视皮层可以勾画出 4 个相对独立的系统，它们分别对视知觉信息的不同属性进行处理（图 6-4 和图 6-5）。

处理外界物体的运动信息的脑区位于 V5 区。用电极监测猕猴视皮层发现，在所提供的各种刺激中，运动的信息能够引起 V5 区所有细胞产生反应；并且，大部分细胞的活动对运动的方向具有选择性。V5 区的信息传递始于视网膜大型神经节细胞，经过外侧膝状体大细胞层（1、2 层）到 V1 区的 4C 后进入 4B 层；然后，或者直接到 V5 区，或者通过 V2 区的粗条纹抵达 V5 区，形成了**视像运动信息处理系统**。

处理外界物体色彩信息的中枢位于 V4 区。用猴进行实验时发现，该区的绝大多数细胞在某种程度上对光的波长具有选择性。V4 区的输入信号来自视网膜小型神经节细胞，经外侧膝状体小细胞层（3～6 层）到达 V1 的 $4C_{\beta}$ 后再进入该区的第 2、3 层；之后，或直接到达 V4 区，或通过 V2 区的细条纹前往 V4 区，形成了**视像颜色信息处理系统**。

处理外界物体与颜色相关的静态形状的中枢也分布在 V4 区。该区细胞对视觉刺激的线条指向有选择性。用正电子断层摄像术研究正常人脑活动时也发现，视力正常的人看风景水彩画时，V4 区域血流量增加的幅度最大。V4 区的信号输入来自外侧膝状体小细胞层经由 V1 斑点间区域或 V2 亮带区而到达 V4 区，形成了**视像静态形状处理系统**。

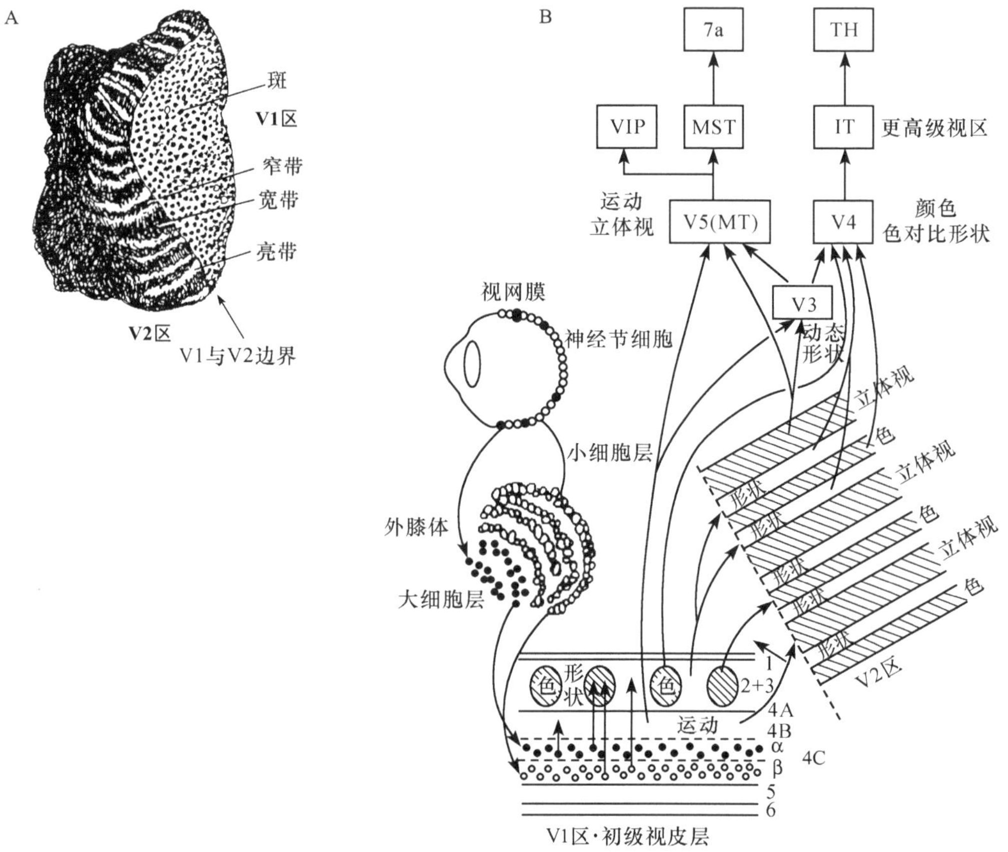

图 6-4　形状、颜色、运动和深度信息在猴 V1 和 V2 区内的分离处理（引自寿天德，1997）

A.细胞色素氧化酶染色法获得的猴 V1 和 V2 区水平切面示意图。其中，V1 区显示清晰的深色宽、窄带，其间为亮带。这些带大致与 V1/V2 边界线垂直。B.视觉信息处理的平行分级通道。VIP，腹下顶区；MST，内侧上颞区；IT，下颞区；MT，中央颞区；7a，皮层 7 区 a 亚区；TH，颞叶 H 区

处理外界物体动态形状的中枢部位在 V3 区。该区细胞对物体运动时的形状发生反应。V3 区的信号是从外侧膝状体的大细胞层经 V1 区的 4B 层直接输入，或者由 V1 区 4B 层经 V2 区粗条纹输入进来，形成了**视像动态形状信息处理系统**。

二、大脑皮层的高级知觉通路

视像信息经过上述既平行又分级的各个皮层区域连接的通道加工处理之后，分成两大分支通路即所谓的高级知觉通路，流向颞叶联合皮层和顶叶联合皮层。

联合皮层在感觉输入与运动输出之间起着“联合”作用，包括顶叶联合皮层、颞叶联合皮层和前额叶联合皮层。其中，颞叶联合皮层包括颞上回（Brodmann 22 区）、颞下回（Brodmann 20 区、21 区、37 区）和内侧颞叶，即颞叶古旧皮层（梭状回、旁海马回、海马和杏仁核）三个部分。猴的顶叶联合皮层仅包括 Brodmann 5 区和 7 区；人类顶叶联合皮层包括 Brodmann 5 区、7 区、39 区和 40 区。

人和猴的大脑皮层 Brodmann 分区见图 6-5。

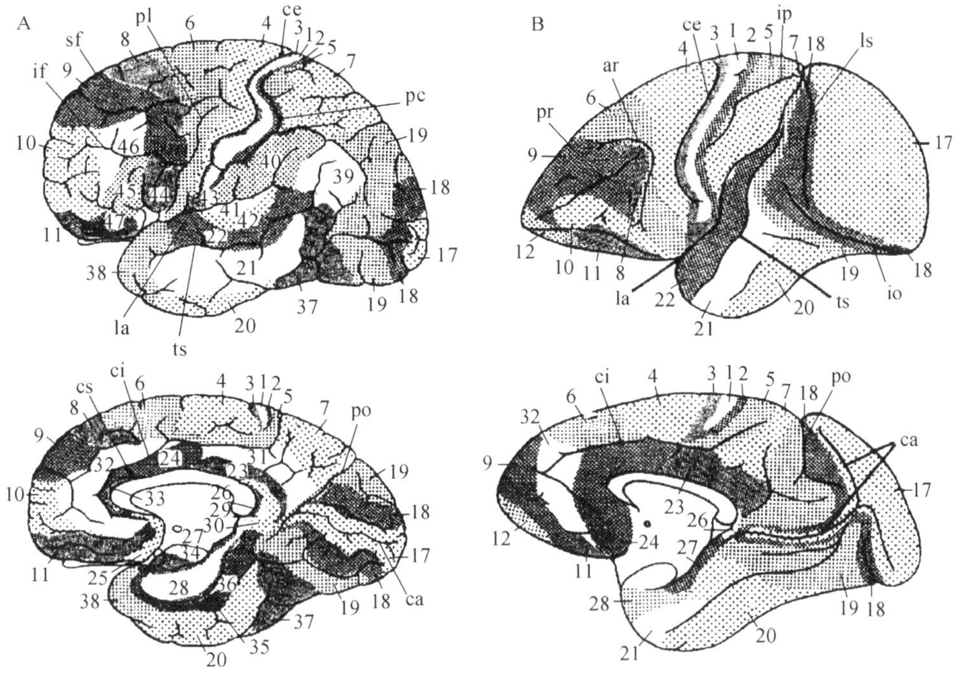

图 6-5　人和猴的大脑皮层 Brodmann 分区（上为背外侧面，下为内侧面）（引自徐科，2000）

A.人大脑皮层分区；B.猴大脑皮层分区。ar,弓状沟；ca,距状沟；ce,中央沟；ci,扣带沟；cs,胼胝沟；if,额下沟；io,枕下沟；ip,顶间沟；la,外侧裂；ls,月状沟；pc,中央后沟；pl,中央前沟；po,顶枕沟；pr,主沟；sf,额上沟；ts,颞上沟

在两个高级知觉通路中，一支是经由 V4 区通向颞叶联合皮层的信息流向，主要处理形状、颜色和立体视觉信息，似乎关心目标是“什么（what）”的问题；该通路被称为腹侧或枕-颞叶通路，又叫做**“What”通路**。另外一支是由 V5 区通向顶叶联合皮层的信息流向，主要分析同一情景中不同物体的空间结构，对于运动分析和空间关系知觉具有重要作用，似乎关心目标在“何处（where）”的问题；该通路被称为背侧或枕-顶叶通路，也叫做**“Where”通路**。

（一）物体知觉的腹侧通路

在猴的视皮层中存在 V1 区-V2 区-V3 区-V4 区-IT 区（inferotemporal，下颞区）通路，这个通路对物体的方位、长度、空间频率和色调进行加工，从而产生物体“是什么”的知觉。其机制在于：V4 神经元感受野周围存在较大的抑制性区域，即所谓的“安静带”，使得该区能够把知觉的物体与其背景分离；该区的颜色敏感神经元的感受野周边也存在抑制区，从而能够把物体的颜色与背景的颜色区分开来。另外，颜色敏感神经元对其视野内的物体色调的波长发生最大兴奋反应，而对其背景上相同波长的光波出现最大的抑制性反应。这样，即便是物体和背景的色调相似，也能够产生清晰的物体边界或轮廓的知觉。对物体微细结构进行更精细的加工在 IT 区进行。颞下回前部（又称为 TE 区或前区）神经元的感受野大于颞下回后部（靠近枕叶部分，又称为 TEO 区或后区）。因此，后区神经元容易鉴别同类物体的细微差别，而前区在较短的时间内可以知觉出熟悉的物体。

猴的视觉系统中枢大细胞和小细胞通路及其相关的视觉信息处理功能见图 6-6。

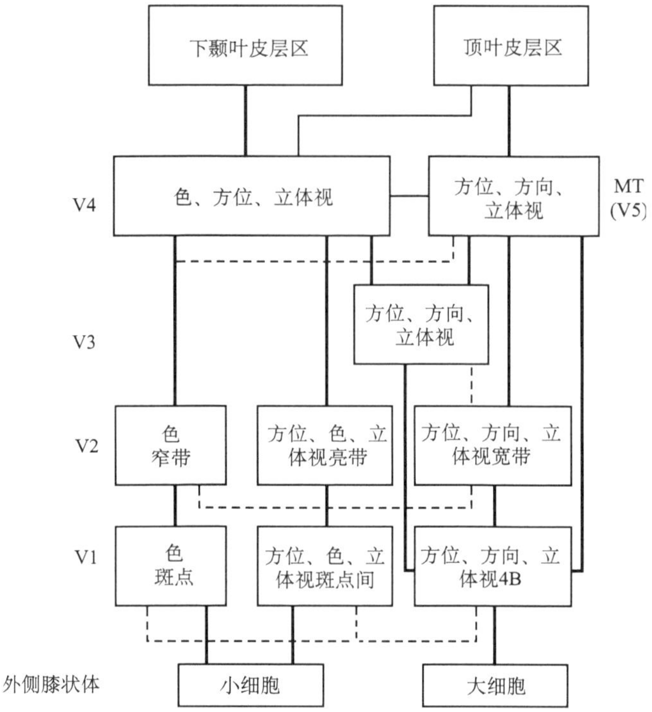

图 6-6　猴的视觉系统中枢大细胞和小细胞通路及其相关的视觉信息处理功能

（引自寿天德，2006，此图看作图 6-4 的框图表现形式）

粗实线表示强通路，细线表示弱通路，虚线表示暂时性通路

（二）空间知觉的背侧通路

来自初级视皮层 V1 区的信息，经过 V2 区和 V3 区到达颞上沟的尾部后沿附近的颞中回（middle temporal area, MT 区），将空间知觉的信息加工后传向颞上沟内沿（MST 区）和颞上沟底部（FST 区），再传至顶叶联合皮层（腹下顶区和顶内沟外侧沿等部位）的神经元，此处是空间知觉的高级中枢。在这个通路中，MT 区神经元按照与视野对应的空间拓扑关系排列；它们的感受野比 V1 大 60～100 倍，能够对物体在空间关系中的相对位置关系作出大视野反应，对视野中各种成分发生总体反应。MST 区和 FST 区神经元的感受野比 MT 区还要大，所以对更大视野范围内的物体空间关系产生知觉。顶叶联合皮层神经元的感受野比 MST 区和 FST 区神经元的感受野更大，能够在更大范围内反应物体的空间相对位置。

三、高级视皮层对较低级视皮层的下行调节作用

Sillito（1994）用猫进行实验观察到：当用一对固定的光点刺激两个不重叠但又相邻的外侧膝状体细胞的感受野时，这两个细胞的反应不同步；但是，如果使用一根光棒或者光栅掠过它们的感受野时，这两个细胞往往产生同步化放电；如果把视皮层去除之后，外侧膝状体细胞这种同步化放电消失。由此可见，这些细胞的同步化放电是由于视皮层反馈的参与所产生的。

许多研究显示，高级视皮层的活动能够影响 V1 区和 V2 区神经元的反应性质。例如，使用局部冷却或者局部施加 γ-氨基丁酸（GABA）导致猫的高级视皮层 21a 区失去活性，其 V1 区和 V2 区多数神经元的自发放电和对视觉刺激的反应均显著降低，说明这些高级视皮层对低级皮层反馈影响的性质主要是兴奋性调制作用，并且提示高级脑区发送的下行信息“再进入”（reentry）到低级脑区（尤其是初级视皮层，因为只有它具有最完整的视网膜-视觉皮层的拓扑投射关系），可能使各个视皮层之间一同活动起来，实现脑的高级复杂机能。

四、知觉对象信息加工

（一）运动知觉

知觉最重要的任务之一是觉察运动的物体和确定运动的方向。一个运动的物体可能是一个食物或一个捕食者，两者都是生存至关重要的视知觉刺激。如前所述，V5 区加工物体运动信息。动物实验发现，毁损该区导致猴知觉运动刺激的能力严重下降（Siegel and Andersen，1986）。人脑视觉联合皮层 V5 区损伤会导致运动知觉丧失——运动失认症。

例如，Zihl 等（1991）报告了一位叫 L.M.的女性患者，她双侧外枕叶皮层和 V5 区都受到了损伤。L.M.几乎丧失了全部运动知觉。如果没有红绿灯的帮助，她甚至不能过马路，因为她判断不出运动速度。尽管她还有少许运动知觉，但她不喜欢看那些运动的物体。例如，当与他人谈话的时候，她不愿意看对方的嘴，因为嘴的运动让她感到心烦意乱。在实验室里，研究人员让她努力观察某视觉目标的运动，她回答：“首先，目标是完全静止的，然后它突然跳到上面和下面去了。”看起来，她能够察觉到目标位置的变化，却意识不到任何运动。

V5 区的细胞对其感受野中的光点运动反应强烈，但是，对固定的光照没有反应。这个区域的运动敏感细胞对光点等运动刺激反应的特点可以概括为如下几个方面（张守信和金连弘，2002）。

第一，V5 区细胞对刺激物的运动方向具有较强的选择性：①对特定方向的运动刺激的反应具有明显的专一性，也就是每一个细胞对运动刺激的反应都有一个最佳方向的要求（图 6-7 中的 90°）；②对与其最佳方向正好相反方向的运动刺激产生抑制（图 6-7 中的 270°）；③对其他方向的运动刺激也能产生反应，但兴奋的程度较低。通过记录动作电位的发放情况，V5 区细胞对不同方向运动刺激的反应从兴奋到抑制的过程可以描绘为图 6-7 下方显示的曲线。这条曲线具有代表性，就是说，V5 区中的每个细胞都可构建一个这样的刺激方位曲线。

在 V5 的运动敏感神经元中，存在对所有可能方位敏感的神经元和对所有感受野定位的神经元，因而可以编码出现在 360°的任何一个方向和视野中的任意一个区域的运动刺激。

第二，V5 区中的神经元的反应不依赖于运动物体的形状而对运动信号敏感。一般来说，运动刺激的形状和其运动特性是组合在一起的，原因在于运动来自于视野中的特定物体，而物体一般都是有形状的，所以，运动总是和物体的特有形状联系起来。有趣的是，V5 区的细胞即使对没有形状的运动刺激也能发生反应，而且该区神经元对运动刺激的反应取决于刺激的量。这种现象可以通过图 6-8 所示的实验来证明。

在这个实验中，首先设计出无形但是运动的刺激——许多光点组成的刺激。实验开始之后，这些光点闪亮很短的时间便立即消失；在下一瞬间，这些光点按照两种方式闪亮：一是

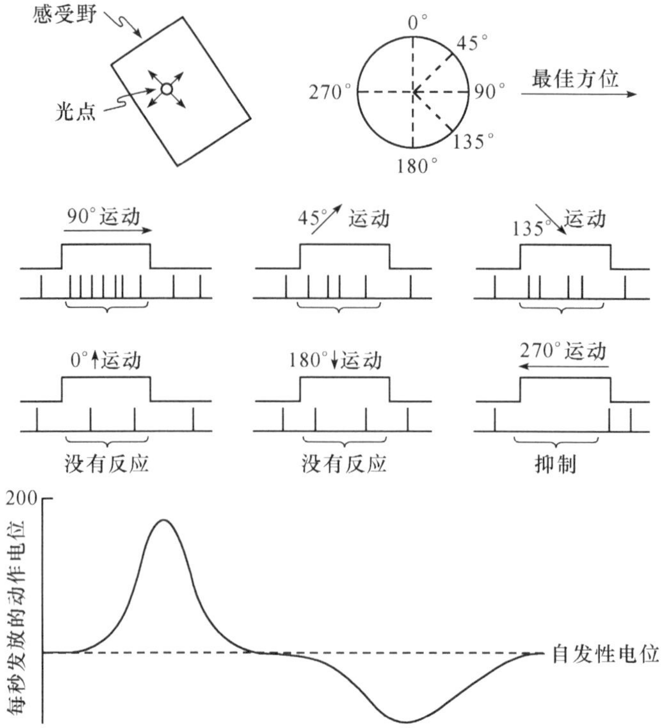

图 6-7　V5 区运动敏感神经元的光反应（引自张守信和金连弘，2002）

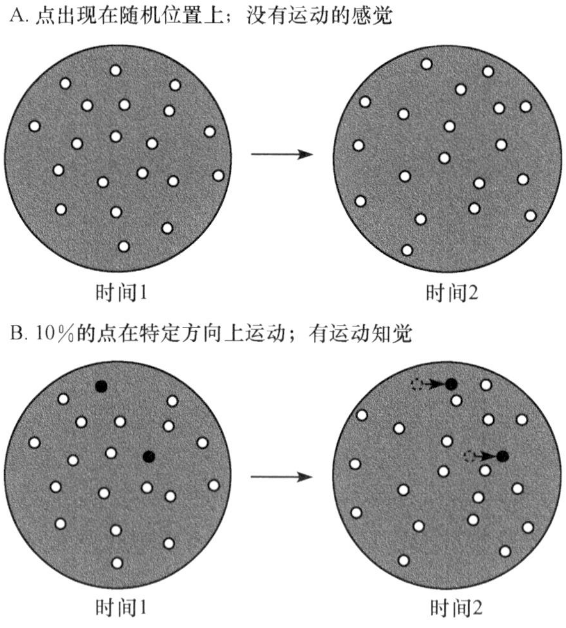

图 6-8　在没有物体形状的情况下，随机点刺激的运动可以导致运动知觉（引自张守信和金连弘，2002）

A.时间 1，一系列白点在黑色背景下；时间 2，这些点被熄灭并在新的随机位置出现。这样的刺激模式不能使观察者产生运动知觉。B.刺激模式基本类似于 A，但是，视野中有两个点在特定方向上移动而不是随机运动，结果导致观察者产生了一个从左至右的飘浮样的运动知觉在一个新的随意的位置再度亮起，此时出现了像没有调好频道的电视屏幕上随机闪烁的干扰雪花一样的光点。当这些光点随机运动到另一个随机部位时，观察者没有产生这些光点是在运动的知觉。二是这些光点中的一小部分不是以随机方式而是在一个特定方向上运动，结果出现了每一瞬间都有一批光点在这个方向上移动。在整个刺激期的每个瞬间这个过程都被重复。通过这样的实验设计，刺激物的运动和形状被有效地分开了：在这个实验中没有可以辨认的刺激的整体模式存在，观察者不会感受到物体的“形状”，却产生了这些点在一个固定方向上运动的知觉。

观察者对光点运动的知觉难易程度与发生移动的光点所占总光点的比例有关：比例越大，越容易确定光点运动的方向并且能够明确地报告出来；当相关移动的点的比例低于 4%时，人和猴都不再能确定运动的方向。

（二）色觉

猴皮层的颞叶 V4 区内部，存在较多的颜色敏感细胞，选择性对物体颜色发生反应，但它们的反应特征要复杂得多——对多种波长的光发生反应，而不是只反应红、绿、黄和蓝光的波长。这些细胞所敏感的颜色的补色，大体上就是对该细胞具有抑制作用的颜色刺激。

色觉也具有恒常性。例如，一面红旗，无论天空阴霾密布还是阳光灿烂，我们对它的颜色知觉不会有很大差别。可见，我们的视觉系统并不是简单地反应各部分视野中物体反射光的波长，相反，视觉系统会根据光源做出一些补偿性调整。Walsh 等（1993）发现，损毁猴 V4 区，在整体照明（颜色）改变的情况下，它辨别颜色的能力下降，说明破坏了色觉恒常性。但是，如果照明情况不变，猴仍然能够辨别颜色。这一实验结果说明，V4 区具有色觉信息加工功能，却不是颜色加工必需的脑部位。

猴脑皮层中 V4 区前方、属于下颞叶的一个被称为 TEO 区（图 6-9），可能与色觉有关。Heywood 等（1995）研究发现：V4 区正常但 TEO 区被损毁的猴，分辨颜色的能力受到了严重损害；然而猴分辨灰度的能力没有变化，说明颜色分辨能力下降与损毁 TEO 区相关。

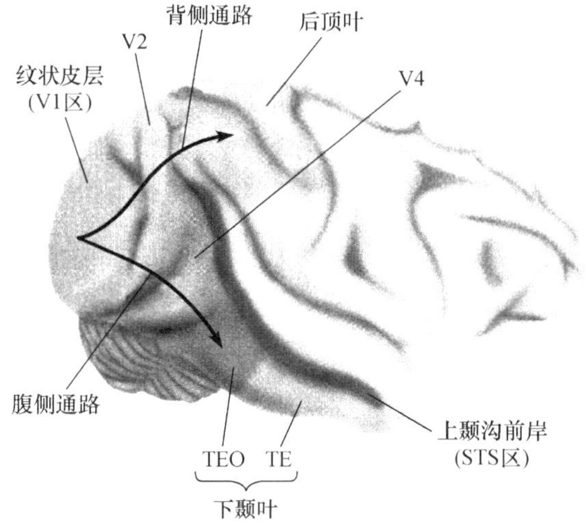

图 6-9　猕猴大脑视皮层分区（主要显示 TEO 区和 TE 区的位置）（引自 Carlson，2007）

人脑的颞下回一个区与猴的 TEO 区相对应，被称为 V8 区，Hadjikhani 等（1998）通过磁共振成像技术研究发现该部位是颜色敏感区。有学者认为，导致全色盲的脑损伤都与 V8 区或向 V8 提供传入的皮层区域有关。

（三）形状知觉

对于灵长类动物，形状和物体知觉发生在下颞叶皮层。切除 20 区、21 区的猴，损害了它对复杂特征图形的分辨学习能力和对特征相近的物体或图形进行分类的能力；切除猴的 21 区则伤害了它对具有复杂特征的物体或图形的记忆能力（图 6-10）。由此可见，猴颞下回具有对物体或图形的知觉和分辨等功能。

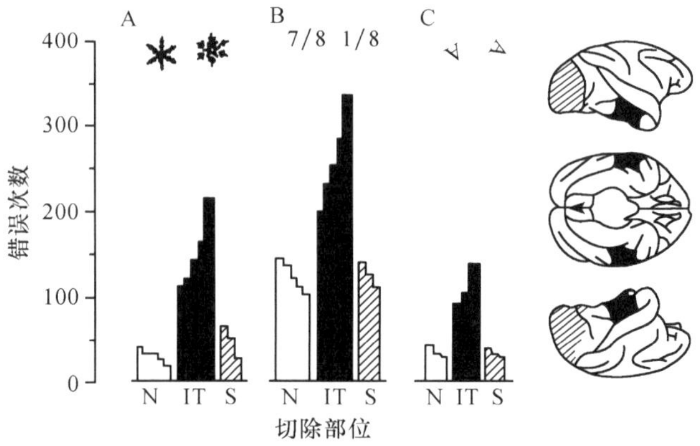

图 6-10　猴的图形分辨学习（引自徐科，2000）

A、B、C 为三对图形，纵坐标代表达到学会标准所需要的犯错误次数。N，正常对照猴；IT，颞下回切除猴；S，纹状皮层切除猴。图的右侧为三个脑结构示意图

下颞叶神经元对点、线或正弦光栅等简单物体反应不佳，而对三维物体（或三维物体的照片）的反应最好，即使三维物体的位置、大小、背景发生了变化，或者被其他物体部分地遮蔽，某些下颞叶神经元仍然持续地反应（Rolls and Baylis，1986；Kovdcs et al.，1995）。所以，看起来这些神经元的作用不是分析特征，而是识别物体。多项研究发现（Desimore et al.，1984），猕猴颞叶的某些神经元被面孔特异性地激活——无论该面孔是其他猴的还是人类的。有些神经元响应面孔的正面，有些则响应侧面。多数面孔敏感性神经元位于上颞沟前岸的 TE 区（图 6-9）。

颞下回存在形状知觉和相貌认知等与物体知觉功能有关的细胞学基础。例如，运用行为神经生理学方法已经揭示出了猴颞下回某些神经元的视觉信息处理特征（表 6-1）。

从表 6-1 中可知，猴颞下回联合皮层（20 区和 21 区）存在对复杂图形或物体进行识别、分类及记忆的神经元；21 区和颞上沟底部（superior temporal sulcus, STS）存在对特定相貌发生反应的神经元。

人类视觉联合皮层受损会导致一种名为视觉失认症的障碍包括几种类型。其中，统觉视觉失认症是高级视知觉缺失造成的，而联想视觉失认症是视知觉与语言系统分离造成的。

表 6-1　猴颞下联合皮层神经元的信息处理特征（引自徐科，2000）

神经元类型	分布部分	信息处理特征
1.形状识别神经元	20 区，21 区	这类神经元对某一特异图形（形状）起反应。当这一图形的大小变化时，神经元的反应幅度也随之改变，但对这一图形的类似图形或它的旋转图形没有反应
2.形状分类神经元	21 区	这类神经元对某一特异形状的图形起反应。这种反应不因图形的大小、颜色、亮度等物理属性的改变而改变。对这一特异图形的类似图形或它的旋转图形有相似的反应，但对构成该图形的要素没有反应
3.图形/物体记忆神经元	21 区	这类神经元参与对图形或物体的短期或长期记忆
4.相貌认知神经元	21 区，STS 底部	这类神经元选择性地对人或动物相貌起反应，对相貌以外的复杂刺激没有反应

统觉视觉失认症：主要特征是患者的视力没有缺陷，但对于复杂的事物只能认知其个别特征，不能知觉事物的全部属性，因而无法辨认看到的物体。然而，如果让他们触摸一个视觉上不认识的物体，他们常常能够马上说出物体的名字。这说明患者的理解能力没有问题。

本书第 1 章讲到的“父亲不认识儿子”这类面孔失认症，属于常见的**统觉视觉失认症**，即患者识别面孔的能力丧失。换句话说，患者知道自己正在看一张面孔，但是无法说出这是谁的面孔——即使是熟人和亲戚的面孔也不认识（熟人面孔失认症）；他们看到了两只眼睛、两只耳朵、一个鼻子和一张嘴，却无法识别每个人的面部特征。患者保留了对这些熟人的记忆，听到他们说话后往往能够认出他们。正如一位患者所言：“我无法仅凭面孔辨认大家。我观察他们头发的颜色，听他们说话的声音……我必须利用衣服、声音和头发。我努力将各种事物和具体的人联系起来……他们穿什么样的衣服，他们的头发是怎样的”（Buxbaum et al., 1999）。如果是陌生人面孔分辨障碍患者，则能够正确辨认熟人，但无法辨认陌生人。在他们看来，周围的陌生人都是一副面孔。

为了识别他人的面孔，我们必须具备分析面部构造细微差别的神经回路，能够分析眼睛、眉毛、嘴唇、下巴以及其他有个体差异的面部特征。Kanwisher（1997）在实验中让被试看不同物体图片和面孔图片，同时进行功能性磁共振扫描。研究者对图片刺激激活的不同脑区血氧水平相关的信号强度进行比较后发现，面孔图片在大脑底面的梭状回引发的脑血氧水平相关的信号强度，高于其他物体图片引发的脑血氧水平相关的信号 2 倍以上。1998～2005 年，有许多实验重复证明梭状回知觉区的激活，确实是对面孔的特异反应，并且存在知觉旋转效应，也就是正立面孔图片比倒立的脸能够诱发出更强的脑激活效应，也就是说，面孔识别的神经回路位于梭状回。另外，多数研究显示，对面孔识别来说，右半球比左半球更重要（图 6-11）。

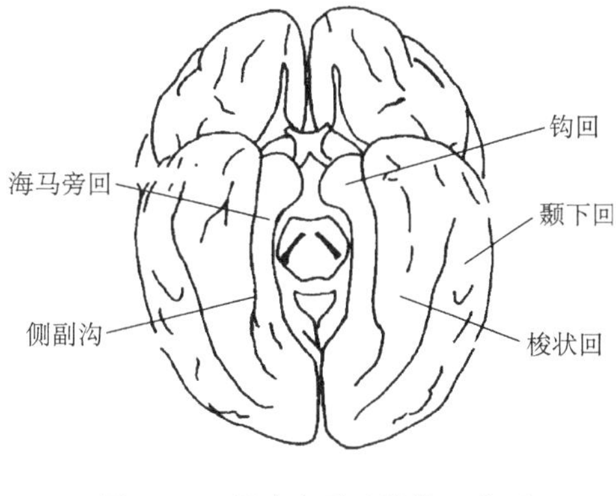

图 6-11　颞叶底面示梭状回位置
（引自汤慈美，2002）

有一位视觉失认症患者丧失了识别物体的能力，却保留了识别面孔的能力。例如，他能看出图 6-12 中的面孔，却无法识别组成面孔的花朵和蔬菜。可能的解释是，他的一般物体识别神经回路受损，但梭状回面孔区没有遭到破坏。这一病例为证明面孔识别具有特别的脑加工区提供了重要而有趣的证据（Moscovitch et al.，1997）。

图 6-12　不伴有面孔失认症的视觉失认症（引自 Carlson，2007）（扫码见彩图）

患者能够认出这幅图所显示的面孔，却不认识组成面孔的花朵和蔬菜

Gauthier 等（2000）通过功能成像研究发现，当鸟类专家或汽车专家观看鸟类或汽车的图片时，梭状回面孔区被激活，在对照的非专家组中没有观察到该区的激活。因此，面孔识别区的形成被认为是经验的结果。在日常生活中，我们不断地看到人类面孔，这种经验促使我们变成了面孔识别专家。我们中的某些人是识别其他物体的专家，面孔失认症患者的脑部损伤也使这些专家丧失了识别其擅长识别的复杂刺激的能力：农夫不能识别自己的牛，鸟类专家不能识别鸟，专职司机必须借助车牌号才能识别自己的车（Bornstein et al.，1969；Damasio et al.，1982）。

综上所述，面孔识别区位于右梭状回。这个区域与多种复杂刺激的识别有关，是获得识别近似物体的技能的关键性脑区。

联想视觉失认症：它不同于统觉失认症。**联想视觉失认症**患者的物体识别神经回路似乎是完好的，患者只是意识不到自己的知觉。例如，有这样一个病例：患者能够把图片上的锚临摹出来，说明他能够知觉锚的形状。然而，他说不上自己画的是什么，也不认识原画里的锚。在没有图片供临摹的情况下要求凭记忆画一个锚，他就做不到了。这说明即使他成功地复制出一幅锚的图画，但“锚”这个词却无法在他的脑海里形成心理图像（图 6-13）。一次，他被要求定义“锚”，他的答案是“船的制动装置”，看来他知道这个词的含义。

正常情况下，信息可以在视觉联合皮层和语言相关脑机制之间来回转化，这种转化能力的缺失可能与联想视觉失认症有关。也就是说，患者获得的知觉足够画出该物体，但他的语言系统却没有接收到足够的信息，因而无法为该物体找到一个合适的词汇，也无法获得该物

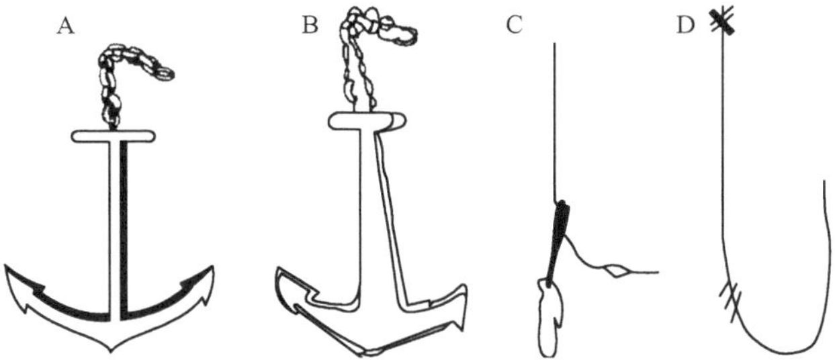

图 6-13　联想视觉失认症描绘的图片（引自 Carlson，2007）

A.原图片；B.患者临摹的图片；C 和 D.患者被要求“画一个锚”的失败作品

体的相关知识。有一位 35 岁的先生，因感染性疾病导致大脑病变，导致他不能说出大部分物体的名称。但是，根据物体或者图片提供的线索，通过下意识地做出些动作或者姿势，获得物体命名功能。例如，在仔细研究了一幅奶牛的图片之后，他双手握成拳头形状并上下交替运动。显然，他正在做挤牛奶的动作。他看了看自己的双手，恍然大悟：“哦，奶牛！你们知道的，我住在农场。”可以推测，这位患者的视觉联合皮层中的知觉机制是相对正常的，但视觉与左半球的言语机制之间的联系可能遭到了破坏。然而，视觉机制与额叶的运动机制之间的联系仍然完好，因而他能够根据图片内容做出适当的动作。

（四）空间位置知觉

顶叶参与空间位置知觉。切除 5 区和 7 区以后，猴在物体和物体之间空间关系（如远近或距离）的知觉方面出现障碍（图 6-14）。另外，7 区被切除的猴不能完成用手接近视觉目标的操作，手实际到达的位置严重偏离目标所在位置（图 6-15）。由此可见，对于猴来说，顶叶联合皮层在空间知觉及视觉-运动控制过程中发挥着关键作用。

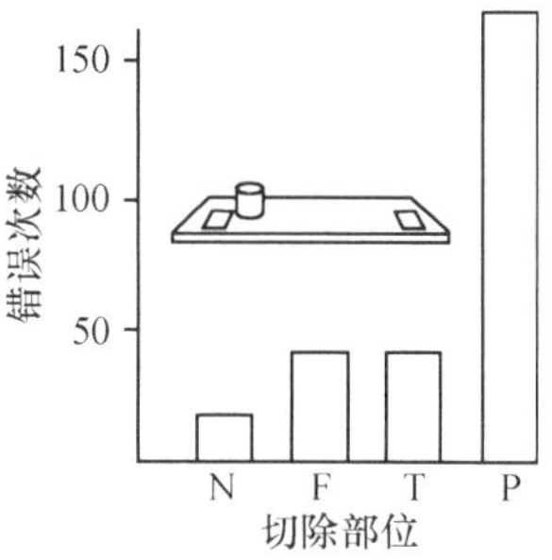

图 6-14　猴对物体与物体间远近关系的分辨学习（引自徐科，2000）

猴前方左右放置两个盒子，两个盒子之间有一个圆柱形物体。圆柱形物体的位置可以左右移动。靠近或远离圆柱形物体的盒子下面有食物。要求猴学会辨别两个盒子与圆柱形物体之间的空间位置关系，到靠近或远离圆柱形物体的盒子下面去取食物。纵坐标为猴学会这一任务所需要的平均犯错次数。N，正常对照猴；F，额叶切除猴；P，顶叶切除猴；T，颞叶切除猴

顶叶联合皮层的空间信息整合处理功能也存在细胞学基础。表 6-2 归纳了猴顶叶联合皮层神经元的信息处理特征。从表 6-2 中可以看出，顶叶联合皮层 5 区主要参与躯体感觉信息的整合处理；而 7 区则主要参与视觉空间信息的整合。尤其是注视、追踪、扫视这些眼动功能以及手眼协同活动是受 7 区神经元控制的。它使动物和人类的眼睛能在极短的时间内把静止的或移动着的视觉目标迅速地捕捉住，并在必要时对其作出迅速的反应。

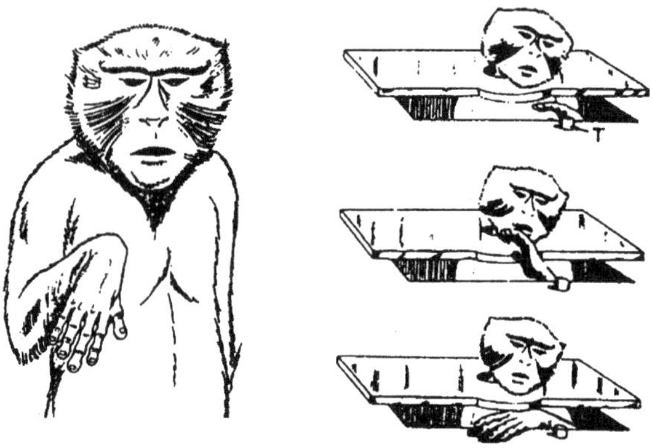

图 6-15　顶叶 7 区切除后猴的视觉-到达（visual-reaching）运动操作（引自徐科，2000）

7 区切除后，猴不能完成用手接近视觉目标的操作，手实际到达的位置严重偏离视觉目标（T）所在位置

表 6-2　猴顶叶联合皮层神经元的信息处理特征（引自徐科，2000）

神经元类型	分布部位	信息处理特征
1.复杂躯体感觉神经元	5 区	与特定的身体姿势相关；对皮肤与关节的复合刺激起反应
2.视觉-运动神经元	5 区,7 区	在手眼一致运动，即手主动接近视觉目标的过程中放电活动增强
3.眼球运动神经元	7 区	
a.注视神经元		当猴眼睛注视某一目标时（实验时猴的头部固定），这类神经元放电频率显著增加或减少，其放电频率随注视位点的空间方位或远近程度而改变
b.扫视神经元		当猴眼睛离开注视目标朝某一方向做快速运动（扫视）时，这类神经元放电频率显著变化，并根据扫视的方向不同放电变化的幅度亦不相同
c.追踪神经元		当猴眼睛平滑地追踪某一移动目标时，这类神经元放电频率显著增加或减少，其放电频率随追踪方向的改变而改变
4.视觉注意神经元	7 区	在猴选择性地注意某一视觉刺激时放电活动增强
5.异种感觉整合神经元		
a.视觉与躯体觉整合	7 区	这类神经元对视觉刺激及躯体感觉刺激都有反应，但只有当两者结合起来时，反应最大。例如，实验者的手接近猴颚部（视觉刺激）并触摸颚部皮肤（躯体感觉刺激）时，反应最大
b.视觉与平衡感觉整合	7 区	这类神经元对视觉及前庭感觉刺激有反应，但只有当两者结合起来时，反应最大。例如，这类神经元在猴身体倾斜时放电活动增强（前庭感觉反应）,这种反应在明室（有视觉刺激）与在暗室（无视觉刺激）时强度不一样（前者要强得多）

人类的功能成像研究显示，当任务需要人们记住视觉刺激的空间位置时，背侧通路的活动升高（Haxby et al.，1994）。Mellet 等（1996）的一项功能成像研究显示，根据语言指导构建三维心理图像的任务需要背侧通路的参与。研究人员请被试依次想象一组拼接在一起的正方体。以图 6-16 中的一组正方体为例，从蓝色的一块开始想象，然后，第二块放在第一块右面，第三块放在第二块下面，第四块放在第三块下面，依此类推（图 6-16A）。fMRI 显示，当被试构建这样的心理图像时，双侧顶-枕-额网络活动增加，其中包括枕叶的上外纹状皮层、下顶叶以及额叶的背侧前运动皮层。右侧下颞叶也有激活（图 6-16B）。看起来，想象三维

图形的构建需要背侧通路（空间知觉发生的部位）和额叶（运动计划发生的部位）的参与。右半球腹侧通路的参与可能反映了被试对心理图像的识别。

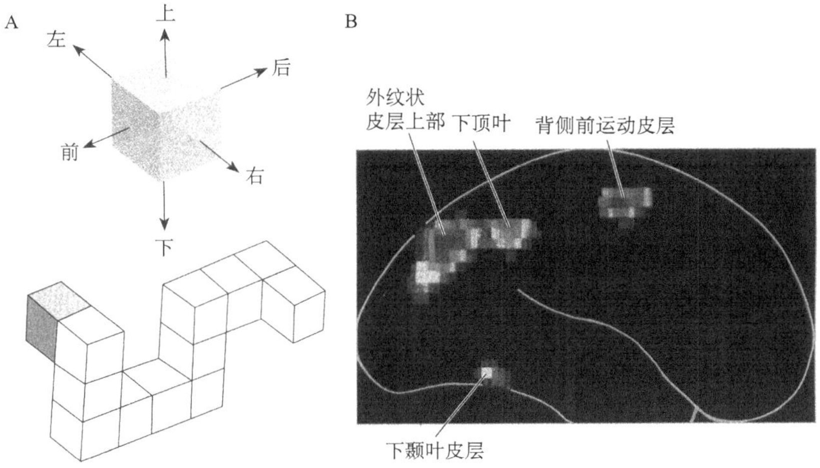

图 6-16　构建一个心理图像。主试逐个说出图中每个方块的位置，被试按照主试的提示构建心理图像（引自 Carlson，2007）（扫码见彩图）

A.按照以下顺序知道这个方块组合的构建：右、下、下、后、后、后、上、上、后、后、右；

B.被试构建心理图像时 fMRI 记录到的脑的激活情况

第三节　知觉过程中的脑电变化

通过记录**平均诱发电位**——感官受到刺激时从头皮上记录到的相应电位变化发现，当人的注意力集中在某种感觉信号时，这种感觉信号所引起的诱发电位有较明显的变化。由于诱发电位的信号十分微弱，并掩埋在自发脑电波和其他噪声之中，需要用叠加技术（又称平均技术）才能显现出来。现代生理心理学研究中主要通过计算机技术来观察记录诱发电位，所得结果叫平均诱发电位（图 6-17）。平均诱发电位可以分为四种成分：早成分——潜伏期（即从刺激呈现到出现波峰之间的时间间隔）为 10ms 以内的波，代表接受刺激的感觉器官发出神经冲动并沿神经通路传导的过程；中成分——潜伏期为 10～50ms 的波；晚成分——潜伏期为 50～500ms 的波；慢波动——潜伏期为 500ms 以上的电波。每种成分均包括若干个波，根据这些波出现的潜伏期和电变化的方向性进行命名。例如，潜伏期在 50～150ms 出现的正向波称 P_{100} 波，简称 P_1 波；潜伏期为 150～250ms 的负向波称 N_{200} 波，简称 N_2 波；潜伏期为 250～500ms 的正向波称 P_{300} 波，简称 P_3 波。研究发现，在某些心理活动过程中从头皮上可以记录到相关的诱发电位变化。这种有心理因素参与的诱发电位变化，又称为**事件相关电位**（event-related potential, ERP）。例如，N_2 和 P_3 可以看作知觉过程灵敏的生理指标。当 N_2 波幅值增大且不伴有 P_3 波改变时，把 N_2 波称为**不匹配负波**（mismatch negativity，MMN）。此时，刺激的物理属性制约着 MMN 幅值，刺激的物理强度大，MMN 的幅值则高。这种与刺激的物理属性相联系的诱发电位成分称为**外源性成分**。其原因主要是感觉传入通路中各级神经元的活动受到易化（促进）之故，代表着知觉自动加工过程。当 N_2 波幅伴随着 P_3 波幅值同时变化时，N_2 波便被称为加工负波（processing negativity）。它是知觉在主体脑内形成的生理指标，代表知觉对象在脑内的理解。因此，人们把与 N_2 波同时变化的 P_3 波称为意义波或理解波。根据 N_2 波和 P_3 波变化的关系，可以了解知觉形成的阶段性的机制。这种与心理因素相关的诱发电位成分又被称为内源性成分，它们代表着识别、分类等大脑的内部活动过程。

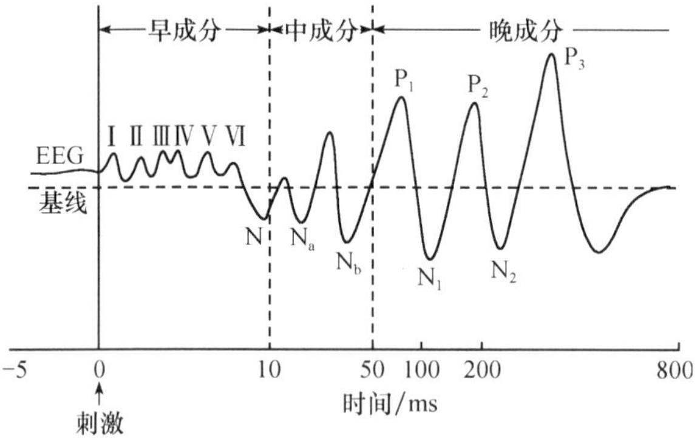

图 6-17　平均诱发电位（μV）组成波示意图

关于内源性成分，不同学者有不同的看法。Näätänen 等（1983）主张事件相关电位内源性成分应包括 N_2 波和 P_3 波，根据其在人类认知过程中信息处理的意义，又将 N_2 波分为两个成分，较早出现的 N_2 波被称为不匹配负波，与人类认知活动开始时，脑对外部刺激模式的匹配有关。稍后出现的 N_2 成分称为 N_{2b}，它与 P_3 波的前部分 P_{3a} 形成一个两相综合波 N_{2b}-P_{3a}。这种综合波才是真正的事件相关电位的内源性成分，与人类对外部刺激的朝向反射有关。Renault 提出的事件相关电位中的 3 种内源性成分及其出现的时相是：顶-枕区皮层 N_2 波在知觉信息处理的时相内（这一时相称为开始时相）出现；中央区皮质的双相 N_{2b}-P_{3a} 综合波出现在信息处理的决策时相，与人类被试对外部刺激的主动性信息处理有关，代表脑内沿着 N_2 波所指出的方向对外部刺激的认知决策过程；顶叶 P_{3b} 波出现在信息处理的终结时相，往往在被试对刺激做出运动反应时出现此波，因而代表认知过程的终结。也就是说，3 种内源性事件相关电位反映了人脑对外部事件信息处理的完整过程。内源性成分除能反映人类对外部事件信息处理过程与结果外，还能反映在信息处理过程中各个脑区的机能关系。Kak 等发现，人脑的平均诱发电位中有 3 种顺序出现的波与字母认知活动有关：首先是潜伏期约 200ms 的 N_2 波，随后是潜伏期约 500ms 的 P_3 波；最后是广泛分布的正慢电位，其潜伏期 600～700ms。在左半球的 P_3 波和正慢电位的波幅总是大于右半球。N_2 波的波幅在字母呈现视野的对侧半球中总是大于视野同侧的半球。因此，N_2 波可能反映出视觉通路直接投射的传入纤维活动，而左侧半球优势的 P_3 波和正慢波则反映出被试对字母意义的理解与注意。或许在文字材料的认知活动中，视野对侧半球的 N_2 波仅与感知刺激有关，无论发生在哪侧，最后总是转入左侧半球为优势的 P_3 波和正慢波。这一结果再次说明，文字的认知与理解主要是左半球的功能。

第四节　视知觉理论

一、视像形成的多步骤整合学说

综合多方面的研究成果、尤其是视觉特征分离平行处理的研究资料，以英国伦敦大学生物学教授 Zeki（1993）为代表提出了“视像形成的多步骤整合学说”，认为视觉成像是在 4 个平行的视觉特征处理系统相互作用过程中分多个步骤整合完成的。其一，整合既发生在视网膜→外侧膝状体→V1、V2→V3、V4、V5 这一传入通路上，也存在于同该通路逆行的反馈联系上。其二，在整合过程中不同皮质区的作用各有其特点：V1 和 V2 区细胞感受野小、局部定位性强；V3、V4、V5 区细胞感受野大，能把视觉对象的某种特征整合起来进行分析。其三，各皮质区依靠往返联系，即使各个皮质区的活动保持协调、同步发放冲动，又使 V1 和 V2 区提供的信息对 V3、V4、V5 区进行的视像整合起到补充和修正作用——就是说，这种整合并不要求信号都走到统一的皮质区域，而可能空间上是分离的，时间上却是同步的；它是一种多级整合，是在几个不同水平上的相互作用过程中实现的信息合流。最后，在各个皮质区联合活动过程中产生意识性视知觉。

视像形成的多步骤整合学说在神经解剖学方面获得了一些证据。神经解剖学研究早已发现，在视皮层的表层内存在水平走向的轴突网，并且，该轴突网内的轴突长度可达 8mm，能够使 V1 区内部具有相同最优方位的功能柱之间实现信息交流，从而对相同最优方位的刺激产生同步化反应。在猴的 V2 区也存在着类似的长轴突；在各个视皮层之间，也存在着交互投射；甚至外侧膝状体也接受大量的视皮层的下行投射（猫的外侧膝状体视皮层反馈投射纤维占其总输入的 50%以上）。例如，V1 的 4B 层细胞既投射到 V5 又投射到 V3 和 V2 的宽条区（由细胞色素氧化酶染色所形成），而这些区域又有弥散性返回投射到 V1，使得 V5 可以通过返回投射到 V1 的通路而对 V3 和 V2 的宽条区施加影响。这样，负责提取运动信息的大细胞系统的 V1 区 4B-V5 便与主管形状信息的 V3 发生了整合作用；同样，V5 区也返回弥散性投射到 V2 的宽带、窄带、亮带区，使得 V5 可以对 V2 窄带内细胞的颜色信息处理施加影响，由此实现了大细胞与小细胞之间的整合作用；管理颜色信息处理的 V4 对 V5 整个区域也有弥散性投射，从而对 V2 各带区内细胞投射到 V5 和 V3 区的信息处理施加影响。

由此可见，脑内视觉图像的形成是由几个视皮层和视通路（包括返回投射通路）同时活动的产物。其中，V1 和 V2 区将处理视觉图像信息的活动分布到各个更高级的视区，然后，又通过这些更高级视区的返回传入把各个更高级视区联系起来，实现视觉信息的整合。

许多引发关注的脑损伤病例，尤其是高层次脑功能丧失并不使低层次脑功能随之丧失，但能够降低低层次脑功能效率的现象，以及应用 PET 的研究成果，直接支持“视像形成的多步骤整合学说”（寿天德，1997）。

Zihl 于 1983 年报道了这样一个病例：患者因脑血管疾病导致外侧 V5 区损伤，由此引起的最突出的问题是患者看不见运动的物体。她向杯中倒入咖啡或中止倾倒均有困难——看不到液体的流动；过马路也困难——她很难判断行驶中的汽车精确位置。该患者仍然能看清静止的物体，也能够检测到一些简单的、运动速度很慢的物体。这些现象说明，其完好的 V1 区能够把运动敏感性细胞和方位敏感性细胞整合起来，产生视知觉，因而 V1 区在视知觉形

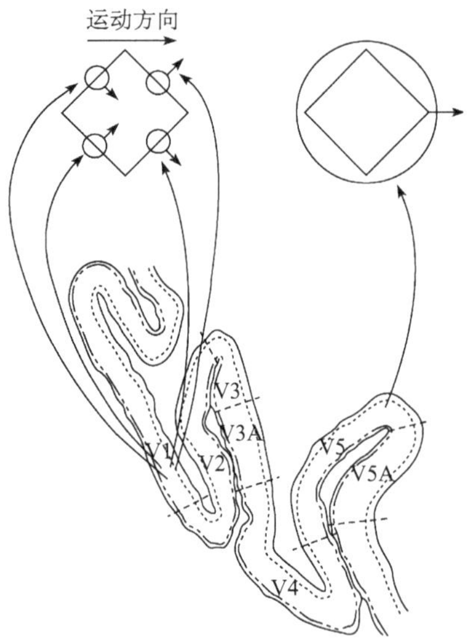

图 6-18　局部运动和整体运动（引自寿天德，1997）

当物体朝 3 点钟方向运动时，V1 区小感受野细胞（V1 区简单细胞）只“见”到物体的局部边刺激，并自动记录到在不同方向（朝时钟 1：30 和 4：30 方向）的局部运动。生理学实验表明，V5 区细胞“见”到视野的大范围部分，因此自动记录真实的整体运动方向（3 点钟方向）

成中具有一定作用。值得注意的是，其 V5 区对 V1 区的返回通路也受到损伤。这个病例说明，5 区损伤造成的运动盲患者的 V1 区仍有残留视觉。

V1 区损伤造成盲视现象——患者部分视野产生盲区，却仍然能够判断该视野盲区的某些信息（如运动）。实际上，盲视患者具有“不清醒”地“看到”物体运动的能力——实验过程中要求患者对视野盲区的刺激物是否在动作出“强迫选择”（即使没有把握看清楚，也必须做出选择回答）,其正确率可达 75%。其原因在于，意识性视知觉必须在 V1 完整并且有返回传入才能够完成。V1 区只能感知局部边的运动方向，而 V5 区能够对整体运动方向发生反应（图 6-18）。所以，当盲视患者的 V5 区从外侧膝状体间接通路接受的信息返回传入 V1 区时，使 V1 区部分细胞兴奋，这就使得患者能够正确判断物体运动方向。

二氧化碳中毒可以引起 V1 损伤。这类患者失去了起码的视知觉，却或多或少地保存部分色觉，说明 V1 区各亚层细胞由二氧化碳中毒引起的损伤效应存在差异。总的说来，V1 区损伤的患者对视觉信息不能进行初步的整合，后续的整合更不可能。所以，他们既不能看也不能理解视觉刺激，这种现象称为视觉不能。

V4 区受伤导致色盲的患者，其 V5 区及部分或全部 V1 区没有受伤。这类患者能分辨波长差别，却不能产生色觉。它们的波长辨别能力与 V1 和 V2 区波长选择性细胞一样。有的患者甚至能区分 10～20nm 光波波长之差，但他们看到的只是灰度的差别。由此可见，分辨波长与产生色觉是两码事。

Zeki 专门设计了运用 PET 研究正常被试的高级视皮层返回投射 V1 和 V2 区在视知觉中作用的实验。他让被试观看的刺激有三类：①亮度差产生的垂直栅条（形状）；②两张透明的纹理图形以相反方向运动；③一组有纹理图形产生的垂直条纹在另一个纹理内，条纹和背景均以相反方向运动（由运动而产生形状）。结果发现，被试 V1 和 V2 区局部脑血流量在观察③类刺激图形时远远大于单独观察①类和②类。这说明从更高级的视皮层返回输入至少对某些视觉概念的形成起重要作用。

梦是完全由中枢神经系统产生的视觉图像，并且，无论是睁眼还是闭眼均可以产生。梦境是多种多样的，可以是稀奇古怪的景象，也可能是可怕的噩梦。做梦时人的视觉是正常的，梦是从人的正常视觉中演绎出来的。人在做梦的时候，一般不会见到人头与四肢分离的景象，也不会看到颜色与物体分离的图像及物体各部分朝相反方向运动的图像。这说明梦是由若干视区的同步化活动和相互影响产生的整合作用而形成的。做梦和正常视觉一样，梦境中的图像保持着其拓扑图形位置不变。这说明梦境中的图形无论在脑的什么位置产生，都必须再度返回进入到在拓扑图形学上高度精确的区域，如 V1 和 V2 区。运用 PET 进行实验表明，做梦时不仅纹前区视皮层，而且初级视皮层 V1 或者还有 V2 区的脑血流量大为增加。这一研究结果支持高级视皮层返回传入初级视皮层的“视像形成的多步骤整合学说”。

以上是从神经解剖学、神经生理学和神经心理学方面为“视像形成的多步骤整合学说”提供的证据。但是，这种解剖学上联系尤其是更高级的视皮层的返回传入在视觉信息整合过程中的作用机制尚不太清楚。因此，要证明这一假说的正确性还有许多工作要做。

二、神经元同步放电假说

客观世界中物体多种多样、形形色色。视觉系统的高级部位——大脑中必须具有高度的组合机制，把经过视觉系统既平行又序列地进行处理的亮度、形状、颜色、运动方向及速度、深度等视觉信息整合起来，才能满足人和高等动物对周围世界无穷的认识能力。

Singer（1995）提出了“视皮层神经元同步化放电活动假说”，用来解释视觉特征的整合作用。这个假说的主要内容是：一群神经元可以在不同时间内，为表达不同视觉图形而采取某种时间上的组合而产生编码某一图形特征的共同活动。换句话说，每一个皮层细胞可以在不同时间参与活动来表达不同的图形，就像钢琴上的每个键在不同时刻被演奏者组合使用而弹奏不同乐章的旋律一样。如果一群神经元加入到相关信息的编码，它们参与反应的放电时间便是同步性的。这个同步化过程是在皮层与皮层之间和皮层与丘脑之间形成连接的基础上而产生的自组织过程。因此，可以测定构成某一物体、某一特征的、分布在皮层各处的共同活动的细胞群，在其放电过程中所包含的同步化时相成分，确定这些神经元组合机制的参与者。

使用多个微电极同时进行细胞外记录等方法，许多研究已经证明：在编码同一局部特征的同一皮层功能柱内的不同细胞之间，在某一皮层区域内部空间上分离但又与某种特征相联系的分属于不同功能柱的细胞之间，在处于不同空间位置上分离的、处理不同特征的皮层区域内的细胞之间，在连接代表左右视野信息的大脑两半球的细胞之间，在承担感觉-运动整合作用的不同感觉和运动皮层之间，都可以存在明显的时间上同步的相互作用。这些发现为神经元同步化放电假说提供了支持。

另外，高级视皮层细胞的感受野扩大，能够对特征复杂的图形产生选择性反应。例如，在下颞区已经发现存在有面部或图形识别细胞。这表明视觉信息的整合可以通过会聚机制而产生。然而，这种整合可能不仅仅是通过某种特殊细胞的会聚机制来实现的——如果它作为一种普遍通用的机制，那么所需要的神经元数目相对于所需表征的可能的图像数目是远远不够的。另外，依靠某种特殊细胞的会聚机制对视觉特征进行整合也缺乏可变性——它不能方便地表达新的或发生变化了的图像。这一缺陷已经得到了 Fujita 等（1992）的证明：下颞区的图形专一性细胞只能反应图形的一般特征成分（如古板的脸），却不能对个别的物体（如具体人的脸）产生选择性反应。神经元同步化放电假说强调神经元在不同时间内可以参与不同的组合来表达视觉特征信息，从而实现整合。因此，这种机制所需要的神经元数目并不要求太多，而且大大增加了其运行的可变性。

对于视觉特征整合的神经元同步化放电假说，需要进一步研究同步化的存在及其强弱是如何取决于刺激物构型变化和行为表现的；并且，也有一些实验并不支持该假说。

三、图像识别理论

（一）模板匹配理论

模板匹配理论认为，识别某个图像，必须在过去的经验中有这个图像的“记忆痕迹”或基本模型存在，而且当前的刺激必须与大脑中的模板完全符合。以字母“A”为例：由“A”引起的视觉刺激的大小、方位、形状，甚至在视网膜中的位置与经验过的即记忆痕迹或中枢中的标准“A”完全相同，才能达到再认（图 6-19A）。因为此时激发了中枢所有与“A”有关的神经元。如果知觉刺激不是匹配刺激（图 6-19B～D），则不能引起所有与“A”有关的神经元兴奋，因而不能达到再认。事实上，对于字母“A”，不论它在视网膜中映像的位置怎样不同（图 6-19B），大小如何改变（图 6-19C）、向哪个方向旋转（图 6-19D），人们仍然能识别它。人能识别这种与基本模式不完全匹配的图形的现象，模板匹配理论无法解释。

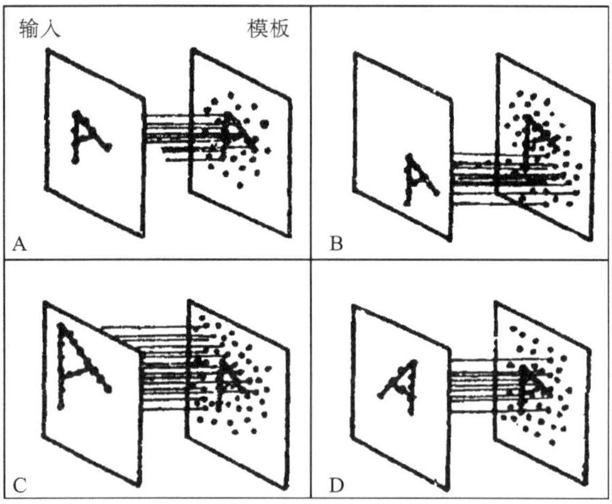

图 6-19　模板匹配原理

（二）原型匹配理论

为了解决模板匹配理论存在的问题，格式塔心理学家提出了**原型匹配理论**。这种理论认为，眼前的字母“A”，不论它是什么形状，也不管它在视网膜中的映像处于什么位置，都与过去曾经知觉过的“A”有相似之处。人们在记忆中存储的并不是无数个不同形状的模板，而是从各类图像中抽象出来的相似性作为原型，拿它来检验所要识别的图像。如果能找到所要识别图像的相似性原型，这个图像也就被识别了。按照这种观点，人们可以形成一个理想化的字母“A”的原型，它概括了与这个原型相类似的各种图像的共同点，使得人们能够识别与原型不一致而又基本相似的所有其他“A”。这就是说，人们能识别各种各样的“A”，并不是因为能把它们整齐地装到大脑的框框里，而是因为它们有共同的特点。如果出现的不是“A”而是其他字母，由于失匹配的程度太大，不能把它作为“A”来识别，需要再寻找更符合这个字母的原型。从这个意义上说，原型不仅是对一类刺激的概括，而且是这类刺激在脑内的最优代表。

综上所述，原型匹配理论发展了模板匹配理论，但它也存在着缺陷：其一，没有说明人对相似的刺激是怎样进行辨别和加工的。例如，“B”和“R”的特征具有相似性，但人们却能够对它们加以区别而几乎不会把它们混淆起来。其二，该理论中的相似性并没有一个严格的标准——把那些被识别的刺激说成是相似的、符合原型的，而那些没有被识别的刺激被认为是不相似、不符合原型的。这样，一个刺激能否被识别就难以预测了。

（三）精灵识别模型

20 世纪五六十年代，神经生理学发现了大量的对不同性质（如线段方位、运动方向、颜色）有选择性反应的细胞以后，使一些心理学家和计算机视觉专家相信特征检测可能是人类视觉的更好的模型，并提出了特征检测理论，认为在人脑内部刺激被表征为一系列的特征。Selfridge（1959）提出**精灵模型**——把图像识别分为不同的层次，每一层次都承担不同职责的特征分析机制。它们依次进行工作，最终完成对图像的识别，因而该模型的图像识别过程是串行加工。Selfridge 把特征分析机制的承担者形象地称作“精灵”（demon，也译为魔鬼，因而这个模型也叫做“泛魔系统”或“泛魔识别模型”）。

精灵模型分为 4 个层次：第一层次称为映象精灵（image demon），它只记录外界刺激的原始形象，如同外界刺激在视网膜上的映象一样。第二层次称为特征精灵（feature demon），它对映象进行分析，并寻找与自己有关的特征。为了精简信息，可以把许多特征觉察器组合在一起，构成一个一般的特征觉察精灵。例如，把视网膜不同部位对垂直线发生反应的许多单元组织成一个一般的垂直线觉察精灵。这个特征精灵只对图像上的垂直线的数目起反应，而不管其长度、强度等特征。按同样方法，组成水平线和对角线的一般特征精灵，以及各种角信息的一般特征精灵——包括规定图像的直角数量的特征精灵和规定锐角数量的特征精灵；最后还有对曲线起反应的两个特征精灵，一个对连续的曲线（如“O”和“Q”）的数量起反应，一个对不连续曲线（如“D”和“C”）的数量起反应。在进行了适当组织以后，对于英文字母，感觉信息被分解成七种一般类型的特征，每个特征精灵报告图像中所含的某种特征数量。第三个层次是认知精灵（recognitive demon），它接受特征精灵的反应。每个认知精灵只负责识别一个图形，如一个认知精灵识别“A”，另一个认知精灵识别“B”，等等。认知精灵根据每种特征的数量关系来决定信息是否符合自己的图形，如果符合，该认知精灵的叫声（即反应）最大。第四层次是决策精灵（decision demon），它根据反应最强烈的认知精灵的报告选择出适当的图形。

这里以识别字母“R”为例说明精灵模型的工作过程。如图 6-20 所示，映象精灵先对“R”进行编码并把信息传递给特征精灵去做进一步加工。这时会有 5 个特征精灵分别记录图像中有一条垂线、两条水平线、一条斜线、三个直角和一条不连续的曲线。许多认知精灵根据这些特征和数量来识别是否符合自己的字母。此时“D”“P”“R”认知精灵都会有所反应，但“R”精灵的叫声最大，因为 5 个特征都与它符合，并且这 5 个特征包括了“R”的全部特征。对于“P”精灵，有 4 个特征与其符合并有一个特征（斜线）与其不符合；对于“D”精灵只有 3 个特征与其符合并有两个特征（斜线和直角）与其不符合。在这种情况下，决策精灵很容易做出“R”的选择。

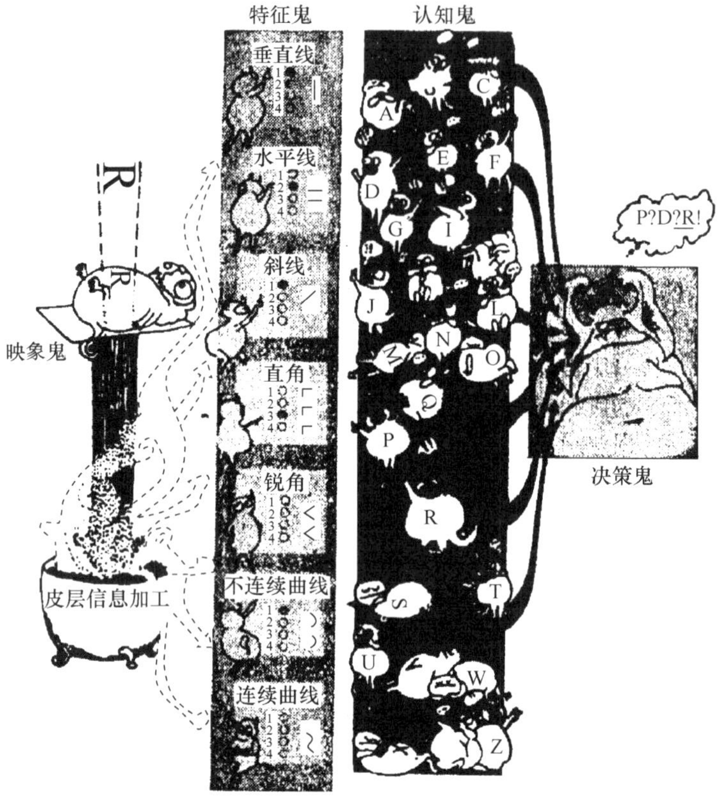

图 6-20　精灵识别模型

由上可知，每一次识别活动并不是所有特征精灵都要参与不可。

由于精灵模型是根据特征提取信息的，因而对失真图形的辨认也不困难。图形（如字母）大小的变化并不会造成特征的变化：直角仍是直角，锐角仍是锐角，所以仍能识别出来。但是，该系统却难以解释图形的方向在一定程度上改变后的识别问题。例如，把“F”横放，图形就成了两条垂直线、一条水平线和三个直角，这和原来的特征就不一致了。这个理论的主要缺陷还有两个方面：一是实验发现的选择反应细胞与特征觉察器的理论标准不完全一致；二是它不能解释内容优势效应——Weistein 等（1974）发现，要求被试报告刺激图形的目标线段的种类时，正确报告率取决于刺激图形的结构，即目标线段是三维图形中的一部分时，正确报告率最高，甚至高于只有目标线段的图形，说明图形的整体性质决定了正确报告率。这是对特征检测理论的严重挑战，因为按照特征检测理论，目标特征的检测不应该受其所在的图形的整体性质的影响。

第 7 章　学习和记忆神经生物学

艾瑞克·理查德·坎德尔
(**Eric Richard Kandel,**
1929～)

发现大脑产生学习记忆与神经元化学变化之间的联系，2000 年获得诺贝尔生理学或医学奖。

◎ 智力缺陷儿童为什么还能做乐队指挥？
◎ “益智药”存在吗？

本章知识点

- 海马、杏仁核、纹状体的学习记忆功能
- 新皮质与工作记忆
- 陈述性记忆回路
- 第二学习系统
- 学习记忆与突触结构可塑性
- 学习记忆与突触功能可塑性

“前事不忘，后事之师。”前事不忘，正是学习记忆的功能——通过学习记忆我们能够做到过目不忘，甚至终生不忘，积累经验，用于改变自身的行为，适应千变万化的外界环境。缺乏学习和记忆能力，人和动物就难以生存下去。因此，学习与记忆是人和动物赖以生存的重要条件。

从神经生理学方面来看，学习与记忆是两个相互联系的神经过程。学习是指人和动物获得外界信息的神经过程，而记忆是将获得的信息储存和提取的神经过程。也就是说，我们的知识经验是通过神经系统尤其是它的高级部位——脑的记忆功能保持下来并实现再现的。

第一节　脑的学习记忆特性与学习记忆分类

一、脑的学习记忆特性

与人工智能机器相比，人和高等动物脑的学习记忆功能有三个方面的生物学特性。

一是**“不变量形成”**。在记忆过程中，人脑能将外来的各种信息依其意义、特征分门别

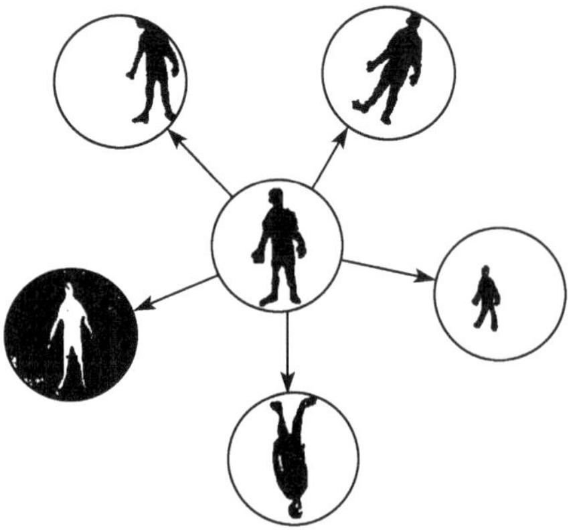

图 7-1 “不变量形成”示意图

类，记住事物主要特征。以后，当在主要特征上与记忆中的某一事物相似的事物出现时，我们能熟悉地认知它。如图 7-1 所示，图中各个图形虽不相同，但人们皆可一看即知其为人体图像，这种功能特性被称为“不变量形成”。记忆的这种特性是现今任何最先进的技术装置都不能完全模拟的。

二是信息平行处理。所谓**信息平行处理**，是指同时输入各种信息，并分别在脑内相应的中枢进行整合和分析，产生综合记忆。例如，我们在听某人讲话时，不仅能记住他讲话的内容，而且能记住他讲话的语气、声调及伴随的动作等。就计算机来说，目前仍然不能做到这一点，它的信息处理方式是串行加工而不是并行加工。

三是结构复杂、高效低耗能。人脑的体积约 $1000cm^3$，每个神经细胞所占空间约为 $1/10\ 000\ 000cm^3$（按脑神经细胞为 140 亿个左右计算）。脑内神经细胞联系的复杂程度，几乎难以想象。通过这些神经联系，人脑具有了各种复杂的功能。仅就记忆来说，某些知觉测验表明，1/10s 的时间为人脑的一个经验“框架”，在这一瞬间人脑可以接受 1000 个信息单元（比特，bit）。假定一个人的寿命为 70 年，那么在他的一生中（不包括睡眠状态所接受的信息）进入大脑并可能被储存下来的信息可达 15 万亿（15×10^{12}）bit，大概相当于 5 亿册书籍的知识容量。虽然如此，人脑的电能消耗极小，据估计，脑神经细胞的总耗能不超过 100W。相反，如果要制造一台有如此庞大记忆容量的计算机，即使使用最精巧的零件材料，其信息储存器也会像一座高达几十层的大厦，工作电能消耗也会在 1 亿 W 以上！

二、学习记忆的种类

生物进化过程不仅使人和高等动物的脑形成了其他任何事物都无法比拟的学习记忆的特点，而且发展了不同的学习记忆方式。一方面，来自进化过程中祖先所积累保存下来的信息，构成了机体出生时脑及其他系统（如免疫系统、感觉和运动系统）的基本结构和连接及其功能表现（如感觉和运动功能等）。这部分信息在脑中的保存和提取被称为种族记忆（phyletic memory 或称 memory of species）。不难看出，种族记忆是长期进化过程中自然选择和适应能力的集中表现。另一方面，来自个体生命过程中所积累的实践经验也能够在脑中保存和再现，形成了个体记忆（individual memory）。由此可见，脑是通过不同的方式或类型实现学习记忆功能的。其中，个体学习记忆的类型可以分为以下几个方面。

（一）非联合型学习和联合型学习

1. 非联合型学习

在刺激和反应之间不形成明确联系的学习形式，称为**非联合型学习**。它主要表现为在单一刺激长期重复作用下个体对该刺激的行为反应发生改变，即增强或减弱的过程。习惯化和敏感化属于典型的非联合型学习。

习惯化指一个不具有伤害性效应刺激重复作用时，机体对该刺激的反射性行为反应逐渐减弱的过程。通过习惯化，人和动物学会忽视那些不再是新的或失去意义的刺激，从而更好地去注意那些更有意义的刺激。当人们正在工作、学习的时候，忽视或者说不理会那些与工作、学习任务无关的刺激，如噪声及其他干扰刺激，都是习惯化的表现。

敏感化是习惯化的对立面，又称假性条件化（pseudoconditioning），表现为当一个强刺激存在时，大脑对一个弱刺激的反应会得到加强。在敏感化过程中强刺激和弱刺激之间并不需要建立某种联系，也不要求两者在时间上的结合。例如，一个陌生人深夜在荒郊野外的小树林内行走，稍有响动就可能被吓得魂不附体。其原因在于强烈的感觉刺激（黑暗、寂静）导致对那些从前不引起或只引起轻微反应的刺激（响动）敏感化。

2. 联合型学习

联合型学习是指刺激和反应之间建立联系的学习。它的实质是由两种或两种以上刺激所引起的脑内两个以上的中枢之间的活动形成联结而实现的学习过程。

经典性条件反射（classical conditioned reflex）和操作性条件反射（operant conditioned reflex）均属于联合型学习。

经典性条件反射类型的学习由著名的俄国生理学家巴甫洛夫首先发现并对其特征进行了描述，所以又称为巴甫洛夫条件反射。在动物实验中，给狗喂以食物会引起唾液分泌，这是非条件反射，食物是非条件刺激物；给狗以铃声刺激不会引起唾液分泌，因为铃声与唾液分泌没有关系。但是，每次给狗喂食之前先出现一次铃声刺激，然后再喂食物，这样多次重复结合以后，当铃声一出现，虽然还没有喂食，狗就开始分泌唾液。本来与唾液分泌无关的铃声（称中性刺激或无关刺激）由于与食物多次结合应用，它已具有引起唾液分泌的作用，即铃声已成为狗进食的“信号”或条件了。所以，这时就把铃声称为信号刺激或条件刺激，铃声引起的唾液分泌就是条件反射性分泌。由此可见，形成条件反射的基本条件就是条件刺激和非条件刺激在时间上的结合（条件刺激必须在前），这个过程称为强化。

操作性条件反射类型的学习由 Skinner（斯金纳）对其进行系统性研究和总结。操作性条件反射的典型例子是，将处于饥饿状态的大鼠放入特制的实验箱中，箱内设置一个杠杆，能发送食物。大鼠在箱内不断探究的过程中偶尔碰上杠杆而获得了食物。这种意外的收获多次发生以后，大鼠便会获得这样的经验：按动杠杆能够得到食物奖励。于是，大鼠便有目的地按动杠杆。这就是一种操作性条件反射，又称工具性条件反射（instrumental conditioned reflex）。在操作性条件反射中，强化物不一定是食物或饮料，也可以用可卡因等；还可以用电击等伤害性刺激作为强化物，动物按动杠杆能立即断电而终止伤害性刺激的作用。操作性条件反射是在操作和强化刺激之间形成了联系。

（二）陈述性记忆和非陈述性记忆

认知心理学家根据实验研究，把记忆分为陈述性记忆（declarative memory）和非陈述性记忆（non-declarative memory）。

陈述性记忆是指对事实或事件及其相互关系的记忆。在人的一生中懂得了不少事实，记住了许多事件。例如，“猫能抓老鼠”“种瓜得瓜，种豆得豆”“昨天我听了一个生动有趣的生理心理学讲座”，这些都属于陈述性记忆。

陈述性记忆依赖于对信息的获得和回忆的意识表达，依赖于评价、比较和推理等认知过程。它常常是只经过一个测试或一次经验就能够形成，并且能够用语言简明地表达出来。陈述性记忆包含了对片断信息的加工，脑可以利用这些片断的信息重组过去的事件或情节。

非陈述性记忆是具有自主或反射性质的记忆，又称反射性记忆（reflective memory）。在非陈述性记忆中，像日常生活中人们对弹钢琴、打球、做体操、系鞋带等技能或行为的记忆，称为程序性记忆（procedural memory）；而过去呈现过的刺激重新出现或以某种残缺的形式出现时，对该刺激进行确认、补缺或判断时所表现出来的促进作用，则称为启动效应或初始化效应（priming）。

由此可知，非陈述性记忆不依赖于意识和认知过程，几乎不能用语言表达出来。它主要表现为对操作某些作业的完善，需要经过多次重复测试才能逐步形成。运动技巧、规则的学习等都属于非陈述性记忆。例如，人们骑上自行车大脑马上会想起来该做什么和怎样做（记忆的程序部分）。某些语言作业的学习，如果经常重复且重复次数足够多，也能够具有非陈述性记忆的特性，即这些作业可以不需要认知过程的参与而自主完成。

（三）短时记忆和长时记忆

短暂的、容量有限的、其内容需要在脑内不断反复加强（重复）的记忆，称为**短时记忆**（short-term memory）。一般说来，短时记忆的信息容量为 7+2bit，时间可以从数秒到数分钟；并且，当新的信息被加入到这种短时记忆的信息中时，原有的信息即被替换。例如，一个人查看电话号码簿后，能暂时记住这个号码；如果这个号码太长，如国际电话号码，记住它就会感到有些困难；如果思路被突然打断，也会忘记正在设法记住的电话号码。

记忆时间较持久，容量大，其内容不需要在脑内经常重复的记忆，称为**长时记忆**（long-term memory）。一般说来，长时记忆的信息是由短时记忆的信息经过某种特别的努力转化而来；也有些信息经过某种特别的不被感知的过程，可以不以短时记忆为中介而直接进入长时记忆。

（四）工作记忆与参考记忆

20 世纪 80 年代，认知心理学又提出了工作记忆（working memory）和参考记忆（reference memory）的概念。**工作记忆**指对某次训练时出现的特殊刺激或线索的记忆，也就是动物或人在进行某种复杂的认知任务操作（如下棋、判断与推理、行为的计划与组织、语言交流，等等）过程中脑内“在线”（on-line）或短暂储存某些必要信息的神经过程。工作记忆需要对时间上分离的、在脑内的不同部位存储的不同类型的信息加以整合，因而也称为操作记忆（operant memory）。以驾驶汽车为例，执行这一任务需要加工多种不同的信息，其中有感觉性的，如前面的道路状况，有无行人、汽车穿行；有的是认知或运动性的，如是否要右转到某一地点去，或者要不要放慢和刹闸以便安全下坡等。此时，多个感觉、运动皮质区能够在同一短时间内加工储存这些信息，使人能够选择其中能引起注意的事物。人们也能够再现原来储存的而当前又需要的信息（如行车路线），从而随时被利用。新进入脑内的工作记忆的信息，一般是暂时需要的，使用后即失去储存的意义，不一定保存到长时记忆中去。**参考记忆**指对整个训练过程中一直不变的一般线索或规则的记忆。例如，驾驶汽车左转或右转时，应该怎样打开转向灯、转动方向盘等内容的记忆。

第二节　学习和记忆的神经基础

学习、记忆涉及许多脑结构，特别是大脑皮质的许多神经元，但并非全部皮质区域。

加拿大学者 Penfield 于 1954 年报道了下述发现：癫痫病灶位于颞叶的患者，虽然颞叶皮质与间脑的神经联系正常无损，但是，由于颞叶病灶的刺激作用，其兴奋性水平处于比正常人异常高的状态。对这种患者的颞叶以极弱的电流刺激就会诱发复杂的感觉——常常产生幻觉或回忆起过去的经验，类似于颞叶癫痫患者所具有的那些复杂的感觉、记忆和行为模式。例如，一个 60 多岁的患者在颞叶受到弱的电刺激时，居然童声童气地唱起一支在加拿大失传三四十年之久的童歌，说起他童年住处的情景。他的说唱随电流刺激的停止而停止，并且不记得刚才唱了什么、说了什么。进一步研究发现，刺激颞叶诱发的回忆大都是视觉和听觉的形象记忆。Penfield 认为，颞叶和间脑的环路是人类记忆的场所，好比是记录磁带，把个人所经历的一切事情全部记录下来。但是，在 500 个临床病例中，Penfield 发现仅有其中的 8%患者出现了诱发回忆；并且，也有不少实验结果与此矛盾。例如，有些患者在切除了上述能够诱发回忆的颞叶脑区以后，电刺激其他脑区也能诱发出类似于上述的体验，也就是说，记忆并没有被切除。因此，这类研究被认为没有任何价值而被抛弃（Kalat，2009）。

内侧颞叶的传入来自大脑半球的联络皮质，包括精度加工各种感觉信息的皮质区域。例如，下颞部的视觉联络区投射到内侧颞叶，而位于纹状区的初级视皮质则没有这种投射。这说明凡是投射到内侧颞叶的都是含有复杂意义的信息，都是有行为作用的重要感觉信息而非诸如单纯明暗这样的简单感觉信息。因此，虽然 Penfield 关于内侧颞叶在记忆有重要作用的观点被认为是“记忆研究中的误区”（Kalat，2009），但内侧颞叶中的海马和杏仁以及其他脑区在学习、记忆过程中的作用得到了广泛而深入的研究。

一、参与学习和记忆的脑结构

（一）海马的记忆功能

来自联合皮层的传入信息先到嗅皮质和旁海马皮质，然后到达海马。海马的主要传出结构是穹隆，它从后上折向前，绕着丘脑（图 7-2）。

1. 海马在陈述性记忆中的作用

1）海马损伤导致的事件记忆障碍　　海马损伤能够导致患者陈述记忆中关于事实、事件记忆障碍。

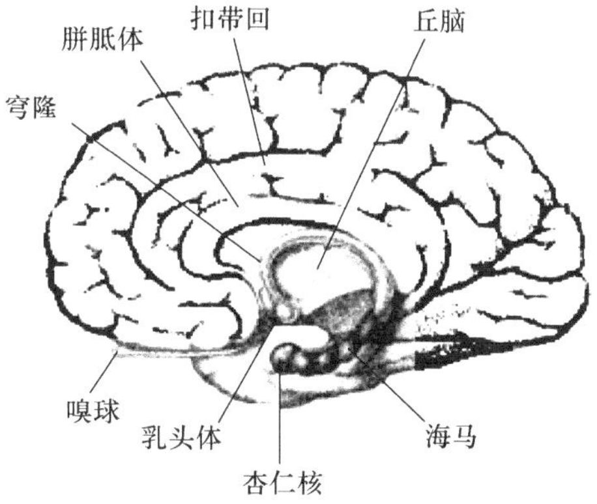

图 7-2　海马和杏仁核的位置
（引自 Gazzaniga et al., 2002）

H.M.消失的昨天

有这样一个病例，患者叫 H.M.，9 岁时在一次车祸中脑部损伤引起了癫痫。后来癫痫发作越来越严重，即使使用大剂量的抗癫痫药物也无法控制。为了治疗癫痫，医生 Scoville 等切除了他的双侧内侧颞叶，包括海马前部 2/3（Scoville 当时报告说切除了 8cm；但后来通过脑成像技术研究发现，被切除的只有 5cm，大约有一半的海马后部被完整地保留下来，但已经萎缩被切除）及其周围皮质。手术后，H.M.的感知觉能力、运动能力都没有受到影响，人格也没有显著改变，患者为人厚道、彬彬有礼。然而，手术之后他无法学习新的知识、记住新的事物：他对每天重复发生的事情几乎没有任何记忆；他一遍又一遍地读同一篇文章，反反复复地做同一种作业，但对文章和作业没有表现出熟悉感；他甚至记不起 5 分钟前发生的事情；尽管他的医生照料了他近 40 年，但每次相遇时，他仍然重复介绍自己；手术后他搬了新家之后经常在新家附近迷路。后来他意识到了自己的疾病，经常发出这样的感慨：昨天对我来说就像谜一样，快乐也好，悲伤也罢……如今我总是感到迷惑我有没有说过错话、做过错事？我对眼前的一切了如指掌，然而，刚刚过去的那一刻发生了什么？过去的事情一点都想不起来了，就好想刚从梦中醒来一样。这使我感到非常不安。显然，海马损伤导致了患者陈述记忆中关于事实、事件记忆障碍。

图 7-3　看着镜子描绘测验示意图

在这个测验项目中，被试通过镜子才能看到自己的手和图画，要求他看着镜子描绘一个五星

但是，H.M.也存在着某种类型的学习和记忆——能通过实践来改善对镜式画的操作（图 7-3）。具体过程是，让他看着镜子里的影像，用铅笔在桌上铺设的一个双边五星图的两条边内描绘，不能让笔描出线外。练习几次之后，他描绘的水平逐日提高。例如，描绘的第二天，一开始就能描绘得非常好。这些事实说明，患者能记住“如何”去做，却记不住做的是“什么”。由此看来，海马切除后影响陈述性记忆，但非陈述性记忆在一定程度上仍然存在。

2）海马的空间位置记忆功能　　人的空间记忆能力体现在移动和行走之中。通过移动和行走，反映了人对环境中各种事物的记忆，如房间、走廊、道路的方位等信息，一般不需要表述出来。所以，这类空间记忆也属于陈述性记忆范畴（但是，另外一些通过多次重复练习获得的空间记忆，如图 7-4C 所示的大鼠的位置记忆，则属于非陈述记忆）。海马损伤导致顺行性遗忘症的患者丧失了巩固环境中各种事物相互关系的能力，如房间、走廊、建筑物和道路的方位信息。

患者 H.M.记忆障碍的另一症状是，手术后他搬了新家便经常在新家附近迷路。这说明他失去了方向感，即空间位置记忆出现了障碍。Luzzi 等（2001）报道了一位由于右侧旁海马皮层损伤导致空间记忆障碍的病例：患者找到自己房间的方式是计算自己经过的门口数或者看到绑在他的床头柜上面的一条红毛巾。Maguire 等（1997）运用 PET 技术观察了要求出租车司机描述从一地到另一地的路线时脑的激活情况。结果表明，在这项任务中，右侧海马被激活。这些关于人类被试的研究说明海马参与了空间记忆。

Olton 等 1976 年建立的八臂迷宫模型在学习和记忆的神经生物学研究中得到了广泛应用。

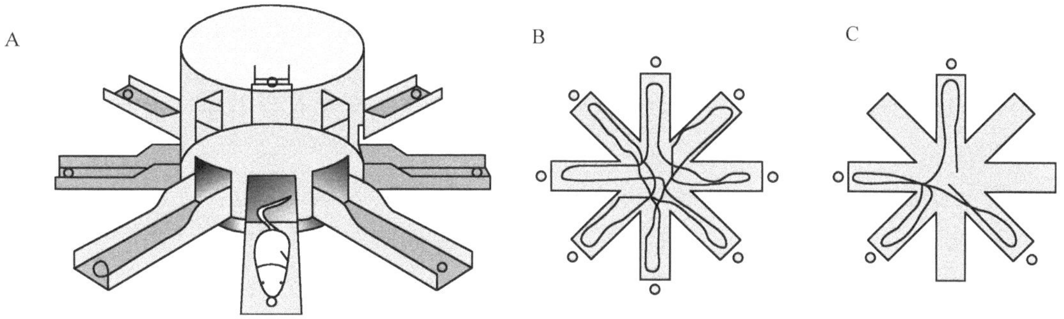

图 7-4　八臂迷宫实验（引自寿天德，2006）

A.八臂迷宫；B.检验海马在空间学习中的作用；C.检验新纹状体在习惯学习中的作用

它是一种食物性的行为模型。实验过程中严格控制实验动物的食物摄取量，一般使动物体重降低到开始实验之前体重的 85%左右。这种半饥饿状态有利于动物学习记忆获得食物奖赏的有效路线。八臂迷宫实验被用来检验动物的海马在记忆空间关系方面的作用。在这个实验中，八臂迷宫的八条臂都放置食物，训练大鼠从每条臂中获得食物。每天训练的过程中，如果大鼠再次进入已经获得过食物的一臂，算作 1 次记忆错误。这就要求大鼠在每个训练日必须记住已经行走过的特定位置，并且各个训练日之间要记住的信息各不相同。结果表明，正常大鼠经过训练可以在八臂迷宫（图 7-4B）内不走重复通路而得到食物。海马被损毁的大鼠记不住曾经在迷宫中走过的无效通路。

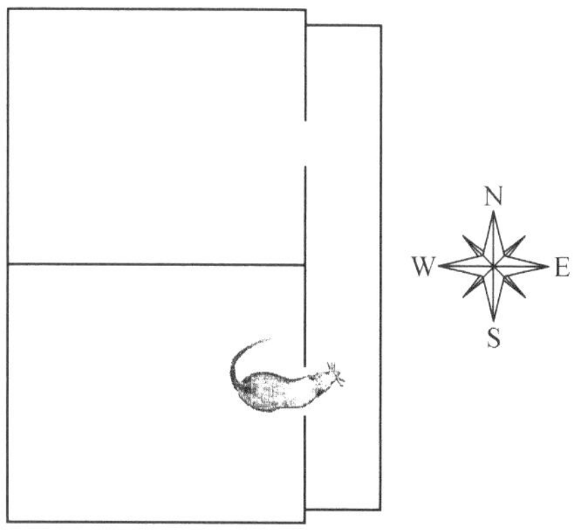

图 7-5　Skaggs 等（1998）实验使用的装置（引自 Carlson，2007）

大鼠海马位置细胞的放电反应的是动物“认为”的位置。说明见正文

20 世纪 70 年代，英国伦敦大学的学者通过细胞内电记录发现，大鼠海马中的一些神经元，只有当大鼠运动到一定位置时才会放电；而当大鼠处于不同位置时，海马内不同神经元会选择性地产生反应。这些选择性地对动物所处位置起特定反应的神经元，被称为**位置细胞**（place cell）。这些实验说明，海马对建立环境的空间位置记忆有特殊作用。更有趣的研究证据是，海马神经元的放电反应代表了动物记忆的位置。Skaggs 等（1998）使用图 7-5 所示的实验装置用于检测大鼠空间位置记忆与海马神经元放电之间的关系。该装置有两个相似的小室，通过一个过道可以从一个小室进入另一个小室。实验通过手术在海马位置细胞埋植记录电极。训练过程中每只大鼠被放置的小室固定不变，记录大鼠在不同小室海马的放电模式。在实验的最后一天，改变每只大鼠放置的小室——训练期间被放置在北边小室的，最后一天则把它放在南边小室；然而，超过 50%大鼠的海马位置细胞放电模式却和自身在北边小室一样，也就是说，海马细胞认为这仍然是原来位于北边的那个小室；但是，当大鼠离开小室进入走廊，发现要进入另外一个小室需要向左而不是向右转时，便改变了神经元的放电模式——与其原来在南边小室的放电模式一致，好像它也“意识”到了自己的错误。

比较心理学研究结果也为海马参与空间记忆提供了证据：①北美星鸦，生存环境海拔高。夏秋季节在数以千计的地方隐藏大量的种子，冬天挖出食用。②蓝头鸦，生存环境海拔低，冬天对隐藏食物的依赖较小。③灰胸丛鸦，生活的地方海拔更低，几乎不需要依赖储藏的食物生存。

海马体积和空间记忆能力检测：北美星鸦＞蓝头鸦＞灰胸丛鸦。

3）海马参与相关记忆　有研究发现，海马与内侧颞叶其他结构一起，参与形成“相关记忆”（relational memory）。所谓**相关记忆**是指各种经过高度加工的感觉信息进入海马和临近的皮质区内进一步加工形成记忆储存，但这种储存的记忆是与当时发生的全部事件相联系的，也被称为情景记忆（对时空关系的记忆）。例如，当一个人在读一本书的时候所形成的记忆与多种事物相关：书中描述的特殊事件、进入眼帘的插图、令人感兴趣的段落、在阅读时周围环境中的声音和发生的事情，等等。又如，人们常常通过记住书的页码来寻找他想阅读的段落；回忆某一事件时会同时联想起伴随这一事件的相关情景。这些事例说明，陈述性记忆储存的特点是具有相关性。实验证明，海马内的位置细胞在对动物所处位置起反应的同时，也对运动的速度和方向起反应。

Fortin 等（2002）进行了如下实验：首先训练大鼠从含有不同气味的沙堆中找寻食物；接着让大鼠进行气味辨别，第一次嗅到一种气味，第二次嗅到另一种气味；然后大鼠可以去翻动各含有一种气味的沙子，如果大鼠选择了散发与第一次接触到的气味相同的沙子，则可以获得实物奖励。结果显示，正常大鼠都能学会正确操作，说明大鼠不仅能记住独特气味与获得实物奖励之间的关系，而且能记住气味刺激的时间顺序。但是，海马损伤大鼠通常学不会作出正确反应。

2. 海马与记忆巩固

上述人类脑损伤患者的记忆障碍和动物实验均说明，海马参与了陈述性记忆。那么，海马对陈述性记忆的哪个环节有影响呢？通过对上述患者的病症进行深入分析，研究者认为：第一，由于 H.M.记得早年发生的事情，并且需要长时记忆参与的一些活动如说话、穿衣等没有出现异常，因此，海马不是长时记忆的场所，也不是长时记忆信息提取所必需的脑结构。第二，由于 H.M.能够和别人进行对话，说明他没有忘记别人刚刚说话的内容，因而海马也不是短时记忆的场所。既然患者手术之前的记忆和短时记忆都正常，手术之后出现了刚刚发生的事情过几分钟就忘记了，这说明海马切除影响了记忆信息的巩固。也就是说，海马在短时记忆转化为长时记忆中具有重要作用。

猕猴的脑在很多方面与人脑相近，因此人们常用它来研究人的记忆。Mishkin（1987）通过猕猴进行实验证明，海马是对感觉体验进行加工转化为记忆储存（即记忆巩固）的关键部位之一。

最初，Mishkin 等是希望弄清楚为什么颞叶下部损毁后会使猴难以完成一种特殊类型的视觉学习活动——选择一个物体或者一个图形而不选另一种（动物选到前者奖赏食物而选到后者则不给奖赏）。这种困难被认为是由视觉受到损害引起的，表现为视觉系统最高级部位信息处理的障碍。然而这种障碍反倒表明实验动物不能将刺激与奖赏联系起来。为验证这一假设，实验者开始寻找对奖赏的视觉刺激发生反应的脑结构，他们对与颞下皮质有间接联系的海马和有直接联系的杏仁核进行了深入的研究。研究人员利用猕猴建立了一种记忆模型，即**延迟性非配对样品记忆实验**（delayed non-match to sample task，DNMS）。实验设计是，在受试猴面前桌子上放有几个圆槽，其中一个槽内放有食物（花生米或小块香蕉之类的奖品），并盖上某种形状的盖子。经过短期训练，猴很快学会揭开盖子吃到食物。然后进行延搁实验，即在猴能够看见的情况下，在一个圆槽内放入食物并盖上盖子，然后拉下猴前面的幕布（挡板）并持续一段时间（延迟期，几秒钟到 10min），此时在猴看不见的情况下，把食物从原来的圆槽中取出放入另一圆槽内并盖上一个新的形状的盖子（新的非匹配样品）。对正常猴来说，将因为辨认出熟悉的物体而避开它，去选择不熟悉的物体而获得奖励（图 7-6），即它很容易学会从新盖子下面的槽内拿到食物。这种在 DNMS 实验中所需要的记忆能力称为认识记忆（recognition memory），因为这需要判断将要选择的样品是不是先前见过的样品。由于食物总是同新颖的物体有联系，对具体物体与奖赏相联系的能力同动物的操作就没有关系——奖赏仅仅提供一种鼓励。该实验专门衡量认识记忆。可以认为，如果猴在数分钟的延搁情况下能执行这一任务，它就已经形成了“奖品总是与不熟悉的样品相联系”的长时记忆。

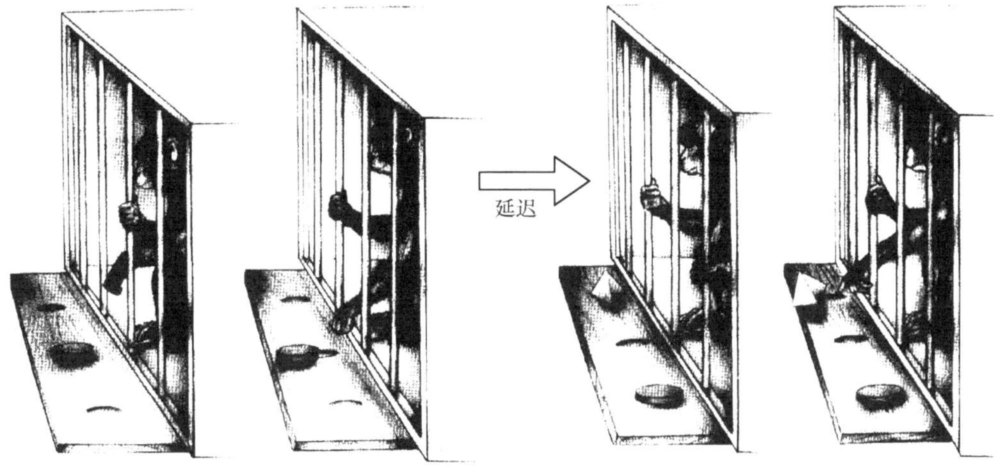

图 7-6　非配对样品任务实验（引自 Bear，1999）

猴第一次面对的是一个样品（眼前圆槽的盖子），翻动盖子可以得到食物奖赏。经过了一段延迟期之后，两个样品（锥体形和圆形的盖子）呈现在猴的面前。这个实验通过动物选择非配对样品获得食物奖赏来测验认识记忆

实验结果是：正常的猴总是得到理想的成绩；颞叶下部切除的猴未能发觉或认出熟悉的物体；而视觉系统正常但切除了双侧海马的猴，当出示的第一个物体与做出选择之间的时间间隔非常短时能够完成任务，表明它们并没有视觉缺陷。当把间隔时间增加到 1min 或 2min 时，它们成功的机会显著下降，似乎造成了真正的记忆缺陷。

因此，视觉延迟性辨别困难看来主要是由于海马破坏后，动物丧失了将感觉体验转化为记忆的能力，造成刺激物与奖赏体验分离所致。这说明正常情况下海马是感觉体验转化为记忆（记忆巩固）的关键部位之一。

Zola 等（2000）进一步研究发现，在延迟性非配对样品实验中，同时损伤海马、海马旁回以及嗅周皮质的猴，其记忆功能比海马、海马旁回受损的猴更差。其原因被认为是中断了向海马的信息输入。

（二）杏仁核在记忆中的作用

1. 杏仁核在记忆汇合中的作用

杏仁核在记忆汇合过程中的作用十分突出。杏仁核也位于内侧颞叶，是由几个神经核组

成的复合体。Mishkin 等证明，杏仁核复合体与皮质的所有感觉系统有着直接联系。沿着记忆系统的一段通路它同丘脑联络，最后杏仁复合体把感觉输入信号会聚起来，通过纤维投射到与情绪活动有关的丘脑下部。这一结构特点使得研究者考虑，杏仁核是否在联系不同的感觉所形成的记忆中起作用，即储存了各种记忆的皮质区域之间在杏仁核是否发生了信息会聚？感觉体验的会聚在记忆中是存在的，唤起记忆的常常是一些不同的感觉体验：电话里一种熟悉的声音唤起对对方的视觉记忆，看到新鲜的梅子使人想起它的滋味（图 7-7）。

为检验上述假设，Mishkin 等训练猴完成延迟性非配对样品记忆实验——从 40 个样品中进行选择，每一样品都有各自的视觉特征和触觉特征。首先让动物在可视情况下凭视觉进行选择，在黑暗的环境中则依靠触觉把样品同其他物品区别开来。切除杏仁核的猴在这两种情况下完成任务的能力和手术前一样，表明它们的视觉记忆和触觉记忆基本正常。

在猴充分熟悉了实验样品的视觉特征和触觉特征后，改变实验的性质：每次实验中先让猴在黑暗中触摸一个样品，然后在明亮处使它面对同样的样品和一个新的物品，依靠视觉记忆把样品从两个物品中挑出来。这样，为了辨认出刚刚触摸过的样品，猴必须把视觉特征同触觉记忆联系起来。实验结果表明，切除杏仁核的猴正确挑选的次数同碰运气差不多，但切除海马的猴正确挑选率大约为 90%。这说明切除杏仁核破坏了触觉信息和视觉信息的会聚，从而导致辨别能力的严重丧失，即正常情况下杏仁核在通过不同的感觉形成记忆的过程中起着联系作用。

2. 杏仁核参与恐惧记忆

动物实验发现，颞下回在视觉辨别学习记忆中具有重要作用。早在 20 世纪 30 年代，Bucy 观察到，虽然猴天生怕蛇，但切除双侧颞叶的猴，对蛇却失去了原有的恐惧感，敢于把蛇拿在手中玩耍。后来的实验证明，这些症状是损毁了颞下回内侧的杏仁核所致。

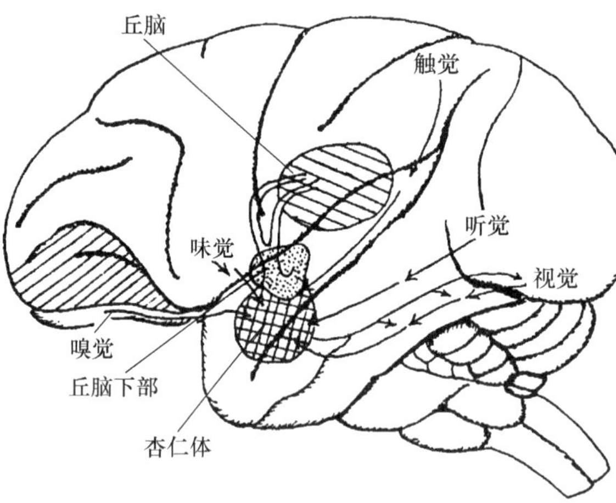

图 7-7　杏仁体的多种联系（它被认为是记忆的基础之一）

从皮质感觉系统最终一个神经站来的神经纤维到达杏仁体。感觉印象在那里启动记忆系统的一个环路，它依靠杏仁体和丘脑（间脑中的一个结构）之间的联系。杏仁体和丘脑下部（情感反应可能起源于此）之间的纽带似乎允许把一种体验与情感结合起来：那些纽带通过激活从杏仁体到感觉通路之间的反复联系也可使情感影响学习。从杏仁体返回到感觉区的联系的存在，有可能解释一个单一的刺激能引起多种多样的记忆，如当嗅到一种熟悉的食物的气味时能唤起对它的外观、质地和味道的记忆

（三）间脑与记忆加工

在临床上有间脑损伤后产生记忆障碍的报道。1959年，美国有一个21岁的雷达技师N.A.，一天他在军营的宿舍里组装一个模型，他的室友在他的后面玩弄一把微型花剑。当N.A.转身时，不幸被花剑刺中，花剑从他的右鼻孔穿入大脑。CT 扫描发现，唯一明显的损伤是其左侧丘脑背内侧核遭到了花剑的损毁。神经心理学检查发现，他的认知能力正常但有明显记忆障碍，表现为严重的顺行遗忘和对伤前两年的逆行遗忘。他甚至不能看电视，因为他记不住任何已经发生的情节。例如，在电视播放广告期间，他已经忘记了广告前播出的节目内容。他总是穿着过去的衣服、梳着过去的发型。尽管N.A.的健忘不如那位切除了内侧颞叶的患者H.M.记忆障碍严重，但性质是一样的。由此看来，间脑是形成陈述性长时记忆功能系统的组成部分。

临床上常见的科萨科夫（Korsakoff）综合征也说明间脑在记忆功能中起重要作用。1889年，Korsakoff描述了长期酗酒导致慢性酒精中毒而伴随的慌乱、淡漠、健忘和其他一些神经精神症状，患者几乎不能将得到的信息保持一会儿，导致学习能力的严重缺陷，也被称为**Korsakoff 遗忘症**或综合性遗忘症。从分子水平上看，它可能与缺乏维生素 B_1 有关。从神经病理方面观察，此病常常涉及丘脑背内侧核、穹隆和乳头体的病变。

从解剖结构上看，间脑不仅与颞叶之间有大量的纤维联系，而且海马的传出纤维（穹隆）到达乳头体，而乳头体的传出纤维又投射到丘脑前核（由此再到扣带回），这是著名的 Papez 环路的组成部分。丘脑背内侧核接受包括杏仁核和下颞新皮质在内的颞叶诸结构的传入，投射纤维则到几乎所有额叶皮质。沿着猴丘脑中线作大范围损伤（涉及丘脑前核和背内侧核）可造成它执行 DNMS 的严重障碍，损伤了这两个核团还会造成乳头体的逆行溃变。如果损伤仅局限于双侧丘脑前核或丘脑背内侧核，障碍相对较轻，单纯损伤乳头体也有类似较轻的症状。

以上动物脑损毁实验和神经心理学研究都证明丘脑参与记忆加工。那么，丘脑怎样参与记忆？研究发现，对网状结构上行激动系统丘脑部分的一个特定区域进行刺激，如果刺激强度不太大时，可以激活大脑皮层的特定部位。对于人们对周围环境刺激的认识来说，大脑皮层是承担此功能的最重要的部位。因此，特异性丘脑部位能够激活特异性皮层区域很可能就是丘脑参与记忆的一种机制。借此机制，人得以把自己的注意力引向即时性感觉区或记忆储存库中；同样，丘脑在回忆中也可以很容易地起到同等重要的作用。另外，在延迟性非配对样品的记忆实验中发现，丘脑是记忆环路的重要环节之一。

（四）新纹状体与习惯学习

习惯学习是一种不依据知识甚至不依靠记忆（独立于意识之外），而依靠刺激和反应之间的无意识联系的学习类型。我们在长期的生活过程中不知不觉形成了许多好的习惯或者不良习惯。例如，当得到别人帮助的时候，我们会不由自主地说一声“谢谢”。上学或上班，许多情况下我们会不假思索地走同一条路线。这些都是习惯学习的结果。由于习惯的形成常常是在无意识情况下进行的，因而属于非陈述性记忆。

以大鼠为实验对象的八臂迷宫实验证明，对于习惯学习，新纹状体发挥着关键作用。新纹状体是基底神经节的组成部分，包括尾状核和豆状核的壳核。

八臂迷宫模型检验大鼠习惯学习的具体实验设计是：迷宫的八臂中只有 4 个有信号灯，动物进入这 4 个臂可以得到食物奖赏，而其余 4 个臂没有放置食物。在这个任务中，动物每天需要记住的信息是固定不变的：选择有信号灯的臂总是可以得到食物奖赏，而行走没有信号灯的臂总是不能获得食物。通过两周的重复学习，大鼠获得了这些信息，也就是掌握了这种规律。实验结果表明，正常的大鼠学会了选择行走正确的迷宫臂（图 7-4C），从而获得食物；海马被损伤的大鼠学习这一任务也没有出现困难；但是，尾状核被损毁的大鼠学习这一任务的能力严重下降。由此可见，习惯学习中，新纹状体具有重要作用，而海马对其没有影响。

（五）前额皮质与工作记忆

灵长类动物（包括人类）与其他哺乳动物最大差别之一就是额叶相对发达。其中位于额叶前端的前额皮质尤为发达。Mishkin 用猴进行的延迟性非配对样品记忆实验证明，前额皮质是记忆环路中的一个组成部分，因而在记忆过程中发挥重要作用。目前已经知道，前额皮质参与和解决问题及周密计划有关的工作记忆。

华盛顿大学的研究人员利用 PET 技术进行了两个研究：一是要求被试在心中记住前不久向他们呈现过的词表中的单词，二是用卡片向被试先呈现一个名词，然后要求被试说出一个与这一名词相配的适当的动词。显然，这两项实验都需要记忆活动的参与。结果表明，在完成这两项测验过程中，被试前额皮层神经元的活动高度活跃。

运用脑成像技术进行的记忆研究也证明前额叶参与学习记忆。Kapur 等（1994）让两组被试分别对呈现的单词作不同水平的编码加工，即学习。浅加工组检查呈现的单词是否含有字母 A（被试检查的正确率为 97%）；深加工组检查呈现的单词是否属于生物（被试检查的正确率为 94%）。在被试加工单词期间，用 PET 对被试头部进行扫描。加工单词完毕进行记忆的再认测验，结果浅加工组记住 32%的单词，深加工组记住 50%的单词。将深加工期间引发的脑区激活减去浅加工期间的脑区激活，发现左侧下前额皮质区（the left inferior prefrontal cortex）血流量明显增多。在 Tulving 等（1994）进行的一项 PET 实验中，让被试听新的句子和学过的但同新句子类似的句子。结果发现，被试很容易将学过的句子再认出来，同时伴随右半球背侧额叶血流量增多。

Tulving 等（1994）综合许多研究结果，提出了情景记忆（episodic memory）中编码/提取的非对称模型：左右额叶是情景记忆的神经网络，但两半球的作用不同。左侧额叶更多地涉及从语义记忆（semantic memory）中提取信息，并同时将提取到的信息新异部分编码到情景记忆之中；右侧额叶则更多地涉及情景记忆的提取。

切除猴的前额叶皮层导致空间工作记忆能力下降。1935 年，Jacobsen 把比较心理学家 Hunter 设计的**空间延缓反应任务**（delayed-response, DR 任务）应用于研究猴的短时空间记忆能力这一领域。DR 任务的操作一般分为三个时期，即暗示期（cue）、延缓期（delay）和反应期（choice）。一般过程是：在猴能够看到的情况下，在其左边或右边的盒子中放置食物（暗示期）；然后拉下挡板遮住猴的视线，使猴看不到食物盒子，持续时间几秒或几十秒（延缓期）；之后重新拉起挡板，让猴翻动盒子取得食物（反应期）。这样，猴在延缓期内必须记住被暗示的某一空间位置，即左右两个盒子哪一个盒子中放有食物，才能够在反应期内做出正确的选择。这种短时的、对空间位置的“在线”（on-line）记忆后来也被称为空间工作记忆（spatial working memory）或空间表象记忆（spatial representational memory）及活动记忆（active memory）。

Jacobsen 发现，双侧前额皮层背外侧区受损的猴在这种短时空间延缓反应任务中的正确反应率明显低于正常猴，出现了空间工作记忆障碍。1970 年，Goldman-Rakic 等发现，损毁猕猴前额皮层主沟区及其周围区域（46 区，其位置参见图 7-8）导致空间工作记忆障碍；主沟区以下的外侧部受损主要出现非空间工作记忆障碍，但对辨识记忆没有明显影响；20 世纪 80 年代，她们采用葡萄糖单标记法，发现猕猴在操作空间延缓任务期间，其前额皮层主沟区和后顶叶皮层的糖代谢率明显增加。Bauer 和 Fuster（1989）使用冷冻方法把猴的前额叶皮层主沟区的局部温度降低至 20℃，导致该区域功能失活，发现受试猴的 DR 任务操作正确率显著下降；并且，延缓期越长，正确率越低（图 7-8）。由此看来，前额皮层主沟区是空间工作记忆的关键脑区。

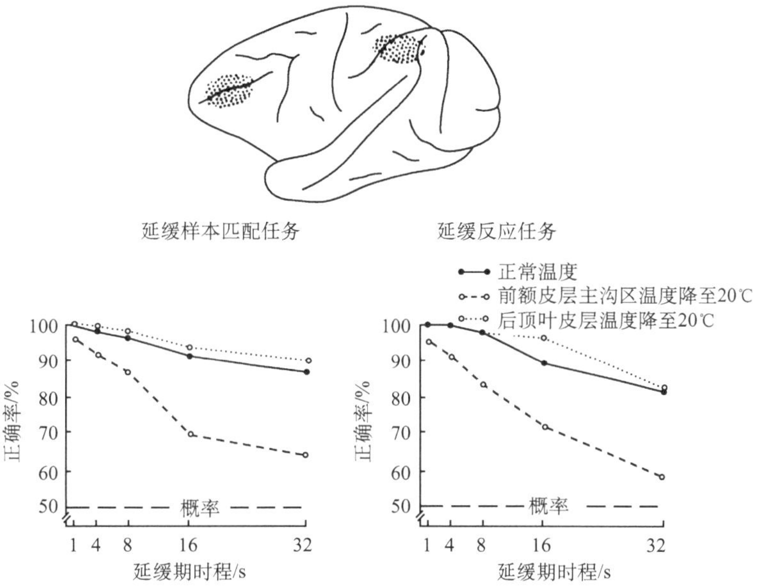

图 7-8　前额叶皮层主沟区及顶叶联合皮层冷冻对延缓反应任务的不同影响（引自徐科，2000）

行为神经生理学研究从神经元水平证明，前额叶皮层参与空间工作记忆（李葆明，2000）：在研究 DR 任务操作中发现，前额叶皮层主沟区有一类神经元选择性地在左边暗示或右边暗示测试的延缓期内放电持续增加；这种持续放电活动随着延缓期的结束而结束。如果在某一次测试过程中的延缓期这类神经元没有出现放电，那么猴在反应期对位置的选择便出现了错误；如果暗示期内不在盒子中放置食物（即“假”暗示），在随后的延缓期内上述神经元则不出现放电现象，猴在反应期内也不产生选择行为。Fuster 等（1989）认为，前额叶皮层主沟区细胞的这种延缓期放电代表着对空间位置信息的短时记忆。

但是，在 DR 任务操作的延缓期，受试猴有可能把眼睛“锁定”（lock at）在被暗示的空间位置上。如果情况的确如此，那么延缓期内前额叶皮层主沟区神经元放电实际上更可能与猴的眼睛“锁定”目标有关，而不代表对空间位置信息的记忆。Funahashi 等（1989）通过对猴进行所谓眼动延缓反应任务（oculomotor delayed response, ORD 任务）进一步证明，额叶皮层主沟区神经元活动是空间工作记忆的机制。ODR 任务的设计是首先使猴用眼睛注视在计算机显示屏中央的、形状为“X”的光点，从而启动任务操作（图 7-9）。在猴注视“X”光点过程中，出现一个方块光斑在围绕“X”光点的外周的 8 个位置（0°、45°、90°、135°、180°、225°、270°或 315°）中的任一位置上闪烁 0.5s，即暗示期——图 7-9A 中的时间 1；然后是 4.0s 的延缓期——图 7-9A 中的时间 2，并且，要求受试猴在暗示期和延缓期眼睛一直盯住“X”光点，否则，该次测试强行结束，重新开始下一次测试；延缓期结束后“X”光点消失，要求猴执行操作，即把目光从刚才注视的“X”光点位置移到在暗示期被暗示的外周位置（即方块光斑出现的位置）——图 7-9A 中的时间 3。如果反应正确，猴便可以得到橘子汁或水之类的奖励。由此可见，ODR 任务的特点是，猴在延缓期内既要保持眼睛不能移动又要记住 8 个空间位置的哪一个是被暗示的位置，在此情况下，作出的正确反应选择才能得到奖励。

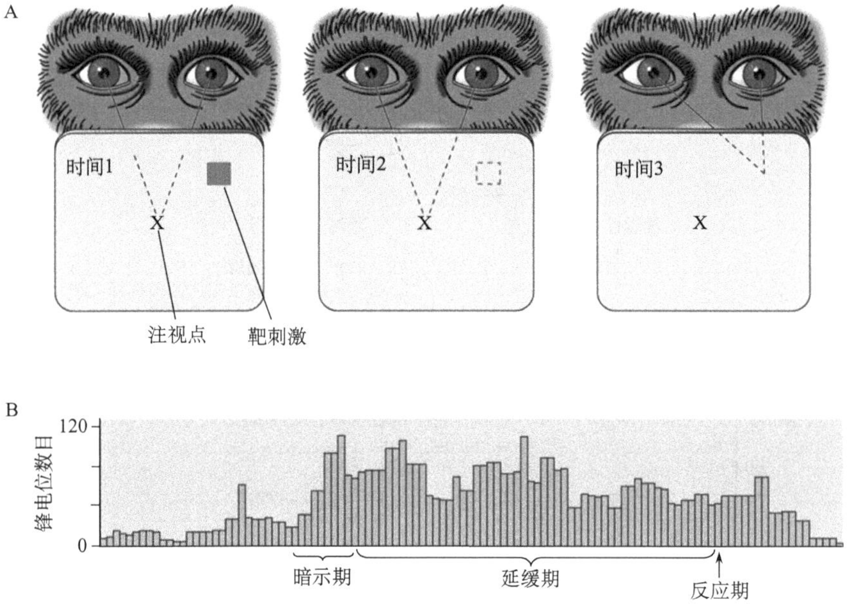

图 7-9　检测空间工作记忆的眼动延缓反应任务（A）和前额叶皮层神经元的延缓期放电活动（B）（引自徐科，2000）（扫码见彩图）

Funahashi 等发现，在这种实验条件下，前额叶皮层主沟区许多细胞在延缓期内放电仍然持续增加，见图 7-9 中的 B；并且，这些延缓期放电的神经元具有空间“记忆野”（memory field）。就是说，它们都具有各自最适宜的记忆位置。例如，有些神经元只有当猴在记忆距“X”光点 135° 的暗示位点时，延缓期放电最强。由于在延缓期内受试猴的目光一直盯住中央“X”光点，不能去锁定被暗示的方块光斑的位置。由此可见，延缓期内神经元放电确实代表了猴对被暗示的空间位置信息的“在线”记忆。

前额叶皮层的下凸部（12 区和 45 区）具有物体工作记忆功能（object working memory）。这一问题是由 Passingham 和 Miller 采用检测物体工作记忆的经典行为模型，即延缓样本匹配任务（delayed matching-to-sample, DMS 任务）给予证明的。DMS 任务的设计是实验开始前设定 A 和 B 两个物体（或图形），暗示期内给猴呈现 A 或 B 物体（或图形）“样本”，然后经过一段时间的延缓期；开始进入反应期后，同时给猴呈现 A、B 两个物体（或图形），猴去翻动在暗示期内呈现过的那个物体或触摸暗示期呈现过的图形，即执行“匹配”操作，便可获得奖励。由实验设计可知，猴要想通过正确执行“匹配”操作从而获得奖励，它在延缓期内就必须记忆“样本”的视觉特征（当然，从概率来说，即便没有记住“样本”特征，正确操作率也可达到 50%）。Passingham 研究发现，切除猴的前额叶皮层下凸部以后，实验动物执行 DMS 任务的操作成绩显著下降。Miller 通过行为神经生理学方法观察到，进行 DMS 任务试验过程中，前额叶皮层下凸部的一些神经元选择性地在“A”样本呈现后的延缓期内放电频率持续增加；即便在延缓期内增加干扰因素——连续出现多个无关的图形，这些神经元放电增加的现象依然持续，直到“配对”的图形出现为止。而该部位的另外一些神经元则选择性地对“B”样本呈现后的延缓期表现出放电的持续增加。由此可见，前额叶皮层下凸部神经元在延缓期的放电，代表着对被暗示的物体（或图形）的特征信息的记忆。

从神经解剖学上来看，前额叶主沟区接受在空间知觉中起关键作用的顶叶联合皮层的纤维投射：初级视皮层从视觉通路接受的视觉信息中的空间特征成分，如视觉刺激的运动方向、方位朝向、远近，以及组成视觉刺激的各要素之间的空间关系等，传送到顶叶联合皮层并在这一部位被加工处理，形成了空间知觉（这一信息处理通路就是第 6 章中提到的高级知觉的“背侧通路”）；然后，经过整合后的空间信息由顶叶联合皮层传入前额叶主沟区并被储存下来，形成空间工作记忆。前额叶皮层的下凸部则接受在物体知觉中具有关键作用的颞下皮层的纤维投射：初级视皮层从视觉通路接受的视觉信息中的特征成分，如颜色、形状、模式和相貌等，传送到颞下联合皮层并在这一部位被加工处理，形成物体知觉（这一视觉信息处理通路也就是第 4 章中的高级知觉通路中的“腹侧通路”）；经过整合的特征信息再由颞下皮层传入前额叶下凸部被储存下来，形成物体工作记忆。

因此，前额叶皮层不同亚区承担不同性质的工作记忆——背外侧主沟区承担空间工作记忆，下凸部承担物体工作记忆。Wilson 等通过行为神经生理学研究对这一观点进一步提供了支持。研究者训练猴既操作空间工作记忆的延缓反应任务，又操作物体和相貌工作记忆的延缓反应任务。结果表明，前额叶皮层主沟区神经元在猴记忆空间位置时放电活动增加，而记忆物体（或图形）特征时放电没有变化；下凸部神经元则在记忆物体（或相貌）特征时放电活动增加——猴记忆一个红色的圆圈时这个部位神经元的兴奋程度大幅提高，而在记忆空间位置时放电没有变化。这一研究结果与神经解剖学揭示的前额叶的主沟区接受“背侧通路”传入、其下凸部接受“腹侧通路”传入相一致，再次证明空间工作记忆和物体工作记忆分别在前额叶皮层的主沟区和下凸部处理与储存。

启动效应也与额叶有关。启动效应的神经机制表现为特定脑区激活水平的降低。1998 年，Buckman 运用 fMRI 研究物体语义分类的实验表明，当对新出现和重复出现的物体图形（军舰和猫头鹰）进行语义分类时左侧下前额叶与视区都激活了，但将新出现图形与重复出现图形两种情况下脑激活的程度进行对照发现，重复出现图形（启动效应）导致上述两区域激活水平降低。其他学者进行的产生联想词（例如，当呈现“狗”时，要求被试说出“跑”或“叫”等有意义的联想词）的实验证明，当被试第一次或第二次产生同一联想词时，许多脑区（包括左侧前额叶）都激活了；然而，当被试多次重复同一联想词时，左侧前额叶不再激活。

（六）外侧顶下皮质与工作记忆

位于顶下沟内的外侧顶下皮质（lateral intraparietal cortex，LIP）也含有参与工作记忆的神经元。实验中电刺激 LIP 区可引发猴眼的扫视运动，用猴的延搁扫视实验可以证实 LIP 神经元能短时掌握住将来可产生眼球扫视的神经信号。这种实验的操作是：使猴凝视前方某点的同时在外周闪烁光亮，停止闪光后经过一定时间的延搁再解除猴的凝视，猴的眼睛会去扫视当初闪光的地方。

（七）小脑的学习与记忆功能

小脑的主要功能是配合大脑皮质完成运动功能。但近年来发现，小脑可能在某些类型的学习记忆过程中发挥重要作用。

小脑外层为灰质，它覆盖一些核团，如齿状核（dentate nucleus）、中位核（interpositus nucleus，IPN）和顶核（fastigial nucleus）。

兔经典瞬膜/眨眼条件反射（nictitating membrane/eye-blink classical conditioning，NM/EBCC）在研究联想学习记忆活动的神经生物学机制中得到了广泛应用。NM/EBCC 的训练过程是：以声音或灯光等作为条件刺激（CS），以向角膜吹风或眶周电击作为非条件刺激（US），训练动物建立瞬膜 / 眨眼条件反射（CR）。这种学习记忆活动属于感觉-运动记忆。也有学者把它看作内隐记忆，因为对人进行训练时发现，被试在尚未意识到对他们进行训练的情况下，学习就能发生。

大量研究表明，小脑是 NM/EBCC 这种学习与记忆的关键部位，它的基本神经通路也已被初步确定下来。

Mecormick 和 Thompson 等（1984）在标准延迟 NM/BBCC 过程中对同侧小脑齿状核-中位核（D-I）中与 CS、US、CR 相关的神经元活动进行了记录。在 54 个 D-I 记录部位中，出现与 CR 执行相关的神经元活动部位占 37%，其一致性非常高——只要被试产生 CR，这些记录部位就会出现相应的神经元反应；记录到对 CS 起反应的部位占 41%；78%的部位对 US 起反应。D-I 中的这些神经元反应还与 CR 的幅值-时间变化相关，但明显与 UR（无条件反射）的幅值-时间变化无关。

Yang 和 Weisz（1992）在 NM/EBCC 训练初期记录到中位核前部（AIPN）与外侧齿状核（LDN）的单细胞活动，发现对 US 反应的细胞约有 50%对 CS 也发生反应。在 AIPN 中，凡是对 CS 与 US 都产生兴奋反应的细胞，CS 都能易化 US 在这些细胞中引起的反应。这种易化作用只出现在 CS-US 间隔为 500ms（适宜的条件反射刺激间隔时间）时；当刺激间隔为 30ms（条件反射通常不能学会的刺激间隔）时，则没有上述易化现象。LDN 的记录细胞在 CS-US 呈现期间则表现为神经元活动的抑制。

二、脑内记忆系统

20 世纪 40 年代，Hebb 提出，要搞清楚记忆痕迹，必须了解外部事件是如何由脑的活动所代表的。他认为，某一事物在脑内的代表是由那些受该事物激活的全体神经元所组成。他将这些同时活动的神经元称为**细胞集合**（cell assembly）。所有这些神经元通过纤维相互联系而组合在一起：如果这种组合活动不牢固，可能就是短时记忆的神经基础；如果组合活动持续时间足够长，神经元之间就会形成比较牢固的突触联系（Hebb 突触），从而出现“巩固”现象；当其中一部分神经元受到类似刺激时，所有参与细胞集合的神经元都能重新活动而唤起记忆。根据 Hebb 的理论，记忆印迹可能在有纤维联系的神经元中广泛分布，同时也与从事相同感受或认知功能的神经元有关。

从患有顺行性遗忘症患者 H.M.的症状表现到关于大鼠的八臂迷宫试验，以及前额叶不同区域在空间工作记忆和物体工作记忆中作用的差别，都说明不同类型的记忆有不同的脑结构参与。这些脑区组成神经回路完成学习记忆活动，已是公认的事实。神经生理学和神经心理学研究证明，高等哺乳动物脑内至少存在两个与记忆相关的系统：一个以边缘系统为主要环节，主要与认知记忆有关，可以看作**陈述性记忆的神经回路**；另一个以基底神经节为主要环节，主要与习惯的获得和适应性反应有关，因而是**非陈述性记忆的神经回路**。这两个系统都需要来自大脑皮层的输入才能进入活动状态，因而被感觉刺激激活的大脑皮层感觉区通常担当触发记忆的角色。

（一）陈述性记忆的神经回路

关于陈述性记忆的神经回路，这里以视觉学习记忆为例加以描述。到达视皮层的视觉信息，首先要经过多级加工处理，即视觉信号从 V1 传入 V2、V3、V4 等高一级的视皮层进行整合加工，再到颞叶完成（实现）复杂的视觉认知功能（活动），包括视觉信息的识别；接着经颞下回与边缘系统（主要包括嗅皮层、杏仁复合体和海马等结构）连接。视觉信息从这些内侧颞叶边缘结构直接投射到丘脑内侧核团（包括背内侧核和前部核团的巨细胞部分）；再经纤维联系投射到额叶皮层的腹内侧部（包括眶额皮层、内侧前额叶及扣带回）。最后，内侧颞叶、内侧丘脑和内侧额叶把视觉信息输送到前脑基底部胆碱能系统。前脑基底部胆碱能系统与边缘系统存在着双向的神经纤维联系，它能够返回性地投射到大脑皮层的广泛区域（包括视皮层），从而把视觉记忆信息储存在视皮层。于是形成了一个陈述性记忆的神经回路（图 7-10）。

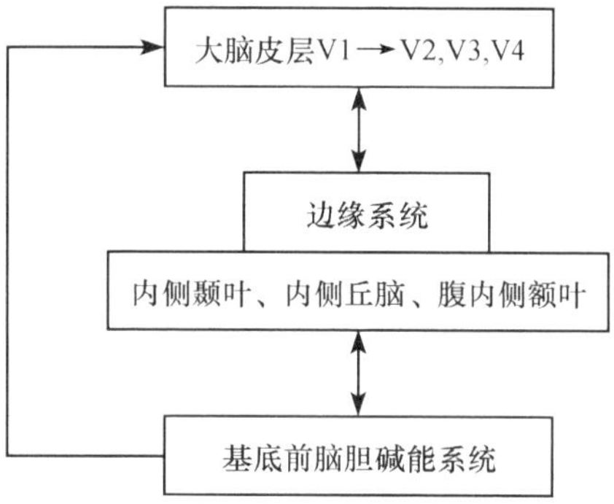

图 7-10　视觉陈述性学习记忆神经回路示意图

边缘系统中内侧颞叶、内侧丘脑、内侧额叶这三部分结构既是认知性记忆（也就是陈述性记忆）神经回路中的三个关键环节，又是通向前脑基底部胆碱能系统的闸门。而前脑基底部则是在认知记忆中具有重要作用的另一个脑结构。Mishkin 等对猴进行的“延迟性非配对样品的记忆实验”及其他学者的研究发现，损毁其中的一个环节，都会对动物的认识性记忆或操作带来严重的影响（图 7-11）。

以上简要地描述了视觉认知性记忆神经回路。其他类型的认知记忆的神经回路与之大体相同或相似。临床研究和神经病理分析发现，如果仅仅把海马损伤，则仅导致被试出现顺行性遗忘，其非陈述性运动技巧的学习仍然正常。由此证明边缘系统中的海马是陈述性记忆神经回路中的重要结构之一。

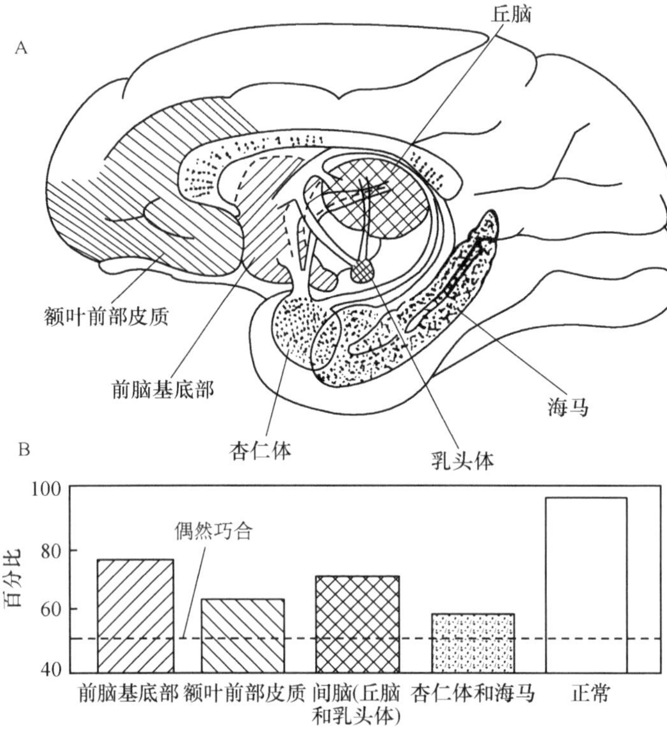

图 7-11　在手术损害猴大脑的特定结构或通路后，主要通过测量视觉认识记忆的实验而绘制的记忆系统图

A 中指出所发现的关键性结构；B 显示手术损坏记忆系统特定成分后实验猴所达到的平均成绩；作为对照，也标出了正常猴几乎完美的实验完成情况

（二）非陈述性记忆的神经回路

除了八臂迷宫实验证明海马和新纹状体分别在陈述性记忆和习惯形成中具有不同作用以外，Mishkin 等在物体辨别实验中也发现，边缘结构被破坏的猴也能学习：如果把一系列不同的物体配对，每对中含有一个有奖品的物体，把这样的一系列物体给边缘结构损伤的猴每天看一遍，过一段时间后它们能挑选出带有奖品的物体。更重要的是，它们几乎能够同正常的猴以同样的速度学会这一本领。猴日复一日地面对同样配对的刺激，它选择某个物体总能得到奖赏从而增强这种选择性，最后便发展为习惯。后来的实验证明，把猕猴的基底神经节新纹状体的尾部损毁，能够使运动学习记忆（如习惯的生成）出现严重障碍，但并不影响认知记忆。

Mishkin 等把参与习惯学习的脑结构称为第二个系统，它是独立于边缘环路之外的，对重复刺激作出反应是该系统的关键成分。具体说来，形成习惯的神经基础是纹状体。

那么基底神经节通过什么途径与皮层感觉信息加工系统相互作用并参与运动学习记忆？研究表明，颞叶通路发出纤维到达尾核尾部和壳核的尾腹部，这些部位又接受来自黑质和新纹状体其他部位的投射。然后尾核发出投射到苍白球和黑质，再经丘脑腹侧核中继而投射至运动前区和辅助运动皮层，再与运动皮层相连。我国学者梅镇彤等在条件性行为模型上较系统地证明了这一环路在运动学习和记忆中的作用，可概括如下：信号刺激可引起皮层感觉-颞叶系统的兴奋，进而激活尾核新纹状体系统，使新纹状体-颞叶前区回路协助锥体运动系统而引发已学会的运动反应。梅镇彤等还提出了伏隔核是边缘系统和运动系统相连接的重要环节，并大致描绘出了习得性行为神经调控的框图（图 7-12）。这一环路的突触连接较为稳定，说明技巧性运动学会的后不易遗忘。

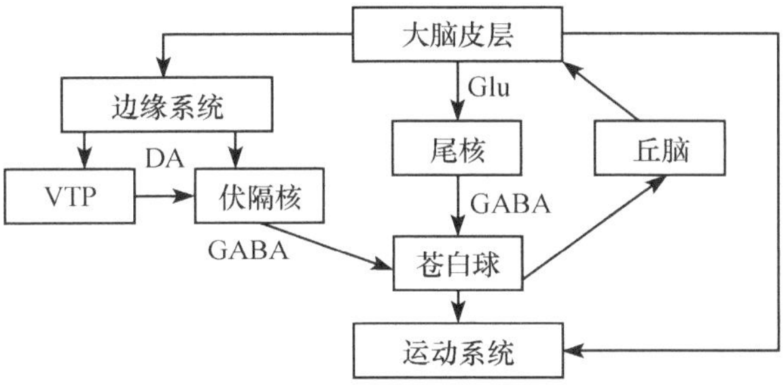

图 7-12　习得性行为神经调控回路的框图

Glu.谷氨酸；DA.多巴胺；GABA.γ-氨基丁酸；VTP.腹侧被盖束

陈述性记忆回路和非陈述性记忆回路的发现为个性化教育提供了坚实的理论基础。陈述性记忆回路功能障碍影响认知学习能力，但不影响操作能力的发展。因此，即便是弱智儿童，仍然可以学习操作技能。

天才乐队指挥舟舟

网络上曾有报道：舟舟先天性智残，智商只有 30，而正常人的最低为 70。也就是说，终其一生，他的最高智力也只能相当于四五岁孩子。但是其父亲以自己的爱心和耐心来培养儿子的智力，不厌其烦地教儿子数数、认数、认简单的字，效果不佳；但仍主张让孩子多接触社会，多与社会交流和沟通。

舟舟的家位于一些剧团聚集的大院。他熟悉那里几乎所有的练功房、化妆室和排练厅。每当到了排练厅，听着音乐的旋律，对他来说好像是一种享受。乐团排练间隙，他便不声不响爬上去，拿起指挥棒，挥舞起短短的手臂。他对音乐的热情在一天天增加，表演欲望也越来越强，一个“指挥梦”随之产生。

1999 年，是舟舟人生旅途重大转折的一年。中国残疾人艺术团给了他第一次登台演出的机会。站在交响乐指挥的舞台上，手拿指挥棒，开始了他生平第一次的演出。一个常人都不敢去想的指挥梦实现了，从此开始了他的舞台生涯。他走上中国艺术的大舞台，也走进世界著名艺术的殿堂，美国卡内基音乐厅、美国国家剧院都留下了他的名字。

（根据网络文章改编，参见 http://zhidao.baidu.com/link?url= VGdl8I16ILgHrlftUd_MBbW1GwuZOju4XnSOPirSXKoQshp8eIhKGFy4Z4Ew8-r0sZ1bpZMo3J5cw4HsGClDLC0hGrxfuZqT9u8tZYPMBcS）

第三节　学习和记忆的突触机制

早在 19 世纪末，著名神经生物学家 Cajal 就曾指出，学习可能与神经元之间新突触的形成有关。同时，Tanzi 也认为，突触部位的经常使用类似于肌肉锻炼那样可能引起生长作用，从而使连接部位的功能得到加强。这两位科学家都强调了突触变化，也就是突触可塑性在学习记忆过程中可能具有重要作用。Hebb 提出，学习或经验可以再现于新形成的或改变了的神经结构之中，并设想发育过程中的可塑性可能与学习记忆过程中的可塑性有共同的机制。Hebb 的具体表述是：当神经细胞 A 的轴突足够靠近细胞 B 并能使之兴奋时，如果 A 重复或者持续地激发 B，那么这两个细胞或者其中一个细胞上必然有某种生长过程或者代谢过程的变化。这种变化使得 A 激活 B 的效率有所增加。这种观点被称为**学习记忆的 Hebb 突触学说**。

可塑性是神经系统的重要特性之一。广义地说，凡是不同于通常的神经活动方式和神经结构形式的变化，都属于可塑性的范畴；也有学者认为，可塑性是指各种因素和各种条件经过一定时间的作用后引起的神经变化。对于高等动物和人类，神经系统的可塑性已成为行为适应性的生理基础。神经系统的可塑性表现在许多方面：在宏观上可以表现为脑功能（如学习记忆功能）、行为表现及精神活动改变；在微观水平有神经元突触、神经环路的微细结构与功能的变化，包括突触形态亚微结构、神经化学物质（神经递质、神经调质、受体等）、电生理活动等方面的改变。

学习和记忆过程中，突触形态学变化、神经递质释放的改变和突触后电位长时程增强，分别从突触水平揭示了学习和记忆的结构基础、生化机制和电生理学基础，为学习和记忆的 Hebb 突触学说提供了证据。

一、学习记忆与突触结构的可塑性

（一）低等动物学习训练过程中突触的解剖学变化

无脊椎动物虽然在神经结构方面与脊椎动物存在较大差别，但两者的神经元内部包括神经递质在内的化学成分和动作电位产生原理基本相同。研究无脊椎的学习记忆机制能够为理解包括人类在内的高等动物的学习、记忆过程提供帮助。

美国国立神经疾病、传染疾病与卒中研究所的研究人员 Alkon，于 1988 年 11 月报道了他们的发现：在进行联合学习过程中神经元会改变自身的结构。Alkon 研究小组对一种雪白的海参用霓虹灯迅速闪动的蓝色和橙色的光束使其快速游动。这种海参有一种本能的趋光性，这一特性使它游向海水表面去觅食。在 Alkon 的实验室里对海参进行训练使其获得一种不同的反应：每次闪光时它所在的小室就会在转盘上旋转，促使它收紧足部肌肉以牢牢地抓住室壁。经过多次重复训练之后，终于使它变得一见到光便会收紧足部肌肉。

实验动物分三组：一组进行了上述训练；另一组不进行训练作为对照组；第三组也给予光闪亮和旋转，二者没有固定的先后次序，即随意性的，以便确证在训练组动物中所观察到的变化是与学习新的反应有直接联系，而不是对刺激的直接反应。然后，研究人员研究了海参眼睛中 5 种测光神经元中的一种——被称为 B 型光感受器的特殊神经元。该神经元轴突与许多其他神经元（包括前庭细胞，它是将神经信号传送给支配足部肌肉运动的神经元）形成突触。

把光感受细胞染色后在显微镜下观察，可以看到该细胞轴突呈河流三角洲的扇形展开。研究人员在所有的海参中都观察到了同一个神经元，发现经过训练的海参的这一神经元，其轴突末端的扇形展开的程度要比其他两个对照组小得多（约小 50%）。Alkon 指出，好像是神经元已聚集起来。更重要的是，经过训练学会做出强烈反应的海参有着聚集最紧密的末端。研究者认为，这种细胞正在与其他许多细胞发生联系。在聚集过程中该细胞减少了某些联系并放大了传给较少数细胞的信号。

Alkon 等把研究学习训练时的海参突触的解剖学变化同突触传递效能的改变联系起来。他们发现，经过训练的海参的光感受细胞的细胞膜变得能较好地传导电信号。这种改变显然在调节向其他细胞传递信息方面起着重要作用。另外，一种蛋白激酶 C（protein kinase C, PKC）会从细胞内部游出到细胞膜。Alkon 及其同事证实，此酶能作用于离子通道从而调节细胞所产生的电信号。他们发现含有聚集最紧密的轴突末端的细胞是那些最能传递信号的细胞。

（二）哺乳动物学习过程中树突触数目的变化

哺乳动物学习过程与树突数目和突触结构变化的关系，人们也进行了广泛研究。1966 年，Rosenzweig 等报道了他们的研究成果，验证了学习经验或许能改变脑的解剖结构的假说。他们进行了“丰富化环境”和“贫乏化环境”的养育实验——把同一窝同性别的幼鼠在出生 20 多天并断乳之后分为 3 组，分别放在 3 种环境中饲养。

第一种为标准化的生活环境，即 3 只鼠放在一个适当大的笼内生活。其中有食物和水，但没有玩具。

第二种是丰富化的生活环境，即 10～20 只鼠放在一个较大的笼子内饲养。笼内增设了云梯、迷宫和坑道等供玩耍的玩具或叫做刺激物。这些玩具每天更换一部分，从而给这群鼠提供了较多的获得各种经验的机会。

第三种是贫乏化（枯燥）的生活环境，即单只鼠在一个笼内饲养。笼中没有玩具，使得这种条件下生活的鼠既不能与同类交往，也没有东西可供玩耍。

这三组动物在上述不同环境中生活 80 天左右，进行脑组织检查发现，丰富化环境中生活的鼠和贫乏化环境中生活的鼠相比，前者不仅在乙酰胆碱酯酶的含量方面高于后者，而且大脑皮质的重量也大于后者。进一步实验证明，丰富化环境中生活的鼠，其大脑皮质重量增加最多的是枕叶，并且，皮质区重量的增加与该区厚度的增加成正相关。

在显微镜下观察发现，丰富化环境中生活的鼠和贫乏化环境中生活的鼠的枕叶皮质中，锥体细胞的树突数目有显著差异——在每一单位长度上前者的树突刺和树突分枝明显地多于后者。由于皮质锥体细胞的树突占整个细胞体积的 95%，因此树突分枝数目的增加是大脑皮质加厚和重量增加的主要原因之一。

上述实验过程中在不同环境生活的动物，它们皮质锥体细胞树突数目的差异是由于学习因素引起的吗？对于这个问题，研究人员进行了许多相关实验。

Bennet 等 1979 年报道了下述实验：把同窝的幼鼠分两组单笼饲养，它们生活的笼中都被隔成三层。但第一组鼠的食物放在最底层，水放在最高层。动物需要走过用隔板组成的曲折道路到对角，再通过孔洞钻入最高层走到一个角落去饮水；第二组鼠生活的笼中，第二层没有隔板或迷津，大鼠可以随便走动。经过 30 天或更长时间的饲养之后，脑组织检查发现：第一组鼠的脑组织在解剖化学特点上很像丰富化环境中的鼠，而第二组鼠在这些方面则与一般鼠没有差别。

在另一实验中，实验者将一部分白鼠放在黑暗环境中生活 25 天后，再与生活在光亮环境中的对照组白鼠进行比较。结果发现，前者的神经元树突数目少于后者。1982 年，Greenough 等进一步证明，视觉皮层活动与否，对其厚度即树突数目有重要影响。研究者以割裂脑大鼠为实验动物。大鼠的左、右眼输入的视觉信息几乎都是传向对侧皮质，因为其视神经绝大部分是交叉投射的。据此，实验者把大鼠的一只眼用不透明的接触镜片盖住，只允许另一只眼睛视物；然后训练它们学习一系列形式不同的迷津。训练 30 天后，脑组织检查发现，能看见物体（即在学习中起作用）的那只眼的对侧视觉皮质中的神经元的树突分支明显地多于另一侧皮质。

1993 年，Geinisman 指出，突触在增加使用、减少使用和正常使用三种情况下，其数量出现明显差异：当动物经过一段学习训练之后，突触数量有增加的趋势；相反，生活在简单环境中的动物，由于不需要学习就能够很容易地得到充足的食物和水，经过一段时间之后，相应脑区的突触数量明显减少（图 7-13）。

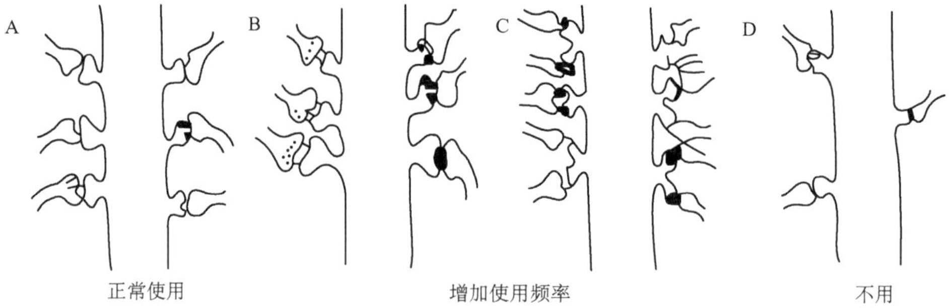

图 7-13　功能依赖性突触可塑性（引自张守信和金连弘，2006）

A.正常使用情况下的突触状态；B，C.使用频率增加引起突触数目增多；

D.使用频率减少，突触废用性退化，数量减少

研究证明，各种学习和训练不仅使得年幼动物相应脑皮层突触数量增加，而且对成年动物的脑皮层具有同样的影响——成年动物脑皮层由于学习训练也可以有新的突触形成。这些结果对人类具有重要的借鉴意义。在人的一生中，不断参加各种各样的学习训练，聪明才智一定能够得到提高；即便是对于老年人来说，活到老学到老，对预防阿尔茨海默病也会产生积极意义。

二、学习记忆与突触传递效能的可塑性

（一）无脊椎动物学习记忆过程中突触传递效能的变化

1. 习惯化形成过程中突触传递的变化

习惯化这种类型的学习机制是对已经存在的突触连接强度的调制。突触连接的强度是由递质释放量决定的，而递质释放量又受突触前末梢的动作电位所能激活的 Ca^{2+}内流到什么程

度来控制。因此，学习过程中的突触连接强度，可以通过记录构成突触的感觉神经元末梢成分释放的递质所激起的突触后电位来分析研究。

Kandel 实验室（1991）通过研究海兔的缩腮反射成功地揭示了习惯化和敏感化的突触机制，同时阐明了经典性条件反射形成及保持的细胞和分子机制。

海兔是一种海洋无脊椎动物，具有最简单的神经系统。其感觉器官和效应器官之间有神经细胞集中的结节，即神经节，它调节着海兔的反射活动。海兔的鳃是一个外呼吸器官。轻触（如用精细水管喷水）鳃外面的套膜棚，鳃便回缩到套膜棚下面的腔里，以免损伤，此即缩鳃反射（图 7-14）。经过 10～100 次的重复作用，缩鳃反射逐渐减弱，即鳃收缩回去的部分逐渐减少，最终鳃不再收缩——海兔对微弱刺激产生了习惯化，并能保持十多分钟或几小时。再重复刺激，习惯化能维持数周。

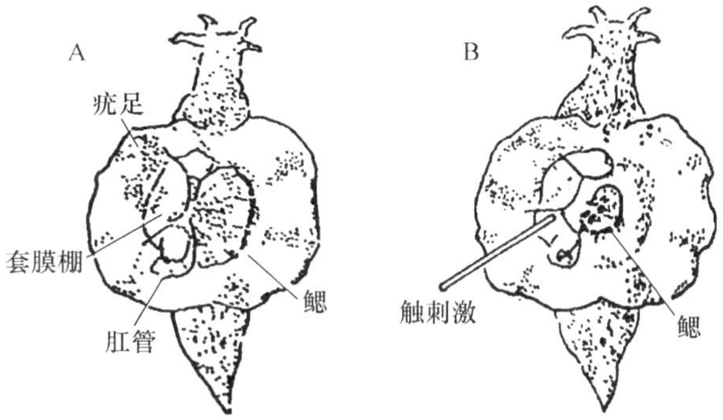

图 7-14　海兔结构示意图

A.在套膜棚中有一个退化了的外壳，休息时鳃由套膜棚部分地遮盖着；B.当肛管或套膜受到触刺激，肛管收缩，鳃以典型的防御反射方式回缩到套膜棚下面

缩腮反射的神经线路非常简单。用喷水管对皮肤进行刺激能够激活 24 个感觉神经元。这些神经元与鳃内 6 个运动神经元构成直接连接，而这些运动神经元又与肌肉细胞直接连接。另外，感觉神经元还可以兴奋几个中间神经元（图 7-15）。

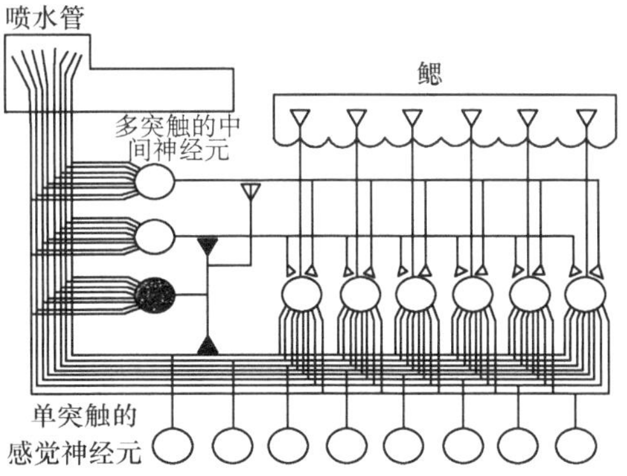

图 7-15　海兔缩腮反射的神经线路示意图

对海兔施加的刺激强度可以调节到只产生单个动作电位的水平上。第一次给予刺激时，由于它是新异的，因而产生的动作电位表现为高效的突触作用，即运动神经细胞内

振幅较大的兴奋性突触后电位；再给予重复刺激时，使得突触后运动神经元产生的兴奋性突触后电位逐渐变小，突触后电位受到了“阻抑”，也就是突触连接的有效性受到了“阻抑”。

Castellucci 和 Kandel（1978）发现，突触后电位幅度随习惯化的降低是和化学递质量子释放数量的降低相平行的。以能产生习惯化的速率重复刺激感觉神经元，导致动作电位的钙成分的持续期逐渐缩短。因此，短期习惯化的机制之一，是构成突触前成分的感觉神经末梢向它们的中枢靶细胞释放的递质量的减少，降低了突触连接的有效性（图 7-16）。

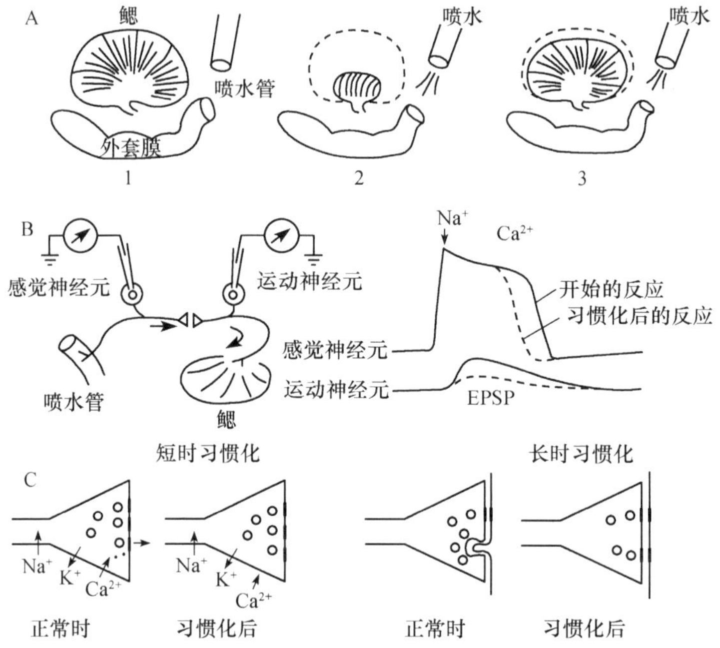

图 7-16　海兔缩鳃反射习惯化的神经机制（引自张守信和金连弘，2002）

A.行为观察：1.正常没有受到刺激情况下鳃的状态；2.喷水引起缩鳃反射；3.反复喷水之后引起习惯化。B.细胞内记录的电生理分析，表明反复刺激喷水管的感受器之后，感觉神经元的动作电位时程缩短，运动神经元的 EPSP 幅值下降。C.突触的简单模型，说明习惯化的机制：左侧两图说明从正常状态到习惯化是由于钙离子的内流被阻断；右侧两图表示习惯化形成以后，突触构型发生变化，即活性突触小泡减少，突触膜界面变平

Kandel 通过记录海兔的鳃运动细胞 L_7 的突触电位变化，研究了长期习惯化的机制；实验动物分为 4 组，其中 1 组未经训练作为对照组，其余 3 组接受 4 天的长期习惯化训练。在训练后的 1 天、1 周和 3 周时，对 4 组动物分别进行检查，发现对照组动物中有 90%的感觉神经元与 L_7 构成了非常有效的连接，实验组动物中经过长期习惯化训练后的 1 天和 1 周后，仅有 30%的感觉神经元与 L_7 构成有效连接，即使在 3 周之后，这个数字也仅达到 60%。作为简单学习的结果，这里原先有效的突触连接失活了，并且，这种功能变化能够维持 1 周以上（图 7-17）。因此，短期习惯化的机制包含突触功能的短暂下降，而长期习惯化则产生长期、深刻的突触功能的变化，使原先有效的突触连接机能遭受破坏，导致运动细胞对习惯化的刺激不再作出反应。

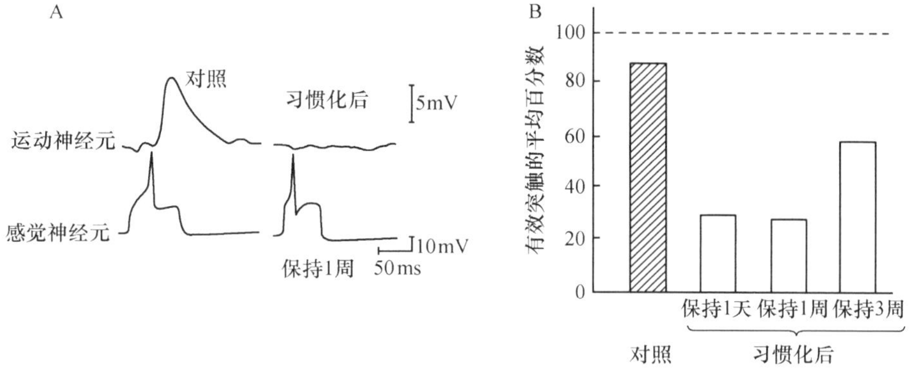

图 7-17　海兔缩鳃反射长时程习惯化引起的突触传递效能的降低（引自梅镇彤，1997）

A.对照组（未经习惯化训练）和习惯化组海兔的感觉神经元和运动神经元之间突触传递效能的变化。训练停止后 1 周仍然不能在运动神经元记录到突触电位。B.直方图分别表示长时程习惯化训练后 1 天、1 周或 3 周可测得的具有传递功能的突触的平均百分数

2. 敏感化形成过程中突触传递的变化

习惯化的对立面是敏感化。一个强的或伤害性刺激可以提高动物或人的原来已有的反应。这种现象就是敏感化的表现。海兔对恐吓刺激的反应是把它的鳃缩回套膜中。对其尾部的短暂电击以致敏这种反应，使海兔在约 1h 内对进一步的刺激反应能更有力地缩回它的鳃。

研究表明，敏感化的机制是因为释放了神经递质（5-羟色胺等）作用于突触前成分，导致突触传递效能的增强。5-羟色胺是由与感觉神经元的轴突末梢相联系的中间神经元释放的，而感觉神经元又与控制鳃运动的神经元构成突触。痛刺激兴奋了中间神经元，中间神经元释放 5-羟色胺；5-羟色胺与受体结合，激活了感觉神经元末梢内对 5-羟色胺敏感的腺苷酸环化酶，后者促进了第二信使 cAMP 的合成；cAMP 又激活了它所依赖的蛋白激酶（cAMP-dependent protein kinase, cAMP-PK）。蛋白激酶是所有细胞的调节网络中的中心要素，它催化磷酸从一般的能量贮备形式 ATP 转移到蛋白质中的丝氨酸、酪氨酸或苏氨酸残基的侧链，在这个过程中通常改变受体蛋白的功能。在感觉神经末梢内部，活化的蛋白激酶使 K^+通道蛋白磷酸化，改变其构型而降低 K^+电流，其功能是阻止膜的再极化、延长动作电位的时程，使更多的 Ca^{2+}通过具有电压依存性的 Ca^{2+}通道进入突触前成分，导致释放更多的递质，其作用是增强鳃的收缩。另外，5-羟色胺通过激活另一种磷酸酯酶刺激二酰甘油，再激活 PKC。在 cAMP 和 PKC 的协同作用下，使突触小泡从递质库（transmitter pool）移向可释放库（releasable pool），从而为增加递质的释放创造了条件（图 7-18）。

（二）脊椎动物学习、记忆过程中突触后电位的长时程变化

通过无脊椎动物研究发现的学习、记忆过程中存在突触传递效能改变的现象，在脊椎动物研究中也获得了实验证据：一些参与学习、记忆的脑区，神经元突触后电位存在长时程增强和长时程抑制现象。

1. 长时程增强

内侧嗅回与海马结构之间存在着**三突触回路**。三突触回路始于内嗅区皮层，这里神经元轴突形成穿通纤维（perforant path，PP），止于齿状回（dentate gyrus，DG）颗粒细胞树突，

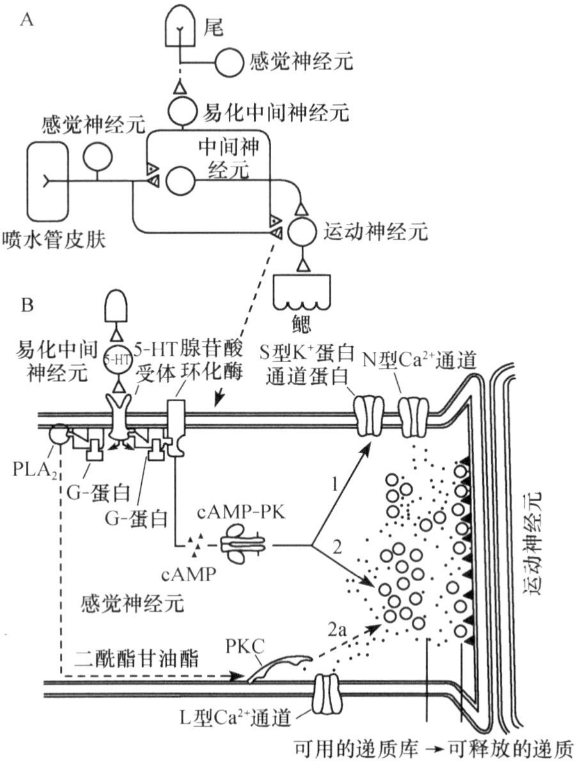

图 7-18　海兔缩鳃反射敏感化的突触前易化机制（引自张守信和金连弘，2002）

A.海兔缩鳃反射敏感化的神经元回路；B.突触前易化在感觉神经元内所发生的一系列化学步骤的示意图

形成第一个突触联系。齿状回颗粒细胞轴突形成苔状纤维（mossy fibers，MF）与海马 CA3 区的锥体细胞的树突形成第二个突触联系。CA3 区锥体细胞轴突的轴突分支组成 Schaffer 侧支通路，与 CA1 区的锥体细胞发生第 3 个突触联系，再由 CA1 锥体细胞发出向内侧嗅区的联系。这种三突触回路（图 7-19）是海马齿状回、内嗅区与海马之间的联系，具有特殊的机能特性。

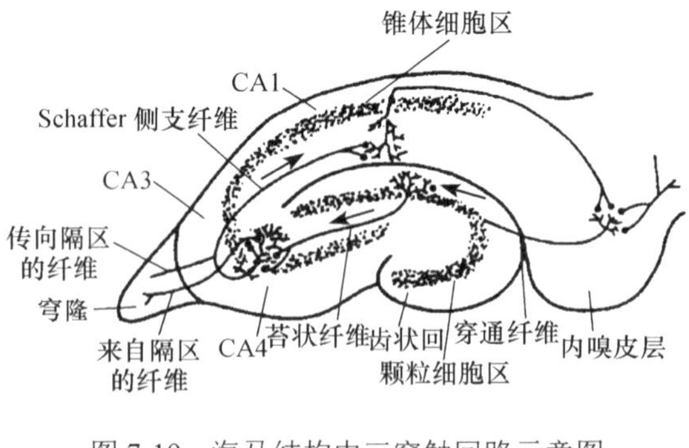

图 7-19　海马结构中三突触回路示意图

1）长时程增强的定义及其特点　1966 年，Lomo 首先报道了他称之为长时程增强（long-term potentiation，LTP）的现象，即电刺激内嗅区皮层向海马结构发出的穿通纤维时，在海马齿状回可记录出细胞外的诱发反应。如果电刺激由约 100 个电脉冲组成，在 1～10s 内给出，则齿状回诱发性细胞外电活动在 5～25min 之后增强了 2.5 倍，说明电刺激穿通回路引起齿状回神经元突触后兴奋电位的 LTP，因而这些神经元单位发放的频率增加。后来他们又报道，海马齿状回神经元突触电活动的 LTP 现象可持续数月。他们认为，由短暂电刺激穿通纤维所引起的三突触神经回路持续性变化，可能是记忆的重要基础。

1973 年，Bliss 等在麻醉的家兔上发现，当以一个或几个频率为 10～20Hz、串长 10～15s 及频率为 100Hz、串长为 3～4s 的电刺激为条件刺激作用于海马的传入纤维，则继后的单个测试刺激引起的群体锋电位及群体突触后电位的振幅增大，群体锋电位的潜伏期缩短。这种易化现象持续的时间可达 10h 以上。他们把这种长时程的突触传递效能增强（易化）的现象称为**“长时程增强”**。

其后，又在兔的慢性实验中观察到 LTP 现象可持续 3 天。Douglas 等发现，当以一个 120 个脉冲的条件性串刺激（10～60Hz 均有效）作用于清醒大白鼠海马穿通纤维之后，单个刺激诱发的群体兴奋性突触后电位或兴奋性突触后场电位（population EPSP，pEPSP 或 field EPSP，fEPSP）增大可持续 24h；如果上述串脉冲以每隔 24h 重复一次，单个测试刺激引起 pEPSP 增大可持续 12 天以上。少数动物在停止给予条件刺激后，LTP 现象仍持续长达 2 个月。这种 LTP 现象在海马的其他突触连接系统如苔状纤维至 CA3 锥体细胞，Schaffer 侧支至 CA1 锥体细胞等处也都观察到。不同部位所诱导的 LTP 可能有不同的神经机制（图 7-20 和图 7-21）。

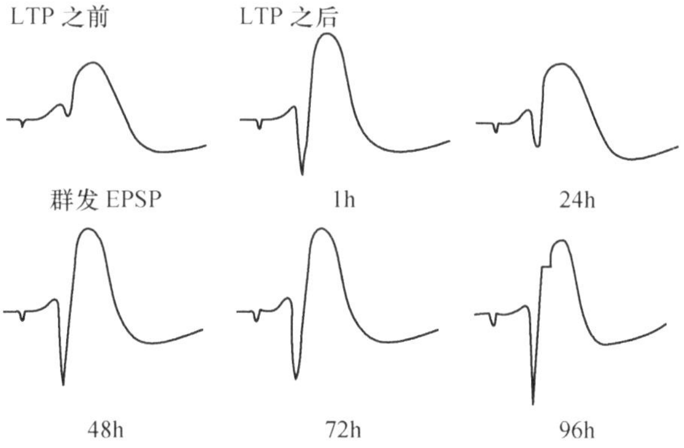

图 7-20 在电刺激引起 LTP 前后记录到的齿状回 EPSP 群发电位（引自 Carlson, 2016）

在海马 CA1 区所诱导的 LTP 具有联合的性质（associativity）。关于 LTP 具有联合性质的最早报道是在 1978 年。McNaughton 等在投射到家兔海马内同一群齿状回颗粒细胞的穿通纤维内侧束和外侧束施加强直刺激，当这种强直刺激分别施加于内侧束或外侧束时（其中一个是强通路，另外一个是弱通路），都不能引起颗粒细胞突触后电位的长时程易化，说明必须有多个功能相同的神经纤维同时受到强直刺激的激活，才能产生 LTP（这种现象有学者称为协同性）；如果在强弱两条通路上同时施加强直刺激之后，在强弱通路上均可产生 LTP 效应。这种现象被称为 LTP 的**联合性**。这种联合 LTP 的产生具有鲜明的时间特点——两条通路上的强直刺激必须同时或者几乎同时施加，而且接受强直刺激的时间安排必须是弱通路在先、强通路在后；否则就不能诱导出 LTP。这一特点与巴甫洛夫条件反射中无条件刺激在

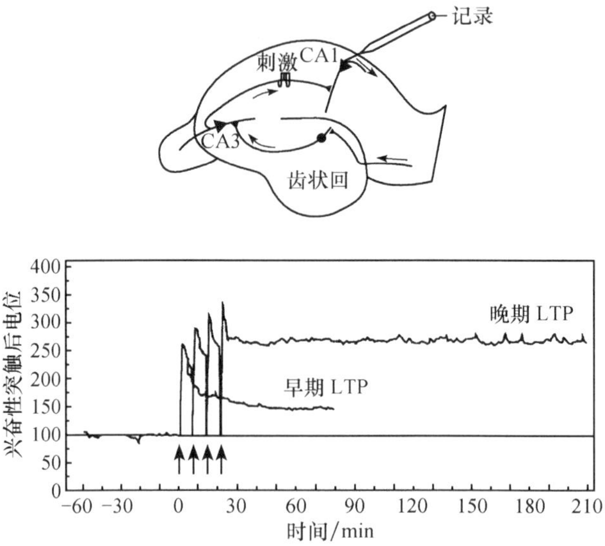

图 7-21　海马神经回路中记录到的长时程增强（引自鞠躬，2004）

纵坐标为单脉冲电刺激 Schaffer 侧支在 CA1 区神经元上引起的兴奋性突触后电位（EPSP）上升相的斜率（强直刺激前的 EPSP 斜率为 100%计算）。每一朝上的箭头表示一串高频强直刺激

先、条件刺激在后完全一致。条件反射是一种联合学习活动，因而 LTP 被认为是联合学习的机制。另外，LTP 还具有**特异性**（specificity），就是说，所诱导的 LTP 对被激活的通路是特异的：强直刺激激活强弱两条通路之后，LTP 产生于再次接受刺激的通路，在其他通路上不产生 LTP（图 7-22）。

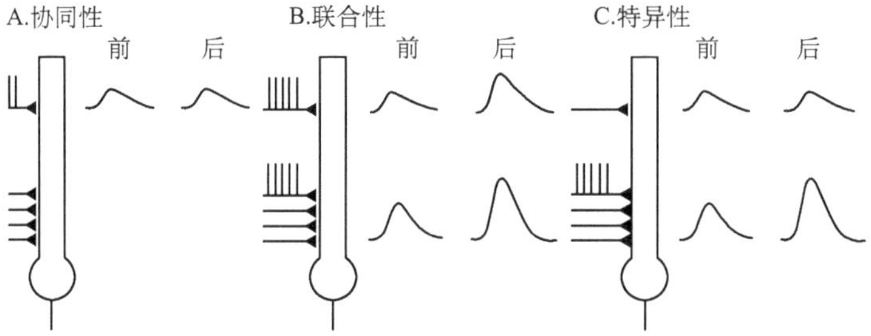

图 7-22　LTP 的协同性、联合性和特异性示意图（引自张守信和金连弘，2002）

图示单个锥体细胞接受弱的和强的两种突触输入。A.强直刺激单独作用于弱的输入通路不能在该通路诱发 LTP，提示必须有足够数量的轴突激活才能诱发 LTP,即协同性。B.强直刺激同时作用于弱的和强的输入通路，则在两个通路上均能产生 LTP,即联合性。C.强直刺激单独作用于强的输入通路，则只能在强的通路上诱发 LTP，而不能在弱的通路上产生 LTP，即特异性

2）长时程增强诱导和维持的神经机制　　关于 LTP 诱导的神经机制在海马 Schaffer 通路研究得比较清楚。该通路的神经递质是谷氨酸。当高频刺激兴奋一定数量的传入纤维以后导致突触前的 Schaffer 纤维末梢释放大量的谷氨酸，作用于突触后的 CA1 区锥体细胞。该类细胞存在两类谷氨酸受体，即非 NMDA（如 AMPA）受体和 NMDA（N-methyl-D-aspartate, 主要接受谷氨酸和天冬氨酸传来的信息）受体。NMDA 受体同时也是 Ca^{2+}通道。谷氨酸首先

激活 CA1 区锥体细胞 AMPA 受体，引起突触后膜去极化。正常情况下，NMDA 受体不能发挥 Ca^{2+}通道作用，因为这个通道被 Mg^{2+}堵塞。但是，当去极化达到一定程度之后，使得阻塞于 NMDA 受体的 Mg^{2+}移开，Ca^{2+}通道开启，Ca^{2+}从细胞外进入突触后的锥体细胞（图 7-23）。

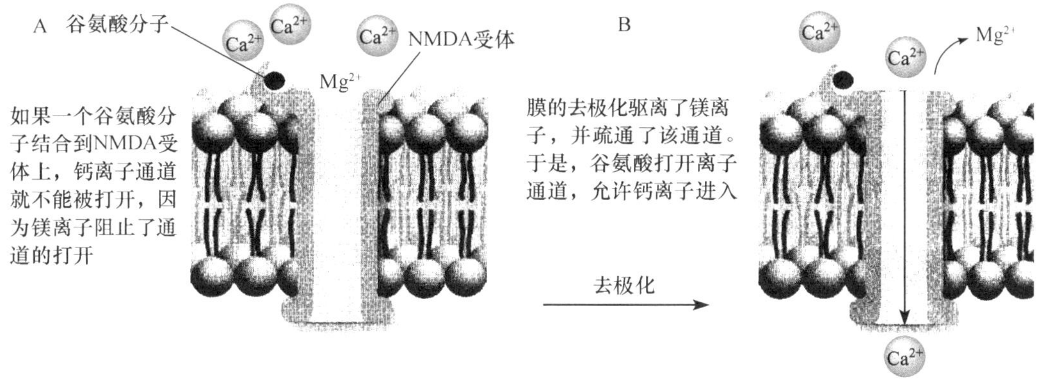

图 7-23　NMDA 受体、神经递质和电压依从性离子通道（引自 Carlson, 2016）

A.当突触后膜处于静息电位时，Mg^{2+}封闭了 Ca^{2+} 内流的通道，使得 Ca^{2+} 不能进入突触前膜。B.当突触后膜去极化时，Mg^{2+} 被驱离，Ca^{2+} 通道开放，允许 Ca^{2+} 进入突触前膜内部

所以，NMDA 受体被认为是 LTP 诱导环节上最为关键的环节。

进入突触后锥体细胞的 Ca^{2+}通过激活酶类而发挥作用。被 Ca^{2+}激活的酶至少包括钙和钙调素依赖的蛋白激酶Ⅱ（CaMKⅡ）和蛋白激酶 C（PKC）。这些激酶的作用是把磷酸基团连接到靶蛋白分子上，使某些蛋白质失活或激活。锥体细胞内部 CaMKⅡ被激活之后，能够使 AMPA 受体磷酸化，提高了该受体对谷氨酸的反应性。在这种情况下，即便 Schaffer 侧支末梢释放谷氨酸分子数量是固定的，由于 AMPA 受体反应性的提高，同样数量的谷氨酸分子在 CA1 区锥体细胞引起的兴奋性突触后电位也会增大，也就是说，突出传递的效能得到增强。这就是 LTP 诱导的神经机制（图 7-24）。

许多研究结果证明，NMDA 受体功能、LTP 和学习记忆三者之间存在密切关系。

NMDA 型受体不仅存在于海马，在其他脑区也广泛存在。它由 NR1 和 NR2 两个亚单位组成，而 NR2 又可分为 NR2A、NR2B、NR2C 和 NR2D 四种亚型。

Tsien 等（1996）把小鼠中编码 NMDA 型受体的基因剔除。在水迷宫隐蔽平台空间位置记忆的实验中，正常小鼠能够记住隐蔽平台的空间位置。它们在水池中有过爬上平台而避免水淹的经验之后，下次再放进圆形水池时，它们只利用很少时间，通过快捷的游泳路径游向平台。但是，NMDA 受体基因被剔除的小鼠，每次被放入圆形水池，都要费尽一番周折，才能找到平台位置。电生理学研究发现，转基因小鼠海马 CA1 区 LTP 缺失。这说明编码 NMDA 的基因被剔除的动物，由于难以合成 NMDA 受体蛋白，造成 NMDA 型受体缺失或减少，严重影响了 LTP 的产生，致使它们脑中没有存储用来指导行为的经验，即没有记住圆形水池中平台的位置。

美国普林斯顿大学 Tang 等（1999）利用转基因技术对 NMDA 型受体与学习记忆之间的关系进行了研究，证明 NMDA 型受体中的 NR2B 亚型在突触可塑性和记忆形成的年龄依赖性的门控调节中起关键作用。以往研究表明，提高 NR1-NR2 复合体的比例，能够使受体更

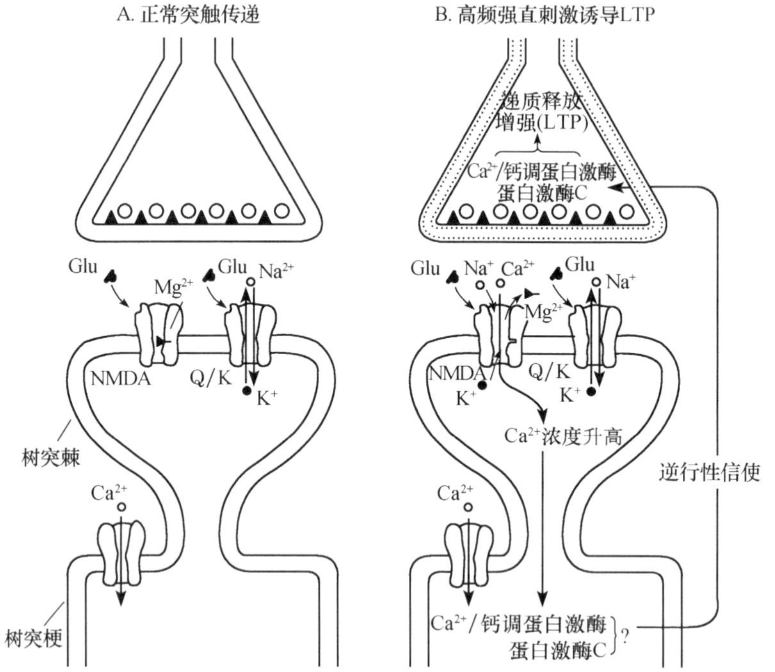

图 7-24　LTP 诱导机制模式图（引自梅镇彤，1997）

A.正常低频突触传递时 NMDA 和非 NMDA 受体通道的活动状态。Mg^{2+}堵塞 NMDA 受体通道，离子无法通过；非 NMDA 受体通道在谷氨酸（Glu）作用下被打开，Na^{+}、K^{+} 可以通过；B.高频强直刺激产生 LTP 之后，由于突触后摸去极化，使堵塞 NMDA 受体通道的 Mg^{2+}移开，在 Glu 作用下，NMDA 受体通道打开，Ca^{2+}、Na^{+}、K^{+}都可以通过该通道。此时 NMDA 和非 NMDA 受体通道均被开启

容易接受突触前膜传来的信息；还有学者发现，许多动物从青春期发育到成年的过程中，NR2B 表达逐渐下调。Tang 等利用转基因技术，使小鼠前脑神经细胞中的 NR2B 基因高表达，从而培育出前脑神经细胞含有超量 NR1-NR2 复合体的转基因小鼠。经过多种行为测试，如有关视觉记忆、情绪性记忆和空间记忆等，并同野生型小鼠进行对比研究，发现这种转基因小鼠保持了青春期小鼠的某些特性，它们的学习能力增强。

例如，探求新异刺激、认知新事物是人和某些高等动物（包括啮齿类）的一种偏好。研究者通过小鼠进行新异物体认知作业（novel-object-recognition task）检验它们的视觉认知记忆。在一个盒子里放进一个圆球和一个方块，对小鼠进行训练。起初受试小鼠几乎用相等的时间去探查圆球或方块。然后，将盒子里的方块换成一个新的物体——五角星，小鼠则用更多的时间去探查五角星。用 NMDA 受体 NR2B 亚型高表达转基因小鼠和野生型小鼠进行同样作业，在训练后 1h 进行检测，两组小鼠探查五角星的认知倾向接近；但在训练 1 天或 3 天后进行检测，转基因小鼠认知新事物的倾向显著强于野生型小鼠。提示该小鼠的物体认知记忆能力显著加强。它们具有超常的学习和记忆能力，可以变得更为“聪明”。

Tang 等对实验动物脑细胞突触可塑性进行了记录，发现这种用 NMDA 受体 NR2B 亚型高表达的转基因小鼠，其前脑细胞膜的 NMDA 受体通道的电流衰减时程延长，并选择性地使 10～100Hz 刺激所引起的长时程增强（LTP）效应得到加强。它们的 LTD 也正常。

关于 LTP 维持的机制尚不十分清楚。一种假设认为，LTP 维持涉及突触前机制和突触后

机制：在突触后的 CA1 区诱导出来的 LTP，不仅需要该区神经元上的 AMPA 受体活动的增强，而且需要突触前的 Schaffer 纤维末梢活动的增强。研究发现，LTP 诱导出来之后，Schaffer 纤维末梢释放的谷氨酸增多，这种神经递质释放的增多被认为可能是由于有信息从突触后神经元传递到突触前神经元（Schaffer 末梢）引起的。已经知道，这种担当逆向传递信息的信使（逆向信使）是一种气体分子，叫一氧化氮（NO）。它是在 L-精氨酸在一氧化氮合成酶的作用下生成的，能够自由进出细胞，并且扩散的距离可达几个细胞的直径。因此，NO 从突触后细胞释放出来扩散进入到 Schaffer 末梢，导致谷氨酸释放增多。人们认为，LTP 长时间的维持存在其他更为复杂的机制，因为仅仅是 AMPA 受体磷酸化和谷氨酸释放量的增加无法使得 LTP 维持几个小时乃至更长时间。

3）*学习记忆阶段、学习记忆能力与长时程增强的关系*　Skelton（1987）曾报道，大鼠进行食物性操作式条件反射学习，齿状回出现的 LTP 样变化在停止训练后 10 天仍然保持着。我国学者区英琦等，曾在大鼠齿状回获得行为训练引起的习得性 LTP 保持长达 21 天的记录。而且，习得性 LTP 保持的时间长短，与条件性行为巩固程度有关。经巩固性训练，动物条件反应率保持学会标准，此时，突触效应的增强同样是保持在最高水平。停止训练后进行自然消退，习得性 LTP 完全消退所需时间与巩固性训练的多少有相关关系。巩固性训练越多，它保持的时间也越长。这一特点与条件反应保持时间的长短与巩固性训练的多少有关这一点是相一致的。

戴远威等用明暗辨别学习与饮水性条件反射两种学习模型对突触传递可塑性与学习记忆改变的相关性进行了更深入的研究（图 7-25）（韩太真和吴馥梅，1998）。首先给大鼠进行明暗辨别学习训练，当达到学会标准后再进行两个实验日的巩固性训练，此时动物海马 CA3 区的突触效应已增强并保持在最高水平上。随后停止行为训练，进行自然消退，则增强了的突触效应逐渐减退下来。值得注意的是，当它减退至实验前的水平、条件性行为也相应消退之后，又对动物进行另一种学习——饮水性条件反射的建立，这时突触效应又可随行为

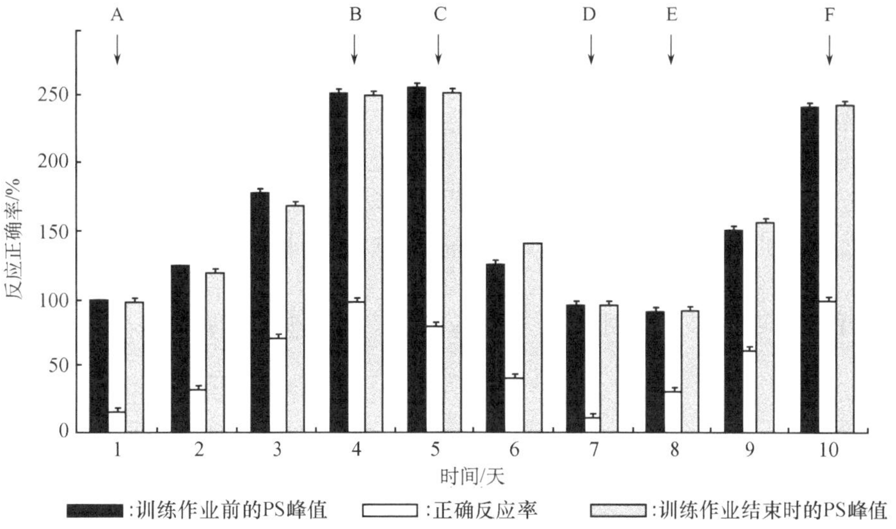

图 7-25　PS 峰值达到最高水平和完全消退超前于行为反应正确率的变化（引自韩太真和吴馥梅，1998）

A.开始训练；B.达到学会标准；C.开始实验性消退；D.达到消退标准；E.再训练；F.再次达到学会标准

训练而增强，再次产生习得性 LTP。这与上述在同一学习模型上进行再学习时所观察到的结果没有什么不同。既然在同一学习任务，或相继的不同学习任务的学习过程中，习得性 LTP 都可以形成→保持→消退→再形成，与行为反应的习得→巩固→消退→再习得一样可迅速变更，即同样具有可逆性，也就是说，在可逆性问题上它是能够满足行为学习的特征的，这就支持了习得性 LTP 有可能作为学习和记忆的神经基础的观点。

记忆能力与 LTP 之间也存在的相关性。Barnes 于 1979 年进行的研究发现，老年大鼠在旋转平台的空间分辨学习任务中记忆力较差，它们的海马颗粒细胞 LTP 效应也显著低于青年大鼠；在两组动物、甚至在一组动物之间，动物的记忆能力与其 LTP 效应的强度表现出显著的相关性。

干扰影响学习记忆的因素也能够影响 LTP。梁波、李君等研究发现，大鼠在强噪声暴露下建立饮水性条件反射，虽经 7 天 140 次训练，海马 CA3 区仍无习得性 LTP 产生，相应地饮水性条件反射也未能建立。另外，幼年大鼠（30 日龄）和老年大鼠（22～23 月龄）经强噪声重复刺激后，两者海马 CA3 区习得性 LTP 的发展均受阻抑，但幼年大鼠受阻抑的程度更严重；与之对应，它们的行为反应达到学会标准所需训练次数远远多于正常幼鼠（多了 76.9%）。这些事实表明，噪声损害学习与噪声阻抑习得性 LTP 的形成有密切关系。电休克能导致学习记忆障碍，这是公认的事实。余朝阳等研究表明，每天训练作业结束后对大鼠进行电休克处理，许多动物虽用了比对照组动物多约 1 倍的训练次数，但海马 CA3 区仍未产生习得性 LTP，相应地饮水性条件反射也未能建立。有意思的是，小部分动物却能产生习得性 LTP，相应地条件反应率也达到学会标准。

综上所述，众多的研究结果表明，LTP 同学习记忆密切相关，认为 LTP 是学习记忆的电生理学基础。但是，LTP 与学习记忆的关系比较复杂，也有一些研究资料否定 LTP 同学习记忆之间具有相关性。

Okabe 等（1998）利用转基因技术制备了 NR2D 高表达的转基因小鼠。NR2D 在 NMDA 型受体亚单位中占据优势地位。它的高表达相应地使 NR2B、CaMKⅡ活性均下降。这些化学变化导致依赖于 NMDA 的 LTP 缺失；并且在其海马切片上也没有诱导出 LTD。然而，该种转基因小鼠在水迷宫中的学习和记忆则同野生型小鼠一样。也就是说，LTP 和 LTD 的缺失并没有影响它们的学习记忆。

Migaud 等剔除动物脑细胞内部编码 PSD-95（postsynaptic density-95，一种同 NMDA 受体结合的细胞内蛋白质）和 GluR2（AMPA 型谷氨酸受体的亚单位）的基因。实验动物水迷宫学习能力受到了损害。对它们的脑细胞突触可塑性进行研究，发现 LTP 有所增强，但 LTD 缺失。

总之，LTP 或许是学习记忆的电生理学基础之一，可能不是唯一机制。它们之间存在着复杂的关系。

2. 长时程压抑

长时程压抑（long-term depression，LTD）是指突触传递的效率长时程降低。在中枢神经的许多部位都可以观察到这种现象。但是，记录最早的是小脑的 LTD。

LTD 在学习记忆中的作用，研究资料相对较少。从神经网络的角度进行分析，要组成一个具有学习记忆功能的神经网络，LTP 和 LTD 都是必需的。对于小脑的神经网络来说，平行纤维和爬行纤维的相互作用在其中起着关键性的作用。如果爬行纤维传递代表运动操作错误的信号时，LTD 能够消除代表操作错误信号的突触传递。因此，推测 LTD 在运动学习中担负着不断纠正操作错误的重要作用。Gilbert 和 Thach 研究发现，在训练猴用前肢负重——前肢的动作需要不断地调整以适应负荷重量的变化的过程中，小脑浦肯野细胞产生了复杂的锋电位，通过平行纤维激活该细胞则只产生简单电位。在前肢重新调整动作以适应已经改变了的负荷状态的情况下，复杂锋电位的发放恢复到了原来水平，简单电位仍保持在压抑状态。由此可见，平行纤维激活的锋电位受到了压抑，其原因被认为是在平行纤维和浦肯野细胞的突触传递上产生了 LTD 所致。另外，正常情况下，由于浦肯野细胞的抑制作用，声音不引起眨眼反应；在瞬膜/眨眼条件反射中，声音和刺激角膜多次结合导致 LTD，消除了浦肯野细胞的抑制作用，使得声音能够引起眨眼反射。Thompson 研究证明，在习得性眨眼出现之前浦肯野细胞的简单锋电位发放减少，该电位在未经训练的动物接受声音刺激时发放增加。

上述结果表明，LTD 及来自爬行纤维的信号在小脑的运动学习功能中占据重要地位。

三、学习记忆过程中突触结构可塑性与突触功能可塑性的关系

突触结构的可塑性应是其功能可塑性的物质基础。两者统一于突触信息传递过程之中。大量研究表明，LTP 往往伴随有突触形态可塑性。

突触连接面可分为平直型、弯曲型和不规则型。在弯曲型突触中又有正向弯曲（或称哭型突触、凸型突触）和负向弯曲（或称笑型突触、凹型突触、U 形突触等）。

胡学军等研究发现，在习得性 LTP 过程中，实验动物笑型突触明显增加而哭型即凸型突触显著减少，并出现穿孔型突触。Schuster 等则报道，LTP 形成后，在齿状回的中分子层带小棘的轴-棘突触数目增加，且在强直刺激后 8h 和 48h 尤其明显。研究者认为，带小棘的轴-棘突触可能是更为有效的突触传递结构。突触小棘与突触后膜的物质向前膜转运有关，在信息传递过程的再循环中起一定作用。

韩太真等（1995）在大鼠视皮层脑切片标本上发现，LTP 形成后脑片局部区域出现界面率（突触棘头的横径与纵径之比）大于 2 的 U 形突触，U 形突触扩大了突触前后膜的界面，活性区增加，导致递质释放量增加，从而大大加强了突触传递效应，或许这是 LTP 形成和维持的形态学基础。

LTP 形成过程中，中枢神经元和树突侧棘（树突表面的棘状或芽状小突起）也能发生变化。研究发现，LTP 伴随有棘头和棘径的增加；LTP 形成后，随着凹型棘突触的增加，相应地使大棘头的树突棘数目增加，而小棘头的树突棘数目减少。

第四节　学习和记忆过程的调制

学习和记忆过程的调制是指某些因素能够增强或易化学习、记忆过程，还有一些因素能够阻断或压抑学习、记忆过程。对学习、记忆过程的调制来说，神经递质和神经调质具有重要作用。

一、中枢胆碱能递质与学习记忆

20 世纪六七十年代，Deutsch 多次报道了关于乙酰胆碱（ACh）在学习记忆中的作用的实验研究。实验过程是，在动物学习后的不同时间内给动物注射抗胆碱酯酶——二异丙基氟

磷酸（简称 DEP）。这种药物的作用是阻止胆碱酯酶（AChE）破坏 ACh，从而提高脑内 ACh。实物发现：学习后 1 天或 4 天后给药，对学习无影响；学习后 7 天给药，则损害了记忆；学习后 21 天给药，则易化了记忆（正常动物已经开始遗忘了）。

由此推测，记忆的储存与提取同胆碱系统突触效能的逐渐变化有关：突触效能在学习几天后逐渐提高，达到一定水平后便开始下降；记忆的存储、提取也随之发生变化，即学习后的最初几天保持比较牢固，随后开始遗忘。抗乙酰胆碱酯只有在促使脑内胆碱能效应达到最佳水平时对记忆才有易化作用，当它把胆碱能效应提高到超过最佳水平，则引起相反的效应——损害了记忆。

研究表明，把含胆碱能递质丰富的胎鼠前脑基底部细胞悬浮液移植到由酒精引起记忆损害的大鼠海马和皮质中，受体大鼠的记忆障碍有所改善，表明酒精导致的记忆损害与胆碱能传导阻滞有关。还有实验结果显示，增加海马胆碱乙酰转移酶活性有助于大鼠空间学习能力的改善。研究者认为，海马胆碱乙酰转移酶活性高低是大鼠学习能力好坏的良好标志。东莨菪碱能够封闭乙酰胆碱受体，因而是一种抗胆碱药物；槟榔碱则是一种乙酰胆碱的激动剂。我国学者匡培梓等把乙酰胆碱抑制剂东莨菪碱注入 1 天龄的小鸡体内，结果实验小鸡出现了明显的学习记忆障碍；之后，把槟榔碱注入同一实验动物，则能够改善由东莨菪碱引起的学习记忆障碍。

东莨菪碱常被用来帮助产妇分娩，但使用这种药物后产妇往往不能回忆分娩时的情况。Palmer（1991）研究发现，新皮层胆碱通路功能的降低与早老性痴呆患者的学习和记忆能力的丧失有密切关系。

由此可见，中枢胆碱递质对学习、记忆具有重要作用。

二、儿茶酚胺类递质与学习记忆

实验资料表明，在情绪兴奋状态下释放的肾上腺素对事件的记忆存储有增强作用。

Gold 等（1988）对大鼠进行了电击实验：把大鼠放入一个由两个小室（一个有光照，另一个黑暗）组成的实验箱内，它可以通过两个小室之间的隔门进入亮室或暗室。大鼠一旦进入暗室，关上隔门给予足部电击。第二天，把实验动物放入亮室，它在该室停留时间长短代表对电击的记忆程度。研究发现，给以强度大的电击，大鼠在亮室停留的时间也长；给以弱的电刺激同时注射适量的肾上腺素，同增加电刺激强度所产生的记忆效果是一样的。这说明肾上腺素能够增强记忆的巩固。

肾上腺素在许多不利的条件下也能调节记忆。例如，先给动物注射肾上腺素，则动物在深度麻醉状态下也能记忆：把已深度麻醉的大鼠置于某种音调的环境中，同时给予电刺激，几天后对它们进行检测，其方法是当大鼠喝水时给予这种音调刺激。如果动物记住了电刺激前出现过这种音调，那么它们将停止喝水。那些在同样条件下给予盐水而不给肾上腺素的大鼠，当这种音调出现时没有害怕的表现；而那些接受肾上腺素的大鼠在音调出现时则停止喝水。最有趣的例子是，它们跑到离发声最远的角落里，呆呆地躲在声音最小的地方。

肾上腺素也能增强幼年鼠和老年鼠的记忆。幼年鼠表现出对新事件的迅速遗忘（儿童也是如此），这种现象叫早期记忆缺失。Gold 等的实验结果对上述现象提出了这样的一种可能机制：幼年大鼠的记忆过程可能是容易的，但激素调节体系不能发挥作用。例如，出生 16 天的幼鼠，在给予刺激后大约 1h，记住了一种回避反应，但在第二天检测时，这种反应消失。然而，在刺激后立即注射肾上腺素，幼鼠第二天仍能表现出回避反应。这说明肾上腺素能促进记忆的存储。

肾上腺素对记忆的调节被认为是间接发挥作用的，中间环节是葡萄糖。因为人们一直认为激素本身并不直接进入脑细胞，至少不能直接测出其含量。这就意味着激素并不直接作用于大脑。但是，当有机体处于紧张状态时，肾上腺素便被释放出来，导致血糖升高，Gold 等检测了葡萄糖对大鼠记忆的作用，发现葡萄糖也能够增强记忆，并且，其剂量反应与肾上腺素一样，都呈倒 U 形曲线。

Cahill 等（1994）曾以健康的志愿者为被试研究了 β-肾上腺素受体阻断剂心得安（propranolol）对情绪性长时记忆和非情绪性记忆的作用。实验结果表明，心得安只对情绪激动的记忆有破坏作用。该实验结果为下述观点进一步提供了证据，即情绪激动对记忆的调节作用依赖于 β-肾上腺素受体的激活，而在非情绪状态下的正常记忆则并不需要这种受体的激活。

去甲肾上腺素也能够调节记忆。研究表明，安非他明能增强记忆的保持，利血平对记忆的保持则有破坏作用。在年轻猴的前额皮层直接微量注射去甲肾上腺素 α_2（NE-α_2）受体拮抗剂 yohimbine,能够使猴的短时工作记忆受到明显的损害。用微电泳分别将 NE-α_2 受体激动剂 clonidine 和拮抗剂 yohimbine 施加于前额皮层，前者能够增强短时工作记忆相关神经元的电活动；而后者则抑制相关神经元的电活动。

三、氨基酸与学习记忆

γ-氨基丁酸（γ-amino butyric acid, GABA）是中枢神经系统内重要的抑制性递质，它对学习记忆也有重要的调节作用。GABA 局部注射于相关的大脑皮层运动区或感觉区可暂时抑制条件反射的出现。在训练后注射 GABA 的拮抗剂对记忆保持有增强作用，而注射 GABA 的激动剂则使记忆保持遭到损坏。

GABA 怎样影响记忆呢？GABA 受体被分为 A、B、C 三个亚型。其中，A 型受体是 GABA 识别点（或称 GABA-A 受体）、苯二氮䓬识别位点（benzodiazepine 受体，BZ 受体）和氯离子通道组成的复合体。McGaugh（1993）指出，记忆的形成必须依赖于一种调制系统（modulatory system）的加强作用，而调制系统指在一定焦虑水平时释放的激素和神经递质（调质）。GABA 是其中较为重要的一种。Izquierdo 也持类似的观点，他认为，学习会引起一定程度的焦虑，而焦虑使内源性苯二氮䓬受体激动剂（BAs）的释放增多，BAs 再通过影响 GABA 能系统的功能进一步调制学习记忆。这种观点得到以下结果的支持。首先，学习行为可引起脑内内源性 BZs 的释放；其次，只有当 BZs 达到抗焦虑剂量时才能对某些学习记忆行为产生明显的损害作用。

不少研究者认为，GABA 能系统只参与工作记忆而与参考记忆无关。腹腔注射 BZs 对八臂迷津作业的工作记忆有明显的破坏作用，但不影响参考记忆。把这些药物注射至海马和隔区也能产生同样的行为效应，而且可以被 BZ 受体拮抗剂 flumazenil 所阻断。另外，隔区和海马注射 GABA-A 受体激动剂蝇蕈碱对多种迷津的工作记忆均有不同程度的影响，而对参考记忆没有明显影响。

一些学者认为，GABA 能制剂对学习记忆的作用可能是通过影响 LTP 而实现的。这一观点得到了一系列实验结果的支持。如对学习记忆有损害作用的 GABA 能制剂大多可抑制 LTP 的形成，而可促进学习记忆的 GABA 能制剂大多有助于 LTP 的形成。其机制可能是，GABA-A 受体介导的抑制性突触后电位可以有效地阻断 LTP 的形成，GABA 能制剂通过调节这一效应而影响 LTP。

有以下几方面的证据提示 GABA 能系统对学习记忆的作用是通过影响胆碱能系统的功

能而实现的。第一，学习记忆中起着重要作用的前脑基底核和隔区的胆碱能神经元均含有丰富的 GABA-A 受体和 BZ 受体，在这些部位注射 GABA 能制剂不仅影响皮层和海马的胆碱能活动，而且可影响 T-迷津、放射形迷津、Morris 迷津和视觉辨别等多种学习记忆行为。第二，无论是外周给药还是前脑基底核注射 GABA 能激动剂对学习记忆的破坏作用均可被拟胆碱能药物所阻断或逆转。第三，Chrobak 等发现，隔区注射 GABA-A 受体激动剂蝇蕈碱与侧脑室注射神经毒素 AF64A 均可引起工作记忆障碍，在行为上的表现非常相似，而形态学检查发现 AF64A 使海马的胆碱能细胞遭到严重破坏。

四、神经肽与学习记忆

神经肽种类很多，它们的结构各不相同，对记忆的作用也不一样。

α 和 β 黑色细胞刺激素（α-MSH，β-MSH）、促肾上腺皮质激素（ACTH）是脑垂体分泌的多肽。研究发现，ACTH/MSH 可易化去垂体大鼠的穿梭回避行为：在以食物作为奖赏的迷宫反应中，α-MSH 能够改善反应的习得，而 ACTH 则可以提高水迷宫的习得率。一些科学家认为，$ACTH_{4\text{-}10}$ 或类似 7 肽的多肽，一般都能影响新的行为方式的获得。这些肽类由垂体合成或由它们的前体分子产生后，受到适当刺激就释放出来影响与学习有关的脑结构。Dewied 认为，ACTH 能参与动机、学习和记忆过程。这些多肽有可能暂时性提高对特殊环境的动力值，从而增加特异刺激引起的反应的可能性。

加压素（也称抗利尿激素）是神经垂体分泌的 9 肽激素。最初有人发现，如果某人的记忆力越来越差，以至于连他刚刚用过的东西也忘记了把它放在哪里之类的事，吸几下加压素便可获得记忆。如果鼻喷几下加压素，即使对很严重的遗忘症和衰老症患者也很有效，并且效果是持久的。大鼠脑组织加压素降低时，其学习和记忆过程易被搅乱。这从反面说明，加压素在生理条件下参与了记忆过程。

已有资料表明，加压素在以下几个方面具有增强记忆的功能。第一，能易化记忆巩固和再现过程，显著延缓动物主动回避反应消退的、延长被动回避反应的潜伏期；第二，可以阻断 CO_2、电休克或者蛋白质合成抑制剂导致的遗忘；第三，能够改善遗传性尿崩症大鼠的记忆缺陷，这类大鼠的记忆缺陷是由于自身缺乏合成加压素的能力导致的；第四，注射加压素抗血清用以清除体内加压素的作用能够引起记忆减退，但补充外源性的加压素又可以使记忆恢复；第五，加压素的一些异构体，如脱甘氨酰胺精氨酸加压素、脱甘氨酰胺赖氨酸加压素均能显著促进记忆。

第五节　记忆障碍和益智药物

一、记忆障碍

1. 记忆增强

记忆增强主要表现为对早已过去的事情记忆的异常增强，患者表现出对很久以前发生的似乎已经遗忘的事件和产生过的情绪体验，甚至是一些琐碎的毫无意义的事情或微细的情节都能详细地回忆起来。这种记忆障碍一般是由狂躁症、妄想或服用过量的兴奋剂（咖啡因、烟酸等）引起的。

2. 记忆减退

记忆减退的轻重程度在不同的人身上存在着个别差异。从对个别的无关紧要事件的记忆衰减一直到对刚刚经历过的事物所产生的新印象的瞬时遗忘都可以称为记忆减退。如果记忆中相当可观的材料回忆不起来时，那么这种现象可称为遗忘症。

1）*顺行性遗忘症*　即忘了疾病发生以后的事件，近事记忆差而远事记忆依然存在。这种现象一般可以看作老年人脑功能衰退的征兆。一些疾病，如双侧海马梗死、间脑综合征、自发性蛛网膜出血、脑底部损伤、CO 中毒造成的双侧海马或 PaPez 环路阻断、头部外伤等也能引起顺行性遗忘症。

2）*逆行性遗忘症*　这类遗忘是将疾病发生以前的某一阶段所熟悉的事件，部分或全部遗忘。遗忘的内容从时间上看，多半涉及发病前比较短的一段时期以内的事件，一般是数小时或数天的事件，很少涉及几周或几个月。多见于脑震荡后遗症、脑动脉硬化、中毒和癫痫发作等。

3）*界限性遗忘症*　对某一阶段时间内所经历的事物或产生过的情感体验遗忘，常常由脑外伤引起。

4）*心因性遗忘症*　表现为不能回忆起与情绪体验有关的事件，常常是由于严重的精神创伤造成的皮质功能失调所引起的，或者见于暂时的剧烈情绪波动之后。

3. 记忆错误

1）*记忆错构症*　患者的记忆有时间上的错误，常常把一些实际上发生得很早的事情归于另一时期，煞有介事地加以描述，患者本人并不觉察，并且坚信自己所说的是完全正确的。这种记忆障碍多见于更年期综合征、脑动脉硬化症等。

2）*记忆恍惚*　此类记忆错误分为两类：一是似曾相识症。当听到某种声音或见到某种情境，有一种熟悉的感觉，好像以前有过同样的经历，但又不能确切地说起发生于何时何地。二是旧事如新症，患者对于天天习见的事件感到很陌生，似乎全是新的或从未见过。

以上两种记忆病症常见于颞叶癫痫、中毒、神经官能症和精神分裂症等。

4. 记忆虚构症

患者讲述许多实际上并未发生过的，有时是异想天开、极其荒谬的事情，并且绘声绘色，似有其事，以填补其遗忘了的那段经历。此症最典型的例子见于科萨科夫综合征。

二、益智药物

益智药或促智药，是 20 世纪 70 年代提出来的，指能够增强正常人或动物的学习能力、改善各种原因的脑功能下降（如老年 Alzheimer 氏病、脑缺氧缺血、脑损伤）引起的遗忘症状而没有其他精神药物（如镇静药、精神兴奋药）产生的副作用的药物。

可共筛选的益智药物种类很多，包括钙拮抗剂、神经肽、胆碱能药物、儿茶酚胺类化合物、神经营养因子和吡咯烷酮类化合物等。其中，大多数药物效果不稳定或存在其他局限性，下面列举几种。

1. 尼莫地平

衰老往往伴随记忆能力下降。关于衰老的理论中，有一个“钙迁移学说”，认为：Ca^{2+}的自动平衡对维持脑组织结构和功能具有重要作用。衰老过程中，Ca^{2+}从骨质到血液再进入细胞，使得细胞内 Ca^{2+}过量。脑老化所伴随的 Ca^{2+}自动平衡的失调，导致脑功能障碍——明显特征之一，表现为学习记忆能力衰退，甚至出现全面的认知功能障碍。研究证明，小鼠在自然衰老过程中，老龄程度越高学习能力越差；海马突触部位游离 Ca^{2+}特异性升高与动物随年龄增加所伴随的学习记忆能力下降密切相关。

Ca^{2+}通道拮抗剂的作用是阻断细胞外 Ca^{2+}内流以及抑制细胞内 Ca^{2+}释放，从而减轻细胞内 Ca^{2+}负荷。尼莫地平（nimodipine）是双氢吡啶类钙拮抗剂的第二代药物。研究发现，训练前 24h 给药，能提高大鼠的记忆巩固过程。研究者认为，尼莫地平具有易化信息获得或增强回忆能力作用；当海马损伤后，尼莫地平对动物的放射状迷宫任务的学习记忆有良好的促进作用。临床观察发现，尼莫地平对阿尔茨海默病等多种脑功能障碍也有一定疗效。

2. 加压素

神经肽，泛指存在于神经组织并参与神经系统功能的内源性活性多肽物质，是一类特殊的信息物质。

神经递质与神经肽常常共存于同一种神经元。学习和记忆这类脑的高级功能，是多种神经递质和包括神经肽在内的各种神经调节物质相互协调、相互制约的结果，对信息处理的准确性和速度具有保证作用。

加压素能够增强记忆。这一作用可能与多种神经递质系统的功能有关系。脑内注射 6-羟多巴胺破坏 NE 能神经纤维之后，加压素易化记忆的功能消失；小鼠经过被动回避训练之后腹腔注射精氨酸加压素，记忆的保持得到了增强；训练之前注射肾上腺素 β 受体拮抗剂心得安，精氨酸加压素增强记忆的功能随之消失或减弱；如果侧脑室注射精氨酸加压素，同样剂量的心得安仍然可以阻断精氨酸加压素促进记忆的作用，但摘除小鼠的双侧肾上腺，外周注射精氨酸加压素强化记忆的效应不受影响。这些结果说明，加压素促进记忆的功能，机制之一是通过脑内的肾上腺素 β 受体实现的。赖氨酸加压素具有增强记忆保持的作用，但这种作用能够被中枢神经系统注射（而非外周给药）胆碱系统 N 受体抑制剂美加明所拮抗，说明加压素易化记忆的功能可能与中枢胆碱系统也有关系。

加压素已经应用于临床。在老年智力测验中，鼻喷加压素组的成绩显著好于使用安慰剂组，主要表现是前者的注意力和记忆力均有改善；因车祸或者酒精中毒导致顺行性遗忘的患者，鼻喷加压素之后短期内记忆恢复；此外，鼻喷加压素也能提高轻度痴呆症患者或者没有记忆缺陷的志愿者的记忆功能。因此，加压素等神经肽被认为有广阔的应用前景。

3. 石杉碱甲

20 世纪 70 年代，记忆的突触假说认为，胆碱能突触是记忆的结构基础和生化基础；80 年代，出现了老年记忆障碍的胆碱能假说，并且研究也发现阿尔茨海默病患者前脑底部胆碱神经元病变和功能减退：该部位乙酰转移酶活性下降、乙酰胆碱合成和释放减少，胆碱神经元数目减少。这些发现促进了对使用胆碱能药物改善记忆的研究。

毒扁豆碱最早被用于记忆过程研究，但是，药物剂量超过 1mg/kg 则损害记忆。毒扁豆碱对记忆的影响，还存在其他局限性：有效剂量狭窄且作用时间太短，因而在临床试用中没有明显效果。

石杉碱甲（huperzine，Hup A）是我国植物化学家从植物中分离出来的一种新的胆碱酯酶抑制剂。研究发现，石杉碱甲能够促进大鼠和小鼠的空间分辨和回避反应的学习记忆，也能够翻转东莨菪碱等导致的记忆障碍。该药毒性小，作用时间长，可达 6h。临床试验也发现，石杉碱甲能够改善多发性梗塞性痴呆和老年性记忆障碍患者的记忆功能。该药已经投放市场，药品名称为双益平。

第 8 章 语言和思维的脑机制

罗杰·渥尔考特·斯佩里（Roger Wolcott Sperry，1913～1994）

发现大脑两半球虽然某些功能各有优势、存在机能上的分工，但两者互补。1981 年获诺贝尔生理学或医学奖。

◎ “牛被马踢了”，为什么有的人理解为“牛踢了马”？

◎ 把人脑从中间左右割裂开（割裂脑），还能进行思维活动吗？

本章知识点

- 布洛卡区、韦尼克区的语言功能
- 语言系统
- 语言活动模型
- 思维互补说
- 思维大脑回路说
- 演绎推理的心理模型理论

语言在人类进化过程中具有重要作用——进化过程中，首先是劳动，然后是语言和劳动一起，推动猿脑转变为人脑，并且使人脑出现了特化的语言区。这种脑的进化反过来又进一步推动了人类语言活动的发展，使得我们能够用语言交流思想、抒发感情、表征我们学习和记忆的知识；同时，语言也使人的思维活动出现了飞跃，思维的抽象概括功能离不开语言的概括性。

语言和思维是许多学科的研究对象。心理学、语言学、教育学、逻辑学、神经科学，以及其他技术学科如计算机科学和信息科学，都从不同侧面涉及语言和思维问题。

神经科学，特别是脑科学与心理学的交叉结合便产生了以实验为基础的神经语言学。神经语言学同神经心理学一样，把语言和思维活动联系起来，把它们看作大脑皮层的高级整合功能，力图揭示语言和思维的神经机制，以便从人类大脑的各部分分工与协调活动的角度来解释语言和思维的本质。

关于语言和思维的脑机制，17 世纪末 18 世纪初就有某些根据推测作出的结论，而真正的临床与实验研究则开始于 20 世纪 60 年代初期。为了便于表述，这里仍然把语言和思维的机制分别加以介绍。

第一节 语言活动的神经基础

一、脑内特化的语言区

（一）布洛卡区

脑内存在特定语言区域这一事实是神经心理学通过对失语症的研究发现的（图 8-1）。1863 年，法国神经病学家 Broca 发表了他的 8 例病例报告。这些患者都因损伤左半球额叶（额下回后部）而产生语言障碍，这一区域因此被称为**布洛卡区**（Broca's area）。此区受损表现为说话困难，患者好像是找不到合适的词汇；有时，患者的语言呈打电报样，能蹦出一些有意义的词汇如主语、谓语而省略连接词或代词，并常有语法错误和意译错误。

Broca 失语症患者一般能理解读到或听到的语言，但往往是简单语言；对被动语句的理解则常常会遇到困难。例如，阅读了句子"男孩被女孩踢了""马被牛踢了"（图 8-2）之后，必须从两幅图片中选择一幅与句子意义匹配的图片时，常会选择错误的图片。但是，在一项语法判断任务中要求他们区别句法错误的句子与正常的句子时，他们的表现明显高于随机水平，甚至当他们必须处理复杂的句法结构时。可见，Broca 失语症患者有时也可以获得和利用语法结构知识。因此，Broca 失语症的机制在理解语言的加工过程中理解语法出现困难。

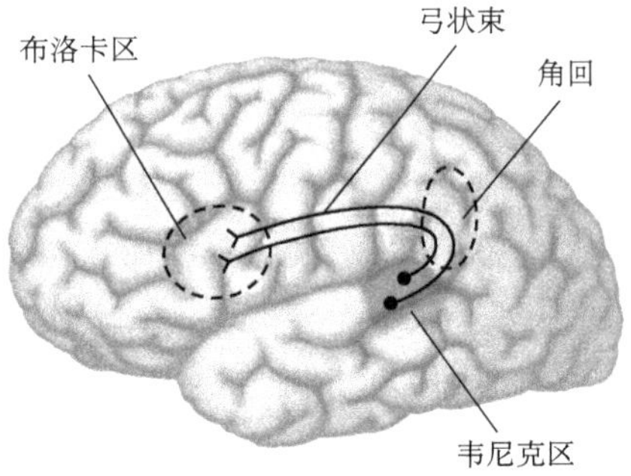

图 8-1 大脑左半球的布洛卡语言区和韦尼克语言区，以及联系两个语言区的神经纤维——弓状束。它从韦尼克区发出，经过位于颞-顶-枕叶交界区的角回，止于布洛卡区（引自 Gazzaniga et al.，2002）

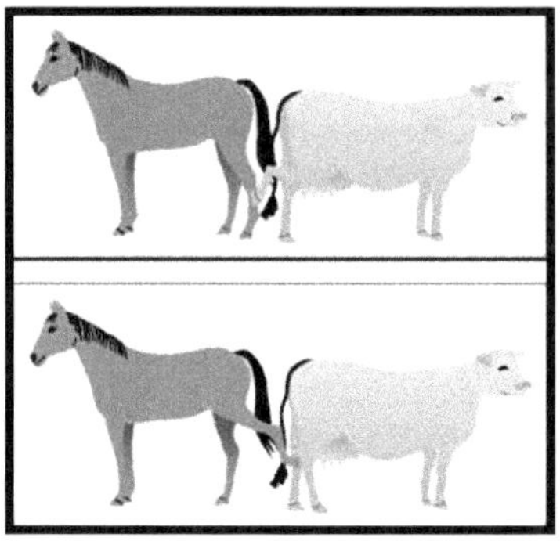

图 8-2 Broca 失语症检测使用的语法评估图片（引自 Carlson，2016）

（二）韦尼克区

1874 年，德国神经病学家 Wernicke 报告了损伤左半球位于听皮质和角回之间的颞叶后部皮质也能造成语言障碍，这个部位被称为**韦尼克区**（Wernicke's area）。该区损伤引起的失语症与 Broca 区损伤导致的语言障碍颇为不同，主要表现为理解语言困难。患者常常能相对流利地讲话，但是其内容往往没有意义，说话时清晰与含混的词汇混杂在一起，比 Broca

失语更让人难以理解。患者听不懂问题或指令，也看不明白文字。由于 Wernicke 区位于颞上回后部，靠近听皮质，是高度分化的语音辨认区，因此认为此区与储存形成语言的声音记忆有关。语音辨认缺失自然就不能理解语言；同时，Wernicke 区可能还对语言的产生起一定的控制作用。

Wernicke 失语症患者对靶词做出快速词汇判别（语义启动实验）的研究结果提示，患者并没有丧失语义知识。正常人在启动词与靶词的语义相关条件下，较之无关条件的反应更快，Wernicke 失语症患者对语义相关或联想相关词对表现出与正常人相似的启动模式，甚至当他们判断词义的能力严重受损时。可见，虽然患者在语言理解上有困难，但当词的语义加工在内隐条件下完成时却没有任何缺陷，提示失语症有时不能获得或者利用语义知识来理解语言，但仍可能保留词的语义知识。因此，Wernicke 失语症的机制在于不能实时处理语言信息，即大脑不能以正常的速度获取和利用储存的语言信息，因而跟不上语言理解的快速加工要求。

（三）岛叶、缘上回、角回

但是，Broca 区的经典定义只局限于左半球额下回的后部皮质（BA 44 和 45 区），没有考虑灰质之下的白质、深层皮质和皮层下结构（丘脑、基底神经节等）的受损也都可能出现相关的症状。美国加州大学戴维斯分校的 Dronkers（1996）报告了 22 例 Broca 区受损的患者，只有 10 例患有 Broca 失语，但所有 Broca 失语症和言语失用症（词的发音困难）患者的尸检或神经影像研究都显示有**岛叶**的损伤。

另外，Wernicke 失语症除了可能由位于左半球颞上回的后部（后 1/3）的 Wernicke 区受损所致之外，颞叶和顶叶之间的交界区，如缘上回（supramarginal gyrus）和角回（angular gyrus）的损伤也会引起语言理解障碍。最近的研究显示，Wernicke 失语症可能是由于 Wernicke 区，以及附近的颞叶后部皮层受损或联系 Wernicke 区和其他脑区的白质纤维受损所致。Wernicke 区处于后部语言理解脑区的中心，此区的损伤会引起暂时性的失语，而受损皮质周边纤维的神经溃变会加重语言障碍。随着溃变的消失，语言理解会有所改善。Dronkers 认为，Wernicke 区下面的白质可能起着关键作用。而且，岛叶和听觉皮质的部分损伤也会导致相似的症状，因为岛叶受损也可能损害前部言语产生脑区与后部言语理解脑区联系，导致患者产生自发言语和复述言语的困难。

二、语言活动与大脑功能一侧化

Broca 的研究证明了语言中枢位于一侧半球——**优势半球**。1949 年，日本神经病学家 Wada 提出了一种研究语言功能的不对称性的方法：运用单侧注射法把异戊巴比妥（阿米妥）这种药物注入左侧或者右侧脑动脉，选择性暂时麻痹左脑或右脑以研究左右半球的语言功能。研究表明，选择性地使左脑麻痹，被试的言语表达能力短时间内全部丧失，但言语理解能力基本完好；而使右半球短暂失活，被试的言语表达和言语理解几乎不受影响。1975 年，Rasmussen 和 Milner 总结了多年采用 **Wada 方法**进行研究的结果：正常右利手者中有超过 95%的被试是左脑控制言语，其余不到 5%的是右脑控制言语；70%的正常左利手被试也是左半球控制言语，剩下的 15%是右脑控制言语，另外 15%是两脑控制言语。这一结果说明，多数人的左半球与语言功能有关，即语言运动功能具有不对称性。Wada 方法有很大的局限性，主要是患者的安全受到威胁，使用的麻醉药剂量也不容易掌握，所以，后来被其他方法所替代。

Kimura（1973）通过**双耳分听实验**，发现了语言听觉功能的两半球不对称性：语言性刺激的听觉能力以左半球（右耳）为优势的人居多；右半球（左耳）对旋律或音调的分辨能力为优势者居多。采用半视野速示实验考察人的语言视觉功能发现，对于大多数人来说，文字材料以左半球为优势，而非语言文字材料的图形等则以右半球为优势。对割裂脑患者进行的听觉、视觉和触觉的研究也发现，手术切断胼胝体后，左半球可以很好地完成认知内容的语言表达功能，其相关测验成绩明显优于右半球。

Petersen（1988）利用正电子发射层描技术研究了正常人的语言感知、语言运动和词语联想时脑区域血流量的变化。这个实验应用减法实验设计，即让被试完成复杂程度不同的语言活动，将其脑区域性血流量根据认知任务复杂程度依次相减。最简单的是语言感知活动——让被试看或听某个词，但并不要求做出任何反应；其次是要求被试读出所见或所听到的词，这不仅含有单词认知功能，还包括语言运动功能。最复杂的是词语联想——要求被试看到或听到一个目标词，联想并说出达到目标词的动作，如看到“面包”一词，应该说出“吃”字或其他相关字词。

被试完成语言感知任务时，得到的脑区域血流量减去安静时的基础值；完成语言运动任务时的脑区域血流量减去语言感知时的脑血流量，完成联想任务时的脑血流量减去完成语言运动时的脑血流量，由此便可得到语言感知、语言运动和语言联想过程所需的区域性脑血流量。

结果发现：①完成语词被动感知任务时，依单词呈现方式（视或听）不同，被试两侧大脑的视觉或听觉初级和次级皮层血流量分别增加，而且视、听皮层的血流量增加没有重叠现象，说明语词感知过程在相应感觉通道的初级和次级皮层区独立完成，与其他感觉通道没有发生联系。②在词语读出任务中，两侧大脑的面部感觉区、运动区和辅助语言运动区皮层的脑血量增加。③在语言联想功能中大脑额叶皮层，特别是左侧额下回（47 区）和两半球前扣带回血流量增加。

这些事实表明，语言信息加工过程的初级阶段并没有明显的大脑半球一侧化现象，只有在复杂的联想功能中，左额皮层的优势效应才较为显著。

三、脑内语言系统

Damasio 等（1993）研究认为，大脑是用包括 Broca 区和 Wernicke 区在内的三部分相互作用的结构来加工处理语言活动的。也就是说，脑内存在三套用来处理语言活动的机构。第一套机构包括左右半球许多区域，其功能是表达人与外界接触时的所做、所见、所思、所感，并能对此进行归纳分类。人们通过这种方式把物体、事件及其相互联系组织了起来，成为抽象和隐喻的基础，因而该机构称为**概念系统**。概念系统的主要部分位于两侧颞叶前部和中间部分。因为这些区域损伤，患者在获取熟知的物体名称时有困难，如给其出示浣熊照片，患者会说：“我知道它是什么——它是一种肮脏的动物，它会来搞乱你的后院，然后躲在垃圾中……我知道它是什么，就是说不出它的名字。”显然，大脑的概念系统遭到了破坏。

第二套机构分布在左半球的部分区域。其功能是表达音素、音素组合以及将词进行组合的句法规则。该结构受到来自大脑的刺激时，能把单词组合起来形成要说或要写的句子；受到外部听觉语言或视觉语言刺激时，就对这些语言信号进行初步处理。所以，该机构被称为**形成语言系统**。形成语言系统的主要部分被定位在左半球外侧裂附近，包括 Broca 区和 Wernicke 区。这些部位受到损伤，就会干扰单词的选择和句子的形成。例如，左外侧裂后部损伤，患者难以在脑内组合出正确的单词，如把“elephant”说成“loliphant”；或者要说出一个概念时讲的却是与这个概念有语义联系的单词，如以“headman”意指“president”。另外一些成分（被称为罗兰裂纹前侧的 Sylvian fissure 区的前面）的损伤，患者谈话多用降调，单词之间停顿时间长，语法有缺陷，理解句法结构所表达的意思时有困难。由此可见，该区域是神经系统中负责谈话的语调和组织句子的机构。

第三套机构中的大部分也位于左半球，其功能是接受概念，刺激脑内选择使用词语；或者接受词语，使大脑形成相应概念。因此，该机构是概念和语言之间的**介导系统**。它被具体定位在大脑的枕-颞轴线上。各种介导结构从后向前逐级变化：普通名词调节区在后面，具体概念的调节区在前面，动词调节区则位于靠近外侧裂上面的额叶区。这些部位的损伤，都出现了相应的功能障碍。

Damasio 等（1996）对脑损伤患者和正常人进行的利用正电子放射断层扫描技术（PET）的研究结果验证了这三个系统可能是相互分离的，而且词汇知识在脑中是基于语义概念范畴组织起来的。实验要求脑损伤患者完成三类图片的命名任务：命名著名人物、命名动物和命名工具。如果被试只能描述物体的某些具体特征，而不能叫出其名称就算错误。在 30 名患者中有 29 名的脑损伤出现在左半球，其中 19 名存在命名缺陷，包括 7 名人物命名困难，5 名动物命名困难，7 名工具命名困难。结果发现，左颞极（TP）的损伤与提取人名困难有关；左颞下叶（IT）的受损与命名动物困难有关；左颞下叶后侧和颞-枕-顶交界区（IT+）的损伤与命名工具困难有关（图 8-3）。有趣的是，在正常人进行相同的图片命名任务时采用 PET 检查的结果也显示有相似的脑区激活。Damasio 等推测，既然患者仍然可以对词汇的相关意义信息加以描述，说明负责加工语义的脑区还能正常活动，而患者受损的脑区可能仅在词汇提取中起关键作用。脑中词汇知识的组织存在 3 个水平，即语义特征、词汇节点和语音单元。脑的语义概念网络可能分布于左右两半球的一些神经结构，它们与位于左半球颞叶的词汇网络相联系，也许那里包含了人、动物和工具的相关信息，这些脑区的活动进一步激活了词发音所必需的语音网络，而词汇网络是基于语义信息组织起来的。

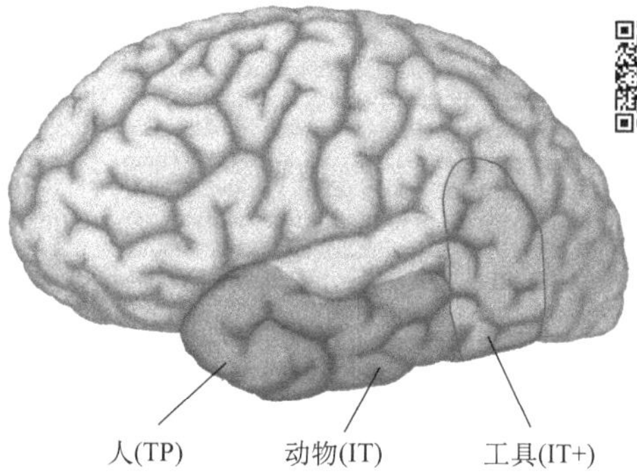

图 8-3　影响不同范畴图片命名的左半球受损脑区（引自 Gazzaniga et al., 2002）（扫码见彩图）

四、语言活动的信息传递和加工过程

（一）语言活动的信息传递——神经心理模型

在 Broca 和 Wernicke 相继发现额叶和颞叶的语言区不久，Lichtheim 于 1885 年提出了一

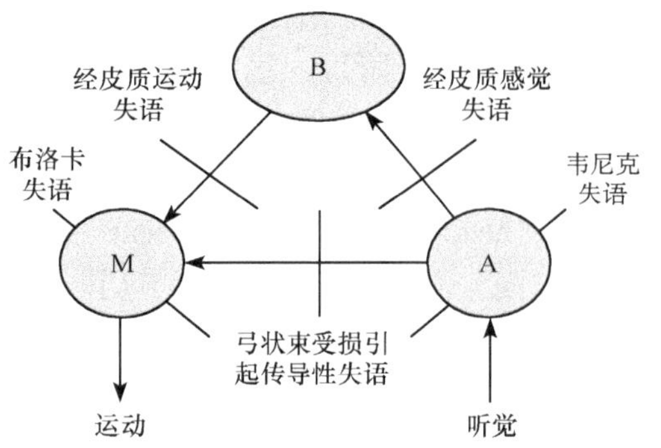

图 8-4 Lichtheim 的语言加工模型

个描述语言加工的神经心理模型。这一模型包括 A、B 和 M，分别代表听觉和口头语言处理的 3 个中心（图 8-4）。其中，A 代表 Wernicke 区，表征语音词典——存储词声音信息的脑区域；M 代表 Broca 区，是言语计划和组织的区域；B 代表概念储存的脑区。在 19 世纪的这一模型中，概念的存储广泛分布在大脑中。到了 20 世纪 60 年代，美国神经心理学家 Geschwind（1967）对这一模型进行了修改，将概念加工定位于更加具体的区域，即包含了缘上回和角回这些汇聚感觉信息（视觉、听觉和躯体觉）和对词的特征加工的脑区。因此，我们将这一解释语言加工的神经心理模型称为 Wernicke-Lichtheim-Geschwind（W-L-G）模型。

关于这个模型，可以通过对执行两种任务来理解。第一种任务是重复别人的说话：语言的声音进入耳朵，通过听觉系统加工成神经信号，这种神经信号到达初级听皮层（41 区），然后到高级听皮层（42 区），再向角回（39 区）传递；角回是顶-颞-枕联合皮层的一个特定区域，被认为与传入的听觉、视觉和触觉信息的整合有关。信息经过整合以后由角回再传到 Wernicke 区（22 区）。根据模型的组成，文字的声音信号在 Wernicke 区加工后而被理解。为了重复出语言，与文字有关的信号从 Wernicke 区经弓状束传到 Broca 区（45 区），变成与语言运动有关的密码（短语的语法结构），再传到指挥唇、舌、喉等器官运动的相应皮质运动区，使短语能清晰地说出来。第二种任务是朗读课文：文字的形象通过视觉信号到达纹状皮质和高度分化的视皮质，信号加工后传到顶、枕、颞叶交界处的角回，然后经过 Wernicke 区再由弓状束传到 Broca 区及皮质运动区（图 8-1）。

在图 8-4 中，A、B 和 M 区之间的连线代表了联系 Wernicke 区、Broca 区和概念中心区之间的大脑白质纤维。如果它们被切断，即受到了损伤会使这些脑区之间失去联系，而中心 A、B 和 M 各自的损伤可能反映对特定语言区的损伤。如果 W-L-G 模型是正确的，我们就可以基于患者的脑损伤来预测语言障碍的具体表现。实际上，临床上确实存在与这一模型预测症状相符的各种失语症。

临床研究证据已经显示，损伤左半球额下回后部的 Broca 区会引起 **Broca 失语症**。患者主要出现口语词汇产生和句法生成或复杂句法结构理解的困难；损伤颞叶后部的 Wernicke 区会引起 **Wernicke 失语症**。患者会出现言语的理解困难，但不影响其自发性口头言语的产生。W-L-G 模型还可以解释另一种所谓传导性失语（conduction aphasia）的机制，即联系 Broca 区和 Wernicke 区的弓状束受到损伤，但这两个区域本身完好。这种患者能说话并能听懂话，但不能重复他人的语言。

另外，根据 W-L-G 模型，还有一类失语症患者的 Broca 区和 Wernicke 区均正常，它们之间的主要联系通路也完好无损，因此患者可以正常复述别人说的话，甚至重复他们所听到的一切而不知其义，这种现象被称为言语模仿或无意义语句重复。患者的一些联络区皮层受损，将 Broca 区和（或）Wernicke 区与语词意义概念加工的脑区隔离开来了。如果受损涉及的是 Wernicke 区与语词意义概念加工脑区的联系，便出现**经皮层感觉失语症**（transcortical sensory aphasia）；如果受损影响到 Broca 区与语词意义概念加工脑区的联系，便出现**经皮层**

运动失语症（transcortical motor aphasia）。前者无法理解自己和别人所讲的话，后者不能自发地用合适语言表达自己的意图，但两者都有命名、阅读和理解的障碍。如果受损涉及的是两个脑区与语词意义概念加工脑区之间的联系，则兼有两种症状，称之为经皮质混合性失语。基于 W-L-G 模型预测以上几种主要失语症类型的机制见图 8-1 和图 8-4。

（二）语言信息加工和产生的机制

基于脑损伤患者的临床资料总结得出的 W-L-G 模型虽然可以在一定程度上预测某些类型的失语症发生，但在对临床患者进行分类时经常不能简单地归入任何一类失语症。在 CT 和 MRI 等神经影像技术出现之前，损伤定位是不太精确的。认知神经科学采用功能性磁共振成像技术（fMRI）、事件相关电位技术（ERP）和脑磁图（MEG）可以观察到正常人在语言加工中脑活动的时间-空间动态变化，为阐明语言的认知神经机制积累了丰富的资料。

1. 听觉词汇加工

Binder 等（2000）提出了大脑中词的听知觉言语处理的等级模型，这得到了采用 fMRI 技术所揭示的言语加工过程中激活脑区研究证据的支持。首先，听觉信息流自颞横回（Heschl's gyri）的听觉皮层到颞上回，这个区域不区分言语声和非言语声。言语声和非言语声的区别首先出现在颞上沟附近，但这个区域不处理语义信息。从颞上沟开始，信息到达颞中回、颞下回和角回（颞叶后区），然后是颞叶的前区，它们可能处理词的语音和词义成分。只有后 4 个区域表现出对听觉词加工的大脑左半球功能单侧化（图 8-5）。

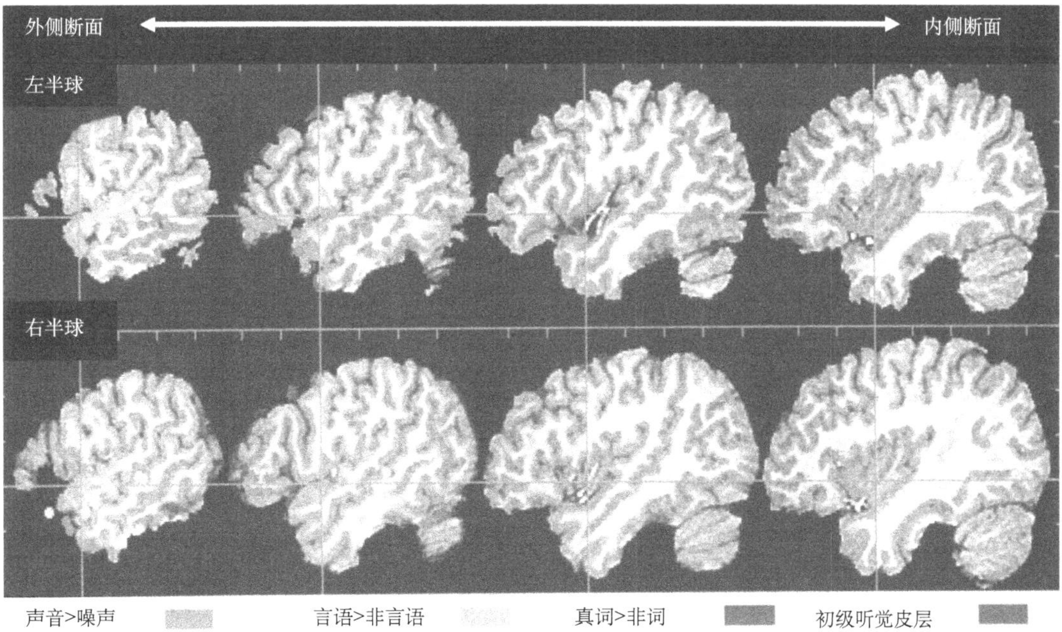

图 8-5　听觉言语加工的等级模型（图示左右半球的各四个断面的激活部位）（引自 Binder et al., 2000）（扫码见彩图）

紫色区为初级听觉皮层（颞横回）；蓝色区为颞上回背侧，对声音的反应大于噪声；黄色区集中在颞上沟附近，对言语刺激的反应大于非言语刺激；红色区位于颞中回、颞下回、角回和颞极等处，它们对真词比非词有更多的激活。这些红色区域的活动明显偏侧于左脑半球

2. 视觉词汇加工

视觉词的加工中，字母的处理发生在两半球的初级和次级视觉脑区，不存在加工字母的特异性脑区。左半球的枕-颞脑区加工正字法单元。阅读词与假词的差异脑区在颞中回，这与语音识别加工的脑区一致，也提示这一脑区可能也参与了词的语义加工。最后，如果要将视觉词的正字法转换为拼词所需的语音信息，左额下回包括 Broca 区负责加工。

3. 句法加工

句法技工通常与左半球 Broca 区相联系。Caplandeng 等（2000）在哈佛医学院对被试阅读不同句法复杂程度句子时进行 PET 扫描。例如，有相对简单的句子，如“The child enjoyed the juice that stained the rug.”与句法结构相对复杂的句子，如“The juice that the child enjoyed stained the rug.”。第二个句子更为复杂是因为主句（the juice stained the rug）被一个从句（that the child enjoyed）中断了。因此，第一个名词（the juice）的句法作用（主语或宾语?）直到关系从句之后的动词（stained）出现才能确定，而第一个名词短语（the juice）必须被保存在工作记忆的缓冲存储中。在第一个句子中这种工作记忆储存负荷较小，因为主语的角色立即就被指定了。结果发现，Broca 区的激活水平随句法结构复杂性的提高而上升。

另外，Just 等（1996）报告了句法加工中 Broca 区（外侧额叶）和 Wernicke 区（颞上回后部皮层附近的第 22 区），以及右半球对应脑区的激活。Dronkers（1994）的研究也提示，颞上回前部皮层的受损也与句法失语有关。有些人还认为，前额叶（如 Broca 区）在工作记忆的加工中起着更为一般性的作用，并不是句法加工的特定脑区。因此，句法功能有可能存在多个脑区的参与。

4. 词语产生

Indefrey 等（2000）和 Levelt 等（2001）运用元分析方法分析了 58 个语词产生的脑功能成像研究，认为共同的加工过程均包括概念准备和词汇选择、音韵代码提取、音韵编码、语音编码和发音准备这几个阶段。

图画命名包括了以上全部过程，而假词阅读只包括了从音韵编码开始及以后的过程。词汇产生过程，总体上呈现脑区激活的左半球偏侧化趋势，包括额下回后部（Broca 区）、额上回中部和额中回后部、颞上回后部（Wernicke 区）、岛叶和左丘脑。下面针对语词产生所包含的阶段逐一说明所对应的激活脑区。

1）*概念准备和词汇选择*　左额中回在图画命名和单词产生中激活，但在单词阅读中则很少激活。因此，该区被认为与概念或词汇选择有密切关系。左额中回只是“一般性语义系统”的一部分，而词汇概念的激活仅仅是许多概念语义加工中非常特殊的过程。就单词产生而言，这些概念性加工只是一个导入过程。

2）*音韵代码提取*　单词的音韵提取发生在图片命名、单词产生、单词阅读中，但在假词阅读中则没有。音韵编码的提取可能会激活左颞上回后部（如 Wernicke 区）、颞中回和左丘脑。

3）*音韵编码*　所有的言语产生任务都包含了音韵编码过程。两个区域:左额下回后部（Broca 区）和左颞上回中部。Cabez 等（1997）发现，语词重复和阅读任务中唯一共同激活的区域是 Broca 区，这两种任务唯一共同的加工过程是音韵编码。在内隐和外显的假词加工过程中都观察到 Broca 区的激活，但未激活左额中回和额上回，表明 Broca 区和左额中上回可能存在功能上的差异。另外，语言理解的音韵加工中也有 Broca 区的激活。

4）*语音运动编码和发音* 初级运动皮层和感觉区皮层在所有需要发音的任务减去无需发音的任务后均有明显激活。另外，辅助运动区（SMA）、双侧岛叶、左小脑和中小脑也有激活。感觉-运动区可能与运动计划和想象发音有关。Broca 失语患者的岛叶损伤会导致言语的运用不能（拼词困难）。

另外，有些研究结合采用事件相关电位（ERP）和脑磁图（MEG）技术检查了图片命名过程中脑活动时间进程与相应脑区之间的关系。结果显示，视觉上的和概念上的加工过程涉及枕叶、左腹侧颞叶和左前额区（0～275ms）；接着，激活传至 Wernicke 区，单词的音韵代码存储在该区；随后，信息传播至 Broca 区和（或）上部左颞中进行音韵编码（275～400ms）；最后，感觉运动区、岛叶和小脑进行语音编码，最终激活感觉运动区皮质进行发音（400～600ms）。

五、语言能力的遗传性

语言的获得显然离不开学习。然而，语言的获得在很大程度上是受遗传所决定的。语言功能的解剖学定位研究以及儿童语言发育研究支持这一观点。第一，从脑皮层水平看，自然语言和手语功能在皮层上具有定位性质，语言的优势半球是左半球。第二，语言在左半球的定位似乎与两半球间的解剖差异有关。例如，大多数右利手者左半球的颞平面比右半球的相应区域大——Wada 等（1975）测量了 100 名平均 48 周的婴儿脑，发现 77%的左侧颞叶平面长于右侧。由于负责语言理解的 Wernicke 区位于左侧半球的颞叶，因而这种解剖上的差异或许是两半球语言功能差异的基础。第三，颞平面的这一解剖学不对称性在发育早期（妊娠 31 周）即已存在。Galaburdar（1984）研究发现，胎儿的脑在发育进程中左半球比右半球发育得慢。例如，颞叶皮质表面的脑回左半球比右半球的形成慢两周，但最终却是左颞叶的语言区发育的更大、更复杂。这一发现提示语言功能的不对称性为先天所有，并非由于后天经验而发展起来。第四，婴儿出生时对各种声音的差别具有广泛的敏感性，这种能力对于理解任何一种人类语言都是必不可少的。以后当个体学会了某一特定语种，这种敏感性就部分地丧失了。例如，大多数日本成年人不能分辨 r 音和 1 音之间的差别，但日本的婴儿却能够区分这两个音，只是在成年后才失去这种分辨能力。第五，语言的习得有着普遍的规律。儿童学语都从咿呀语开始，然后过渡到单词语，再到有句法的双词语，最后到复杂的语言表述（表 8-1）。有些儿童历经这些阶段比别人快，但各个阶段的平均年龄在不同文化环境中都是相同的。并且，语言能力（以习得新语种的能力为度量）在青春期后显著下降。这些现象提示，在发育中有一个关键期，无论语言或手语，都可被轻易地习得。这段发育期可能对应于人脑的成熟过程。在关键期内，儿童仅凭听周围人讲话来学习语言规则。当儿童开始学习造句时，显然已经懂得了这些规则，即懂得了语法。尽管特定的语言必须通过经验才能学会，但是，人类具有某种先天的程序，为后天一般的语言学习作好了准备。根据 Chomsky 的观点，婴儿学习语言是通过以一套遗传决定的规则（或称“生成语法”）为基准，不断测试日常耳闻的语言的特定细节来进行的。这套规则反映了规定一种自然语言特征的、先天决定的神经机制。这就是说，儿童生来就具备一种能力来识别环境中自然语言应有的普遍特征。当置身于具备这些普遍特征的某一语言环境时，儿童就热切地学习这种语言。

表 8-1　儿童语言的发育阶段（引自徐科，2000）

平均年龄	语言能力
半岁	开始咿呀学语
1 岁	开始理解语言及使用单词
1 岁半	开始单个地使用单词。能够使用 30～50 个词（简单的名词、形容词和动词），一次使用一个，但不能把单词连起来构成短语，不会使用句法必需的函子（functor），如 the，and，can，be，等等
2 岁	开始成双地使用单词。能够使用 50 至几百个单词，能大量地使用双单词短语，并能按句法法则进行排列。能够理解陈述的规则
2 岁半	开始三个或更多单词的多种组合。开始使用函子，但有许多语法错误和特异风格的表达方式，能很好地理解语言
3 岁	能够用完整的句子进行表达，很少出错，能够使用 1000 个左右的单词
4 岁	接近成人的语言能力

综上所述，语言学家和心理学家认为，语言习得中普遍性的机制是由人脑的结构决定的。根据这种观点，大脑的发育使人们准备好了学习和运用语言的能力，而人们所讲的具体语种、方言等则是在社会环境中通过学习获得的。

第二节　思维的机制

一、思维的解剖学基础

一般认为，思维活动在大脑皮层上占有广泛的区域，包括颞叶的绝大部分和除了负责运动和感觉以外的所有大脑皮质。临床上发现，大脑的不同部位损伤，导致不同的思维障碍，说明脑的不同部位在思维过程中具有各自功能。

顶叶或枕叶损伤，患者会发生明显的空间定位和识别文字的障碍，患者不能把桌子上的积木的空间配置与样本图形的空间配置相联系，就是多次把样本同积木进行对照，仍然做不成功；并且视觉定向丧失。这些都说明，顶枕叶损伤能使思维能力下降，证明思维与这些部位有关。

在多数学者看来，顶叶控制着对外部世界的感知，并告诉额叶注意什么，因此，可以把顶叶看作应付外来刺激的关键部位。

在思维活动中，额叶的活动尤为重要。额叶的前部称为前额叶，人的前额叶特别发达，这部分皮质被认为是人类的高级智能活动部位，也是人脑和猴脑的主要区别所在。

通过脑区域血流图研究能够揭示额叶与思维的关系。因为神经细胞和体内其他细胞一样，活动时需要消耗氧和能量。当脑内某个区域活动增强时，必然伴有代谢活动增强和该部位的血流量增多。因此，通过测量局部血流量变化可以观察该部位神经元活动情况。具体做法是：将同位素氙注入供应脑的血管——颈内动脉，在头部放置若干探测器（数目可达 250 多个），测出的信号经计算机处理，在彩色电视荧光屏上显示，也可记录于磁带上或打印出来。当某个区域脑组织活动增强导致血流量增大时，该处同位素清除率增大，单位时间内同位素在该处的密度增大。测量一定时间内大脑半球各个区域血流分布情况，便可对该部位神经元活动情况一目了然。用这种方法已揭示出许多令人惊奇的现象。例如，当人处在清醒、安静状态时，额叶血流量大，颞叶和枕叶血流量最小。随意运动时，大脑皮层躯体感觉区和运动区血流量都增加。令被试说话时，运动区、感觉区、运动前区、顶叶与枕叶交界处（相当于 Wernicke 区）血流量都明显增加。阅读时，除上述区域外，后枕叶的血流量也增加。在心算时，前额叶和运动前区的血流量增多。这些研究结果表明，人的思维活动与额叶的关系是非常密切的。

额叶损伤的患者，不会分析问题的条件，只会凭一时冲动去解题，没有目的方向性，也没有行动计划。总的来说，患者丧失了解决复杂问题的思维能力。

额叶损伤时，解决数学问题方面障碍十分明显，其基本障碍被称为解决问题的困难或“推论式智力活动”的困难。患者表现为能够复述算题，但似乎已经忘记如何去进行和完成那些甚至仅需 2 步或 3 步的运算，而发病前这些人是没有困难的。正如苏联学者 Luria（鲁利亚）于 1966 年所说，这些困难是由于不完全的分析和不能抑制由算题引起的最初倾向所造成的。鲁利亚等描述了额叶病变者在解决下述三个问题时的困难。

A. 有 18 本书在两个书架上，一个架子上的书为另一个架子上的 2 倍，每个架子上各有多少书?

B. 儿子现在 5 岁，15 年后他的父亲的岁数是他的 2 倍，父亲现在多大?

C. 步行时需 30 分钟到达火车站，而骑自行车比步行快 2 倍，骑自行车需要多长时间到达火车站?

研究发现，患者在解决这些问题时，仅仅抓住了问题的一个特殊片段，他没有任何计划就片面地开始进行没有联系的数学运算。解答算题的整个过程可能变成一系列冲动性和片段性的数学运算，而与最终的目的没有联系。患者常将“大 2 倍”理解为乘而不注意上下文，所以出现了可笑的回答。例如，在解 C 题中，患者所得答案是骑车需要 90min 才能到达火车站。

1970 年，Barizet 也报道了相似的研究结果。他叙述了一例因外伤而做了额叶部位切除手术的患者的下述困难：

问：巴黎铁塔的 1/4 高度是多少?

答：（在长时间踌躇之后）……不知道。

问：巴黎铁塔有多高?

答：300 米。

问：300 米的一半是多少?

答：150 米。

问：150 米的一半是多少?

答：75 米。

问：300 米高的巴黎铁塔的 1/4 高度是多少?

答：（在长时间的思考之后）……200 米（虽然多次尝试，但每次都失败了）。

鲁利亚对上述困难做了这样的总结：有证据说明，额叶病变似乎抑制了对心理谋划执行程序的控制。在做任何新作业时，这种心理谋划使回忆和铭记活动起来，无论是解决一个问题或是学习一首诗。

通过威斯康星卡片分类测验（Wisconsin card sorting task），可以看出前额叶在行为计划中的作用。这个实验的材料是一组卡片（图 8-6），操作过程中要求被试按照不同的规则进行分类组合：首先按照卡片颜色分类，不考虑形状和数目；被试学会以后，提示它们按照卡片上的图形进行分类，不考虑颜色和数目；被试连续正确操作一定次数之后，要求他们按照数目进行分类，不管卡片的颜色和形状；难度最大的任务是要求挑选的每张卡片上的图形、颜色、数目各不相同，即在一组包括 4 种图形（三角形、五角形、十字形和圆形）、4 种颜色（红、绿、黄、黑）和 4 个数字（1、2、3、4）的卡片中，挑选出的第一组卡片中第一张是 1 个红色的三角形、第二张是 2 个绿色的五角形、第三张是 3 个黄色的十字形、第四张是 4 个黑色的圆形……在每次实验之前，把卡片任意混合，让被试依次按上述要求进行分类（图 8-7）。这种测验并不复杂，正常人都能比较顺利地完成，但是前额叶损伤的患者却总是出错。

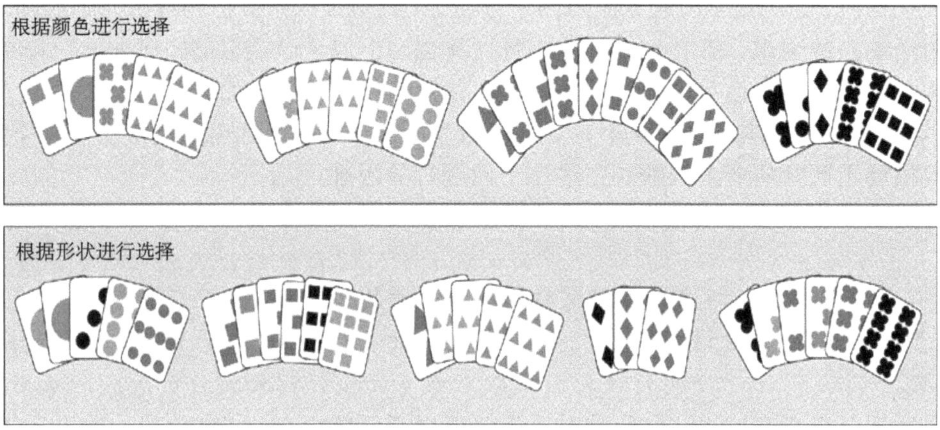

图 8-6　威斯康星卡片分类测验（引自 Bear，2002）（扫码见彩图）

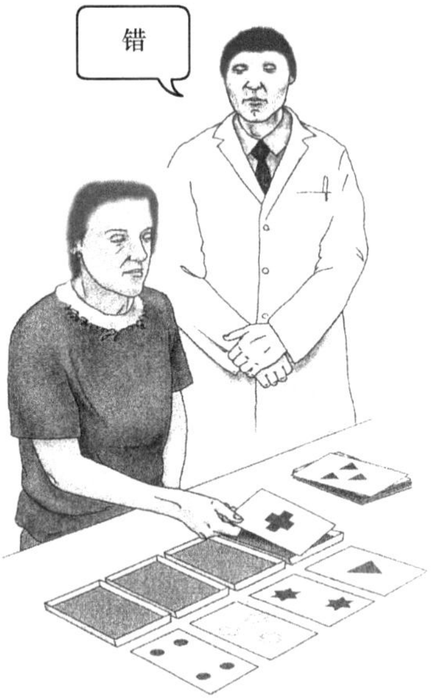

图 8-7　一个患者正在进行威斯康星卡片分类测验

没有前额叶的人，容易发生精神错乱。例如，当他受到别人的攻击时，常常用过大幅度的动作去还击对方，这样当他再次受到攻击时，便不能采取敏捷的方式予以回避。他还可能会当众解大小便，甚至进行与性有关的活动而不感到羞耻。

根据病理观察和研究，神经学家和心理学家认为，前额叶的思维功能有两个方面。

（1）防止精神错乱，保证智力功能，在完成有目标的活动中具有重要作用。

（2）形成思维。具体说来，前额叶在思维过程中的作用是：①制订计划；②对感觉信息发生反应，从而使人对这些信息有充分的时间进行分析处理，直到作出一个最好的反应决定为止；③考虑和预料运动的后果；④解决复杂的数学、哲学或法律问题；⑤控制个人行动，使其符合道德准则；⑥综合信息进行判断推理。

前额叶的计划功能在动物实验中找到了相关的神经基础。通过电生理研究在猕猴额叶皮质内发现了与计划功能有关的神经元。在延搁反应作业中，先要求受试猴看到面前实验台上的两个小槽，其中一个槽内有食物。然后将这两个槽盖上，再在受试猴与小槽之间用屏幕隔开几秒钟到几分钟（延搁）。当屏幕打开后，受试猴只能有一次机会掀开盖子而得到食物。为了得到食物，猴必须在延搁期内形成得到事物的意愿、记住存放食物的小槽、记住需要掀开哪个盖子等能力。如果运动皮质前面的区域——前额皮质双侧受到损伤，这种能力就会缺失。

前额皮质的某些神经元特别是位于主沟两边的神经元专门对延搁起反应。也就是说，该部位的神经元在延搁期内活动最强。当动物真正的运动开始后，这些神经元的活动就会减弱。由此可以认为，这些神经元的活动代表了短时记忆和计划，而不是实际运动的本身。这些计划神经元也在执行其他延搁作业反应时活动，这些作业往往涉及要调动内部产生的记忆储存来指导活动。例如，训练猴在延搁作业时眼睛盯着某一目标，它的前额皮质与延搁相关的神经元在延搁期可以在无目标可盯、眼睛可以自由运动的情况下放电。

额叶中计划神经元的发现进一步说明了额叶在思维过程中的重要性。

二、大脑左右半球的思维功能与思维互补说

以躯体中线为界，身体左侧、右侧的感觉和运动功能分别主要由对侧大脑半球控制，但由于左右半球之间有广泛的神经纤维联系，保持着极为密切的信息交换，使脑对来自身体左侧和右侧的信息实现着整合，因而在日常生活中，人们的一切活动是如此的协调一致，并不感到有任何的不便和矛盾冲突。那么，如果左右半球之间的联系被切断了，情况会如何呢?每一侧大脑半球还能独立地进行思维活动吗?自 20 世纪 60 年代以来，一些学者在因治疗需要而切断了两侧大脑半球纤维联系——胼胝体的患者身上进行研究，获得了许多有趣的结果。这种研究称为**割裂脑研究**。

对割裂脑患者的研究表明，思维功能同语言功能不一样：语言功能主要是由左侧大脑半球管理的，右侧大脑几乎不具有语言功能；但是，在两侧大脑半球之间的纤维联系切断后，左右半球都可以独立地进行思维活动和意识活动，并且都具有自我意识。这方面的实验例子很多，这里介绍其中的两个。

有一个名叫保罗的患者幼年时一侧颞叶受伤，后来因病施行了胼胝体手术。这样，两侧大脑之间的视觉图像和其他信息的传递能力完全丧失——如果将图像选择性输入一侧大脑，对侧大脑完全不会知道。这个患者的左侧大脑有完整的语言功能，可以用口头语言和文字表达他左脑的思想；可是右脑不能“说话”。为了检查右脑是否具有思维和意识功能，实验者设法将一些问题有选择性地输入患者的右脑而不让左脑知道，要求患者用左手按打字机键盘上的按键作出回答。下面是实验者和患者的一次“对话”：

问：你是谁?

答：保罗。

问：请你拼出你最喜爱的女孩的名字。

答：莉兹（他的女朋友）。

对于他的爱好、明天是星期几、他希望从事什么职业、他当时的心境等，都一一作出了正确的回答。由此可见，右脑也有思维活动，可以表达感情和爱好，可以判断时间，也具有自我意识，能够表达对未来的向往等。

那么，如果要求两侧大脑同时思考不同的问题时，情形会怎么样呢？下面是这个患者的另一次实验的情况：将两张不同的图像分别输入左右大脑。输入左脑的图像是一只鸡爪，输

入右脑的是室外积雪的景象。在患者面前放着 8 张毫不相干的画片，要求患者对输入大脑的图像进行联想，并用手指出与所输入的图像关系最密切的画片。这时，患者很快就用左手指着一把铁铲，用右手指着一只鸡。当实验者问患者看见了什么图像时，他回答说："我看见了一只鸡爪，所以，我选择了一张鸡的画片。"接着，他马上又补充道："你必须用铁铲去清扫积雪。"这个实验结果说明，左侧大脑很容易地正确说出它选择画片的理由，随即它很快地就把右脑的反应也纳入它的范畴。显然，患者的左脑并不真正知道右脑选择那张画片的原因（是用铁铲来清除积雪的），而只能凭想象。可是，他说起来却像肯定的事实一样。

这些实验至少说明：在两侧大脑半球之间存在联系时，整个大脑将作为一个统一的实体进行活动；在两侧大脑之间的联系被切断之后，只要大脑半球内部结构没有改变，每侧大脑仍能以其固有的方式实现其功能，并且都具有思维能力。

大脑两半球不仅都具有思维能力，而且在功能上有明显的分工。美国著名神经生理学家、诺贝尔生理学或医学奖获得者 Sperry 以精确的实验证实，左半球同抽象思维、象征性关系以及对细节的逻辑分析有关。它具有语言（包括书写）的、理念的、分析的、连续的和计算的能力——它能说、写和进行数字计算；在一般功能方面，它主要是执行分析功能。右半球则与知觉和空间定位有关，它对事物进行单项处理而不是数理的排列。它具有音乐的、绘画的、综合的几何-空间鉴别能力。这就是说，左半球主要从事抽象思维，右半球主要从事形象思维如空间定位、图像识别和色彩欣赏等。

Sperry 通过实验发现，事实上右半球在许多方面比左半球优越，特别是在具体思维能力、对空间的认识能力及对复杂关系的理解能力方面尤其如此。在解释听觉（声音）的印象和理解音乐时，右半球也优于左半球。然而，右半球几乎没有计算能力，它只能做 20 以内的加法，这同左半球比较来说是相形见绌了。虽然在语言方面右半球也不如左半球，然而右半球能识别单音节名词的意思（但不能领会形容词或动词的含义）。右半球虽不具有控制写字的功能，但在认识空间和三维图像方面要比左半球优越得多。

Sperry 还证明了左右半球在功能上的互补，两者既各司其职又相互配合。以音乐为例：左半球负责旋律（或和声），右半球分管声调等。因此，人脑好比两套不同类型的信息加工系统，它们相辅相成，组成了一个统一的控制机制。如前所述，正常人很容易完成的搭积木活动，裂脑人做起来却很困难。这是因为搭积木既要有正确的空间定位这就需要形象思维，又要使所搭积木有正确的逻辑顺序——这就需要抽象思维的参与。正是由于裂脑人的左右脑割裂、形象思维和抽象思维分离，从而使综合思维能力下降，因而不能完成需要两种思维密切合作的活动。

20 世纪 80 年代，神经心理学的研究进一步证明了思维的互补说。这些研究发现，右半球像一个万能博士，通过它的形象思维活动善于提出解决新问题的各种尝试；左半球像一个熟练的专家，通过抽象思维善于按一定的程序有效地解决已知的问题。例如，辨认陌生人靠右脑，辨认熟人靠左脑；翻译电报等密码时，技术生疏者用右脑，技术熟练者用左脑。这说明新的问题、任务往往由右半球接受，一旦找到了解决门路，左半球就取而代之。

总的来说，抽象思维和形象思维、左脑和右脑具有互补的优势，二者缺一不可。正是由于各自优势的相互补充，才使大脑的思维功能得到最大程度的发挥。这种观点叫做**思维互补说**。

三、脑的神经回路与思维的大脑回路说

据估计，整个人脑神经元的数量约为 10^{11} 个。每个神经元的突起数目，长短和分支各不相

同。长的突起可达 1m 以上，短的突起则不到其千分之一。神经元与神经元之间的联结——突触的数目也是惊人的。据测算，在大脑皮层的一个神经元上的突触数目可达 30 000 个以上，整个脑内神经元突触数目在 10^{14}～10^{15}。突触连接的方式是多种多样的，常见的是一个神经元的末梢与另一个神经元的胞体或树突形成联系，但也有轴突与轴突、轴突与胞体以及其他形式的突触连接，不同形式的突触连接所引起的生理效应很可能是不同的。

神经元之间的组合形式也是多种多样、错综复杂的。一个神经元可以通过其纤维分支与许多神经元建立突触联系，使得一个神经元的信息可以传递给许多神经元；不同部位、不同区域的神经元末梢也能够会聚在一个神经元上，使得不同来源的信息集中起来；此外，神经元之间还有环状组合、链形组合等，构成了复杂的神经回路。

脑内神经回路的复杂多样，不仅表现在神经元和突触的数量大、组合方式多和联系广泛，还表现在突触传递机制方面。已经发现和阐明的突触传递机制有：突触后兴奋、突触后抑制，突触前兴奋、突触前抑制以及侧抑制、远程抑制，等等。在突触传递中，神经递质的释放是实现突触传递机能的中心环节。能够作为神经递质的化学物质已经发现有 10 余种，另外还有 50 种以上的神经活性多肽也参与了突触传递。这些神经递质或参与神经传递的神经多肽有着不同的作用性质和特点。

有人将一个神经元比作一个集成电路，一个突触比作线路中的一个接点。实际上，突触的作用远非线路中的接点所能比。突触的功能是十分复杂的，它既可以传递神经冲动，又可以产生电紧张性影响；既可产生兴奋，又可以产生抑制；还可以产生易化或疲劳。脑的部位越高级，神经回路越复杂。这种复杂程度是难以想象的。

根据脑的神经回路的特点，现代神经生理学家认为：脑的高级功能如思维等，与神经回路的活动有着密切的关系。例如，Sperry 十分明确地说，主观的意识和思维是脑的神经过程的一个组成部分，它们的产生取决于神经回路及有关的生理特性。法国的一位神经生理学家在《神经元的人》（1983）一书中也认为，行为、思维和情感等来源于大脑中产生的物理和化学现象，是相应神经元组合的结果。上述观点被称为思维的大脑回路说。

思维的大脑回路说的主要内容是，人的思维之所以是无限的，就是因为脑内数以千亿计的神经元通过突触形成了数目极为庞大的神经回路；每个回路可能与某一思维内容相对应，这样，由于神经回路的数目是巨大的，因而思维的容量也是巨大的。各种思维方式可能与神经回路的构成方式有关：有的回路是收敛型的，即神经元按集中原则排列连接，它能不断地摒弃一些次要的信息、集中最主要的信息——这类回路与抽象思维有关；有的回路是发散型的，即神经元按辐散原则排列连接——这类回路可能与联想思维有关；有的回路会突然接通——这类回路可能与灵感思维有关。

四、演绎推理的心理模型理论

推理是由具体事物归纳出一般规律，或根据已有的知识推导出新的结论的思维活动。它可以分为演绎推理和归纳推理两种形式。

演绎推理的心理模型理论认为，演绎推理是一种类似搜寻反例语义的过程，而不是一种纯粹的语义加工。它与大脑右半球的活动有关。演绎推理的心理模型理论并不反对命题表征，但把命题表征看作某种加工的输入。人们根据这种加工建立起与语言所表述的且与情景相符的心理模型——人们在理解语言时就会产生一种与情景有关的模型，这种模型类似于人们所感知的或想象的某种事件。演绎推理加工，正像归纳推理和创造性思维一样，是以根据对命题表征的加工而建立并与语言表述的情景相符合的心理模型为基础的。

这里以关系推理及其逻辑属性为例说明演绎推理的心理模型理论。

Turner 的画像在 Daumier 的右边

Corot 的画像在 Daumier 左边

下文如何?

正确的结论应该是 Turner 的画像在 Corot 的右边。

心理模型理论认为，命题表征是建立模型的指令。“在右边”的意义在于，它作为目标 y 在坐标上的一个合适的增量，用来对另一个目标 x 进行定位。因此，x 在 y 的右边。这里所提出的命题表征为：

Turner 的画像在 Daumier 的右边，这一表征可用来建立一个模型，即

D　　T

式中，D 代表 Daumier 的画像，T 代表 Tumer 的画像。

第二个前提的信息为 Corot 的画像（以 C 代表）在 Daumier 左边，由此演绎推理出三者的关系是

C　　D　　T

根据这一模型可以得出结论：Turner 的画像在 Corot 的画像右边。要对这种推理的效度进行检验，关键是要找到前提条件的另一种模型来反驳结论；然而，无法找到前提条件的另一种模型来说明结论是错误的。所以，上述推论是正确的。

心理模型理论主张，推理的主要成分是非语言性的，也就是说，强调模型的结构与情景相符。因此，该理论认为大脑右半球在推理中起重要作用。神经心理学的一些研究对此提供了支持——大脑右半球损伤导致患者的推理能力出现障碍。Caramazza（1976）证明，右半球损伤，患者难以对可逆关系进行演绎推理。他们解决不了这样的问题：

John 比 Bill 高，谁的个子矮?

Read（1981）发现这类患者在三项系列问题上表现出障碍：

Arthar 比 Bill 高，Bill 比 Charlcs 高，谁最矮?

有些神经病学的研究考察了被试在不依赖于视觉空间思维的条件下进行推理的可能性：

Silly 手拿钢笔和纸向电影明星走去，她正在写一篇名人谈核动力的文章。

正常被试很可能推理出：Silly 想请求明星谈谈对核动力的看法。正如 Brownell 等（1981）所观察到的，大脑右半球损伤的患者得出的结论是：Silly 想询问明星的成长史。患者被第一个句子所误导，而且不能从第二个句子作出有联系的推理以纠正自己的理解。一般说来，大脑右半球损伤使患者无法理解故事的主旨并对确定的联系进行内隐的推理，不能够抓住间接的非惯用语（如请求）的要义。

Whitaker 等（1991）在两组被试中考察了条件推理。这两组被试都进行了双侧颞叶切除手术以减轻局部病灶引起的癫痫发作。一组患者大脑右半球有病灶，另一组则大脑左半球有病灶。大脑右半球受损的患者对错误的前提条件进行推理的成绩，比大脑左半球受损的患者的成绩更差。实验中给出的条件是：如果天下雨街道就会是干的。

要求被试对下述句子作出结论：天下雨了……

大脑右半球受损的患者得出了一致性结论：街道会湿。

这一结果说明，右半球受损的患者不能脱离自己对现实的认识来完成演绎推理的过程。

综上所述，演绎推理心理模型的建立很可能依赖大脑右半球。然而，尽管这个假设获得了神经心理学的证实，仍然需要运用多种神经生理学方法进一步提供证据。

第 9 章　情绪生理学

威廉·詹姆斯
（William James，1842～1910）

机能主义心理学先驱，建构了科学心理学的完整体系；首倡意识流理论；首创情绪理论，认为生理变化先于情绪体验。

◎情绪为何常常战胜理智?
◎为何雄性的攻击性强?

本章知识点

- 杏仁核与恐惧的关系
- 雄性激素和5-羟色胺对攻击行为的影响
- 快乐中枢与苦痛中枢
- 情绪生理反应及其与测谎的关系
- 心身疾病的特点

人非草木，孰能无情？我们在与他人交往或者与客观事物相互作用过程中，总会产生各种各样的情绪：和自己亲爱的人在一起我们感到快乐，被人无端指责使我们愤怒，亲人离别会使我们哀伤，天灾人祸使我们恐惧，遇到尴尬的事情我们哭笑不得。这些不同的情绪使我们的心理世界变得更加丰富多彩，时而阳光灿烂，时而阴霾密布。

在情绪产生和变化过程中，整个有机体内部和外部器官的活动、神经过程和生化过程等共同参与其中，实现着神经系统各个水平上的整合。

情绪的好坏同身心疾病的发生发展也有密切关系。人一旦长期被抑郁、焦虑等消极情绪所困扰，容易精神失常、患溃疡病等。由此可见，情绪在调节人的活动、维护身心健康方面具有重要作用。

第一节　愤怒、恐惧和快乐的机制

情绪有正性和负性之分，愤怒、悲哀、恐惧属于负性情绪，而喜悦、快乐等属于正性情绪。关于情绪活动的机制，负性情绪比正性情绪受到更多的关注，大多数情绪生理学研究是针对恐惧和愤怒的。

一、恐惧

读者是否有这样的经历：漆黑的夜晚你在山沟里迷了路，产生了一定程度的紧张感；此时你又听到附近树林中有响动，担心是否有人或者野兽正向你走来；你感到自己的呼吸加快、心跳加速、身上出了冷汗；可能你的脸色煞白，只是看不到而已；你想尽快逃离这个环境。总之，你感到焦虑和恐惧。这些环境信息是怎样使你产生生理反应和行为变化的呢？神经生理学研究证明，杏仁核等脑区在恐惧产生过程中具有重要作用。

（一）杏仁核在恐惧性情绪活动中的作用

1. 杏仁核的结构

杏仁核是由多个神经核团组成的复合体，可以分为三个部分（图 9-1）：基底外侧核、皮质内侧核和中央核。这些神经核团与下丘脑、丘脑、海马和新皮层都有双向神经联系。杏仁核传入信息的来源很广，包括新皮质许多区域及扣带回、海马回。就是说，各种感觉系统的信息会聚到杏仁核（特别是基底外侧核）——杏仁核的基底外侧核接受各种感觉系统的传入信息，而杏仁核的中央核发出两条主要的传出纤维：终纹和腹侧杏仁离心通路。前者的传出纤维投射到下丘脑、终纹的床核和伏隔核；后者到达脑干、丘脑背内侧核和扣带回的嘴部。由于杏仁核与下丘脑之间有许多神经纤维联系，因而它对情绪状态的作用是通过下丘脑和自主神经系统来实现的。杏仁核参与恐惧的神经通路已经得到基本认定。

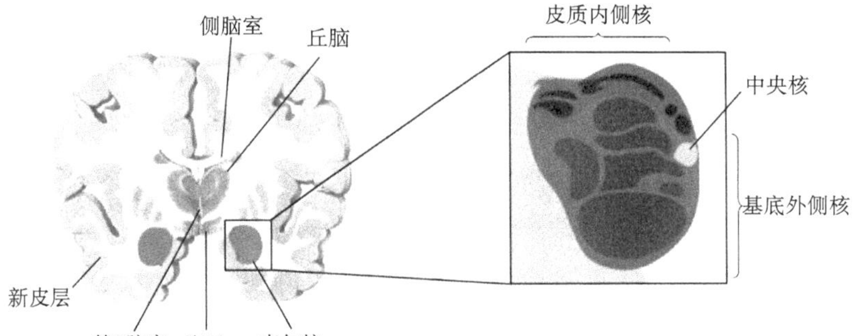

图 9-1　杏仁核的结构（引自 Bear，2001）（扫码见彩图）

2. 损毁动物杏仁核对恐惧性情绪的影响

1937 年，美国科学家 Klüver 和 Bucy 在实验中发现，猴的双侧颞叶被切除以后，发生了显著的行为变化：①过度注意——实验中的猴处于不安状态，有一种对所有的刺激都要进行反应的冲动。②**认知盲**——猴虽然能够看见物体却丧失了识别或理解这些物体的能力。例如，对于正在燃烧的火柴，它也要靠近并检查一下。③**口识倾向**——切除颞叶的猴对于自己周围的事物似乎是用口而不是用眼进行鉴别，无论是能吃还是不能吃的，都要放到嘴里去品尝。例如，对于小白鼠、钉子、玻璃杯这些不可吃的东西，猴先是用口检查，然后丢弃。④猴表现出性欲亢进，对性行为对象（包括异性、同性和自慰）不加选择。⑤情绪改变——以前野蛮的猴变得驯服安静，最主要的是这些猴失去了恐惧感。实验者走近时，实验室中正常的猴会躲避到比较安全的地方；但双侧颞叶切除的猴会主动靠近甚至抚摸人，即便实验者采取某种举止吓唬它，也没有任何恐惧反应。本来猴天生怕蛇，但切除颞叶的猴会去碰正在嘶嘶叫的蛇；并且见到人和蛇时脸上毫无表情，丧失了对情绪、情感的表达。这种症状被称为 **Klüver-Bucy 综合征**。其原因被证明并非由于记忆障碍所致，而是情绪体验和表达能力降低造成的。进一步研究发现，导致上述情绪症状的主要原因是损伤了位于颞叶前极皮质内面深处的杏仁核所致。

损毁猴以外的其他动物的杏仁核，也产生了与 Klüver-Bucy 综合征相似的情绪方面的障碍。切除杏仁核的大鼠不再害怕猫——会主动接近攻击性强的野生猫，相反这种野生猫的杏仁核被切除以后则变得像家猫一样温顺。

由此可见，杏仁核的损伤，选择性地导致动物和人的恐惧情绪丧失。相反，电刺激人的杏仁核可以引起焦虑和恐惧，电刺激猫的外侧杏仁核能够诱发恐怖和攻击行为。

3. 人类杏仁核参与恐惧性情绪的实验研究

人类杏仁核的损伤也会出现上述症状。美国学者 Adolphs 曾经在爱荷华州立大学观察了一例 30 岁双侧杏仁核损伤的女患者，发现她智力正常，能正确辨认照片上的熟人。当同她谈论人类的面部表情时，她能正常地知道高兴、悲伤和厌恶，但不能很好地表述什么是担心、什么是恐惧。

人类脑成像研究对杏仁核参与恐惧反应提供了有力支持。Cahill 等（1996）让被试观看一些能够诱发恐惧情绪的电影剪辑——暴力犯罪场面。然后，要求被试回忆电影剪辑内容，同时采用 PET 技术记录他们脑的激活情况。结果表明，当被试回忆能够唤起恐惧情绪的电影内容时，右侧杏仁核活动增强。而回忆的影片内容是中性时则没有这种情况出现。在 Isenberg（1999）的研究中，要求被试说出电脑显示屏上呈现的词语颜色，而不需要读出来词语本身。这些词语分为两类：一类是中性的，如名单、表盘、车轮、标签、书架、旋转、茶杯等；而另一类是威胁性的，如屠杀、囚犯、罪恶、强奸、匕首、毁坏、危险等。显然后一类词语能够诱发恐惧情绪。结果表明，被试看到威胁性词语时双侧杏仁核的活动增强，而看到中性词语时没有这种情况发生。Wright 等（2001）和 Whalen 等（1998）分别进行的脑功能成像研究发现，被试识别恐惧面孔或无意识知觉恐惧表情时，杏仁核均被激活。这些结果进一步说明杏仁核参与恐惧情绪的唤醒。

4. 杏仁核与条件性恐惧

许多人有受惊吓或痛苦的体验，这些痛苦甚至终生铭记在心。这样，一旦遇到那些曾经使自己受到惊吓或者给自己带来痛苦的刺激，便会感到恐惧。例如，我们中国人逢年过节喜欢燃放爆竹。假如一个儿童燃放爆竹过程中，由于导火线燃烧过快，伴随着爆竹的响声，自己的手也被炸伤了。下次再让他燃放爆竹，这个男童会产生什么样的情绪反应？恐惧！“一朝被蛇咬，十年怕井绳”。其原因在于，一个中性事件与一个令人讨厌的结果结合在一起，会使得中性事件也变得让人讨厌——恐惧性条件反射。

哪些神经元承担对恐怖信息的学习和记忆功能呢？Kapp（1982）实验证明，杏仁核内的神经元对恐惧性情绪反应的学习具有重要作用。这个实验的基本原理是建立经典条件反射。该实验以兔子为研究对象，条件刺激是两种声音：其中一种声音呈现后通过关兔子的笼的底板给予它足部无条件刺激——中等强度的电击（引起疼痛），也就是阳性条件刺激；而另一种声音呈现之后不施加电击，即阴性条件刺激。评价条件反射建立的指标是心率变化，因为动物在感到恐惧时心率加快。研究者发现，条件反射训练之前，杏仁中央核对阳性和阴性条件刺激均没有反应，但是，条件反射建立之后，杏仁中央核对阳性条件刺激发生反应而对阴性条件刺激仍然没有反应。美国纽约大学神经科学中心的神经学家 LeDoux（1995）以大鼠为实验对象，通过相同的实验范式和刺激类型也证明，杏仁中央核内的神经元参与了恐惧性情绪反应的学习过程。如果损毁杏仁中央核，大鼠不会建立条件化恐惧性情绪反应。

条件性恐惧可以快速的获得，并且能够维持很长时间。一些临床疾病，如创伤后应急障碍、惊恐障碍和社交恐惧症，本质上也是条件性恐惧——由于某种原因，患者把中性环境刺激错误地理解为危险信号，并唤醒了一组焦虑和恐惧的症状。因此，从这个意义上说，焦虑意味着个体对现实恐惧的泛化和条件化，以及对那些与恐惧有关的线索的敏感化的反应状态。

实际上，条件性恐惧也不总是消极的。健康人的条件性恐惧是适应性的——使人对恐惧性的情景产生相应的行为反应（如受过训练的特警遇到紧急危险情况会迅速做出应对）。为了作出适应性反应，条件性恐惧需要对安全和危险的信号加以有效区分。

5. 杏仁核与恐惧信息加工的双通路模型。

LeDoux 在研究条件性恐惧的神经回路时发现，投射到杏仁核的**恐惧性信息存在两条加工通路**：一条是由丘脑经过皮层投射到杏仁核的“高级通路”，另一条是由丘脑直接投射到杏仁核的“低级通路”。这就是所谓的恐惧信息加工的双通路模型。

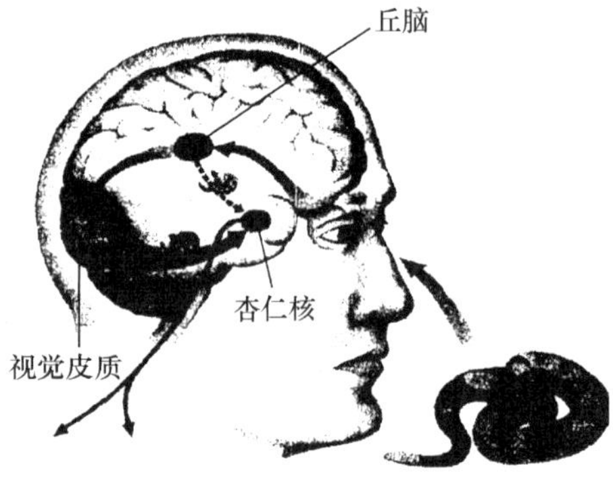

图 9-2　情绪性信息处理的“短路”机制模式图（引自 Goleman,1997）

外界信息传入丘脑之后，绝大多数信息到大脑皮质，经过分析、评估，指示作出适当反应。在准备作出情绪反应时，信号传到杏仁核，以激活情绪中枢。但是，有一小部分神经信息从丘脑更快地直接进入杏仁核，导致抢先一步（可能不太准确）的反应。据此，杏仁核能够在皮质中枢充分理解情势之前，激发情绪反应

多数感觉信息经过丘脑中继后到达相应的皮层感觉区，被加工整合、识别和理解；皮层发出的对感觉信息作出反应的神经冲动传入杏仁核；杏仁核和自主神经系统的活动再反馈到大脑皮层，引起一种意识性的情绪反应和体验。这是正常情况下情绪活动的神经通路。LeDoux 研究发现，感觉信息抵达丘脑后，除了主要传向大脑皮层以外，还能够沿着一小束神经纤维直接传向杏仁核。这条小而短的“胡同”使杏仁核能够直接获取感觉信息。它具有两方面的意义：一是能够使杏仁核快速而相对模糊地觉察环境中的威胁性刺激，并做好准备以便在高级中枢（如腹内侧前额皮层）传入的、与情绪认知相关的复杂神经信息到来时，在其支配下作出适当反应。例如，荒郊野外的一声吼叫足以使杏仁核在细胞水平上警觉起来（提高激活水平），以准备对附近潜在的威胁作出反应。二是它还能使杏仁核在新皮层下达的神经信息到来之前，抢先作出反应（图 9-2）。因此，杏仁核能够直接激发动物和人的情绪行为反应。但是，这种反应由于没有经过大脑皮层的理智分析，因而可能具有较强的冲动性。这或许是为什么人们会出现情绪战胜理智的原因所在。

当然，杏仁核直接启动的情绪性行为反应开始不久，新皮层发出的对感觉信息作出反应

的神经冲动就会到达杏仁核。由新皮层来的神经冲动为情绪性行为反应提供了精确的方案。LeDoux 具体描绘了由听觉引起的恐惧性情绪信息加工的神经通路（图 9-3）。听觉信息传入内侧膝状体的内侧部（MGv），还能够通过其他听觉通路到达内侧膝状体的外侧部（MGm）和丘脑的其他核团。MGv 只投射到初级听皮层，而 MGm 投射到听觉的初级皮层和联合皮层，同时也投射到杏仁核的基底外侧核。上面介绍的 LeDoux（1995）以大鼠为实验对象的研究中发现，条件反射建立以后，动物在听到与电击匹配的声音（即条件刺激）时的反应，与受到电击时的反应是一样的；并且，这些动物还表现出“刻板”性的防御反应，出现准备接受电击行为表现。但是，损毁杏仁中央核以后，这些反应随之消失。由此可见，从丘脑到杏仁核的通路参与情绪性的学习。

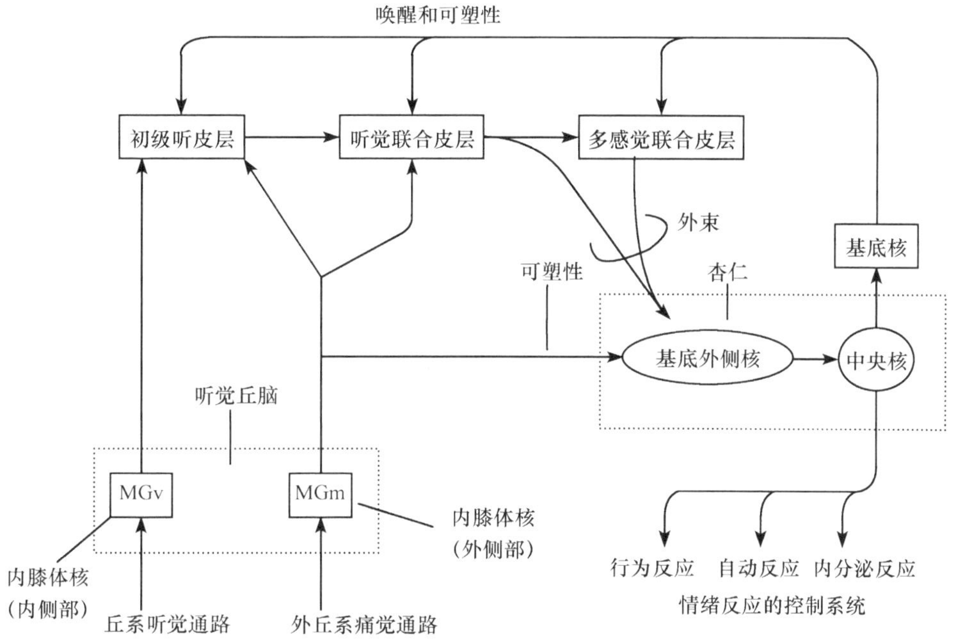

图 9-3　听觉系统传入的情绪性信息加工的神经通路（引自徐科，2000）

杏仁核的中央核与脑干有丰富的连接，并通过这些连接参与情绪反应的调控；同时还有纤维投射到基底核，基底核与皮层有广泛的连接，并且已证明这种连接通路参与皮层的唤醒反应和可塑性。

在上述通路中，杏仁核的作用被看作脑的“警报部门”，就像保安公司一样，全天候值班，一旦发现情况，立即报警，并通知警察、消防部门或左邻右舍。这里以“恐惧”反应为例，说明杏仁核作为大脑报警中枢的作用。信息从杏仁核的基底外侧核又传至中央核，中央核的传出纤维投射到外侧下丘脑和脑干的某些区域，通过调节自主神经系统的活动而对情绪性的刺激产生反应。另外，杏仁核的中央核直接或间接（通过床核）投射到下丘脑的室旁核，这是介导与情绪相关的神经内分泌反应的重要脑区。所以刺激杏仁核的中央核可引起心率加快、血压升高和呼吸频率增加；相反，如果损毁中央核则可抑制恐惧条件反射中自主神经系统的反应。图 9-4 概括了杏仁核中央核与下丘脑和脑干的联系及刺激该区所引起的行为和生理效应。杏仁核中央核的传出纤维也投射到联合皮层，特别投射到眶额皮层和扣带回。这一通路对情绪的意识性感知、调节唤醒状态和伴随的心率变化均起着重要的作用。杏仁核中央核的传出纤维投射到基底核以调节唤醒状态。如果损毁眶额皮层或扣带回的前部则可改变情绪反应。如果损毁只局限于眶额皮层则可使动物攻击性的情绪反应明显减弱。

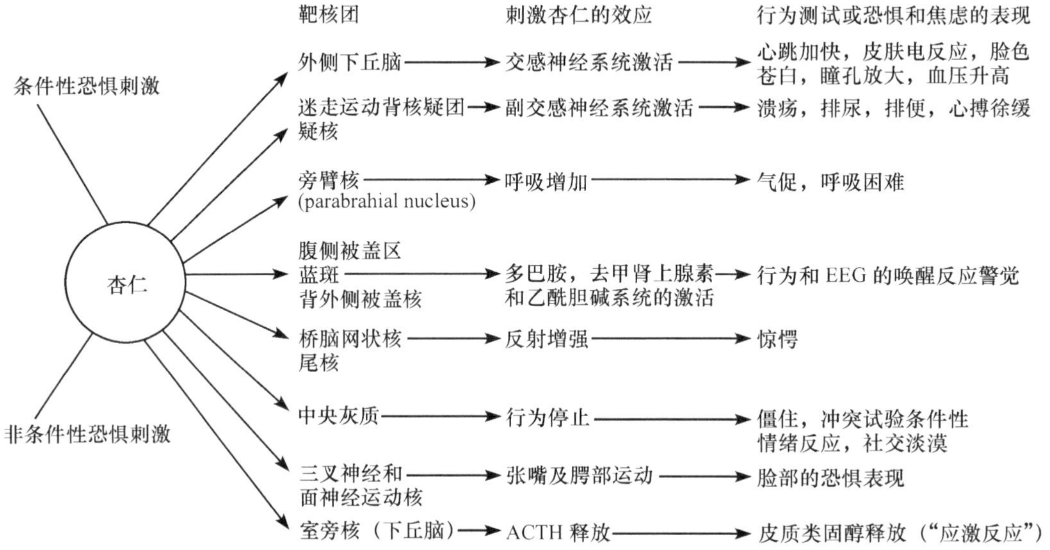

图 9-4　杏仁核的中央核与下丘脑和脑干的直接联系及其行为效应的示意图（引自徐科，2000）

EEG.脑电图；ACTH.促肾上腺皮质激素

（二）大脑皮层在恐惧性情绪中的作用

大脑皮层中的岛叶皮层前部、内侧额叶皮层、扣带回前部、眶额皮层等部位可能参与恐惧性情绪活动。

惊恐障碍表现为反复出现且无法预料的惊恐发作（急性强烈的惊恐发作），是能够通过实验诱发的少数几种精神障碍之一。发作时患者体验着强烈的恐惧和身体的极度难受。Pitts等（1967）给焦虑症患者注射乳酸钠，结果多数患者诱发了惊恐障碍。不过，这一现象的发生机制至今尚不清楚。另外，静脉注射中枢神经肽缩胆囊素，能使健康者诱发惊恐症状，而且惊恐障碍患者比健康者更为敏感。乳酸钠诱发患者的惊恐发作后，患者的岛叶皮层前部脑血流有所增加。用缩胆囊素-4（CCK-4）诱发健康人的焦虑发作，被试也出现了岛叶皮层前部、前扣带皮层的局部血流增加。在一些 fMRI 研究中，让惊恐障碍患者观看一些能高度唤起严重焦虑的情景，发现患者在额叶下部、海马、前扣带回及眶额皮层显示出活动增加。

恐惧反应在症状学上类似于惊恐发作。当患者暴露于恐惧对象时，研究者发现，在连续的扫描中可以观察到局部血流变化的各种类型。首先在双侧岛叶皮层前部、前扣带皮层等部位表现出局部血流增加。在恐惧刺激持续呈现的情况下，岛叶皮层前部和内侧小脑局部血流减少，但左侧眶额皮层的后端局部血流增加。

一项对蜘蛛恐惧症患者的 PET 研究表明，恐惧刺激增加了双侧次级视觉皮层的局部血流，但却减少了海马、前额叶、眶额叶、颞叶及后扣带回皮层的局部血流。一些对社交恐惧症患者的功能影像学研究表明，公众场合发言恐惧的患者杏仁核的局部血流增高，而眶额皮层、岛状皮层及颞叶的局部血流减少。由此推论，社交恐惧症患者夸大的恐惧反应可能与皮层抑制的能力降低有关。

二、愤怒和攻击

愤怒和攻击行为不仅在人类随处可见，动物的攻击行为也相当恐怖。

动物界的残酷无情

20 世纪 80 年代后期以来，我国在新疆、甘肃等地开始放养野马。研究人员在新疆野马放养地发现，这个种群中的一只小母马遭到她的父亲——头马的频频攻击，小母马一接近马群，就被头马凶狠而无情地撕咬，逼得这匹小母马根本无法接近野马种群。原因在于：野马种群一般都是由一匹被称为头马的公马带领，其余母马都是它的配偶，而种群中小马必然都是它的子女。为防止近亲繁殖，小马一旦长大，就必须离开种群，到其他种群，或者建立自己的种群。后来，研究人员还发现，野马种群中一个被称为“大帅”的公马死后，相当于“皇后”的母马生下了“大帅”的“遗腹子”，结果这个小马驹被新的头马残忍咬死。因为只有这样，“皇后”才会顺从新的头马并接受与之交配。由此可见，动物的这种攻击行为与繁殖有关，可以看作情感性攻击的表现。此外，动物还有猎食性攻击和防御性攻击。

攻击性行为的强弱，从神经生物学因素来看，起主要作用的脑结构首先是下丘脑以及杏仁核、前额皮层等；从生物化学方面分析，与动物体内的 5-羟色胺和雄性激素水平有密切关系。

（一）愤怒和攻击的脑机制

1. 下丘脑

20 世纪 20 年代以来，许多研究发现，电刺激动物下丘脑不同部位，能够引发喘气、吞食以及与表达恐惧和愤怒有关的行为。在间脑水平以上切除大脑皮层的猫或狗，常出现一系列交感神经系统兴奋亢进的现象，即对一些微弱的刺激表现出强烈的愤怒，如毛发竖起、张牙舞爪、瞳孔散大、呼吸加快和血压升高，等等。这些反应与动物进行搏斗时的表现一样，故称之为**“假怒”**（sham rage）。这种现象说明，正常生理条件下下丘脑的上述活动受到大脑皮层的抑制而不易表现出来；切除大脑皮层之后，这种抑制解除了，下丘脑的防御反应功能被释放出来，动物的敏感性提高，愤怒的阈限降低，以致在微弱的刺激下就能激发强烈的假怒反应。

下丘脑大致可以分为四个区，即前区、内侧区、外侧区（分布有下丘脑外侧核，其间穿插内侧前脑束）和后区（图 9-5）。研究发现，下丘脑存在所谓防御反应区（defense zone），它主要位于下丘脑中线两旁的腹内侧区。1932 年，Ranson 在动物处于麻醉的状态下，电刺激该区可获得骨骼肌的舒血管效应（通过胆碱能舒血管纤维），同时伴有血压上升、皮肤及小肠血管收缩、心率加速等愤怒和恐惧性情绪反应特征。1940 年，Hess 在动物清醒条件下，电刺激该区也能够出现上述防御性反应，如血压升高、竖毛、缩瞳、弓背、竖尾。

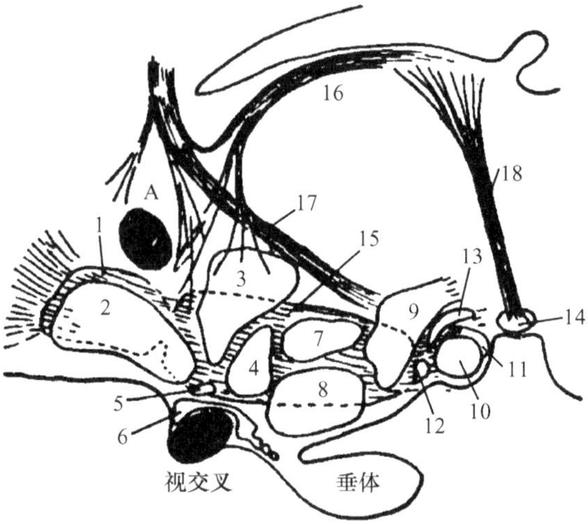

图 9-5　下丘脑神经核群示意图（引自周衍椒和张镜如，1978）

A.前联合；1.外侧视前核；2.内侧视前核；3.视旁核；4.下丘脑前核；5.视交叉上核；6 视上核；7.下丘脑背内侧核；8.下丘脑腹内侧核；9.下丘脑后侧核；10～13.乳头体合群；14.中脑脚间核；15.下丘脑外侧核；16.缰纹；17.穹隆；18.横贯下丘脑的内侧前脑束

20 世纪 60 年代，耶鲁大学 Flynn 发现，刺激猫的内侧下丘脑（图 9-6），可诱发情绪性的攻击厮杀（愤怒攻击）——有发怒的表现，如怒吼或发出嘶嘶声、耳朵挺起、毛发竖立等，但并不对靠近的老鼠实施攻击，与上述“假怒”现象相似。刺激停止，动物就迅速平静下来，蜷缩甚至入睡。捕食性的攻击可由刺激外侧下丘脑而激发。此时动物并没有很多威胁性的姿态出现，而是迅速地扑向猎物并咬住它的脖子。研究者 Flynn 把这种攻击行为称为无声捕食攻击（silent-biting attack）。刺激动物下丘脑背侧区则出现恐惧或逃避性行为，如瞳孔散大，眼睛左右转动，头摆来摆去，最后逃跑。

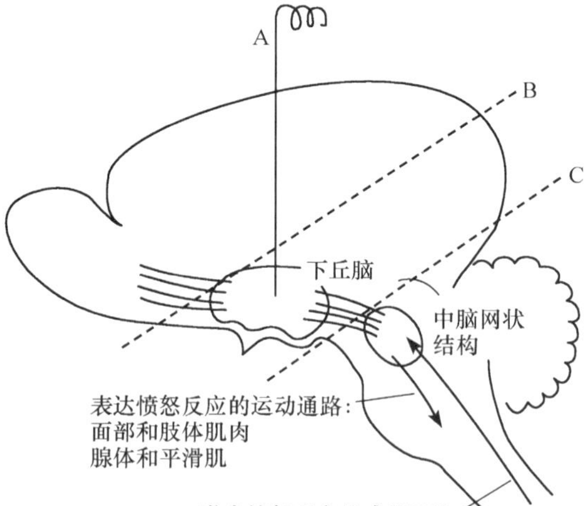

图 9-6　实验性情绪反应的猫脑示意图（引自张守信和金连弘，2002）

电极 A，刺激下丘脑产生愤怒或恐惧的表情；断面 B，切除前脑、保留下丘脑，产生“假怒”；断面 C，位于下丘脑下方，“假怒”消失下丘脑是自主神经系统的整合中枢，它通过调控自主神经系统的活动，从而影响情绪状态的表达。大脑皮层、杏仁核和部分网状结构等均影响自主神经系统的活动，而这些脑区对自主神经系统的作用大部分是通过下丘脑实现的——来自这些脑区的信息在下丘脑进行整合以形成适宜的反应。下丘脑通过两条通路把信息传向脑干：内侧前脑束和背侧纵束。内侧前脑束经过下丘脑外侧部，投射到中脑的腹侧被盖区。刺激中脑腹侧被盖区也可诱发猎食性攻击行为，而损毁该区则消除了动物的攻击能力——就是说，切断了内侧前脑束后部，刺激下丘脑就不再引起攻击行为。下丘脑的内侧部经过背侧纵束将信息传导到中脑的导水管周围灰质（图 9-7）。刺激中脑的导水管周围灰质可产生情感性攻击行为，破坏这一区域则消除攻击行为。

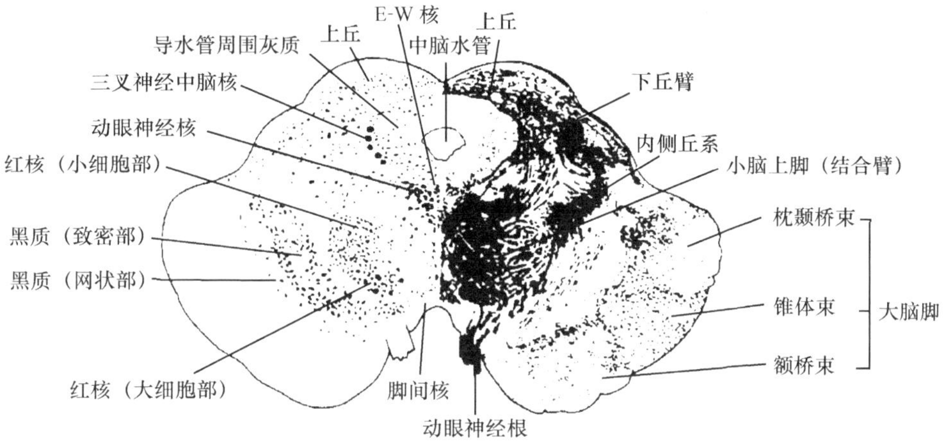

图 9-7　中脑上段的结构（引自孙久荣，2004）

示意导水管周围灰质

2. 杏仁核

杏仁核和下丘脑在功能上具有某种程度的一致性。例如，杏仁核的活动也与攻击行为有关，主要表现为对情绪性攻击行为具有兴奋作用。损毁杏仁核以后，凶猛的动物将会变得温顺起来；领头猴的杏仁核损伤后，很快就失去了它的特权地位，对于下属猴的叛逆行为无动于衷，不再施加它原有的威力。刺激杏仁核的基底外侧核能够导致情绪性攻击行为，它可能通过腹侧杏仁核离心通路而作用于下丘脑和脑干；损毁杏仁核中的皮质内侧核，能够增强猎食性攻击行为，这是因为皮质内侧核的神经元发出纤维经终纹到达下丘脑，正常情况下它对进攻行为具有抑制作用。根据杏仁核与攻击行为有关的理论，某些国外医生试图损毁人的杏仁核来改变某些罪犯的攻击行为，收到了一定效果。

3. 扣带回和隔区

1878 年，法国科学家 Broca 注意到大脑内侧面有一个与周围结构不相同的皮质区，该皮质区围绕脑干形成一个环或构成其边界，他将这部分皮质命名为边缘叶。边缘叶主要由环绕胼胝体的扣带回和位于颞叶内侧面的海马所组成。当时，人们并不知道边缘叶皮质与情感活动有关，而将其当作具有嗅觉功能的结构。

20 世纪 30 年代，有证据表明这些所谓“边缘”结构与情绪（情感）有关。1937 年，美国学者 Papez 提出大脑皮层边缘叶是情绪的神经基础，认为大脑内侧面存在着情绪系统，连接着皮层和下丘脑形成一个环路。在这个环路中，扣带皮质对下丘脑的影响主要通过海马和穹隆来实现，而下丘脑则通过丘脑前核回过来又影响扣带皮质的活动（图 9-8 和图 9-9）。这个环路后来被称为 Papez 环路。Papez 认为情感体验是由扣带回决定的，其他皮质部位可能仅起间接的作用；情感的表达由下丘脑所执行。这就是所谓的 Papez 的情绪环路说。

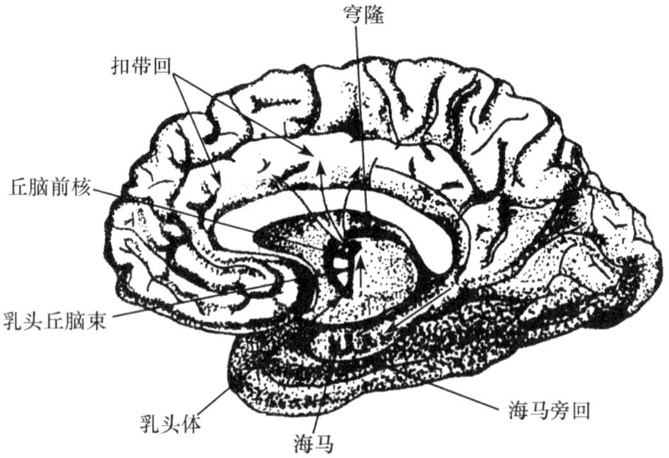

图 9-8　Papez 环路脑结构示意图

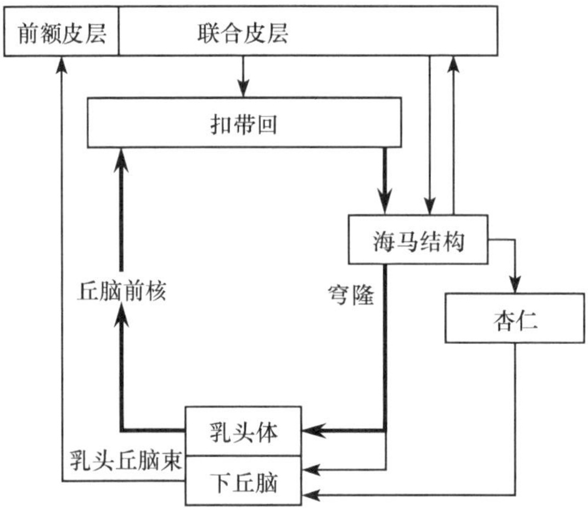

图 9-9　情绪的神经回路（粗线示 Papez 环路）

临床观察证明，扣带回附近的损伤可引起诸如恐惧、烦躁或抑郁等情绪障碍。切除猴的扣带回，它的情感反应会变得迟钝，对周围的许多变化都表现得十分淡漠。也有些研究发现，切除扣带回的动物会变得凶猛起来。在动物处于清醒状态下，刺激扣带回动物出现发怒、吼叫等情绪反应。

4. 额叶皮层

Fulton（1951）的研究证明，黑猩猩的额叶切除后可使其因不再被给予奖赏而引起的愤怒反应消失。手术后动物异常地友善与合作，很快忘记引起它失望或愤怒的原因。这一实验结果对临床技术的发展起到了启发作用——临床上开始使用额叶切除技术治疗人类的情绪障碍（图 9-10）。医疗实践证明，额叶切除后使近一半患者的焦虑、疑病症、不合理的恐惧和情绪过度兴奋等症状得到缓解。然而后来更严谨的观察发现，额叶皮层切除常伴随一些复杂的情况，如产生癫痫、智力受到了损伤、人格的改变、缺乏主动性和创造力等。因此，这种切除治疗不再沿用，采取药物治疗获得了较好的效果。

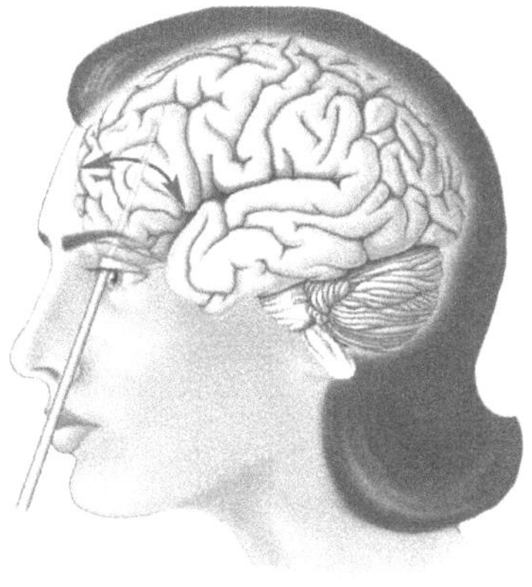

图 9-10　人类额叶切除示意图（引自 Bear, 1999）

行凶杀人是最极端的攻击行为。Raine（1998）观察到，因冲动而杀人的罪犯，前额叶激活水平降低，而包括杏仁核在内的皮层下一些结构的激活水平升高；但是，那些犯罪时没有愤怒情绪的所谓的“冷血谋杀罪犯”的前额叶活动相对正常。由此推测，杏仁核的活动增强可能代表了发泄愤怒等负性情绪的倾向，而前额叶活动降低反映了情绪控制能力的下降。

性情大变的人

关于人类额叶影响愤怒情绪的最令人惊讶的研究之一是对一次工伤事故中受伤者的追踪研究。1848 年 9 月 13 日，一个叫做 Phineas Gage 的工头往一个洞中填充炸药时，意外引起爆炸。当爆炸响起时，一根 1m 长、6kg 重的铁棍正好从 Gage 的左眼下插进了他的头中。幸运的是，一个月后他的身体恢复了正常。但是，他的情绪却变化无常。一位叫做 Harlow 医生对他作了如下描述：

“他时常用最粗野的语言（这不是他以前的习惯），傲慢而放纵，但对同事没有什么不适应，当所发生的事情与之希望相抵触时，他没有耐心进行劝告或制止，他常常十分固执，而且反复无常和犹豫不决。”

由于铁棍是从他的眼下方穿入脑内，因而可能很大程度上破坏了他的前额皮层（包括前额叶皮层）。

（二）愤怒和攻击的生物化学机制

1. 雄性激素

动物的攻击行为与繁殖有关，繁殖是通过性行为实现的，而性行为受激素控制。动物和人类研究表明，雄性激素在攻击行为中具有重要作用。

连续给予雄性激素睾酮能够激发雄性啮齿类动物之间的攻击行为。这种现象也存在于那些出生之后即被阉割的动物中。例如，Bean 等（1978）向被阉割的雄性大鼠的视前区内侧注射睾酮，这些大鼠对同性的攻击行为得到加强。由此推测，睾酮可能通过作用于视前区相应的神经元，激活攻击行为。

胚胎发育期雄性激素对雌鼠攻击行为的影响

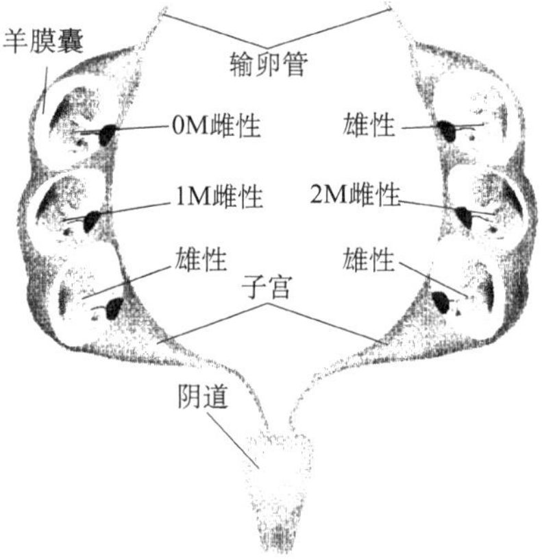

图9-11　啮齿类胚胎排列方式（引自Carlson，2007）

胚胎期受到雄性激素影响的雌性啮齿类动物的攻击行为也会增多。在母鼠子宫内部，胚胎的排列方式与豆子在豆荚中的排列方式一样。一个雌性胚胎两旁可能有由0～2个雄性胚胎；与此对应的雌性胚胎分别被命名为0M、1M、2M（图9-11）。在胚胎发育过程中，雄性胚胎的雄性激素，也能够影响到周围的雌性胚胎血液中的雄性激素含量。Vom Saal等（1980）发现，2M雌性胚胎血液中雄性激素的水平较高，成年后也更容易对同性发动攻击。

众所周知，男性比女性的攻击性强。然而，由于人道原因，不允许通过操纵人类的雄性激素水平探讨男性攻击行为所受到的影响。在我国的历史题材影视作品中，人们经常会发现，太监们说话娘娘腔，体格缺少阳刚之气，主动攻击行为较少。实验研究也发现了类似现象：为了抑制暴力性犯罪者的侵犯行为，曾经对这些罪犯中的一些人实施阉割。由于男性的雄性激素主要由睾丸分泌，因而阉割后这些罪犯体内的雄性激素水平将大幅度减少。Laschet（1973）及其他学者报道，阉割后的这些罪犯对同性和异性的攻击行为都消失了。当然这一研究存在争议，主要原因是没有设立对照组以及这些罪犯的攻击行为不是直接被测量的。

另外一项研究虽然也没有直接测量被试的攻击行为，却是人为地操纵被试体内的雄性激素水平。Su等（1993）给一组年龄在18～42岁的男性志愿者使用了几天的睾酮。在这些被试中使用这种药物剂量最大者报告说体验到了更多的欣快感和强烈的性欲，同时也更容易被激怒和感到敌意。

2. 5-羟色胺

5-羟色胺（5-HT）神经元胞体位于中缝核，其纤维广泛投射到下丘脑和边缘皮层，而这些脑区都与情绪性活动有关。动物研究表明，脑内5-羟色胺含量低的动物攻击性强。

被5-HIAA支配的猴

灵长类动物的群体是研究5-HT与社会支配和攻击行为的一个主要对象。脑内5-HT神经元释放的5-HT，大部分通过重摄取的方式进入神经末梢的突触内部，未被回收的5-HT转化为5-羟色胺代谢物5-HIAA进入脑脊液。因此，脑脊液中5-HIAA浓度代表5-HT神经元活动水平。Mehlman等（1996）经过多年研究发现，野生猕猴脑脊液中5-HIAA的含量最低的雄猴，经常攻击比它们年长且体形更大的动物；与其他猴相比，这些猴更喜欢进行没有获胜把握的争斗。在被追踪研究4年的49只处于青春前期的雄猴中，46%的脑脊液中5-HIAA水平最低的猴在4年内死去，其中相当一部分是因为它们攻击其他猴时被杀死的。例如，第一个被杀的猴是脑脊液中5-HIAA含量最低的，在它对两只成年猴实施攻击之后的第2天被杀死。相反，那些脑脊液中5-HIAA含量较高的猴，4年中全部存活下来。

有趣的是，脑内 5-HT 系统活动水平低的动物，虽然攻击性强，却难以获得统治地位。Raleigh（1991）挑选了两只强壮的雄性长尾猴，分别注射 5-HT 激动剂或抑制剂，考察这种药物处理对这两只雄猴在猴群中获得统治地位的影响：注射 5-HT 激动剂的猴成功地获得了统治地位，而注射 5-HT 抑制剂的猴在猴群中的地位下降。原因何在？统治能力与攻击行为是两码事：虽然要获得统治地位就需要使用攻击行为制服挑战者，然而，良好的社交能力对统治者来说更为重要；而 5-HT 系统活动水平低的猴，其社交能力也低。

比较有意义的发现是，人类攻击行为的神经生化机制与灵长类动物群体类似，脑脊液中 5-HIAA 水平低也与攻击行为有关。Virkkunen 等（1994）对 43 例暴力犯罪、15 例非暴力犯罪和 21 例健康志愿者进行研究，发现冲动犯罪组的脑脊液中 5-HIAA 水平低于对照组。Virkkunen（1996）观察到，脑脊液低水平的 5-HIAA 与纵火等带有明显冲动性的暴力性犯罪相关。这些研究提示中枢 5-HT 系统功能低下可能是攻击和暴力行为者的生物学基础

5-HT 受体有多种亚型，其中一种被命名为 5-HT_{1B}。通过分子生物学技术敲除编码 5-HT_{1B} 基因的小鼠，群体之间没有异常攻击行为，但是对外来小鼠的攻击异常猛烈。这种现象是由于脑内 5-HT 系统对控制攻击行为的脑结构的抑制作用降低所致。研究发现，与攻击行为有关的脑结构，如杏仁核、中脑导水管灰质、中缝核和基底神经节等部位，都分布有 5-HT_{1B} 受体。正常情况下，5-HT 可能通过该受体抑制这些脑部位的活动，控制攻击行为。

三、愉快和奖赏

愉快的情绪常常和奖赏有关：儿时由于某些行为符合家长的期望而得到赞扬（精神奖励），我们感到高兴；少年时代由于我们努力学习获得了好成绩受到学校嘉奖，我们心情愉快；大学录取通知书是对我们十多年寒窗苦读最好的回报和奖赏，接到它我们会兴奋不已。

脑内的奖赏系统、眶额皮层、纹状体等脑区与愉快情绪活动有关。

（一）愉快中枢、苦痛中枢与脑内自我刺激

受到刺激后，能够产生愉快体验的脑结构，被称为**愉快（奖励）中枢**；而受到刺激后产生不愉快的脑结构，则称为**苦痛（惩罚）中枢**。

不顾一切的自我愉悦

1954 年，Olds 和 Milner 训练白鼠在斯金纳箱内建立操作条件反射时，通过手术在动物脑内某个部位放上电极，动物只要按一下杠杆，放置电极的脑部位就会受到一次电刺激。结果发现，当电极置放到脑内某些部位时，动物就会主动地、连续不断地去按动杠杆以获得电刺激（被称为阳性自我刺激行为），说明刺激脑的这些部位可能产生愉快的体验；当电极放在脑的另一些部位使动物可以按动杠杆停止该处的电刺激时，动物会主动按动杠杆以终止电刺激（被称为阴性自我刺激行为），说明脑的这些部位受到刺激可能使动物产生不愉快的体验（图 9-12）。这一研究工作好像是发现了脑内的“愉快中枢”和“苦痛中枢”。

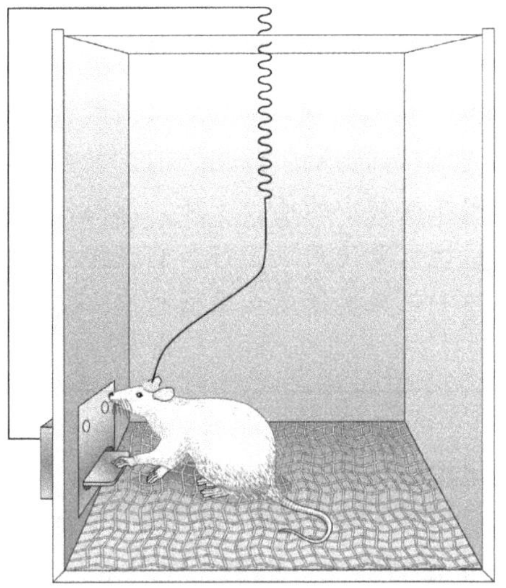
图 9-12　大鼠脑内自我刺激实验（引自 Bear,1999）

实验发现，把电极放在隔区或内侧前脑束时，大鼠以每小时 2000 次左右、猴以每小时 8000 次左右的频率按动杠杆，以获得电刺激。如果把电极放置于丘脑部位，允许动物在 48h 之内可以按动杠杆，一共有 4 只大鼠进行实验，结果有 3 只在连续 48h 之内以高频率按动杠杆，几乎一点也未休息；另一只鼠则以每小时高于 2000 次的频率按杠杆并持续了 26h，由于过度疲劳而倒下，当它醒来后立即仍以高频率按动杠杆，直到 48h。在另一些实验中，实验者把大鼠放在 T 形迷宫中，动物在迷宫的一端可以得到食物，另一端则可以按动杠杆得到通过埋藏于前脑内侧束的电极给予的电刺激。结果表明，实验动物 80%以上是去按动杠杆，即选择脑内自我刺激。即便每天只让它们吃 5g 食物使之处于饥饿状态，也是如此。这种现象从另外的实验中也得到了证明：一般说来，母鼠在刚刚分娩之后对仔鼠是极其关心的，如果把仔鼠从其身边移走，它会立即将仔鼠移回身边，就是使用带电的栅板也阻止不了它的这种本能行为。但是，如果给这些母鼠创设有可以进行脑内自我刺激的条件时，它们却可以丢掉叽叽叫的仔鼠不管而去按动杠杆；也有的母鼠仅把仔鼠移至杠杆附近偶尔舔一下，但并不去喂它们。

生理心理学家致力于研究脑内自我刺激行为与何种（食物、水，还是性满足感）“奖励”有关，特别是脑内的哪些结构受到刺激、通过哪些递质的参与才能产生自我刺激行为。

起自中脑腹侧、投射到边缘系统的隔核、杏仁核、嗅结节、伏隔核和海马等部位的神经束被称为**内侧前脑束**。众多研究表明，能引起反应率最高的脑内自我刺激部位主要是内侧前脑束通过的部位，以及多巴胺、去甲肾上腺素能纤维通过的部位，包括额叶、内侧嗅区、隔区、纹状体、下丘脑、中脑、黑质、脑桥等（图 9-13）。刺激内侧前脑束后部，阳性自我刺激反应率最高，原因在于多巴胺神经通路和去甲肾上腺素神经通路在此处汇合。电刺激这一部位能够同时引起这两类化学通路的兴奋。

随着科学研究事实的积累，人们发现切除上述任何一种脑结构均不影响自我刺激行为。因此推论，能够产生阳性自我刺激行为的脑结构并不是特定的愉快中枢或阳性情绪体验中枢。

另外，有些研究发现，脑内自我电刺激的行为模式消退速度很快，不容易形成记忆。只隔一夜时间，动物就会忘记前一天自我刺激的感觉体验，因而需要重新进行脑内自我刺激以便再次获得新的由电刺激引起的感觉体验后，才能连续按动杠杆。这种现象与食物、水或性对象作为奖励所激发的按压杠杆行为不同——以食物、水或性对象作为奖励引发的按压杠杆行为均可以转变为巩固的学习行为模式并在脑内形成记忆。但是，Olds 等（1981）观察到，在改变了脑电刺激的时间模式以后。例如，在一个地方按动杠杆，到另一个地方接受脑内电刺激，发现脑内电刺激的强化作用与食物或水的强化作用没有不同之处。根据这些研究事实，是否可以从奖励、愉快等情绪体验意义上去解释脑内自我刺激现象，需要慎重对待。

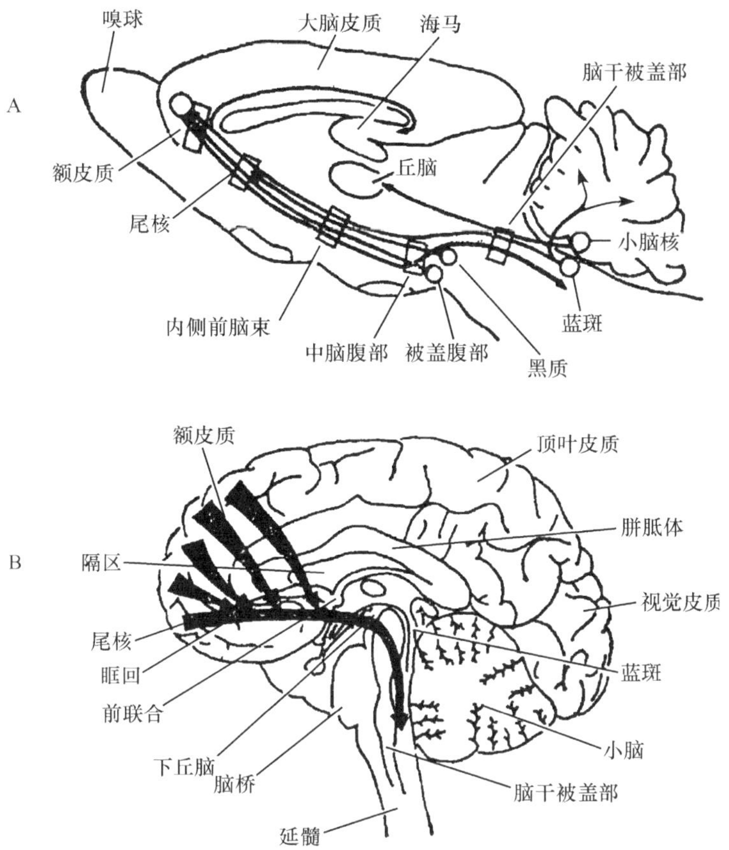

图 9-13　自我刺激脑区的分布

A.大鼠脑：方框处都是产生自我刺激的部位；B.人脑：箭头所示是奖赏系统

对人类被试进行脑内自我刺激研究一般是由于精神病、癫痫等患者需要做外科手术时进行的。通过研究发现，刺激额叶腹内侧部、下丘脑、部分顶叶和颞叶以及中脑上部等能够产生情绪反应，患者感到松弛、悠闲、感觉良好或有点想睡；有的则微笑，有轻度的愉快；另一些则笑出声来。当然有些刺激会引起消极情绪，如不安、焦虑、悲伤，甚至愤怒、恐惧、哭泣；有时即使距离引起愉快情绪刺激点只有 0.5～1cm 处给予刺激即产生相反的情绪反应。人类的脑内刺激也有些是试图用来治疗某些疾病的。例如，晚期癌症患者会疼痛难忍，这样在脑内能够产生愉快的部位进行电刺激使患者产生愉快感，缓解或减轻疼痛感。在治疗精神抑郁的患者时，曾经有研究者用遥控技术刺激患者的隔区，由于是通过遥控给予脑内刺激，所以患者并不知道。刺激之前，患者在诉说他父亲的病情，并认为自己对父亲的生病是负有责任的，说得几乎快要哭了。在给予脑内刺激 15s 后他突然笑了，而且谈到了他结交女朋友的计划。人类在接受脑内刺激时，有报告说产生了一种类似于性满足的愉快：对一个女性癫痫患者（36 岁）的右侧颞叶进行刺激时，她说感到很愉快，极喜欢这种感觉并吃吃地笑，甚至最后提出她想与治疗人员结婚。

（二）中脑边缘多巴胺系统与愉快情绪

由中脑被盖区发出的多巴胺神经元投射到边缘系统的通路，称为**中脑边缘多巴胺系统**。多巴胺与愉快的情绪体验有关，被描述为一种能够使人产生“感觉良好”（feel good）的化学物质。上述脑内自我刺激实验证明，多巴胺回路是一个奖赏系统。容易成瘾的药物如可卡因等，被认为是通过口服进入体内导致多巴胺释放增多，引起了快感。

Burgdorf 等（2007）进行了三个实验，系统地证明了大鼠处于积极情绪状态时参与发出 50kHz 叫声的脑区及其与多巴胺系统的关系。大鼠在对一种能引起积极情绪状态的刺激（如美味的食物、好玩的游戏、性、成瘾的药物）发生反应时，会发出一种叫声（50kHz）。平时，这种声音在大鼠挠痒时或者在打闹嬉戏时出现，在消极性情绪反应时（如电刺激、厌恶性刺激、危险出现）消失。所以，大鼠发出的 50kHz 的叫声被认为与积极情绪有关，可以假设这种声音类似于人类的大笑。实际上，这种现象与儿童在嬉戏与打闹的追逐行为过程中发出的笑声相当一致。

在 Burgdorf 等的研究中：第一个实验使用定位电刺激方法，研究与奖赏有关的脑区在大鼠发出 50kHz 叫声中的作用。结果表明，通过定位电刺激能够诱导大鼠发出这种声音的脑区主要是先前证明的那些对自我刺激行为的建立有重要作用的脑区，包括前额皮层、伏隔核、腹侧苍白球、视前区（preoptic area）、背侧下丘脑 、腹侧被盖区等部位。最重要的是，所有通过脑定位电刺激诱导出 50kHz 叫声的大鼠，同时也产生了自我刺激行为表现。第二个实验通过显微注射方法直接把一种先前证明具有奖赏效应的同等剂量的阿片 μ 受体激动剂 Tyr-d-Ala-Gly-N-methyl-Phe-Gly-ol（DAMGO）注入腹侧隔区，结果发现，与对照组相比，注射这种药物的大鼠发出了更多叫声（50kHz），同时也建立了条件性位置偏好——说明这种叫声是对注射的药物的反应；然而，那些虽然注射了 DAMGO 却没有发出更多叫声（50kHz）的大鼠，同时也没有形成条件性位置偏爱。第三个实验：对腹侧被盖区使用电解损毁、6-OHDA 损毁或注射多巴胺 D1/D2 受体抑制剂 flupenthixol（0 和 0.8mg/kg, i.p.），考察这些处理对大鼠 50kHz 叫声的影响。结果表明，这些处理都能够选择性地减少 50kHz 叫声。这些实验数据表明，大鼠的 50kHz 叫声与奖赏有密切联系；这种叫声的神经回路与脑内自我刺激奖赏回路、药物奖赏回路重叠——仍然是中脑多巴胺系统。

（三）基底神经节与愉快情绪

Phan（2002）对 55 个采用 PET 和 fMRI 技术对人类正常被试的情绪研究结果进行了分析，考察了愉快、恐惧、愤怒、悲伤、厌恶这 5 种基本情绪的脑激活的模式。结果表明，几乎70%的诱发愉快的情绪研究均报告了基底神经节的激活，主要是腹侧纹状体（ventral striatum）和壳核（putamen）的激活。这些研究有的考察对愉快面孔的反应；有的考察对愉快图片的反应；有的诱发被试的愉快回忆；还有的唤起被试愉快性情绪体验或者在竞争性活动中获得成功的情绪体验。

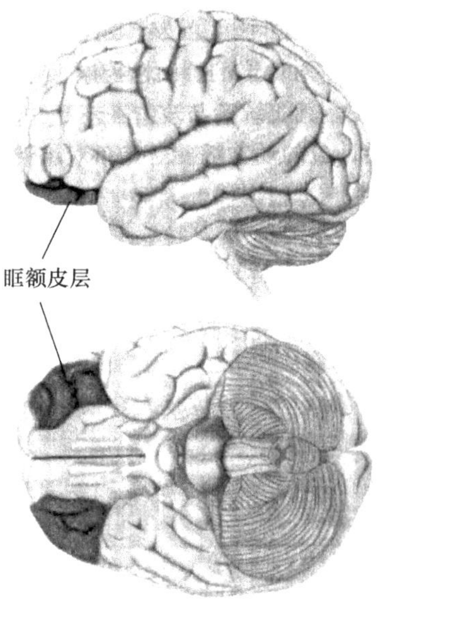

图 9-14　眶额叶的位置（引自 Carlson，2007）

（四）眶额皮层

眶额皮层位于额叶的基底部，它是覆盖于眼眶之上的大脑皮层，所以被称为眶额皮层（图 9-14）。

眶额皮层接受来自背内侧丘脑、颞叶、腹侧被盖区、嗅觉系统以及杏仁核的纤维投射，发出的纤维传向扣带回、海马、颞叶、下丘脑外侧核和杏仁核等脑区。它与额叶的其他区域也有纤维联系。这种结构特点使其能够获得周围环境中发生的各种变化，以及额叶对这种变化所做出的决定，而其传出纤维使其能够对包括杏仁核所组织的情绪反应在内的行为反应和生理反应施加影响。

Doherty 于 2003 年研究被试欣赏高吸引性的面孔时脑的激活情况。认为高吸引性的面孔特征包括面孔特征的对称性，以及与人类面孔平均原形的一致性，具体来说：男性一般为挺直的鼻子、浓黑的眉毛、宽大的下颌；女性则为尖尖的下颌、高高的颧骨和厚厚的嘴唇。研究发现，具有高吸引特性的美丽面孔能够诱发内侧眶额皮层激活。由于高吸引性的美丽面孔本身就是一种奖赏，可以引发比较强烈的愉悦情绪，因此，这个区域被认为是表征刺激奖赏价值的脑区。此外，被试欣赏微笑的面孔也激活了内侧眶额皮层。

第二节　情绪生理反应

一、情绪生理反应的表现

在情绪发生、发展及其变化过程中，由于神经系统的调节，特别是在脑的整合作用下，伴随着心理体验有机体的生理活动也会发生一系列变化，称为**情绪生理反应**。

情绪生理反应按生理系统来划分，主要表现为躯体运动功能的变化和表情肌的活动、内分泌功能的变化、内脏功能变化三个方面。

（一）躯体运动和表情肌的活动

情绪活动常伴随有躯体运动的变化：动物愤怒时有挣扎和张牙舞爪的动作；人在悲愤时捶胸顿足，高兴时捧腹大笑。人类面部的表情肌特别发达，不同的情绪状态往往伴随有不同的表情肌的活动（图 9-15）。

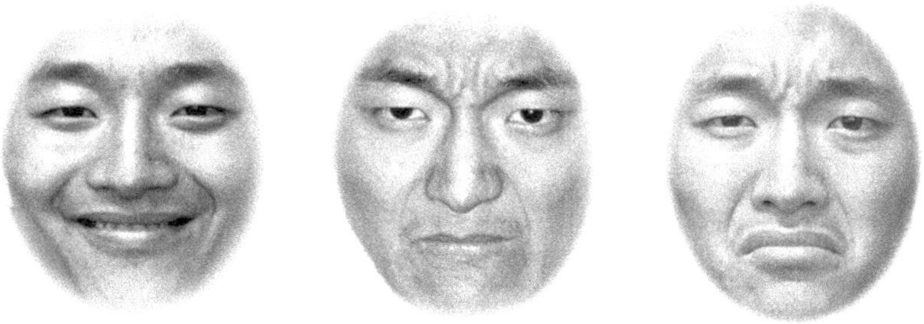

喜悦　　愤怒　　悲伤

图 9-15　面部表情（引自汪亚珉，2007）

额肌：惊讶时额肌收缩使额部皮肤产生横纹，并上提眼睑使眼睁开。

口三角肌：悲伤、不满、愤怒时口三角肌收缩使口角下垂。

颧肌和笑肌：呈现微笑、喜悦时，颧肌和笑肌收缩牵拉口角向外下方。

上述肌肉受躯体运动神经的支配，因而在某些情况下即便不是处于某种情绪状态，也可以有意识地引起有关肌肉的活动。就是说，上述肌肉的活动与情绪状态有不一致的现象。

（二）激素的变化

如前所述，情绪反应过程中常常伴随着内分泌系统功能的变化，表现为某些激素分泌量的增加，而且，激素分泌量增加的程度与情绪反应的强度有关。例如，肾上腺素、去甲肾上腺素、胰岛素、肾上腺皮质激素、加压素等在应激状态下的分泌量均高于正常水平。

（三）内脏功能变化

随情绪状态出现的生理变化，如出汗、口干、肌肉紧张、呼吸加快和心率加速等，主要是由神经系统调节和控制的。其中，自主神经系统调节和控制平滑肌、心肌以及腺体的活动，是一个效应系统。自主神经系统的交感神经系统调节和控制恐惧及逃遁反应。在紧急情况下，身体需要对内外环境的突然变化（如搏斗、竞赛和大量出血等）迅速作出反应。此时，下丘脑和交感神经系统兴奋，使心率加快、心输出量增加、出汗、瞳孔散大、体温升高和血糖增加。例如，猫对痛刺激产生反应时常常出现下列现象：心率加快、血压上升、肠胃运动抑制、脚掌出汗、瞳孔散大、脾脏收缩、呼吸加深加快。人在发怒的情况下也可出现类似的反应。在紧张状态下，人的循环系统功能明显改变。健康成年人在进行紧张心算时血压会高出平时 10mmHg[①]，心率也会有所提高（图 9-16）。

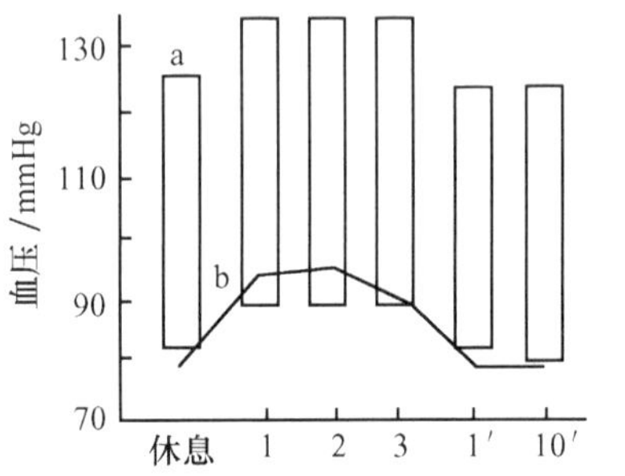

图 9-16　紧张心算时血压和脉率的变化

a.血压;b.脉率；1～3 为心算时所测; 1′,10′为心算结束后 1min 和 10min 后所测结果

植物性神经功能的情绪反应，在某些情况下也会表现为副交感神经系统功能相对亢进的现象。例如，食物性嗅觉刺激引起动物“愉快”的情绪反应时，常引起消化液分泌的增加和胃肠运动的加强；动物发生性兴奋时则生殖器官充血，这些都是副交感受神经功能的表现。在人类，焦急不安的情绪会引起排便次数的增加；忧虑可以导致消化液分泌量的增多；悲伤则流泪；有的人受惊吓时心率减慢。这些都说明，情绪状态也会引起副交感神经系统活动的加强。总的看来，情绪的植物性神经反应是交感神经和副交感神经功能对立统一状态的改变：有时表现为交感神经功能占优势，有时则表现为副交感神经功能占优势。这些现象的出现因人而异。例如，有些人在惊吓时表现为皮肤血管收缩、脸色苍白，属于交感神经功能加强的反应；但另一些人受同一惊吓刺激却表现为皮肤血管扩张、脸色发红，这种现象属于副交感神经功能加强的表现。此外，情绪波动时，有的人伴随有某些内脏器官功能改变，如有的人心脏和胃的活动加强或减弱；有的人内脏反应仅表现为心率加速而血压并不上升，也有的人仅表现出血压上升而心率不变。所以，即使同属于循环系统的心脏和血管，它们在情绪反应中的变化体现在个别人身上也是可以独立发生的。

① 1mmHg≈1.333×10^2Pa

二、情绪生理反应的测定项目

情绪生理反应中的表情动作可以直接被观察，但机体内部变化则需要通过仪器进行测定和鉴别。通过测定和鉴别情绪的生理反应，在一定程度上为判明有机体的情绪状态提供了依据。

情绪生理反应的测定过程中，被测的生理反应主要有 6 种，即心率、血压、血容量、肌电、脑电和皮肤电（表 9-1）。

表 9-1　情绪过程中的六种主要生理反应的测定

被测项目	测量仪器	测量原理
心率	心电图机	紧张刺激改变了植物性神经过程，影响心脏功能
血压	血压计	植物性神经过程的改变影响了心输出量和血管的外周阻力，导致血压变化
血容量	血管容积描记器	植物性神经中的交感神经功能的变化影响血液在血管内的容量
肌电	肌电仪	肌肉细胞受神经刺激后产生动作电位
脑电	多道生理描记器	脑皮层存在自发电活动，受刺激时出现诱发电位及特征性电位变化
皮肤电	多道生理描记器	交感神经兴奋引起汗腺分泌增加。汗液能改变皮肤导电性

在情绪过程中除了伴随有上述 6 个方面的身体反应外，还有一些次要的身体反应，它们与情绪也有很大关系，因而在情绪生理反应的测定过程中也常常对它们进行测定或测量。情绪过程中次要身体反应的测定包括：呼吸的频率和周期、局部体温和全身体温、唾液的分泌量及其化学成分、瞳孔的大小、胃肠收缩活动。此外，还常常测定情绪过程中的内分泌系统的功能变化。

三、情绪的生理反应与测谎

情绪的生理反应及其测定问题的研究在许多实践领域中得了应用，测谎就是这种应用的一个方面。

（一）测谎的原理及历史

说谎时心理体验最深的是紧张和恐惧——担心露出破绽使自己的谎言被戳穿。举例来说，假如一个人在盛怒之下用斧头砍中了别人的头部而又不愿意认罪，他的恐惧感是非常强烈的。如果他被当作嫌疑犯而审讯时，他对与此案有关的字词如听到“头”“血”“劈”等会作出异常反应，当听到“斧头”这样的关键词时反应更为强烈。据此，刑讯人员可以把与案件有关的关键词编成问句审问嫌疑犯，如“你家里有斧头吗？”或“斧头对你有什么意义？”此时，真正的罪犯就会意识到，如果对这些词的反应有差错或表情不自然而露出破绽，就会危及自己的生命或失去自由，于是他会极力克制自己的情绪波动。然而，这种隐瞒和异常克制的本身就是一种紧张、恐惧情绪的表现。它必然伴随着某些生理方面的反应，通过仪器测定和记录能够被观察出来，使罪犯无法逃脱罪责。

古代人们已经开始采用多种方法进行测谎，那时由于不了解说谎同生理活动的关系，也没有先进的仪器，因而在技术上往往带有宗教迷信色彩。但在某些测谎方法中也体现了心理学的原理。例如，有一个名叫辛度的亲王在裁定偷盗犯时命令所有的嫌疑犯把两手放在背后站好，对他们说，无罪的人摸暗室里的驴的尾巴时驴是不叫的，只有偷过东西的人去摸时才会叫。然后让嫌疑犯依次进暗室去摸驴子的尾巴，他们从暗室出来后仍旧两手向后靠墙站好，等这些嫌疑犯伸出手时，辛度亲王立即就认出了谁是罪犯。原来，亲王自己事先命人把驴尾巴上抹了黑灰，没有作案的人心里坦然，知道自己去摸驴尾巴驴也不叫，他们摸驴尾巴时手上沾上了黑灰；作案者心虚，怕驴子叫而不敢去摸，结果手是干净的。被怀疑的人们从暗室出来后一伸出手，黑白分明，案子也就破了。

传说古代印度有一种“米刑”。当不能确定嫌疑犯中谁是真正的罪犯时，法官要这些嫌疑犯咀嚼“神圣”的稻米。过了一阵之后，要求他们把口中的稻米吐在无花果树的叶子上。如果有人吐出的稻米是干的，就可以断定此人是罪犯。此法今天看来固然好笑，然而它包含有一定的科学道理：惊恐、紧张时唾液分泌量下降。罪犯由于害怕罪行败露，因而唾液分泌少，吐出的稻米是干的。

根据情绪的生理反应进行测谎在中世纪已被采用。1939 年，西方学者 Trovillo 出版了一本《测谎史》，其中有这样的记载：中世纪有一位贵族怀疑妻子对其不忠，便请人用搭脉的方法进行测定，结果发现当提到这位妻子的情人名字时，她的脉搏加速，而提到她丈夫的名字时则脉搏正常，后来被测者承认自己确有外遇。

19 世纪末，出现了测谎的仪器。1875 年，意大利学者 Mosso 开始研究恐惧时心跳和呼吸的变化，设计了记录肌肉收缩的肌功描记器以及各种类型的血管容积描记器，来记录血容量和脉容量的变化。最引人注意的仪器是“科学摇床”，受试者平躺在摇床上心情平静时这个床是平稳的；受到情绪刺激时由于血流涌到头部，床便失去平衡。这些仪器都曾被用来测谎。Lombroso（1902）曾用血管容积描记器对一个被怀疑为杀人犯的人成功地进行了测定：让嫌疑犯开始做加法演算时脉搏减少了一些；当把被害女孩头部受伤的照片呈现在面前时，记录到的图线上没有发现突然的变化。检查结果证明嫌疑犯是无辜的。

20 世纪 30 年代，美国测谎权威者 Larson 在加州大学医学院当学生时曾用呼吸计和血压计侦破了一个警察花费三四个月也未破获的女大学生宿舍失窃案。Larson 发现，有一个嫌疑对象的呼吸不自然，好像故意屏住气息似的，心跳幅度明显下降，接着心率、血压和血容量突然升高。经过周密调查，证实这个女子就是作案者。

Benussi（1914）以呼吸的变化作为测谎的标准。他研究发现，正常人呼吸过程中吸气和呼气所占的时间比为 3∶5，即如果吸气是 3s，那么呼气是 5s。这个比例受到情绪影响时发生变化。讲真话前比讲真话后的吸、呼时间比值大，而说谎后的吸、呼时间比值比说谎前大。这一结果得到了其他学者的证实，用吸、呼时间比值作为指标进行测谎，正确率为 73%左右。不过以血压的变化作为测谎的标准，正确率更高——达 91%。

1923 年，鲁利亚研究的测谎方法有别于前人，他用言语联想反应时间和动作反应结合的方法进行测谎：首先要求受试者坐在桌前一张舒适的椅子里，右手置于桌上以便按压空气压缩球，左手握着模拟装置；然后实验者给被试一个刺激词并要求他必须回答另一个词，同时用右手揿压连着记录鼓的空气压缩球，左手握着那个重的模拟装置不动。刺激时间是由实验者关上电门来记录的，反应的时间可以通过被试的声音作用于一灵敏的薄膜而记录。实验记录包括三个方面：一是刺激持续时间，约 1/5s；二是右手的动作曲线，该曲线在潜伏期是光滑的，随着言语反应有规则地上升；三是左手的颤抖曲线。实验发现，情绪紧张状态下动作反应是不稳定的；动作反应的强度对于中性刺激词和有关刺激词也是不同的；左手的颤抖曲线与右手的活动以及言语反应也密切相关。他采用上述原理和方法对约 50 名谋杀犯或嫌疑犯进行测验，大多数罪犯供认不讳。

（二）利用多道心理测试仪测谎

测谎实践中经常使用的仪器是“多道心理测试仪”。它能够测量多种生理参数，其中比较常用的是呼吸、脉搏、血压和皮肤电。如上所述，人在说谎时总会伴随一定程度的紧张，导致呼吸不由自主地加快，脉搏加快并波幅增大，血压升高，汗腺分泌增多导致皮肤电阻降低。这几种参数容易测量，并能很好地反映人的心理活动。

利用多道心理测试仪测谎，缺点之一是必须得到测试对象的配合。否则，测试对象可能通过隐性的肢体动作进行反测谎，如故意扭动身体、咳嗽、吞咽、扭动脚趾、提肛等。

（三）利用事件相关电位测谎的原理

时间相关电位（ERP）中的 P_3 波是事件相关电位中潜伏期在 300ms 左右出现的“正相诱发电位”，其潜伏期取决于刺激辨认速度和决定过程，波幅则与受试者的注意程度和刺激的信息量成正比。P_3 波中的 P_{3b} 和受试者的注意状态密切相关，受试者必须主动注意靶刺激信号。因此，P_{3b} 是“任务相关性”认知过程的主要成分。

在犯罪调查中，利用 P_{3b} 测谎的原理是：既然只有真正的罪犯才充分掌握有关的犯罪细节，那么与案件相关的实物或场景照片等刺激，对罪犯来说蕴含有更多的信息，也就必然会引出 P_3 波幅升高。因此，可以将与案情有关的和无关的事件编成一个刺激序列，根据两者引出的 P_3 波幅的高低来判定受试者是否为真正的罪犯。

周亮等（1999）首次在模拟盗窃的实验条件下，以 P_3 为指标，进行了测试研究。结果发现，参与模拟盗窃者对与盗窃有关的事件的认知加工过程强于对照组，证明实验条件下 P_3 波测谎是可行的。但 P 波受短时记忆的易化，熟悉现场者的短时记忆是否会导致假阳性的产生是 P_3 波能否实际用于测谎的关键之一。周亮等（2000）在另一个实验中将熟悉现场者作为对照组，进一步探讨 P_3 波用于测谎的可行性。结果发现，模拟盗窃组在相关照片刺激下诱导的 P 波幅波面积较熟悉现场组明显增加，有显著的统计学差异，而熟悉现场组与对照组相比虽 P 波波幅增高、波面积增大，但统计学处理无显著性差异，由此认为熟悉现场者参与测谎不会产生假阳性结果，从而再次证明了 P 波测谎的可行性。

尽管 ERP 应用于评估认知功能是一种经济、无创伤和准确性较高的技术，但仍有些问题悬而未决，故在测谎应用中有一定的局限性。表现在以下几方面。

（1）P_3 波潜伏期和波幅与事件的任务相关性刺激概率等有关，并且 P_3 波的波幅与接受的信息量正相关。利用 P_3 波测谎，其准确性会受到这些因素的影响。

（2）P_{3b} 波受个体认知功能的影响，与受试者的注意状态密切相关。受试者必须主动注意靶刺激信号，才会出现 P_{3b}，而 P_{3b} 波除了受认知加工本身的影响外，还受生活中很多“非认知”因素影响，如精神状况，觉醒水平是非常重要的因素；其他如睡眠、体育锻炼、情感、进食、生活习性、药物及疲劳等都可影响到 P_3。如果在 P_{3b} 的引出过程中给予受试者一定的奖励，可以使 P_{3b} 波幅增高。

（3）利用 P_3 波进行测谎也需要测谎对象有配合，如果测试过程中测谎对象频繁眨眼或乱动身体等，则会造成巨大的肌电干扰，影响脑电的叠加；对刺激内容视而不见，则 P_3 难以引出。

（4）P_3 波还受多种神经化学因素的影响，因为 P_3 波潜伏期是刺激评价过程所需的时间，代表外界是信号在突触及神经传导所需时间，P_3 波幅反映对刺激评价所投入资源的数量，而神经元活动及突触传递易受多种递质和调质的干预。神经化学因素对 P_3 波的影响是复杂的，既有单一递质系统的调节，又有各种递质系统间相互作用；即使同一递质在不同脑区的效应也不尽相同，有时还可产生非特异性毒性作用，具有时间-量-效关系。

四、情绪生理反应与心身疾病

由于情绪状态伴随着有机体生理功能的改变，因此，剧烈持久的情绪活动必然引起生理功能的紊乱，导致各种**心身疾病**。

心身疾病又称心理生理疾病，它们的起因、发展和治疗均受心理因素的影响。一般把心身疾病分为三类，即植物性神经系统障碍、代谢和内分泌障碍及过敏性疾病。一般说来，心身疾病的临床特点常常是有阶段性的，症状的高潮期过后接着便是症状的减轻乃至消失；并且，症状出现和消失的次数与患者所体验到的心理紧张量有对应关系。例如，经常处于精神压抑状态而患溃疡病的人，在轻松愉快的度假期间溃疡症状减轻甚至消失。但是，像高血压、溃疡病等，对于某些患者来说也可能纯粹是由于器质性原因造成的，与心理因素没有多大关系。

（一）心理因素的致病机制

许多心理因素如人格、认知特点都与心身疾病有关，但情绪因素与心身疾病的关系最为密切。早在 2000 年前，中外医学家就注意到了消极情绪对身体健康的影响。我国古代医学典籍《内经》中曾明确指出：“大怒伤肝，暴喜伤心，思虑伤脾，惊恐伤肾。”喜、怒、忧、思、悲、恐、惊这七情过度会导致内脏功能紊乱，引起多种疾病。国外医学著作中也有许多关于情绪紧张导致神经功能失调、身体虚弱，而乐观、愉快的情绪又使人恢复健康的论述。

关于消极情绪的致病机制存在着许多理论解释，这里介绍两种。

Mahl（1950）提出的心身疾病理论强调焦虑和恐惧的重要性。他认为，恐惧经常地阻止着有机体的行为表现从而引起疾病。例如，愤怒和焦虑之间的冲突引起高血压；儿童因与成人分离而产生的恐惧和哭喊会导致气喘病；依赖性和焦虑之间的冲突会产生溃疡病。Mahl 的理论是用狗、猴及学生所做的研究为根据的。他把那些为准备考试而学习到深夜的学生同那些不参加考试的学生进行比较，发现“焦虑组”比“非焦虑组”有更多的盐酸分泌。Brady（1958）对“执行操作”的猴进行研究也证明了这一点。他把两只猴绑在并排的两把椅子上，其中的一只被称为“执行猴”，训练它按动杠杆使它和另一只猴来避开电击。如果前后按动杠杆的时间间隔不超过 20min，它们就永远不受电击；如果超过 20min 没有按动杠杆，两者均受电击。也就是说，两只猴受电击次数相等，不同的是后一只猴把命运完全交给了“执行猴”。实验结束后发现，“执行猴”发生了溃疡，而另一只“非执行猴”却没有。研究者对此的解释是，长期的慢性焦虑导致副交感神经活动占优势，引起胃酸的过多分泌。这一结论也得到了其他研究的证明，即只是在延续的焦虑之后才过多地分泌胃酸。

Lader（1972）提出的心身疾病理论强调唤醒和反应特征。他的出发点是，生理心理学研究和心身医学假设了一种心物平行的关系——心理与生理在机能上同时发生而不是呈现出因果关系。按此观点，在心身问题的格局内不应说是焦虑引起心动过速，而应该说是焦虑的口头报告伴随着心动过速，两者是对同一刺激的共同反应。Lader 论证了把生理心理学与心身医学联系在一起的两个主要概念，即唤醒和反应特征。他认为，唤醒的增高是情绪体验的必要条件，而心理生理的反应特征概念是理解心身机能障碍的核心，因为它为每个生理系统的易受损性的变化提供了理论基础。他借用 Lacey 的观点，即心理生理的反应特征在这三种类型，来证明他的看法。这三种反应类型是：①内向紧张型——每个被试对重复的刺激都表现出相似的反应模式。②交互紧张型——有些被试对不同的刺激表现出相似的反应模式。③情景型——反应模式只与刺激有关，而与被试的特性无关。

由此可以看出，不同的身体过程在不同类型的行为中起着不同的作用，因而可以用反应特征的概念对心身疾病进行分析，在某些精神病患者的躯体疾病中包含的特殊生理机制对于由紧张引起的激活是特别敏感的。根据上述分析，Lader 提出了作为心身疾病心理生理基础的一个模式。根据这个模式，环境刺激（无条件的和有条件的）与个人因素的相互作用引起一般的唤醒，接着产生许多评价，然后产生一种特定的情绪体验。如果是急剧的或漫长的环境刺激，它们与个体因素的相互作用能引起高度的唤醒强烈的情绪。人体内部伴随这一过程的生理变化可能是剧烈的，当唤醒达到极高程度时，甚至会使人丧失适应性的反应能力。如果这个过程延续到足够长的程度，就会出现解剖结构上的变化，产生心身疾病。Lader 的这个见解从实验上获得了支持，并具有治疗学上的意义。

心身障碍的心理生理学基础模式见图 9-17。

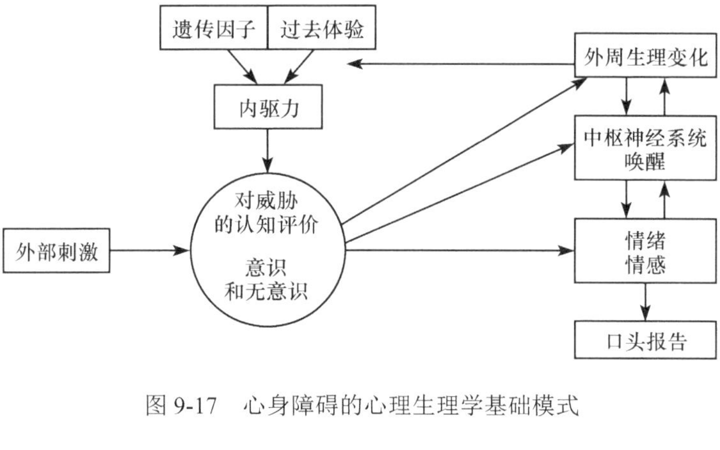

图 9-17　心身障碍的心理生理学基础模式

（二）心身疾病发生过程中的生理中介

心身疾病主要是由于在心理因素刺激下导致生理机能的紊乱而产生的，生理系统的特点起了中介作用。这里的生理系统特点不仅指情绪状态下神经系统、内分泌系统及免疫系统的反应特点，也包括发病前个体的生理特点。生理学家和病理学家对此十分重视，他们强调患者的遗传素质、机体的结构和机能以及某种生化物质在体内的含量。例如，认为溃疡病患者病前胃酸水平过高、冠心病患者病前血中三酰甘油水平过高、甲状腺功能亢进者蛋白结合碘高、痛风症患者尿酸含量过高，等等。这些看法逐渐为多数人所接受，病前生理特点被看作导致心身疾病的因素之一。

关于心身疾病的发病机制，普遍的看法是心理因素和病前生理特点都起重要作用，两者都是产生心身疾病的原因，缺一不可。例如，体内存在着高胃酸水平，没有心理（及社会）因素刺激，不会产生心理生理性的溃疡病；只有心理因素刺激，没有高胃酸水平，也不会导致溃疡病。美国学者曾做过这样一个实验：对即将参加军训的 2073 名士兵进行多项检查、测验，包括心理测验、胃肠检查和 X 光检查，然后把胃酸水平最高、心理素质不稳定的 120 名士兵与胃酸水平最低、心理素质稳定的 120 名士兵对照观察——紧张军训 3 个月之后，分别对他们进行钡餐 X 光检查，结果发现前一组有 9 人得了溃疡病，后一组却无一人患此病的。由此可以看出，患者病前的生理特点是患病的必要条件，而心理因素则起了“击发器”的作用。心理因素和生物学因素在心身疾病的形成和发展中都是不可忽视的。

第三节　变态情绪和精神分裂症的生物学研究

一、变态情绪

在变态情绪中，焦虑和抑郁最为常见。

（一）焦虑

1. 焦虑的表现

焦虑是一种以情绪异常为主的神经症反应。人的焦虑反应有可能发展为恐惧症、疑病症或癔症。所以焦虑被看成是这些神经症的基础。

焦虑的心理表现为：怀疑自己的能力，夸大失败，忧虑、紧张、失望、不安，依赖性强而独立性差。焦虑患者的心理应激与身体应激相互影响。从生理指标上看，在安静状态下他们的皮肤导电率和自发的皮肤导电反应、心率、手指血管收缩、前臂血流量、血压、呼吸频率以及肌肉动作电位等均高于正常人；在环境刺激作用下，焦虑者与正常人相比，他们的脑电波中相随负变化（即与事件有关的缓慢变化的负波）反应小，对定向反应习惯的形成也慢。这说明，焦虑患者对环境刺激的生理反应较小，但是较持久且不易形成习惯。

2. 焦虑产生的原因及治疗

从外部因素来看，焦虑的产生通常都有某些突发性诱因，使人产生心理和机体应激。在突发性事件面前，那些缺乏自信的人更容易产生焦虑，因为他们怀疑自己应变的能力。在突发事件之后，他们产生对恐惧的预期，并且紧张、坐立不安，不安定的、刻板的运动代替了放松与从容不迫状态，情绪带上了抑郁色彩，睡眠和注意力断续、贫乏。

焦虑的产生与遗传也有一定关系，这在包括从动物的选择性饲养到家庭研究以及孪生子的研究中都得到了证明。这类研究发现，大约有 15%的焦虑性神经症患者的父母和同胞兄弟姐妹也具有焦虑的特征；大约有 50%的焦虑性神经症患者的同卵双生者也有过类似的病症。

在焦虑的产生过程中神经递质起重要作用。如前所述，焦虑患者的皮肤导电率基础水平、心率、血压、呼吸率均高于正常人，这些植物性变化是交感神经活动亢进的表现。交感神经末梢释放的神经递质主要是去甲肾上腺素，因而从机体的生理学过程上看，焦虑往往是由于过量的去甲肾上腺素所致。临床上应用的抗焦虑药物，又称弱镇静剂，它们的作用主要是降低去甲肾上腺素的含量，从而缓解或治疗焦虑。

（二）抑郁症

1. 抑郁症的表现

抑郁症有 5 个方面的特征：①悲哀、冷漠的心境；②消极的自我概念，含有自我责备；③回避他人的期望；④睡眠、食欲和性欲的丧失；⑤活动水平上的变化常表现为易激动。有些抑郁症患者心情抑郁和过分高涨交替出现；情绪高昂时持续进行过分活动，话特别多，精力旺盛，狂喜，这种类型被称为两极性抑郁症或躁狂性抑郁症。

在生理指标上，研究发现抑郁症患者定向反射时自发的皮肤导电反应比正常人小，且病情越重，这种现象越明显；皮肤导电率的基础值也较低；但心率和肌肉紧张度比正常人高，唾液分泌量比正常人少。高的心率和肌电水平及低的唾液水平是一种高的应激状态（交感神经活动优势）的特征，而皮肤导电率较低则是低的唤醒状态（副交感神经活动优势）的表现。因此，抑郁症患者的身体反应模式与正常人不同。这表明抑郁是一种复杂的心理障碍。抑郁症患者的脑电图看不到始终一致的异常波形，但睡眠时的脑电波记录证实患者的睡眠不深且常常中断。有狂躁史的抑郁症患者和没有狂躁史的患者在皮层平均诱发反应方面存在着差异：前者随着刺激强度的增大显示出视觉平均诱发反应的增加；而后者则相反，即随着刺激强度的增加视觉平均诱发反应降低。

2. 抑郁症产生的原因及治疗

抑郁症与遗传有较为密切的关系。Rosenthal 的研究表明，同卵双生子和异卵双生子中同患躁狂抑郁症的相关系数分别为 2/3 和 1/6。美国的麻省理工学院、迈阿密大学医学院和耶鲁大学医学院研究者们组成的研究小组于 1987 年宣布，他们发现了人类躁狂性抑郁症的遗传标记因子。这段 DNA 是与其相邻的躁狂性抑郁症基因一起遗传的。研究表明，至少在部分情况下躁狂性抑郁症是受一个主基因控制的。这一基因位于第 11 号染色体短臂末端，尽管对它的结构还没有搞清楚，但已发现在第 11 号染色体末端至少有一个参与了神经递质多巴胺合成的基因——酪氨酸羟化酶基因。多巴胺与躁狂性抑郁症有直接关系。目前尚不能肯定该基因的存在是先天性的，因为仅有 60%～70%的该基因携带者患病。所以，研究者认为还有一些尚不明了的环境因子决定着携带躁狂性抑郁症基因的人是否患病。

从生理过程上看，有些抑郁症（如躁狂性抑郁症）的产生和发展被看作患者的电介质代谢失调的结果。Na^+和 K^+的氯化物对神经系统潜力的维持和兴奋的控制是特别重要的。正常情况下神经元外部有较多的 Na^+而神经元内部有较多的 K^+。但在某些抑郁症患者中 Na^+和 K^+的这种分布紊乱了。这一观点具有一定的临床意义，并在某种程度上得到了支持。临床上治疗躁狂性抑郁症患者的躁狂期多用锂（Li）盐，因为在神经系统中 Li^+的作用很像 Na^+，可以代替 Na^+决定神经的静息电位和动作电位。此外，Li^+还能降低对去甲肾上腺素的反应，对防止躁狂的兴奋特别有效。

一般的抑郁病被认为是由于去甲肾上腺素、5-羟色胺和多巴胺在中枢内部的含量过低，导致中枢内部特别是发生在下丘脑和边缘系统神经通路中突触效能的降低引起的。临床上发现，采用电休克方法治疗抑郁病有一定效果，这种电休克能促进单胺类递质的生成；某些能抑制单胺氧化酶作用、提高去甲肾上腺素作用水平的药物也能缓解或治疗抑郁症。相反，消耗脑内去甲肾上腺素和 5-羟色胺的药物（如利血平等），它们能促进神经元内单胺氧化酶的释放、破坏去甲肾上腺素等，能使抑郁症加重。因此，临床上使用的抗抑郁药物的作用是能提高中枢内部去甲肾上腺素、5-羟色胺和多巴胺的含量。抗抑郁药物有两类：一是单胺氧化酶（MAO）抑制剂，如异丙烟肼，它能抑制 MAO 的脱胺氧化作用，提高了脑内的 5-羟色胺、去甲肾上腺素和多巴胺的水平，达到抗抑郁的目的。二是三环类化合物，主要作用于去甲肾上腺素能神经元，阻止去甲肾上腺素的再摄取。丙咪嗪是这类药物的代表，广泛应用于临床。有实验证实，丙咪嗪有抑制多巴胺-β-羟化酶的作用。还有的实验报告，三环类抗抑郁剂的作用在于使靠近突触间隙部位的去甲肾上腺素含量增多，使之易于向神经元外边释放以增加去甲肾上腺素对其受体的作用，相反，神经元内部的去甲肾上腺素的含量则趋于减少。

二、精神分裂症

（一）精神分裂症的表现

精神分裂症实际上包括许多心理障碍。这些心理障碍的特点是思维、心境和行为方面有严重的反常现象：思维的障碍表现为幻觉、幻念，思维过程缺乏连贯性和逻辑性；心境方面的变态包括感情淡漠、缺乏同情心，不适当的情绪反应如无故发笑等；行为方面的症状包括退缩及行为古怪。

从生理指标上看，一般说来，精神分裂症患者的生理唤醒水平比正常人高。例如，高的皮肤导电水平，经常出现自发的皮肤电反应；高的心率水平，外周血管收缩、呼吸频率快；高的肌肉紧张水平。但是，也有的精神分裂症患者的生理指标测定结果出现了与上述不一致的现象。例如，实验发现，精神分裂症患者的生理唤醒水平存在着两极状态：一种是生理唤醒水平过高；另一种是过低。实验过程是：对精神分裂症患者和控制组播放音乐。控制组开始时对音乐呈现出自发的皮肤导电反应，并且，随着音乐重复次数的增多，这种反应降低（习惯）；而精神分裂症患者则表现出两个极端的反应模式——127 名患者中有 54%的人没有反应、46%的人不仅有反应而且形成习惯极慢。进一步分析发现，后者的皮肤导电率基础水平高，有较频繁的自发皮肤导电反应且幅度较大；而前者在这些指标方面比控制组要低。

精神分裂症患者存在着严重的心理障碍和生理反应异常，表明他们的脑功能在某些方面失调。因此，生理学家和病理学家十分重视对精神分裂症患者的脑功能障碍的研究，并提出了多种假说。

（二）精神分裂症与多巴胺的关系——多巴胺假说

精神分裂症的多巴胺假说认为，精神分裂症是由于脑的代谢过程出现了障碍，从而导致脑中的某些化学物质——主要是神经递质的聚积过剩或消耗过多引起的。目前公认的对精神分裂症最有影响的一种神经递质是多巴胺。

临床发现，有一种药物叫苯异丙胺，它产生的效果与精神分裂症十分接近。苯异丙胺可作兴奋剂使用，如果为了增加食欲和振奋精神，服用 5mg 即可。但经常服用时要想得到同样程度的快感，服用的剂量需随着时间的推移而逐渐增加，甚至高出最初剂量的几十倍。过多地服用苯异丙胺带来了严重的副作用——服用者都出现了妄想狂症状，常有受迫害的妄想，并伴有听觉性的幻觉，也有疑病症和怪诞的姿态出现。这种药物也能使精神分裂症加重。

苯异丙胺的神经化学作用是能促进儿茶酚胺特别是多巴胺的释放并阻止多巴胺的回收。

注射氯丙嗪可以使苯异丙胺引起的精神病逆转，也可治疗精神分裂症。氯丙嗪属于阻断或封闭突触后膜多巴胺受体的化学物质。由于它对精神分裂症有疗效，使得人们推测精神分裂症可能与脑内多巴胺系统的生理生化过程不正常有关：或者是多巴胺释放过多，或者是突触后膜上多巴胺受体过分敏感。精神分裂症病理原因的多巴胺假说最初就是这样产生的。

氯丙嗪虽然对精神分裂症有一定的疗效，但也会带来副作用：长期服用，不仅能产生一种迟发性运动障碍——服药几月甚至几年后出现一阵阵的面肌、口肌和舌肌的不自主运动，如吸吮、咂嘴等，有些患者还会出现臂和腿的扭转或突然抽搐，停药后这些症状依然存在；而且由于它阻闭多巴胺受体而带来的补偿作用是多巴胺受体数目的增加，导致患者停药后对多巴胺过敏，从而进一步加重了精神分裂症状。这样就必须服用更大剂量的氯丙嗪才会产生疗效。

临床上还发现，服用 L-多巴胺这种药物对治疗帕金森病有疗效。帕金森病是由脑中含有多巴胺的黑质细胞溃变而引起的运动障碍，其典型特征是震颤、随意运动障碍、言语障碍等。L-多巴胺是多巴胺的前体物质，它能增加多巴胺的释放量。患者服用这种药物后帕金森病得到了缓解，但有的患者却出现了精神病症状。

由于服用氯丙嗪的精神分裂症患者会出现类似帕金森病的运动障碍，而服用 L-多巴胺的帕金森病患者会出现精神病症状，这两类药物的作用机制都与多巴胺有关，从而为精神分裂症的多巴胺假说提供了第二个方面的证据。

多巴胺假说在下述两个方面有待于进一步研究和完善：一是对人脑中多巴胺及其受体的活动水平提供直接的证明。这个学说的主要支柱是脑中多巴胺受体的生理活动状况——氯丙嗪的作用是能阻闭多巴胺受体，因而对精神分裂症有疗效。这就意味着精神分裂症患者脑中多巴胺受体数目比正常人有所增加。弄清楚了正常人脑和患者脑中多巴胺及其受体的活动水平，才能进一步说明患者脑中多巴胺受体的增加究竟是由于多巴胺释放过多引起的还是由于多巴胺回收减少造成的。二是对药物阻闭多巴胺受体和药效之间的时间差异做出解释。因为药物阻闭多巴胺受体的速度是很快的，但药物引起的行为变化需要较长时间——常常是在数周后才表现出来。这给人们理解多巴胺同精神分裂症之间的关系带来了困难。

（三）精神分裂与遗传的关系

全世界患精神分裂症的人数约有 2100 万，这为对精神分裂症进行遗传学研究提供了条件。从家谱调查的结果看，精神分裂症家族中该病的发病危险率（即患者亲属中患此病者所占的比例）高于一般健康的家族群体，而且，血缘关系越近，患此病的比例越高。

双生子的研究表明，同卵双生子中同患精神分裂症的比例高于异卵双生。人们对同卵双生子和异卵双生子各进行了 5 组调查。在同卵双生子的 5 组中，双生子同患精神分裂症的最高比率是 82%，最低比率是 38%，5 组平均比率接近 60%；在异卵双生子的 5 组中，双生子同患精神分裂症的最高比率为 15%，最低比率是 9%，5 组平均比率不到 12%。

通过对收养子女的调查研究发现，患精神分裂症的父或母送给别人收养的子女中患精神病者多于健康父母的子女。

从上述研究结果来看，一方面精神分裂症与遗传确实存在着某种联系；另一方面遗传因素不是精神分裂症发病的唯一原因，因为即是在遗传基因差异不大的同卵双生子中，患精神分裂症的相关系数也远没有达到 100%。这一事实增强了人们深入探讨精神分裂症的发病机制和防治方法的信心。

英国伦敦的 Sherrington（1989）研究小组报告说，他们已经注意到了人类的第 5 号染色体——两人有血缘关系的同一种精神分裂症患者的第 5 号染色体的特定部位出现重复现象，并且在第 1 号染色体处也发生位移。但是，耶鲁大学的 Kennedy 等对瑞典的家庭进行调查研究所得结论却是精神分裂症与第 5 号染色体无关。另有一些学者提出，与精神分裂症发病有关的遗传因子可能存在于某条性染色体中。

上述研究成果使人们日益相信，精神分裂症是一种异质性病变，即许多不同的原因能引起相似的结果，在某些情况下第 5 号染色体上的某个基因是重要的。但研究者也指出，在某些情况下精神分裂症也可能没有任何遗传成分。

第 10 章　随意运动控制

查尔斯·斯考特·谢灵顿
（Charles Scott Sherrington，1857～1952）

发现支配肌肉的神经含有感觉神经纤维和运动神经纤维以及肌肉活动的交互抑制（谢灵顿定律）。1932 年获诺贝尔生理学或医学奖。

◎一个简单的签字活动，分为哪些步骤、有哪些脑区参与？
◎有的人为什么不能顺利地指到自己的鼻尖？

本章知识点

- 运动的形成过程
- 脑内控制运动的亚系统
- 随意运动控制模型

随意运动是指受意识调节的、具有一定目的性和方向性的运动。它既是人和动物的基本行为方式之一，又是人的意志行动的基础。

对于运动系统来说，支配同一块肌肉或支配在空间上互相分开的一些肌肉的运动神经元是按一种特殊的时间次序活动的，很像一张音乐总谱中的不同音符按特殊的次序被演奏而形成一首乐曲。因此，人的每一种运动行为不论是有意识的或者是无意识的，都可以看作是在脑导演下一群群肌肉收缩所奏响的交响乐。所以，揭示脑是如何指挥（调节和控制）这个运动交响乐队的，对于认识正常人的随意行为至关重要。

一般来说，运动行为是通过骨骼肌的收缩和舒张，带动关节的运动而产生的；全身各部位的骨骼肌纤维的活动受位于脊髓和脑干中的所谓“下运动神经元”所支配；“下运动神经元”既接受脊髓和脑干内部各种局部环路控制，又接受来自大脑皮层和脑干中的所谓“上运动神经元”的支配和协调；“上运动神经元”接受基底神经节和小脑传来的经过整合的感觉信息，其意义在于使运动更加精确和协调。此外，运动的计划需要感觉信息作参考，控制运动需要有感觉信息的及时反馈；人们进行的随意运动，一般需要经过“练习”才能“熟记于心”而运用自如。因此，随意运动的控制和调节，与动机、感觉和记忆等脑的高级功能都有密切的关系。

第一节　运动形成过程与随意运动的特点

一、肌肉和运动

动物的运动依赖于肌肉收缩。脊椎动物的肌肉有三种：**平滑肌**，控制内脏器官的运动；**骨骼肌**，控制躯体运动；**心脏肌**（心肌），控制心脏的运动，兼有平滑肌和骨骼肌的一些特性。

肌肉是由许多肌纤维（肌细胞）组成。神经细胞的一根轴突可以支配几根肌纤维，如眼动肌一根轴突支配三根肌纤维。手臂上的二头肌是一根轴突支配一百多根肌纤维。这种差异说明眼睛的运动比二头肌更细致、更准确。

神经肌肉接点（终板）是运动神经元与肌纤维相接触处。在骨骼肌，每个神经元在神经肌肉接点释放乙酰胆碱，乙酰胆碱刺激肌肉收缩。

每种肌肉只能做一种运动——收缩，而且是朝着一个方向收缩，它绝不会向相反方向运动。在没有刺激的情况下，它是舒张的。一个动作需要多个肌肉的协同活动才能够完成。走路、拍手和其他协调性动作都需要多种肌肉规律性地收缩（舒张），交替进行。

二、肌肉感受器对肌肉运动的调控

哺乳动物中控制躯干、四肢的运动神经元位于脊髓的灰质前角，它们的轴突全部进入脊髓的腹侧，而感觉神经元轴突全部进入脊髓的背侧。运动神经元的轴突从脊髓一直延伸到所支配的肌肉。所以，脊髓前角中的运动神经元直接控制肌肉的活动。这些神经元除接受高级中枢的指挥外，经常性地接受来自肌肉内部的信息（称反馈信息）。因为，在骨骼肌内埋藏着监视肌肉动态的感受器。这些感受器有两种可能的作用：一是感受躯体部位的肌肉运动和姿势；二是检测肌肉的张力和压力。这些感受器把感受到的信息传到脊髓去调整运动神经元的兴奋水平。另外，这些感受器的信息也能传到高级脑中枢，如小脑和大脑皮质，为脑提供指挥行为的根据。但是，脊髓阶段的反馈控制在维持肌肉的紧张度和产生完整的动作方面是非常重要的。没有肌肉中的反馈信息产生的反射性的控制，我们全身的肌肉都不会有协调的张力——既不可能维持正常的姿势，也不能做出稳定的动作。

肌肉感受器有两种：一种是肌梭（muscle spindle）；另一种是高尔基腱器（Golgi tendon organ）。

肌梭是长度感受器，与肌纤维平行排列着。它的结构比较复杂，是一种中间粗两头尖的梭形器官。它的外面包着一层结缔组织囊，内含 6～12 条特化了的肌纤维，称梭内肌。梭内肌纤维两端有横纹的部分具有收缩功能，中间部略为膨大，无收缩能力，但此处有感觉神经末梢盘绕，是感觉装置所在部位，它与收缩部位呈关联关系。因此，当梭内肌收缩时，感觉装置受到牵拉刺激，敏感性提高，而当梭外肌收缩时，肌梭所受到的刺激的减少。

肌梭的感觉神经末梢有两种，一种是绕成螺旋形的末梢（AS），其传入纤维是直径较粗、有髓鞘的 I_a 类纤维。另一种是散花状的末梢（ES），其传入纤维为直径较细、有髓鞘的Ⅱ类纤维。实验结果证明，两类感觉末梢对牵拉刺激的反应有所不同，螺旋形末梢对快速牵拉刺激较为敏感，而散花状末梢则对缓慢持续的牵拉较敏感。

高尔基腱器是一种比较简单的感受器，它位于肌腱胶原纤维之间，与梭外肌串联排列，其传入纤维是传导速度较快的 I_b 有髓纤维，传入纤维通过一个抑制性中间神经元终止于支配该肌肉的脊髓前角 α 运动神经元，抑制 α 运动神经元，使 α 运动神经元产生抑制性突触后电位。也就是说，肌肉过分紧张的信息经高尔基腱器传送给中间神经元，中间神经元抑制运动神经元的兴奋。这样使传到肌肉的兴奋减少，肌肉的收缩可以停止或减少。这是包含着三个环节（感觉神经元、中间神经元和运动神经元）的反射环路。

由此看来，肌梭的活动是使肌肉收缩，高尔基腱器的活动是使肌肉松弛。通过这两种感受器的监视和反射通路，肌肉的张力可以随时得到调节。

三、运动单位

来自中枢的运动神经元通过它的轴突分支可与四肢或躯干中的约 150 条肌纤维发生接触，但如果运动神经元控制的是那些进行精细活动的小肌群，它所支配的肌纤维数目则较少。一个神经元的轴突及其分支末梢和它们所支配的肌纤维组成一个**运动单位**，一块肌肉是由多个运动单位所组成。这些运动单位中，有些是受小型运动神经元支配的，它收缩时张力小，称为**慢抽搐单位**。有些是受大型运动神经元且传导速度快的纤维支配的，它们收缩时张力大，但易疲劳，称为**快抽搐单位**。一般情况下，肌肉收缩时先参加的是慢抽搐、抗疲劳、张力小的单位，最后参加的是快抽搐、张力大、易疲劳的单位。由于慢抽搐的运动单位神经控制精细又耐疲劳，因而主要在技巧性和稳定性的动作中发挥作用；而快抽搐的运动单位则主要是在需要猛力的动作中发挥作用。例如，举重运动员站好位置握住杠铃时，主要是靠慢抽搐运动单位工作，而当用力向上举起杠铃时，主要是靠快抽搐运动单位工作。

四、运动的形成过程

运动是由于肌肉收缩产生的力，作用于身体的有关部位（通常是骨骼）而产生的。人多数运动在关节处发生。收缩时使一个关节向同一个方向转动（如屈曲）的各块肌肉称为**协同肌**，而在收缩时使这个关节向相反方向转动（如伸直）的肌肉被称为**拮抗肌**。即便在做一个简单的运动（如屈前臂）时，也需要协同肌、拮抗肌的收缩和舒张在时间及强度上的密切配合。如在前臂屈曲时，肱二头肌等前臂的屈肌收缩，而其拮抗肌肱三头肌等肌肉则相应地舒张（松弛）。不仅如此，肩关节周围的肌肉也必须同时收缩，使肩关节固定；为了补偿屈曲前臂所引起的身体重心的改变，以避免身体因失去重心而跌倒，在屈肘前还需要及时调整躯干肌肉的张力。

五、感觉信息在运动过程中的作用

为了对运动进行正确的控制，中枢神经系统需要不断地接受感觉信息。原因在于，发起运动前运动的编程（programming）需要一系列基本的信息，包括身体和身体各组成部分的当时的姿势，有关肌肉的长度、张力、关节的位置，甚至包括肌肉、骨骼和肢体的重量。这些方面的信息主要由来自肌肉、关节感受器和前庭器官的感觉传入提供。为了正确地编程，还需要运动目标的空间位置和运动目标与自身位置的空间关系的信息。这种信息主要由视觉、听觉及皮肤感受器提供。另外，中枢神经系统需要在运动过程中不断地监测运动进行的情况，以便在出现意外（如运动的负载改变或遇到障碍，或运动的程序不完全正确）的情况下及时对运动进行调节以完成预定的运动。从上述途径得到的感觉信息也是这种反馈调节或反馈控制的基础。

在感觉反馈信息中，视觉信息对运动的精确控制是十分重要的。日常生活告诉我们，很多运动都需要在视觉引导下才能准确地进行，或在视觉控制下才能轻而易举地完成。Jeannerod（1981）对受试者用手去取放在约 50cm 之外的桌上的一只球的运动进行了研究。研究者发现，这一运动由两个动作组成，即手从原来位置沿一条曲线移动至球所在的位置和手指张开准备握球，这两个动作是同时开始的。如果设法使受试者只看见球而看不见自己的手的运动，则虽然运动的大部分过程并无明显变化，手却最后不能准确地达到目标。显然，至少在这种实验条件下，视觉是这一简单的运动能准确地达到目标所必需的。

在上述实验里，视觉反馈需要 300ms 左右的时间才开始发挥调节作用，而有时快速的运动却可以在 150～200ms 内完成，因此反馈控制只能在缓慢的运动或姿势的维持中起作用。对于快速运动，神经系统采用另一种重要的控制方式——**前馈控制**，即神经系统事先根据各种已得到的感觉信息尽可能精确地计算出运动指令，待运动发起后即不能再依靠反馈信息来加以调节。一个明显的例子是足球守门员扑救点球：守门员只能事先根据各种感觉信息决定扑救的方向，待扑出动作发生后便无法加以修正。

六、随意运动

肌肉收缩完成的运动按照人的主观意志控制的程度分为不随意运动、随意运动。其中，随意运动通常是为了达到某种目的而指向一定目标的运动，可以是对感觉刺激的反应或因主观意愿而产生。顾名思义，随意运动的方向、轨迹、速度、时程等都可以随意选择，并且可以在运动的执行过程中随意改变；随意运动一般是在较长的时间里完成的；参与随意运动的控制或对它有影响的神经结构为数众多，广泛地分布在中枢神经系统的各个部位。绝大多数比较复杂的随意运动，都需要经过反复练习才能逐渐完善和熟练掌握。在做已经熟练掌握的随意运动时，人们就不再需要思考每个具体动作是如何进行的，可以下意识地顺利完成。此时的随意运动就转变成了运动技能。一般认为，运动技能形成以后，运动的复杂细节已经在练习的过程中被编成“运动程序”（motor program）而储存起来，这些“程序”可以被随时调用而完成运动，就像计算机工作时调用编好的程序一样。

运动技能发展的高级阶段称为熟练。它是自动化的动作系统。这类运动的主要特点是：通常可以随意开始或中止；一旦开始，就不再需要意识的参与而能自动重复进行；并且，可以在执行过程中被感觉信息所调节。

第二节　中枢神经系统对运动的控制

中枢神经系统参与控制运动的神经结构，从低级到高级分别是脊髓、脑干的下行系统和大脑皮层的运动区。这种划分方法是 19 世纪英国神经病学家 Jackson 的观点。从功能上看，则可以把控制运动的神经结构大致分为 4 个亚系统，分别是脊髓灰质内的神经环路、胞体位于脑干和大脑皮层的上运动神经元、小脑和基底神经节。这 4 个亚系统在运动过程中具有各自功能，但又相互联系，为实现运动控制提供了多种多样的途径。

一、脊髓内部“下运动神经元”对运动的控制

脊髓灰质内的环路组成了控制运动的第一个亚系统。这个环路内最主要结构是直接支配骨骼肌的α运动神经元以及与α运动神经元形成突触联系的脊髓中间神经元。高级中枢传来的运动性的神经冲动，无论来自脑的哪些部位或哪些区域，都要经过α运动神经元，才能到达骨骼肌。因此，α运动神经元被称为**下运动神经元**（lower motor neuron）。脊髓中间运动神经元接受大量的来自高级中枢的下行投射以及来自周围的感觉传入，参与完成与运动有关的反射。脊髓内部的突触联系是感觉运动反射的基础。

脊髓能够完成的反射主要有牵张反射和屈肌反射。

（一）牵张反射

牵张反射有两种类型，即肌紧张和腱反射。

正常情况下，人类躯体的骨骼肌保持一定程度的张力，并不是完全松弛。这是由于骨骼肌有不同数量的运动单位的肌纤维轮换交替兴奋收缩的结果。这种部分肌纤维的收缩使整块骨骼肌维持一种轻度的持续收缩状态，产生一定张力，称为**肌张力**或是肌紧张（muscle tension）。肌紧张对于维持躯体姿势非常重要，全身各个部分骨骼肌的紧张程度不同而又互相配合才使人体保持一定姿势。当部分骨骼肌的肌紧张发生变化时，姿势也随之改变。

肌紧张的产生常常是由于受到外力牵引而伸长时，能反射性地引起受牵拉的同一块肌肉收缩。这种反射活动称为**牵张反射**。在自然条件下，导致这种反射经常出现的原因主要是重力牵引的结果。

肌紧张类型的牵张反射的传入纤维是肌肉肌梭中发出的 I_a 纤维，它们与同一肌肉及其协同肌的脊髓运动神经元形成兴奋性的单突触联系，同时通过一级中间神经元与这一肌肉的拮抗肌的运动神经元形成抑制性的双突触联系。牵张反射在伸肌和屈肌都存在，尤其是在下肢的伸肌，牵张反射在对抗地心引力、维持直立姿势上起重要作用。直立时，地心引力会使膝关节弯曲，此时股四头肌受到牵拉，肌肉中的肌梭被拉长，兴奋了肌梭发出的 I_a 纤维而产生传入冲动。I_a 纤维的传入冲动兴奋股四头肌及其他伸肌的运动神经元，使伸肌收缩。同时，I_a 的传入冲动经过抑制性中间神经元，使屈肌的运动神经元抑制，导致屈肌舒张。股四头肌等伸肌收缩及相应的拮抗肌舒张的结果，导致肌肉产生一定张力来取消或是对抗这种被动牵引，表现为膝关节伸直。

由此可见，产生肌紧张的牵张反射，是一种自动反馈的调节过程。产生肌紧张的运动单位收缩力量并不大，只是抵抗肌肉被牵拉，因此不表现为明显的动作。这可能是由于同一肌肉的不同运动单位进行交替性的收缩而不是同步性的收缩，所以肌紧张能维持持久而不易发生疲劳。

腱反射是指快速牵拉肌腱时发生的牵张反射。例如，叩击人的膝关节下的股四头肌使之受到牵拉，能够引起一次短促的膝跳反射。参与腱反射的肌肉收缩几乎是一次同步性的收缩。

（二）屈肌反射

当人踩到钉子或触到火焰时会做出什么动作？很快缩回受到伤害的肢体。这种反射活动就是屈肌反射的一种。因此，**屈肌反射**的典型表现是肢体在遇到突然的疼痛刺激时很快回缩。

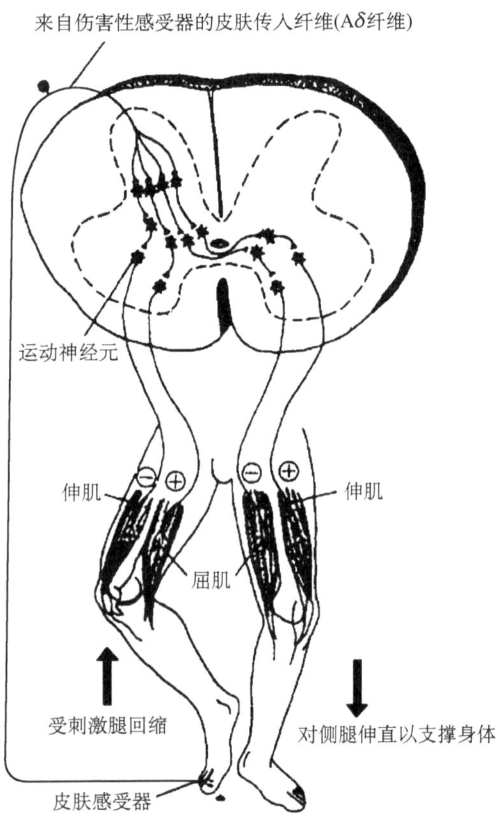

图 10-1　屈肌反射环路（引自吕国蔚，2000）

该反射弧涉及多个突触（图 10-1）。传入神经纤维是传导伤害性刺激信息的细纤维。刺激兴奋同侧屈肌并抑制同侧伸肌，因此，屈肌反射中主要是屈肌收缩，同时也出现与屈肌相拮抗的伸肌舒张；另外，受刺激的肢体屈曲的同时伴有对侧肢体伸展，即对侧肢体的伸肌兴奋而屈肌被抑制。这种呈现交叉伸肌反射（crossed extension reflex）的表现使得在一侧肢体受到伤害性刺激回缩的时候仍然能够维持身体的基本姿势。在神经系统中，当支配一肌肉的运动神经元受到传入冲动的兴奋，而支配其拮抗肌的神经元则受到这种冲动的抑制，这种生理活动现象称为**交互抑制**（reciprocal inhibition）。交互抑制现象广泛存在于中枢神经系统内部的神经元联系之中，使得一切反射活动成为协调的动作。例如，呼吸反射和吞咽反射就是相互拮抗的两种反射。

在屈肌的反射通路中，中间神经元汇聚来自多方面的输入信息，包括来自皮肤感受器、其他脊髓中间神经元和各下行通路的传入。在损伤了下行通路后的患者身上可以看到，用非伤害性刺激（如轻推、挤肢体）即可引发正常情况下需用伤害性刺激才能产生的肢体回缩。这就说明，通向脊髓的下行投射可能参与一种闸门作用，即对反射弧中的中间神经元在汇聚各种感觉传入过程中起闸门控制。

二、脑干和大脑皮层对运动的控制

控制运动功能的神经结构的第二个亚系统由胞体位于脑干和大脑皮层内的上运动神经元（upper motor neuron）组成。**上运动神经元**的轴突组成下行投射，与脊髓内的 α 运动神经元或中间神经元构成突触联系。这些下行投射与随意运动控制关系密切。位于脑干的上运动神经元把前庭、躯体和视觉等感觉信号整合后，通过下行投射影响脊髓的反射活动，特别是与驱动身体行进、姿势体位维持等基本运动有关；位于皮层（主要是初级运动区、运动前区和补充运动区）的上运动神经元则与随意运动的策划、起始和指导有关，它们通过皮质脊髓通路直接投射到下运动神经元，也可以经过脑干核团间接影响脊髓运动神经元。

（一）脑干

脑干内有 4 个结构向脊髓发出下行投射，它们是前庭核、网状结构、上丘和红核。其中上丘和红核到脊髓的投射纤维比较少。

前庭核是第Ⅷ对脑神经的终止核，接受来自半规管、前庭等感受器的信息，与头的空间位置有关。前庭核神经元发出的下行投射主要到脊髓灰质内侧部，也向外延伸到控制肢体肌肉的神经元。

网状结构由复杂的神经元网络组成，位于脑干的核心部位。像前庭核一样，网状结构的下行纤维主要终止于脊髓灰质的内侧部分。它同前庭核一起，根据影响身体平衡的环境变化，向脊髓提供维持姿势、保持身体稳定的信息。

脑干的上述结构对姿势的协调作用可以通过简单的随意运动实验证实。如图 10-2 所示，受试者在听到一个声音后马上牵拉绷带以检测肱二头肌的收缩情况。一般情况下，肱二头肌在听到声音后 200ms 开始活动。研究记录显示，肱二头肌收缩还伴以腓肠肌的活动明显增加，甚至腓肠肌的收缩先于肱二头肌。该实验说明，姿势控制受一种提前的或前馈机制所调节（图 10-3）。维持身体的稳定作为上肢运动计划的一部分而被脑干一起“考虑”，其结果是在肱二头肌活动之前先启动腓肠肌。这样，肱二头肌收缩造成躯干前倾的偏差就会被腓肠肌收缩引起的躯干后倾所抵消。由此可见，在预见到身体稳定可能会出现问题情况下，前馈机制是对可能出现的情况做出的反应，对维持稳定姿势具有重要作用。

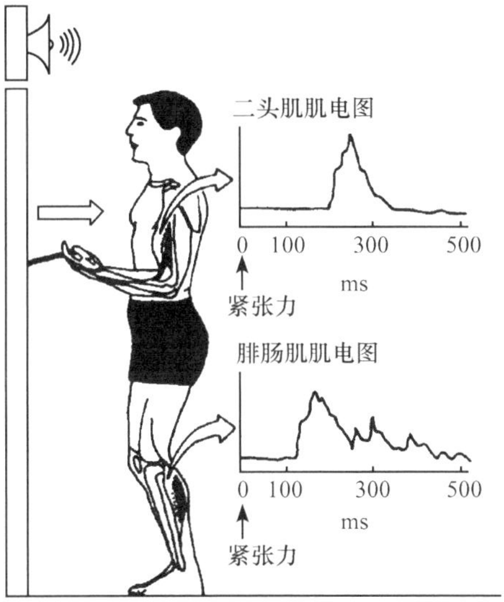

图 10-2　身体姿势的先期维持（腓肠肌的收缩先于二头肌收缩）（引自吕国蔚，2000）

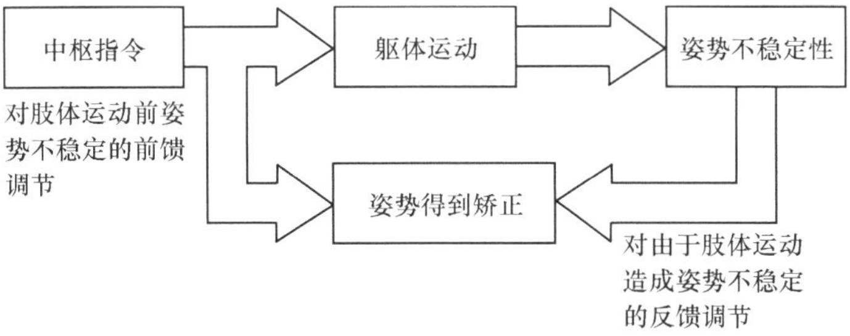

图 10-3　姿势控制的前馈和反馈调节机制（引自吕国蔚，2000）

（二）运动皮层

中央前回（Brodmann 4 区）称为初级运动皮层。电刺激这一区域能够引起运动反应。中央前回 4 区对运动的控制从解剖学上看有三个特点：①躯体各个部位在这一区域的代表点是倒立的，即中央前回上部和旁中央小叶前半部分控制下肢的运动，中央前回的中部控制上肢与躯干的运动，中央前回的下部控制头面部肌肉的运动（头面部在此处的投影是正立的）。②躯体各部位在中央前回的皮层代表区不与躯体部位的大小成比例，而与其功能的精细程度有关。例如，口和手比下肢要小得多，但它们在中央前回所占的面积却很大，这是因为它们的功能复杂程度高所致。③由于锥体系交叉，导致中央前回对躯体运动功能的控制也具有交叉性，即左半球中央前回控制右侧躯体运动，而右半球中央前回控制左侧躯体运动（头面部运动受双侧中央前回控制）。

中央前回 4 区具有特殊的神经元构筑，除第三层内聚集大量锥体细胞外，在第五层内有巨大的 Betz 细胞，其直径为 50～60μm。许多学者认为，Betz 细胞是控制运动最重要的神经细胞，它的活动与随意运动有关，因而具有特别重要的机能意义。Evarts 等（1968）通过猕猴进行的实验为上述观点提供了证据。Evarts 等认为，假如运动皮层的输出是控制精细运动的话，那么即便是肌肉活动的最小波动，运动神经元也应该受到强烈的调制。这种调制（精确地对手的运动控制）强烈地依赖于从手传来的感觉反馈。因此，在精确地控制手部运动时，运动皮层的活动应当处于连续地通过负反馈的闭环控制之下。研究者设计了如图 10-4 所示的装置进行了实验研究。

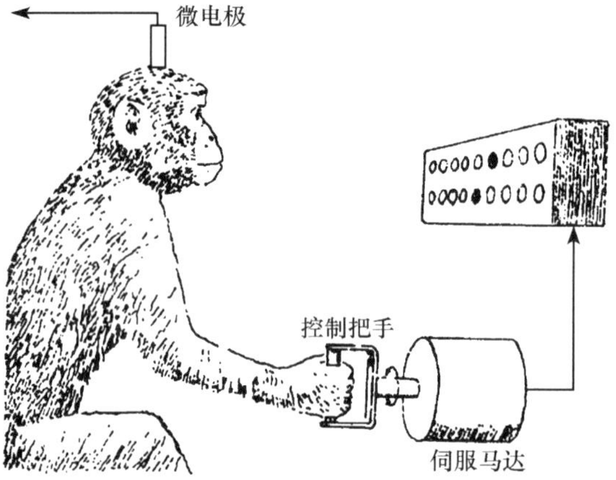

图 10-4　对猴进行的对于刺激作精细反应的训练

实验猴被证明能接受包括对于刺激作出精细肌肉反应的训练。在这个实验中，两排灯的上边 9 个中的一个由实验者开亮。猴扭转把手能向左或向右“跟随”上排所开亮的灯。当上下两个开亮的灯排成一行时接受奖赏。将一个微电极插入与精细操作有关的运动皮层细胞群中，记录与肌肉反应有关的细胞活动

实验过程是：训练猴准确地移动把手——猴转动把手控制一个视觉显示器，并因手的准确操作而得到奖赏；每次测试时记录猴运动皮层 Betz 细胞发放的动作电位。研究发现，即便是把手的最小转动，Betz 细胞活动都显著增强；而且，在控制这些精细运动时，发放神经冲动的运动皮层神经元所占的比例远远大于同一运动所卷入的脊髓运动神经元所占的比例。

除初级运动皮层外，还有运动前区（也称为次级运动区），它由位于半球外表面的前运动皮层（Brodmann 6 区）和补充运动区（6 区皮层的内侧部分）所组成（图 10-5）。刺激运动前区的这两个部位也能引起运动反应，但与刺激初级运动区的反应有所不同：一是引起运

动反应所需要的刺激电流强度较大，说明运动前区到脊髓的投射一般是间接的；二是引起的运动的表现较为复杂，往往涉及多关节而且是身体双侧的运动。

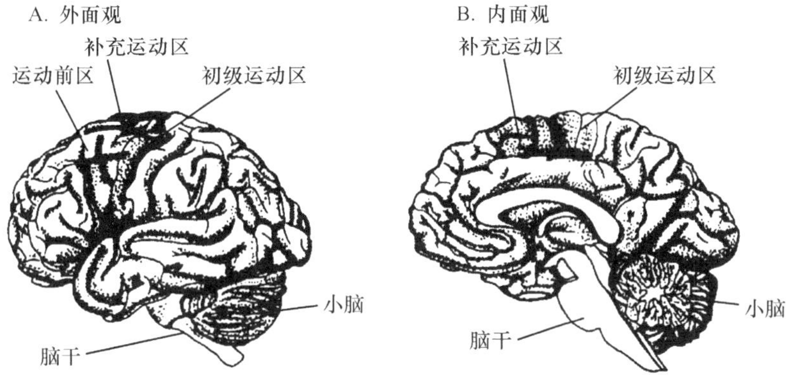

图 10-5　人的大脑半球外面（A）和内面（B），表示初级运动区和运动前区（引自吕国蔚，2000）

一般认为，运动前区主要行使对运动的策划和准备功能，而初级运动皮层主要负责运动的执行。在人进行随意运动前 800～1000ms，在颅顶出现一个负相的持续电位，称为**准备电位**（readiness potential）。它反映了运动的准备过程，其时程和将要进行的运动复杂性及精确程度有关。如果被试需根据线索选择做出不同的动作，则选择的可能性越多，准备电位的时程就越长，即中枢需要更多的时间做出正确的选择。

和初级运动皮层相比，损毁次级运动区（前运动皮层、辅助运动区和后顶叶皮层区）引起更为复杂的运动异常，主要影响了为运动制定正确策略的能力。例如，一侧的辅助运动区和前运动皮层被损毁后，猴不会使用对侧前臂绕过挡在前面的透明塑料板并通过侧面的洞去取所看见的食物；相反，它总是试图径直去取食物而一再撞到塑料板上。正常猴面对一块有若干小孔、孔内嵌有葡萄干的透明塑料平板时，能很容易学会以一手的食指将葡萄干从孔中推出，用另一手在板下接取。一侧辅助运动区损毁后，猴只会徒劳地用双手的食指分别从板的上下推葡萄干。这类运动缺损和人的前额叶联络皮层或后顶叶皮层受损时引起的**失用症**（apraxia）相似。这种患者能正常进行简单的运动，但丧失了做需要有次序地收缩肌肉的较复杂动作的能力，包括刷牙和梳头等。

Roland（1980）使用 PET 研究局部脑血流的结果证明，补充运动区与复杂运动的准备有关：当被试执行一个简单的动作——使用一个手指按压弹簧，发现被试大脑皮层 4 区的手代表部位有局部血流增加（相应的躯体感觉区血流也同样增加，可能与手的本体感受器被激活有关）。如果要求被试做更复杂的手指活动（如依次活动手指）时补充运动区的血流量随之增加；最后，要求被试仅仅用意念做手指练习（手指不动），在此情况下血流只在补充运动区增加。

另外，后顶叶皮层可能和肢体及眼的指向目标的运动的编程有关，也是运动皮层的一个组成部分。

大脑皮层运动区对于一切躯体运动的控制主要是由于皮层神经元活动的结果，其中最为重要的是 4 区的 Betz 细胞及 4、6 区皮层第三层的大锥体细胞。这些细胞都具有较长的轴突，它们组成了巨大的下行传导束，称为锥体束，经过内囊和延髓锥体下行到达脊髓，与脊髓的中间神经元或是直接与前角的运动神经元（包括 γ 运动神经元），发生突触联系。这一下行传导系统又称为锥体系。

锥体束下行到达延髓，部分纤维交叉到对侧，形成锥体交叉。不交叉的纤维一直下行到脊髓后才交叉到对侧。交叉后的纤维一部分直接与脊髓运动神经元发生突触联系，一部分通过一个或多个中间神经元对运动神经元进行控制。因此，皮层控制的是对侧的躯体运动以及各种反射活动。大部分与脊髓前角运动神经元发生单突触联系的锥体束纤维，主要是控制那些支配前肢运动的神经元和控制肢体远端肌肉的神经元。特别是支配精细运动的脊髓运动神经元，接受来自皮层的直接控制更多。

三、小脑和基底神经节对运动功能的调节

控制运动功能的第三和第四亚系统分别是小脑和基底神经节。它们是通过对上运动神经元施加影响来调节运动行为，而不直接作用于下运动神经元。其中。小脑的主要功能是对大脑皮层发出的运动命令与执行这个命令产生的实际动作之间的差异进行校正，从而协调复杂运动；基底神经节则与运动的启动有关。

一个特定运动的启动和执行要依靠一系列信号，包括运动的意念、与之有关的感觉传入、身体有关部位在运动中所处位置及姿势，等等。这些信号经过各种神经环路的整合提供给大脑皮层，形成对有关运动状态和外部环境的正确认识。其中基底神经节和小脑是提供这种信号的主要来源。虽然没有基底神经节或小脑的参与也能产生运动行为，然而这种运动将缺少计划性和稳定性。

基底神经节和小脑对运动的调节主要体现在对随意运动的计划、启动、协调、制导和终止方面。两个系统解剖和功能上具有某些相同的特点：它们都由一个中央加工区域（基底神经节的尾状核和壳；小脑的小脑皮层）和一系列相关核团所构成。中央加工区域主要从大脑次级感觉皮层和更高级的联络皮层接受信号输入。这些区域将控制运动的信号经过某些中间接替核输送到丘脑，丘脑再将加工后的信息送回大脑运动皮层以影响对随意运动的控制，等等。基底神经节和小脑对运动调节作用的不同在于：基底神经节在运动（特别是那些复杂、含有理性成分的运动）的计划、启动和终止方面起重要的作用；小脑则在保证运动（特别是在视觉引导下的运动）的平稳、准确地执行中发挥重要影响。

“签名”的慢动作

基底神经节和小脑的调节作用可以用“签名”动作解释如下（图 10-6）：起始签名这样的运动需要一系列的考虑，如签名签在哪里、签多大的字、占多大空间、签字时的身体姿势（如站或坐）、被签物体（如纸或黑板）、何种签字笔、笔的大小、用多大力量签，等等。所有这些信息都需要搜集、加工并送到运动皮层，以便动作启动后随时被调用。一旦运动启动，为保证运动良好执行就需要更多的信息。从第一个字签到最后一个字，执行签字动作要求一系列运动依次有序地进行：手与纸相互关系发生变化时，腕、肘、肩的位置如何变化？签字时是签在线上还是线下？为成功地完成签字，运动皮层需要不断地获取行进中运动的最新信息，特别是运动中来自视觉和躯体感觉等各种感觉系统的信息。

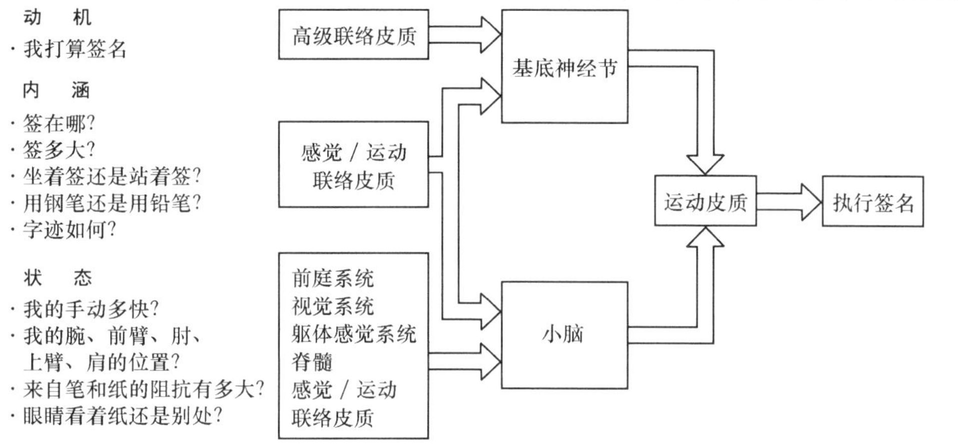

图 10-6　以执行签名动作为例说明基底神经节和小脑对运动的起始和执行起重要调节作用

（引自吕国蔚，2000）

在大多数情况下，基底神经节主要在运动控制的启动时起作用，小脑管理运动执行的协调。但这种分工并非绝对，基底神经节也有协调运动的作用，而小脑也在运动的计划和启动中行使一定的功能。

第三节　随意运动控制模型与随意运动障碍

一、随意运动控制模型

1974 年，神经生理学家 Kornhuber 提出了一个理论模型，勾画出了随意运动的脑控制的整体轮廓。Kornhuber 在对人的运动障碍进行观察并记录其脑电活动时发现，在被试头皮上能记录到一种准备电位——先于实际动作的电位变化。这种电位变化在实际动作开始前 700ms 出现。然而，如果令被试随意动一下手指，那么该手指对侧的运动皮层出现这种电位的时间最晚但幅度最大。在顶、枕、颞叶的联络区分布的准备电位代表着启动运动的命令已经在形成了。因为这个脑区损伤的某些患者，出现了“动作不灵”的症状——不能做随意的技巧动作。他们的肌肉并不麻痹，只是笨拙不灵。Kornhuber 设想，神经系统对随意运动的控制调节存在着多种方式。其中，一种方式是按预制好的程序发挥作用——从随意运动开始之前，脑就编制好了参与该运动的每条肌肉的兴奋收缩强度并以指令的形式下达给脊髓运动神经元，后者只不过是按照中枢下达的指令进行活动。在这种运动过程中，运动指令一旦发挥作用，就连续不断地传递给脊髓。因此，由这种方式控制的运动，中途得到临时调节的可能性较小。另一种方式是中枢预制程序并不十分完备，在执行过程中需要功能不同的各个脑区配合。在一定时间某一脑区只给身体的某种器官发出运动的指令。例如，弹钢琴时指挥前臂或手的动作等。指挥不同的肌肉活动的神经活动模式是很不相同的：有些神经冲动是爆发的高频率，像猛然发动机器运转的加速器一样，这种冲动为最高速的运动提供了足够的神经能量。由于它们是爆发的，所以延续时间短促，并可急起急止。抛射式较快速的运动，如弹钢琴时手指的运动等属于由这类神经冲动支配的动作。另一些神经冲动频率较低但持续时间较长，它们控制圆滑或渐进等较慢的动作，如弹钢琴时维持姿势或保持肢体位置的动作。

基于上述思想，Kornhuber 提出了**随意运动的脑控制模型**（图 10-7）。这个模型的主要内容可解释为以下几个方面。

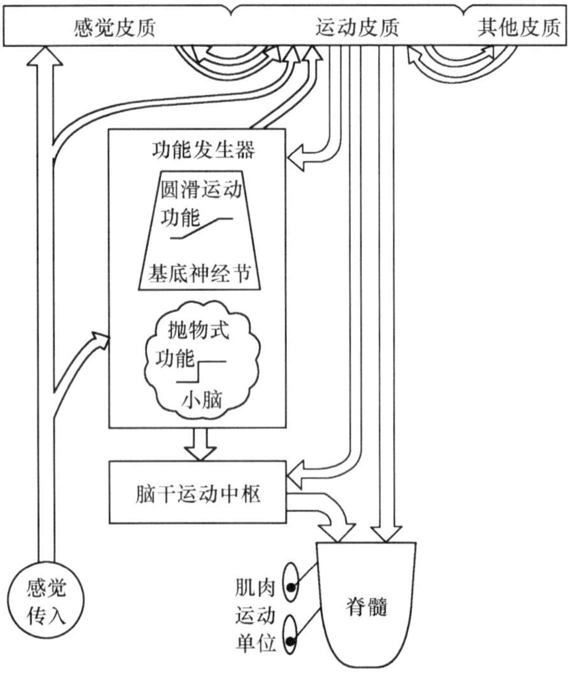

图 10-7　随意运动的神经控制模型

（1）联络皮层形成并发布运动命令，这种命令包含着启动运动神经所需要的神经冲动的特殊时间性的编码组合，当然与小脑和基底神经节也有关系——涉及它们的功能及控制运动的时间模式。

（2）小脑组织制定抛射性运动的程序，小脑受到损伤后，抛射性运动强度变小且不准确，但并不会完全丧失；基底神经节控制慢的、渐进式的运动，尤其是那些不同速度的渐进式运动。帕金森病就是由基底神经节系统发生障碍所致，这种病症较重的患者说话缓慢，喃喃不清，令人费解；他们如果是坐着或躺着，那么要想站起来是非常困难的，因为这种姿势的改变，正是由渐进的动作来完成的。

（3）大脑皮层运动区有监督、评价和调整运动的功能。它不断地从肌肉、关节和皮肤感受器中获得大量的运动效果的反馈信息，以便使脑能及时地修改、调整运动指令。

Kornhuber 的这个模型受到了许多学者的欣赏，但它是否与实际情况一致，还有待于进一步研究。

二、　随意运动障碍

（一）帕金森病

帕金森病又称震颤麻痹，症状为：震颤、肌肉紧张亢进、肌肉强直、随意运动减少、动作迟缓、表情呆板。研究证明，中脑-黑质多巴胺能神经元功能的破坏可能是发生帕金森病的主要原因。黑质是多巴胺能神经元存在的重要部位，其纤维上行至纹状体。在黑质和基底神经节中有大量多巴胺。帕金森病患者，一般中脑的黑质有病变，脑内多巴胺含量也很低。临床上，如给患者注射多巴胺的前体——左旋多巴（L-Dopa，能通过血脑屏障进入中枢神经系统），可缓解肌肉强直、动作徐缓及震颤症状。在动物，如使用药物耗竭脑内儿茶酚胺（包括多巴胺），也能使动物出现震颤麻痹症状。

（二）共济失调性震颤

共济失调性震颤的主要症状是随意运动出现障碍：运动过度或不足、乏力、方向偏移，失去了运动的稳定性；特别是动作的开始、停止和改变方向时，这些障碍更加突出。例如，临床上进行指鼻实验时，患者不能用食指准确地指到自己的鼻尖，指的位置不是过度就是不足，方向发生偏离。如果要求患者从鼻尖移动其手指去接触检查者的手指时，即可见到如图 10-8 所示的明显震颤运动。从图 10-8 中可以看出，在接近运动目标（即检查者的手指）时，震颤性的运动更加明显。

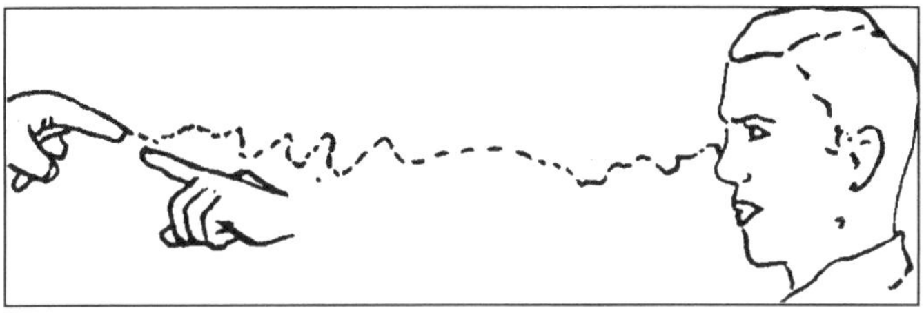

图 10-8　小脑性震颤

当要求患者从鼻尖移动其手指去接触检查者的手指（图的左侧）时的震颤运动记录。这种震颤在随意运动终末时表现更为明显

第 11 章　摄食与饮水

皮埃尔·保尔·布罗卡（Pierre Paul Broca，1824～1880）

通过尸检证明大脑某一点（左前叶第三回）受损即丧失语言能力，该区域被命名为言语运动中枢。

◎需要自己努力才能获得食物时，身体偏胖者的行为表现与正常人有何差别？

◎人对饥还是渴的耐受性更低？

本章知识点

- 饱食中枢与饥饿中枢
- 葡萄糖、脂肪和温度对摄食的调节作用
- 消化道信号对摄食的调节作用
- 渗透性渴和容积性渴

饥则食，渴则饮。人和动物机体要维持自身的生命活动和延续种族，就必须不断地与周围环境进行物质交换。这种物质交换过程可以使人和动物从外界获得物质和能量，既保持了体内的物质平衡、维持并推动自身的生命活动如生长、发育等，又可为生成下一代新个体储备能量。为了获取物质资料，人和动物表现出寻找、选择和摄取物质的行为——摄食与饮水。它们是满足需要的动机性行为，也是机体最重要的日常活动之一。

驱使人和动物摄食与饮水的因素是饥和渴，而饥渴感又受机体内部物理化学因素，特别是脑的控制——它们既可以诱发摄食与饮水，又能对摄食与饮水起制动作用。本章讨论与这些内容有关的人和动物机体内部功能完善的摄食与饮水的调节系统、神经机制以及一些摄食障碍。

第一节　摄食过程的调节

尽管成年个体每天的食物摄入和能量消耗可以差别很大，却可以保持相对稳定的体重。这就需要对摄食进行调节以使体内能量的供需达到基本平衡。如果摄食超过了能量的消耗，过剩的能量就会以脂肪的形式贮存下来；如果摄食低于能量消耗，体内一些贮存的能量就会被动员出来供身体利用（图 11-1）。

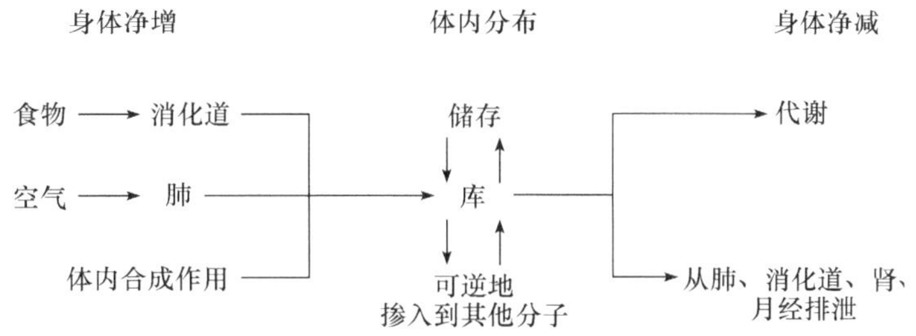

图 11-1　有机体内化学物质的平衡（引自吕国蔚，2000）

机体内部有一套相当复杂的机制，能够根据能量消耗对摄食进行调节。其中，最重要的是饥饿感和饱感。饥饿是一种弥散与渴求的空虚感。饥饿不同于食欲。食欲是对特别可口的食物的一种欲望，在摄食中的作用更多地影响到想吃什么而不是吃多少。一般说来，饥饿感启动摄食；而大量的研究表明，摄食量取决于每次摄食过程中摄食行为的终止机制。如果终止机制容易启动，摄食量小；不容易启动，则摄食量大。摄食的终止与机体内部的饱感有密切关系。因此，摄食行为的调节是有关的信息或信号（如饱感）传向中枢，中枢部位的一些神经核团和神经元对这些信息进行处理，从而引起摄食行为的变化。

一、与摄食有关的脑中枢

（一）腹内侧下丘脑和外侧下丘脑

人们对神经系统在摄食中的作用研究最初来自临床观察。维也纳科学家 Frohlich（1901）发现，人类脑垂体（腺垂体）肿瘤患者，常常过度肥胖，伴随有其他症状如生殖器萎缩、不育等，称为**肥胖性生殖无能综合征**或者 Frohlich 综合征。研究者认为，这些症状可能是由下丘脑的损伤所致，而不是由垂体的破坏所引起的；并且，肥胖症的来源或许限定在下丘脑非常特定的区域，这个特定的区域被认为是腹内侧下丘脑（ventromedial hypothalamus，VMH，也被称为“下丘脑腹内侧区”）。如果它受到损伤，则导致过食。因此，在正常的机体内部，腹内侧下丘脑必须正常活动（没有损伤），以控制摄食。这些推断与临床观察和实验研究结果相一致。例如，19 世纪，临床医生已经发现某些患贪食病的肥胖患者常常伴随有脑的底部损伤或者肿瘤。Hethrington 和 Ranson（1942）报道：左右脑腹侧下丘脑损毁的大鼠，贪食而肥大。这种现象也存在于猴、狗、猫和多种啮齿类动物以及鸟类当中。然而，电刺激这个区域则会抑制进食。外侧下丘脑（lateral hypothalamus，LH）的功能则与腹内侧下丘脑相反：对外侧下丘脑进行电刺激，动物会产生进食、饮水，甚至这两种行为都发生；破坏外侧下丘脑，动物停止进食与饮水，它们失去了饥饿感，以至于饿死也不想吃食（Anand and Brobeck, 1951; Teitelbaum and Stellar, 1954）。

由此看来，动物腹内侧下丘脑和外侧下丘脑在控制饥饿与饱食中起主要作用：前者（VMH）的正常功能是抑制摄食——**饱食中枢**；后者（LH）的正常功能是促进摄食——**饥饿中枢**。VMH 或 LH 的破坏将分别导致摄食过度或摄食不能。这就是所谓的**摄食控制的“双中枢理论”**。

后来的一些研究补充扩展了摄食调节的“双中枢理论”。应用微电极进行单个细胞电位记录发现，在饥饿的动物中从 LH 记录到的特定神经元放电速率，与从 VMH 记录到的相比是增加的；相反，在饱食状态动物中从 LH 记录到的神经元放电速率却低于从 VMH 记录到的神经元放电速率。这表明 LH 和 VMH 神经元的活动与营养状态有关系；并且，这两个部位神经元的活动有可能是交互抑制的（Hermandez and Hoebel，1980）。

控制摄食的“双中枢理论”也存在着一些问题：①损毁 VMH，也同时破坏了源于中脑蓝斑核、投射到 VMH 和视前结构的纤维——腹侧去甲肾上腺素能纤维束。在 VMH 之外，如在中脑水平上切断该束，也会产生摄食过度的综合征。所以，去甲肾上腺素能系统可能是调节“中枢兴奋”水平的激活系统。②LH 损毁通常损伤黑质-纹状体纤维束，它含有多巴胺能纤维，并从黑质投射到纹状体和前额皮层。这些纤维参与感觉和运动功能。在 LH 以外损伤这些通路，也会导致吞咽不能综合征。

（二）弓状核、室旁核、穹隆周区、孤束核和杏仁核

除上述提到的区域以外，下丘脑的弓状核（arcuate nucleus，ARC）、室旁核（paraventricular nucleus，PVN）、穹隆周区（perifornical area，PFA）及脑干中的孤束核（nucleus tractus solitarii，NTS）等，都对摄食有明显的调节作用。其中，孤束核是一个十分重要的与摄食有关的神经核团。许多由消化道及口腔传入的信号都集中在孤束核进行处理。孤束核是形成饱感、终止摄食的重要的低位中枢。

上述神经核团与外侧下丘脑之间通过相互作用共同实现对摄食的调节。根据 Schwartz（2000）提出的假说，这个过程可以表述为：与摄食有关的胰岛素和苗条素（leptin，也翻译为瘦素）首先作用于 ARC 神经细胞上相应的受体，通过 ARC 神经元传递信息到达 PVN、PFA 和 LH。因此，存在于 ARC 的神经元是调节摄食的第一级神经元，而 PVN、PFA 和 LH 中的神经元则是第二级神经元。实验证明，ARC 神经元确实存在胰岛素和苗条素受体，这些受体的功能与进食量的调节有关；分布有胰岛素和苗条素受体的神经元的纤维可以到达 PVN、PFA 和 LH，释放神经递质，调节动物的进食功能。例如，Satoh 等（1998）发现，把苗条素注入大鼠侧脑室，动物的进食量下降 40%；但是，破坏了下丘脑的 ARC 之后，这种效应不复存在。

此外，杏仁核特定部位的损毁，也会产生摄食行为上的变化。其中，损毁杏仁核基底外侧部（basolateral subdivision）导致过分摄食，损毁杏仁和皮质内侧部（corticomedial subdivision），产生厌食。这种现象在猫、狗、猴和大鼠等动物中均可发现（Thompson，1980）。

杏仁核影响摄食行为的机制之一可能是通过 LH 和 VMH 实现的。杏仁核基底外侧部发出纤维投射到 LH，对摄食起抑制作用；刺激杏仁核的这个区域能够抑制 LH 神经元的放电，同时使得 VMH 神经元兴奋；而刺激杏仁核的内侧部则抑制 VMH 神经细胞的放电（邵郊，1987）。

由此可见，中枢神经系统是通过若干神经核团的多个神经元形成一种网络系统的整合作用对摄食行为进行调控的。这一网络包括下丘脑的弓状核、室旁核、穹隆周区、腹内侧下丘脑和外侧下丘脑，也包括低位脑干中的孤束核，还可能包括杏仁核。下丘脑与低位脑干之间相互作用，信号在下丘脑的核团中进行整合，共同调节摄食行为的表现（孙志娟等，2001）。

二、摄食信号

一般认为，动物和人类饿了就吃，饱了就停止吃。那么，使人感到饿或饱的信息是什么？这些信息又是通过什么方式作用于脑从而引起或停止摄食活动呢？动力学原理表明，一个系统里的能量，可以分为**束缚能**（bound energy）和**自由能**（free energy）。前者是不能直接转化成有用功的焓（能量），后者是在特定时间可以用来做功的能量。在一定条件下，束缚能可以转变为自由能而做功。热力学认为，系统的位能是蕴含在系统的秩序之中的。位能，即一个化学反应体系或一个物体（或一个位置上）被束缚的能量；系统越有秩序，所含的位能越多。系统在由高能位界转向低能位界和释放能量的同时，系统的秩序随之减小，或者说它的无序度——无规则的程度加大。这样，系统内部必然要产生力量试图重新恢复到有序状态。动物有机体在活动过程中，必然要消耗能量，从而打破了体内物质和能量的平衡。要恢复这种平衡，就必须从外界摄取物质，而体内物质和能量平衡的恢复就要停止摄食。这种体内的物质能量平衡的动态变化过程发生在细胞内部——细胞对营养物质的需求启动摄食，而营养物质的满足又使摄食停止。由此看来，摄食的调节与物质代谢有关系。

（一）代谢信号的研究

Davis（1967）在研究动物摄食行为时曾做了这样的实验：把处于饱食状态的鼠血抽出来注射到处于饥饿状态的鼠的血液中。结果发现，后者不再感到饥饿，如果再给予食物时，这些饥饿的鼠吃得很少，它们更多的是糟蹋食物。进一步实验发现，刚刚进完食的鼠，其血液注入处于饥饿状态的鼠的体内，对被注射鼠的摄食没有抑制作用；当供血鼠在进食结束 45min 后输出的血液注入饥饿动物（鼠）的体内，则对受血鼠的摄食有显著的抑制效应。这说明，血液起着运输摄食终止（饱食）信号的作用。并且，血液中的饱食信号在进食结束后再过一段时间才能发挥作用。

血液中的饱食信号是什么呢？关于这个问题有三种理论模型对此进行解释，即**葡萄糖恒定说**、**脂肪恒定说**和**温度恒定说**，分别认为葡萄糖、脂肪和温度最有可能是血液所运输的饱信号。这三种理论有一个共同点：都假定血液中的某种物质或属性存在着一种最适状态，体内的某种物质或属性如果低于最适水平便产生启动摄食信号，而最适状态的恢复则产生终止摄食信号。

1. 葡萄糖恒定说

最初提出该假说的是很有名望的营养学专家 Mayer（1953），其认为：下丘脑存在着对血中葡萄糖敏感的感受器，葡萄糖水平的波动决定着是引起摄食还是抑制摄食。并推论，当葡萄糖含量低于最适水平时引起摄食，而恢复或超过最适水平则抑制摄食。后来，Mayer 对其观点进行了修订，认为控制摄食的决定因素是细胞中的葡萄糖，即血液中葡萄糖转移到细胞内的多少。

葡萄糖恒定说能比较圆满地解释糖尿病（特征是三多一少：多食、多尿、多饮，体重减轻）患者的饮食问题。这种患者由于胰岛素功能受损，使血中葡萄糖不能顺利进入细胞内部，导致血中葡萄糖浓度较高，而细胞内部葡萄糖含量较低。按照修订后的葡萄糖恒定说，糖尿病患者细胞内部的葡萄糖水平较低正是饥饿的信号，因而引起多食。

2. 脂肪恒定说

这个理论认为：①某种体重指标，如脂肪贮存或与脂肪有关的化学物质是调节摄食的信号。②动物按照自身体重调节摄食，如强迫动物进食使其体重增加，它们将停止摄食；如果剥夺食物使其消瘦，它们将开始摄食。③脑尤其是下丘脑的活动像一架天平，它可以监测血液中与体重有关的物质来不断地“称量”自身的体重。当体重或与其有关的因素高于最适水平时，摄食停止；而当体重降到最低水平以下时，则使摄食启动。

体重的变化在很大程度上反映了体内脂肪组织的变化，因为对体重有较大影响的肌肉组织、骨组织是相对稳定的，相对来说脂肪组织可以发生较大变化。脂肪组织中被认为含有长期营养储备器，它所探测到的营养物质储备情况作为一种信号，虽然不参与特殊的摄食活动的启动与终止，但是从长远的角度来讲，这种信号参与调节大脑对饥饿的敏感性，进而对摄食活动产生较为长期的影响。

体内脂肪代谢通过什么途径作用于下丘脑从而调节摄食行为呢？1979 年，Woods 等首先提出，胰岛素可以作用于脑，抑制进食；1994 年，Zhang 发现苗条素。苗条素由脂肪细胞产生，可以调节进食量。现在认为这两种激素是反映体内脂肪储存量的主要信号分子。它们作用于中枢神经系统抑制进食。到目前为止，所发现的激素中，只有这两种激素抑制进食的作用最强。因此，它们可能是调节进食的两种最主要的激素。

胰岛素和苗条素可以随血液循环通过血脑屏障到达中枢；并且，体内脂肪贮存越多，血液中这两种激素的含量也越高，穿过血脑屏障到达脑脊液后的浓度也越高。一些与进食有关的核团，如在下丘脑弓状核等，胰岛素和苗条素的受体得到高表达，说明这两种激素可以作用于与进食调节有关的神经元，减少进食量，从而减少体内脂肪的储存。另外，脑室或脑内注射这两种激素都可以明显减少动物的进食量；相反，如果降低这两种激素在血液中的浓度，可以使动物的进食量增加。这一正一反两方面的实验，说明脂肪贮存的信息可以通过这两种激素传递到脑内，调节进食量，从而调节体内脂肪的贮存量（黄之瑜等，2001）。

体内贮存的脂肪怎样影响苗条素分泌、苗条素又是通过什么途径调节和控制摄食活动的呢？Mueller 等（1998）研究表明，增加脂肪细胞的葡萄糖转运、代谢和利用，可以明显刺激苗条素的基因表达和蛋白质合成。也就是说，体内脂肪组织量的增加可以刺激苗条素的分泌。胰岛素可以加强葡萄糖的转运、代谢和利用，增加苗条素的表达和分泌。当机体处于饥饿时，血中的胰岛素浓度降低，脂肪组织中的葡萄糖的转运、代谢和利用减少，对苗条素的刺激作用减少，血中苗条素的浓度降低，从而使机体的进食量增加。相反，如果脂肪组织中的糖代谢增加，苗条素的基因表达也增加，此时血中苗条素的浓度升高，可以抑制机体的进食量。

上述两种激素对进食量都有调节作用，苗条素的作用可能更大和更重要。研究表明，血中的苗条素降低，可以明显增加食欲，产生肥胖，此时血中的胰岛素浓度可能是正常的，或是升高的。相反，单纯的血中胰岛素的浓度降低并不引起肥胖。临床上，由于胰岛素缺乏而产生的糖尿病患者（Ⅰ型糖尿病），血中的胰岛素浓度降低，苗条素的浓度也降低，患者的进食量明显增加，但患者的体重并不增加，甚至体重会减少。患者所获取的过多能量都以尿糖的形式排到体外。这种患者胰岛素和苗条素都降低。究竟高进食量是由哪一种激素引起？Sindelar 等研究证明，苗条素可能起有主要的作用。他们在糖尿病动物模型的研究中，注射外源性苗条素将其浓度补足到正常水平，尽管此时胰岛素的水平仍然很低，但动物不再产生高进食症状。相反，如果将胰岛素的浓度补足到正常，动物仍然有高进食的症状（黄之瑜等，2001）。

3. 温度恒定说

这个假说认为，动物体温也有一个最适水平。下丘脑分布有温度感受器，这种感受器接受血液中输送的有关信息调控体温。体温若低于最适水平则进食，若高于最适水平则停止进食。进食之所以引起饱感，是由于产热的增加；反之，寒冷会激动饥饿中枢。这个学说虽得到了一些实验的支持，但它无法解释这样一个事实：把下丘脑温度敏感区切除后，对动物的摄食行为没有明显的影响。

葡萄糖恒定说、脂肪恒定说和温度恒定说分别强调了体内一种刺激的变化对摄食的调节作用，但事实上这些因素在体内可能共同调节着有机体的摄食活动。有些实验证据暗示，温度和葡萄糖这两个信号可能在短时间内发挥作用——把上一次进食和下一次进食分隔开来。例如，Teitelbaum（1962）研究显示，无论是正常动物还是外侧下丘脑损毁动物，都是在热量不足时增加食物摄入，在热量充足情况下减少摄食量。一般而言，体内热量的变化不会持续时间很久。再如，血糖水平的下降（我们所知的血糖过低）是饥饿的有效刺激物；给动物注射大量的胰岛素会产生人为性的血糖过低，诱发摄食。但是，较低的血糖水平在开始摄食后的一段时间内即可恢复正常水平，此时我们的饥饿感就会解除，摄食活动也会停止。经过几个小时的消耗，体内热量和血糖水平下降，又会启动我们的摄食活动。但是，脂肪可能在较长时间内对摄食活动产生影响——如果体内温度或葡萄糖水平正常，但体重超过或低于正常水平，脂肪仍能作为“饱食因素”而对摄食发挥调节作用。

（二）消化器官局部信号的研究

无论是从动力学角度出发，还是根据实验观察，都可以看出代谢因素在调节摄食过程中具有重要作用。然而，代谢信号理论无法解释这样一个事实：食物在被消化并运输到细胞内部之前，动物就停止了摄食。因此，在代谢信号对摄食调节发生作用之前，体内还存在着某种先期信号，它们传递着对摄食进行调节、至少说是终止摄食的信息，这些信号产生于消化系统的胃、肠和肝脏等部位。

1. 低等动物——水蛭摄食的消化道信号调节

水蛭是一种吸血的蠕虫，它一发现温热的表面便会动口去咬。这种动物的消化系统呈筒状。其中上部的管壁向外折叠形成嗉囊。整个消化管也可分为口（带有吸盘）、咽、嗉囊、胃、肠、肛门几部分。美国犹他州立大学生物学教授 Lent 等（1988）对水蛭的摄食行为进行了研究，目的在于考察水蛭消化系统充盈后引起的胀大会不会是限制吞咽的刺激。

研究者在水蛭摄食的时候向其嗉囊里注入了盐水使消化管胀大，这时水蛭总是立即停止摄食；接着发现，把吃饱的水蛭体壁划开使嗉囊排空，它便又开始叮咬；最后发现，如果把正在摄食的水蛭体壁割裂让被吸入的血逸出，其吸血行为的持续时间可长达数小时之久（在正常情况下的吸血时间不超过半小时）。由此可见，调节水蛭摄食活动的关键因素是嗉囊的饱胀程度。

进一步研究发现，嗉囊饱胀信号对摄食的调节作用是通过神经系统释放递质——5-HT 来实现的。水蛭的中枢神经系统含有 32 个神经节，每个神经节由两对侧根与身体其他部分联络。一个神经节大约包括 400 个神经元。水蛭神经元中的递质有乙酰胆碱、γ-氨基丁酸和三种胺类，即章鱼胺、多巴胺和 5-HT。它的最大的神经元——雷济厄斯氏细胞含有大量的 5-HT。水蛭的神经节中分布有一对大的雷济厄斯氏细胞和 4 种含有高浓度 5-HT 的中间神经元：两种成对的大多位于神经节侧缘；另外两种沿水蛭体长方向分别加入其他神经节。根据这些特点，Lent 等进行了如下研究并获得了重要发现。

给水蛭进行 5-HT 浴（即放入溶解有 5-HT 的溶液中），大大助长了与饥饿有关的行为；饥饿的水蛭开始向实验设计的波纹中游去，所用时间只有平时的一半，而吸血量和吸血频率分别增加 1/3 和 2/3。最重要的是，5-HT 能促使吃饱了的水蛭再去叮咬，在正常情况下吃饱的水蛭是不叮咬的。由此可见，5-HT 可以定性和定量地改变水蛭的摄食行为。

当使用 5-HT 部分充填做过解剖的水蛭头部，可以看到颚的咬动和唾液腺的分泌及咽的节律性收缩。去掉神经节和连接物后，5-HT 仍可诱发上述三种反应，表明 5-HT 能直接作用于上述器官。

研究还发现，对雷济厄斯氏细胞进行刺激可增加流涎，在较高频率刺激作用下可引起颚肌颤搐。对 5-HT 效应器神经元电刺激使之发出脉冲，也可产生由 5-HT 本身所诱发的那些与摄食有关的行为。

注射能分解 5-HT 的神经毒素 5，7-二羟色胺（5，7-DHT）于饥饿的水蛭中，几天后发现它们能正常游动、爬行，但不会叮咬，事实上它们的表现似乎是已经饱了而迅速掉头。相反，对这样的水蛭再进行 5-HT 浴时，它们又重新开始一见温热表面就叮咬的行为。因此，5-HT 对摄食行为的发生起重要作用。

研究还发现，嗉囊注入盐水使其处于饱胀状态时，雷济厄斯氏细胞和大侧细胞一直处于抑制状态。而盐水排出时，这两类细胞便自动开始发出脉冲。这说明饱胀是抑制摄食并使其终止的刺激——它抑制大侧细胞使其不发出冲动，从而阻止 5-HT 不能有效地从轴突末梢释放。另外，饥饿水蛭的神经元中 5-HT 比饱胀时多；吞咽活动产生后不久 5-HT 即下降 25%～30%；体壁处于饱胀时 5-HT 浓度一直很低；饱胀消除了，5-HT 浓度开始上升，水蛭就重新开始摄食行为。

从上述实验结果可以看出，饱胀是调节水蛭摄食行为的信号，神经系统在它的作用下通过递质的直接作用实现着对摄食的启动和终止的调节和控制。

2. 高等动物和人的消化器官局部信号对摄食的调节

对于高等动物和人来说，消化器官局部信号也是调节摄食活动的因素之一，但其过程和方式要比低等动物复杂。

早在 1910 年，Cannon 就提出了“局部动机说”，认为剥夺有关的刺激也能产生神经冲动，其过程与特性和来自体外的环境刺激的编码基本上是一样的。并推论，机体的一些器官，如口腔、胃及生殖器内有局部感受器，分别对食物、水和性缺乏的刺激敏感。这些刺激分别被各自的感受器转变为神经冲动，传至大脑皮层特定区域引起相应的感觉，如饥、渴和性激活。Cannon 通过实验证实了胃收缩与饥饿感之间的相关。他让一个同事吞下一个气球，这个气球连接在一个可以记录压力变化的装置上，然后给气球充气，记录吞气球者的胃收缩情况。结果发现，随着饥饿程度的增加，胃的收缩随之加强。不过，这个实验揭示的是胃活动对气球的效应，而不是气球的活动（类似胃内食物充盈程度）对胃的作用。虽然如此，Cannon 的实验还是引起了科学家们的兴趣，促使他们对摄食的启动和终止信号进行了大量研究。结果表明，口腔、胃、肠和肝脏等器官的活动对摄食行为都有影响。

1）*口腔因素*　食物的味道和质地对动物和人的摄食起一定作用，好吃的食物就吃得多，不好吃的东西就吃得少。研究发现（Le Magnen，1984），如果给老鼠的食物中含有四种味道的变化，那它的摄食量大大增加，过食量可达 270%。它吃过一种食物之后，随着含有新味道的食物的出现，其摄食行为重新开始，就好像以前不曾吃过什么东西一样。这说明进入口腔中的食物味道如果是动物喜欢的，会通过某种方式刺激食欲，促进摄食活动。

通过手术把动物的食管拉出来，进入口腔的食物经过食道不进入胃部，而是流向体外，即所谓“假饲”实验。在这种情况下，动物进食时间延长，吃得比平时也多。但时间久了，动物也会停止进食。这种现象在人类身上同样得到了证明：有一个患者名叫汤姆，小时候因喝了刚下火的杂碎汤而烫伤了食道——食道壁粘连在一起而无法进食。医生通过手术把一根管子通过腹壁开口直接插入胃内，这样，流质食物不经过口腔和食道而由导管进入胃内。通过此种方式进食，患者报告说没有满足感。但他发现，把食物先放入口腔咀嚼并品尝其味道，然后将被嚼烂的食糜灌入管子，这种进食方式很快就有满足感。以志愿的大学生做被试进行了类似的实验：要求被试吞下一根橡皮管进入胃部，通过橡皮管把流质食物送入胃内。大部分被试报告说，这种进食方式没有食物满足感，他们希望品尝或咀嚼一些食物。当允许被试通过口腔、食管正常吃食物，同时通过橡皮管灌食物时，他们自己吃的量就同未从管内灌食物时一样多——通过管子灌的食物对正常情况下的饱感作用不大。

用鼠进行实验可以发现，腹内侧下丘脑损伤不仅造成肥胖症，而且使味觉感受性出现反常（即过分苛求），从而证实口与下丘脑的某些区域的神经联系控制着摄食，控制的信号可能来自进入口腔中食物的味道以及咀嚼活动。

2）*胃部因素*　食物通过口腔和食道进入胃部并在此停留一段时间。食物在胃部停留必然要使胃的膨胀程度增加，结果刺激了胃壁上的压力感受器，通过神经传导使这种信息抵达相应脑部位，从而终止摄食。研究人员曾在动物胃中放入一个连有管子的气囊，然后充气使气囊膨胀压迫胃壁，结果动物停止了摄食。还有些类似的实验是在胃和小肠之间放置膨胀的气囊，堵住了食物流向十二指肠的通道。结果发现，动物的进食量达到正常水平时停止摄食，如果从胃内抽出 10mL 食物，动物则又重新吃了 8mL 食物（匡培梓等，1988）。腹内侧下丘脑损伤的鼠，其每餐进食量要比正常进食量多 1 倍。停止摄食时，它的胃膨胀程度也是正常情况下的 2 倍。猫的神经电记录发现，胃膨胀与腹内侧下丘脑的活动相关联：置入胃部的气球，当充气使胃发生膨胀时，腹内侧下丘脑的活动增加。由此看来，损伤腹内侧下丘脑，降低了它对胃部输入的食物信号或胃本身对食物信号的敏感性，以致必须使胃膨胀的程度达到正常情况下的 2 倍才足以激发被损伤的腹内侧下丘脑的活动来抑制摄食。

3）*十二指肠*　食物在胃部停留一段时间后，进入十二指肠。对十二指肠在摄食调节中是否起作用的问题，研究情况比较复杂。有些研究者（Hill，1952）发现，在十二指肠部位放入食物,甚至是毫无营养价值的物质（捣碎的纤维），都能很迅速地引起摄食中止，其效果比把同样物质置于胃部更好。“假饲”实验表明，鼠在进食开始 12min 后，在十二指肠或以下部位放入少量食物，其进食量明显减少；如果进食前，在小肠中放入同样量的食物，鼠的进食量与不在小肠内放进食物没有什么区别。这说明，在正常情况下，只有当食物经过咀嚼吞咽后，小肠才会发出饱的信号。

十二指肠发出饱食信号的途径是什么呢？一般认为，十二指肠发出的饱食信号与肠道激素——胆囊素（CCK）有关：第一，动物血液中的胆囊素水平在食物进入十二指肠，甚至在动物开始吃食的几分钟后升高；第二，把胆囊素注射到饥饿的大鼠、猫等动物的腹腔，即可控制它们摄食；第三，如果在麻醉的狗等动物的十二指肠注入经过乳化的脂肪或其他食物，胆囊素释放量也增加；第四，在“假饲”实验中，注射过胆囊素的动物同正常动物的进食时间一样长。

腹腔或脑中注射胆囊素都可抑制摄食，但前者效果更为明显。腹腔注射 CCK 引起的饱反应被认为是通过迷走神经的传入纤维发往脑中的信号实现的：CCK 或者直接作用于迷走神经的传入末梢；或者通过对平滑肌的作用，进而刺激胃的感受器。人们推测，进入小肠的食物对小肠具有刺激作用使其自然释放 CCK，激活迷走神经，从而使摄食停止。因为切断迷走神经到胃去的分支后，CCK 的致饱作用也就消失了。

在大脑皮质神经元中也发现了胆囊素。实验证明，患遗传性肥胖症的大鼠与正常鼠相比，前者脑中胆囊素含量低（Straus，1979）。CCK 分子中有一个十链肽，它能有选择地与 VMH 细胞结合，从而对摄食产生抑制作用。这样看来，CCK 在饱反应中有一定功能：它既可以作为外周激素，又可作为大脑皮层的神经递质，对摄食产生抑制作用。

对 CCK 的致饱作用，也有人（Deutsch，1978）提出质疑。最初人们发现，注射 CCK 抑制鼠的进食，但并不引起疾病或痛苦反应。也就是说，CCK 的抑制摄食作用并不是由于它能引起疾病或痛苦而产生的。例如，把 CCK 同糖精水结合，并不导致大鼠对糖精水的厌恶反应。但是，用大剂量（高于饱食后分泌的 CCK 量）同甜味结合，却使大鼠形成了厌恶甜味的条件反应。不过，也有学者认为，由于使用的剂量高于饱食后分泌的 CCK 剂量，因此并不能说明，生理剂量的 CCK 的致饱作用是通过致病、减少食欲来实现的。对人类志愿者进行实验，用大剂量的 CCK（但小于引起动物减食的剂量），会使被试感到恶心和腹部痉挛性阵痛。但用小剂量 CCK 时，这些症状并不明显，并能减少被试的摄食量（Sturdevant，1976）。对此现象合理的解释是，不同的物种，CCK 的适宜量存在着差异。

4）肝脏　研究发现，在狗的门静脉中注射葡萄糖能使狗产生较长时间的饱感。相反，颈静脉中注射葡萄糖却不产生饱感。迷走神经是连接胃肠道和脑的神经，把食物成分接触到胃肠道所引起的进食相关信号传递到中枢神经系统调节与控制摄食和消化的部位，对摄食行为进行调节。当肝内葡萄糖水平升高时，单个迷走神经纤维发放的冲动下降。

同样，大鼠的研究也表明肝脏的作用。Tordoff 和 Friedman（1998）向大鼠肝脏静脉注入营养物质（葡萄糖和果糖），注入量与消化食物所获得的量一样。结果两种营养物质均降低了大鼠的进食量。果糖虽然不能穿透血脑屏障，且身体中其他细胞对果糖的代谢能力很差，但是它会被肝脏迅速代谢。因此，来自于这些营养物质的信号已经在肝脏内产生，之后向大脑传递这种信号，从而产生饱感。

另一个研究在鼠静脉注射胰岛素，由于胰岛素能降低血糖——促进血液中的葡萄糖进入细胞内部，结果导致大鼠摄食量明显增加。然后把这些动物分成 4 组，分别给予葡萄糖、果糖、酮体和盐水（对照组），发现注射胰岛素后给盐水的动物，摄食量增加；给果糖的动物，摄食受到抑制；给酮体的动物，摄食出现中度抑制，即它们没有给盐水的动物吃得多，也没有给果糖或葡萄糖的动物吃得少。葡萄糖，肝和脑均可利用；果糖，不能通过血脑屏障，故脑不能利用，肝可利用；酮体，脑能利用而肝不能利用。由于脑不能利用的果糖和肝不能利用的酮体都能抑制摄食，说明脑和肝都有监视体内能量物质情况的功能。果糖不能被脑所利用，而可为肝所利用；果糖也有抑制摄食的作用，因此，可以认为肝脏是监视或者说是探测体内能量物质的主要部位。

肝门静脉是把血液从肠运送到肝脏的血管。给动物大量注射 2-脱氧葡萄糖（2-DG）能够降低细胞中的葡萄糖，原因在于 2-DG 能够与葡萄糖竞争进入细胞膜内，导致进入细胞内部可利用的葡萄糖减少、循环系统中的葡萄糖水平升高。低血糖症和注射 2-DG 都能导致糖缺乏，也就是它们剥夺了细胞内部的葡萄糖。无论什么形式的糖缺乏，都会引起摄食。Novin、VanderWeele 和 Rezek（1973）的研究表明，肝脏内存在产生糖缺乏性饥饿的神经元（探测器）；当剥夺这些神经元的养料时，引发摄食。研究者向肝门静注入 2-DG。立即引起摄食；当切断连接肝脏和脑的迷走神经以后，肝门静脉注入 2-DG 不再能够启动摄食活动。由此可见，肝脏内部存在监测葡萄糖水平的神经元，它们把监视到的葡萄糖信息通过迷走神经送给大脑，从而引起摄食行为变化。

总的说来，摄食既受代谢信号的影响，也受外周信号特别是消化系统局部产生的饥饿或饱食信号的影响。这些信号最终都是通过神经系统实现对摄食活动的调节。

三、特殊饥饿与习得反应

在日常生活中，人们都会有这样的体会：有时刚刚吃过饭不久又感到饿了；对于喜爱的食物已经吃得超过了正常的量仍不满足，而对于不喜爱吃的食物虽然吃得很少却已感到饱了。这说明，人和动物饥饿感的产生，不仅取决于摄取的食物量，而且取决于所摄取的食物种类。有机体总是有选择地摄取食物，这种选择性一方面是为了满足身体的需要，另一方面是由于习得的嗜好。

有机体为维持正常的生长发育，必须摄入一些基本的营养物质，包括钙、食盐、脂肪酸、氨基酸及某些维生素如维生素 B_1 等，这些物质的缺乏将引起特殊性饥饿。特殊性饥饿对摄食的调节主要是通过学习而发挥作用。例如，缺乏维生素 B 的动物，当带有微量维生素食物和其他几种食物同时放在它们的面前，这种动物并不会立刻就认出含有维生素的食物。但几天之后，它们就喜欢带有维生素的食物了，甚至在去掉维生素之后，仍然喜欢这种食物。这表明，实验动物很快习得了对含有维生素食物的味道的偏好，这种习得性偏好当然是后天性的。

特殊饥饿和习得性反应对摄食调节的作用机制，一般认为动物缺乏基本营养会生病，当它摄入某一食物而感到舒服时，再次感到不适时便学会了寻找这种食物，或至少要寻找这种食物的味道。如果动物吃了某种食物之后感到不舒服、引起厌恶，以后它就会尽量避免再吃这种食物。动物能够把食物的味道与该食物给机体带来的结果联系起来。味道是食物减轻或引起疾病的唯一信号，它直接参与摄食调节。这一观点得到了临床和实验的支持。有这样一个病例，患者是一男孩，年龄只有三岁半，平时靠吃大量的食盐度日，但第二性征发育异常迅速，由此而住院检查。医院里的饭菜淡咸一般，他拒绝吃这种食物，一周后死亡。尸体解剖发现，他的肾上腺分泌性激素的网状带细胞过度生长，破坏了分泌节制排盐激素（醛固酮）的球状带细胞，使体内的盐大量被排出体外。因此，他通过摄食大量的食盐减轻病情，维持生命。他学会的第一个单词就是“盐”（Wilkins，1940）。

大鼠味觉厌恶实验也可以说明食物的味道和胃肠不适感觉之间的联系。让大鼠在尝到食物 12h 后接受 X 射线，引起呕吐。结果发现，动物以后就会出现对这种食物味道的厌恶反应。所以，特殊饥饿对摄食的调节是把味觉与疾病联系在一起，而且不受强化的延缓所限制。

四、人类的肥胖问题

人和动物在机体内外因素的调节下，摄取食物而获得能量，通过活动又消耗能量。但是当摄入体内的能量过多，超过活动所消耗的能量时，可能会导致肥胖。临床上评价体重一般采用体重指数（body-mass index，BMI），即体重/身高平方（kg/m^2）。虽然BMI用于衡量不同个体或种族时比较粗糙，但因其计算简便，易于操作，世界卫生组织（WHO）专家小组还是建议根据BMI的数值来判断成年人的体重级别，并提出了具体的临界值（表11-1）。

表11-1　WHO建议的体重级别临界值（引自孙志娟和黄之瑜，2001）

BMI/（kg/m^2）	解释	WHO分类
<18.5	低体重	瘦
18.5～24.9	正常体重	健康/正常/合适
25.0～29.9	1级超重	超重
30.0～39.9	2级超重	肥胖
≥40.0	3级超重	病态肥胖

（一）肥胖的危害

过胖的身体给人的行动带来不便，影响人的仪表美，更重要的是肥胖与糖尿病、心血管疾病以及睡眠-呼吸紊乱有明显的相关关系。因此，肥胖成为一种流行病，威胁着人类的健康（孙志娟，2001）。

肥胖的危害

（1）肥胖与Ⅱ型糖尿病。机体脂肪的过量贮存带来了脂肪降解的加强，脂肪降解的结果是产生大量的游离脂肪酸（FFA），进入门静脉系统。FFA的增加严重阻碍了肝脏摄取胰岛素，导致肝脏糖利用和糖原异生障碍。同时，肝脏摄取胰岛素的减少，直接导致循环血液中胰岛素的浓度增加，进而导致胰岛素受体的表达下调，产生胰岛素抵抗。随着FFA浓度的持续增加，胰腺靠代偿性分泌，增加胰岛素在血液中的含量，维持正常血糖水平。随着病情的发展，如果仍旧不能够维持血糖的正常水平，最终将产生高血糖症。人群调查发现，肥胖程度和Ⅱ型糖尿病之间有密切的关系。在一项名为Nurses Cohort的研究（Colditz，1995）中发现，BMI过高是Ⅱ型糖尿病发病的主要危险因子。随着BMI的升高，糖尿病发病的可能性成倍增加。扣除年龄因素影响，与BMI小于21的同性别的人相比，BMI大于35的女性和男性患糖尿病的危险性分别升高93倍和42倍。

（2）大多数肥胖患者机体耗氧量增加，心输出量增加。肥胖患者血容量的增加与体重成正比。血容量的增加导致心室充盈量的增加，而心室充盈量和心输出量的增加能够引起心脏结构的改变，引起离心性肥大。研究表明（Lauer et al.，1991）左心室的重量与BMI成正比关系。当心输出量的增加合并外周血管阻力增加时，将导致高血压的发生，进而导致心室壁增厚，产生向心性肥大，在一项名为 Framingham 的心脏病研究中发现，体重的大小与充血性心力衰竭有直接关系。此外，由于左心室的肥大可增加冠心病和心律失常的发生概率，因此，肥胖也与冠心病和心率失常有关。

（3）肥胖还可以引起睡眠-呼吸紊乱。胸壁和腹部的脂肪堆积影响了胸廓和膈肌的运动。一般的肥胖并没有明显临床表现，而对于少数极度肥胖者可以引起通气功能的障碍，由此能够导致动脉氧饱和度下降和二氧化碳饱和度升高，以及呼吸暂停等，最终出现持续的低氧和高二氧化碳血症。临床上称之为肥胖性换气不足（obesity-hypoventilation）综合征，又名 Pickwickian 综合征。

（二）动物和人类肥胖问题的比较研究

科学家对肥胖的人与腹内侧下丘脑损伤而肥胖的鼠的摄食行为做了详细的比较研究，发现两者的摄食行为特征具有显著的相似性（Schachter，1968，1971）。

腹内侧下丘脑损伤的鼠，性情暴躁而又非常胆怯；肥胖的人受到威胁时，比正常人也显得胆怯。让他（她）们听感人的录音时，也比正常人更易动感情和发生精神错乱。快乐胖子的形象多半是神话。

腹内侧下丘脑损伤鼠与正常鼠相比，前者的活动性差，对食物更挑剔、苛求，而且进食次数不多但进食速度快，进食量大；肥胖者也是“少餐多吃”且比正常人吃得多。少女夏令营活动中的观察结果也表明，与其他成员相比，胖的成员有较低的活动性。

腹内侧下丘脑损伤的动物食用掺杂有毒的奎宁的食物所引起的不适感比正常动物强烈；食用掺假的牛奶冰淇淋所引起的胃不适感，肥胖的人也比正常人强烈。

想吃不想动

腹内侧下丘脑损伤的鼠虽然食量大，吃得快，却不愿为获得食物而付出艰苦的劳动，它们只有在食物方便可取时才进食。例如，在需要通过操作才能获得食物的情况下，若是每按动一次杠杆都可得到食丸（连续强化），这种动物会尽力去操作，其频率和次数超过了正常鼠；但在需要按动几次杠杆才能获得一粒食丸时，这种动物按动杠杆的频繁程度就不如正常鼠了。对人类的观察也发现了类似情况，在吃核桃必须敲壳的情况下，20 个肥胖者中只有 1 人去敲。而 20 个正常人中可能有 10 个人去做敲壳工作。这说明肥胖者在食物没有预先准备在可及之处时，就不太爱去摄食。

上述研究结果是否说明人的肥胖也是由腹内侧下丘脑活动异常造成的尚无定论。但目前已知人类由于脑底瘤的挤压或其他原因造成腹内侧下丘脑损伤后也会产生过食和肥胖症状。

（三）肥胖人群对食物味道的反应特性

肥胖人群的味觉适应不明显。正常人最初喝了糖溶液而产生的感觉是甜的，但是，如果先喝了浓缩的糖溶液再让他们判断对上述糖溶液的感觉，则会被认为是“一般程度的甜”，甚至是“不甜的”。然而，肥胖者先喝过浓缩的糖溶液对其以后的感觉判断没有明显的影响——他们仍然会觉得后来的糖溶液是“舒适的”。这说明肥胖人群的味觉受糖溶液的化学特性所制约而不服从于内部的生理变化，也不受由于持续摄食而产生的适应的制约。

（四）肥胖的遗传因素

人类的肥胖具有家族遗传性。一般说来，父母较胖者，其子女也较胖的可能性大。实验发现，即便是刚出生 2～4 天的较胖婴儿也显示出一些与肥胖的成年人相同的摄食特性。最引人感兴趣的是这样一个事实：当强迫通过吸吮黏滞性液体而获得食物时，胖孩子摄入量就低于正常孩子。此外，同卵双生的人如果生活在相同的条件下，他（她）们的体重通常可维持在相差不到 1000g 的范围；如果生活在显著不同的条件，则相差不到 2500g。这些事例说明，人的体重（肥胖）具有一定的遗传性。

肥胖的遗传性从基因水平得到了证明。Lngalls 等（1950）发现一株近亲繁殖的小鼠食欲亢进，过度肥胖，体重可达正常小鼠的 3 倍，并且患有糖尿病。研究结果表明，这种小鼠的肥胖是由于一个基因发生了隐性突变所致。这个基因被命名为肥胖基因（obese gene, *ob* gene），第一次出现了 *ob* 基因的概念。这株小鼠也因此被命名为 *ob/ob* 小鼠。把苗条素肌肉注射到 *ob/ob* 体内，能够明显抑制食欲、促进代谢，4 周后小鼠体内脂肪下降 75%,并且没有发现明显的副作用。Zhang 及其同事研究了两种不同基因变异的先天性肥胖小鼠（分别称为 ob1 小鼠和 ob2 小鼠），发现 ob1 小鼠第 6 号染色体有 *ob* 基因的突变。这种小鼠脂肪组织中苗条素 mRNA 的表达水平高于正常小鼠近 20 倍，但由于其 *ob* 基因编码序列的第 105 个密码子发生突变，由 C 变为 U（CGA 变成编码终止子的 UGA），导致正常苗条素表达缺失，抑制摄食的能力降低，能量调节紊乱而发生肥胖。ob2 小鼠的 *ob* 基因编码序列正常，但启动子序列出现突变，脂肪组织中没有 *ob* mRNA 和苗条素生成，造成肥胖。

人类 *ob* 基因位于染色体 7q31 位点。*ob* 基因结构或序列的改变可以导致肥胖。1997 年，Montague 等报道了两例有血缘关系的超级肥胖儿童（女孩 8 岁，男孩 2 岁），他们的苗条素编码基因（*ob*）发生病理性变异。这两名儿童都是 *ob/ob* 纯合子，出生时体重均正常，不久出现食欲亢进，体重猛增，与 *ob/ob* 小鼠表型十分相似。其中的女孩，接受苗条素补充治疗后，体重明显下降。

由于肥胖具有遗传性，对于正常人来说，控制肥胖或“减肥”是有限度的，一般为标准体重的±10%左右。

研究者已经发现了一些由于苗条素缺失导致的家族性肥胖，这种家族性肥胖是由于负责分泌苗条素的基因产生突变而导致的（Ozata and Licinio, 1999）。Farooqi 等（2001）发现，三个无关家庭由于基因突变而导致苗条素分泌水平稍有下降，这些基因突变也导致了肥胖。然而，这样的基因突变是罕见的，所以它还不能解释大多肥胖案例。Schwartz 等（1996）发现，无论是偏瘦人士还是偏胖人士，他们的血浆中苗条素水平都和身体的脂肪总量相关。因此，很多研究者相信，如果苗条素对人类的肥胖起作用，那么可能的机制就是肥胖个体对这种激素的敏感性降低。对苗条素敏感性的差异是由其分子传送到大脑过程中的差异引起的。

很多人随年龄的增长身体发福，这种趋势虽与身体活动水平下降等有关，但已有一些证据表明，苗条素的敏感性存在与年龄相关的变化。Scarpace、Matheny 和 Tumer（2001）发现，年老的肥胖老鼠下丘脑神经元对苗条素的反应比正常体重的老鼠弱。他们也观察到苗条素感受器数量下降了 50%。

（五）精神性肥胖

对肥胖症患者的研究表明，大部分人的肥胖是由精神因素引起的。助长肥胖最普通的精神因素可能就是："健康的饮食习惯必须一日三餐，每餐必饱"这种流行的观点。

肥胖问题的研究为人们采取措施控制它的发展提供了一些线索。其中，苗条素被认为在治疗肥胖方面可能会有所作为。然而对于大多数人来说，并不需要为自己的体重而担心。因为一般人所谓的肥胖，并不是从医学的角度来看的，而是从社会文化学和美学角度来评论的。适度的肥胖也有好处。某些医学调查表明，肥胖者容易抵抗肺结核和癌症等多种疾病，据说肥胖人群的自杀率也低；在饥荒或能源缺乏时，肥胖者由于体内脂肪多而可能更容易生存下来。因此，自认为肥胖者、甚至真正的肥胖者切莫滥用药物或过分节食，应当找医生进行治疗。否则，可能会带来危及生命的恶果。

五、神经性厌食/神经性贪食

神经性厌食是指有些人长期不愿进食或只摄取少量的食物。这些人对食物的兴趣并没有全部丧失，一般只是由于希望瘦的愿望达到病理性的程度而引起的。因此，神经性厌食的部分原因与心理因素和过分节食有关。神经性厌食的大部分患者所生活的环境中往往对人的身体较胖者进行消极的评价，那些体重超常者尤其是身体较胖的女孩为使自己的体重下降，以减轻精神压力或是为了更引人注意（或避免吸引男性）而使自己消瘦，于是过分地节食，久而久之导致生理功能紊乱，造成神经性厌食。

内分泌系统或控制激素的神经元功能障碍与神经性厌食也有关系。研究发现，厌食妇女由下丘脑、脑垂体和卵巢分泌的性激素水平大大低于正常值。

神经性厌食患者多是 10 多岁到 20 岁左右的少女或少妇，男性极少发生，病情严重者可导致死亡。它的最有效的治疗方法似乎是行为矫正疗法，当然也包括心理治疗。任何治疗，要使患者恢复正常，一般需要 4～5 年时间。

神经性贪食是另一种进食障碍，以对食物摄入的失控为特征。贪食症患者定时进食，尤其偏爱甜点和快餐食物，进食时间多在下午或傍晚，并通常是在自我-诱导性呕吐或腹泻之后暴食。

由于神经性厌食和神经性贪食对个体的身心影响很大，甚至威胁生命，研究者开始研究这些个体物质代谢过程中可能存在的变异和控制正常进食的神经化学物质，以此确定能否发现可能的药物。目前还没有发现能治疗神经性厌食症的药物；但一类抗抑郁病药 fluoxetine（比较常见的如百忧解）可能有助于抑制贪食症症状（Kaye et al.，2001）。

肥胖与进食障碍与严重生理和心理问题有关，了解其成因及其治疗方法还依赖于进食和新陈代谢的生理心理学的进一步研究。

第二节 饮水调节

有机体摄入的营养物质，有些是溶解于水后才能被吸收利用的，有些虽然不溶于水但必须悬浮于体液中，才有利于体内的化学反应。水还直接参与了体内的生物化学反应过程，它能够提供O或H^+；营养物质在体内代谢产生的废物也主要是通过水运输到排泄器官而被排出体外的。更重要的是，水是细胞内原生质的主要成分，活细胞的含水量为70%～90%，原生质只有在水分饱和度较高时才能进行生命活动。人如果断水只能生存几天，但在绝食而饮水情况下，却能生存十多天甚至数十天。因此，对于生命活动，水和食物至少同等重要，甚至在某种意义上说也许更重要。

身体包含四种主要的体液：细胞内液和三种细胞外液。大约体内2/3的水分存在于细胞内液中，是细胞中细胞质的液体部分。其余的是细胞外液，包括血管内液（血浆）、脑脊液和细胞间质（组织间液，被看作围绕细胞的海水）。

人体与外界每天水的交换量约为2500mL，水的获得可以通过饮水或摄取含水量较高的食物而实现。同摄食一样，饮水也受着神经因素和外周因素的调节控制。

一、两种类型的渴——渗透性渴和容积性渴

水在消化系统被吸收后进入血液到达全身组织细胞生活的内环境（细胞外液）和细胞内部。这两者之间物质浓度通常保持着平衡，这种平衡主要是依靠液体的运动来调节的。使液体在细胞内液与细胞外液运动的压力称为**渗透压**。如果细胞外液中盐分或其他物质浓度增大，由于渗透压的作用使细胞内液中的水分渗透到细胞外液，细胞内液减少引起渗透性渴。**渗透性渴**只有在细胞间质的渗透压（溶质浓度）上升时才出现。饭菜很咸时，将引发纯粹的渗透性渴。这种情况下细胞中的水分流失，而血浆容量没有减少。

当细胞内部物质浓度增加或细胞外液中盐分减少时则导致细胞外液不足。由于细胞外液的多少直接与循环中的血容量相联系，因此，细胞外液不足将产生容积性渴，即**容积性渴**在血浆容量（血管内血容量）减少时出现。失血导致纯粹的容积性渴。此外呕吐和腹泻也会导致血容量的减少，但通常没有细胞内液的损耗。由于血容量的损失包括钠和水的损失（即钠储存在等量的损失的溶液中），容积性渴产生对盐的食欲。

一般情况下产生的渴感是两者兼有。如当我们通过蒸发作用失去水分时，水从细胞内、细胞间、血管内三个液体分区流失。因此，蒸发作用导致容积性渴和渗透性渴。如果机体没有及时补充由排尿、出汗等丧失的水分，则细胞外液减少，导致容积性渴；同时，细胞内液中的水分在渗透压作用下也受到损失，即流向细胞外液，导致渗透性渴。

二、脑对饮水行为的调节

脑对饮水行为的调节建立在体内水的动态平衡的基础上：缺水产生生理亏空，从而产生启动饮水行为的信号，通过神经系统产生饮水行为；当体内水量再一次达到正常水平时，一种终止信号传送到脑，使饮水行为停止。

（一）饮水行为的启动

一般认为，体内存在着分别对容积性渴和渗透性渴敏感的感受器。

下丘脑的第三脑室周围和下丘脑的视前区的某些细胞是感受渗透性渴的。细胞间质变得高渗性时，细胞将水排出，第三脑室的前腹侧区域的渗透压感受器检测到这种变化，于是渗透压感受器的激活就会刺激饮水行为。用容易透过细胞膜的葡萄糖和不容易透过细胞膜的蔗

糖分别实验发现，蔗糖能使下丘脑视前区的细胞起反应，而葡萄糖却不能；说明这些细胞只反映细胞内的水分外流而不反映细胞本身渗透性的提高；视前核损伤的动物对细胞内液的损失也不再反应。

脑的隔区、视前区、下丘脑前部和肾脏被认为是感受并控制容积性渴的部位。因为，血容量下降时肾脏可分泌肾素进入血液。肾素是一种酶，它能促使血管紧张素原转变为血管紧张素Ⅰ，后者在酶的作用下又很快转变为血管紧张素Ⅱ。血管紧张素Ⅱ除了能促进肾上腺皮质分泌醛固酮，使肾小管增加对 Na^+的重吸收从而保存水分和使血管收缩、提高血压外，还可作用于下丘脑的某些结构，如穹隆下器（subfornical organ，SFO）,引起渴感、增加饮水量。将血管紧张素注入鼠的隔区、视前区和下丘脑前部，发现它能够有效地引起饮水；隔区损伤的动物对细胞外液的缺失全无反应。把微量的血管紧张素Ⅱ注射到 SFO，能够提高这个部位的神经元放电频率（Felix，1976）。另外，由于容积性渴主要由于血管内血容量减少而引起，需容量减少导致对血管尤其是心房的压力发生变化；位于心房的压力感受器把接受的压力变化的信息传到延髓的孤束核，孤束核发出纤维投射到第三脑室前腹侧区（anteroventral part of the third ventricle，AV3V）周围等部位（Johnson，1990）。

第三脑室前腹侧区作为一个整合系统对渗透性渴和容积性渴的大多数或者全部刺激发生反应（Thrasher, 1989）。视前区正中核整合从穹隆下器的血管紧缩素感应细胞以及 AV3V 周围区域（包括渗透压感受器）和孤束核（从心房压力感受器接收信息）等部位感受细胞接收的信息，通过与脑的其他部位的连接控制饮水行为。AV3V 区域似乎在人类体液调节中起关键作用。这一区域的损伤导致渴感缺乏，即饮水行为缺乏（Mclver et al.，1991）。此类患者即使在被注射高渗性盐水后，也报告说没有渴的感觉。

（二）饮水行为的终止

体细胞内外水的亏空导致饮水，而水的补充解除了水亏空时使饮水停止。但人和动物的饮水时间很短。例如，对狗进行水剥夺 24h 后恢复饮水，它在 2～3min 内能喝下体内所需水量的 2/3 并停下来，然后再慢慢补足剩下的 1/3。根据测量，有机体在停止饮水 10min 之后，细胞才开始充水。显然，在细胞内液和细胞外液水亏空解除的信号产生之前，体内已经产生了终止饮水的先头信号。根据目前的研究，终止饮水的先头信号的产生可能主要与胃和十二指肠有关。

实验发现，如果让缺水的鼠按动杠杆从而获得不进入口腔而直接进入胃部的水，它能同正常鼠一样能够实现对饮水的有效调节。胃部开了瘘口的猴，如果把瘘口堵住，它喝了一定量的水之后即停止，但若把瘘口打开使胃内的水流出体外，猴便重新开始饮水。这些说明胃部能产生终止饮水的信号（不过，对狗进行实验却未发现胃对饮水调节有重要作用）。也有研究者发现，水几乎一到胃里就进入到了下丘脑的细胞，好像是下丘脑在通过循环系统运输的水到来之前，下丘脑就接收到水并开始发挥作用了。有学者在猴饮水时用一小管直接把微量的水灌入十二指肠部位，猴便停止饮水，说明小肠也能产生饮水的信号。

口腔因素在饮水调节中的作用，人们也进行了研究，实验是把动物的食管切断，并把其连接口腔一端拉出体外，使饮入口中的水外流不能进入胃部，更不能进入血液。这样的动物仍能调节饮水——饮入与水剥夺过程中丧失的比例相等的水量。但研究者从不同的角度出发却得出了相反的结论：有些学者认为，这个实验证明，饮水的调节可以部分地接受来自口腔的神经传入控制；另一些学者则认为，这样的实验动物会延长手术后第一次喝水时间，因而口腔因素不一定是终止饮水的重要信号。

终止饮水的先头信号究竟产生于哪个或哪些部位，它们的脑机制怎样？这些问题尚在进一步研究之中。

三、继发性饮水

人饮水时常常并不觉得渴，动物亦是如此，生理心理学家把这种饮水称为**继发性饮水**或第二性饮水，而把体内缺水时的饮水称为**原发性饮水**或第一性饮水。

人及动物体内严重缺水有害，但适量多饮水却无害。相反，在某些情况下多饮些水还可增强对后来缺水的耐受力。因此，继发性饮用的水可能具有备用的功能。

第三节　摄食与饮水的联系

实验发现，调节摄食的脑中枢与调节饮水的脑中枢，两者之间及其神经通路的活动存在着联系。这两个脑中枢及其神经环路密切配合并可以会聚在脑的同一区域的相邻细胞，以致只有依照化学活动特性才能区分它们。

下丘脑存在着丰富的乙酰胆碱（副交感神经递质）、肾上腺素和去甲肾上腺素（交感神经递质）。当把 1～4μg 的这些递质的晶体置入外侧下丘脑或刚好在下丘脑上方时，发现去甲肾上腺素能够恢复饱食大白鼠的食欲，以致它们又重新摄食。在同一脑区，乙酰胆碱（或合成的氨甲酰甲胆碱）则有使饱食水足的大白鼠立即饮水的作用。

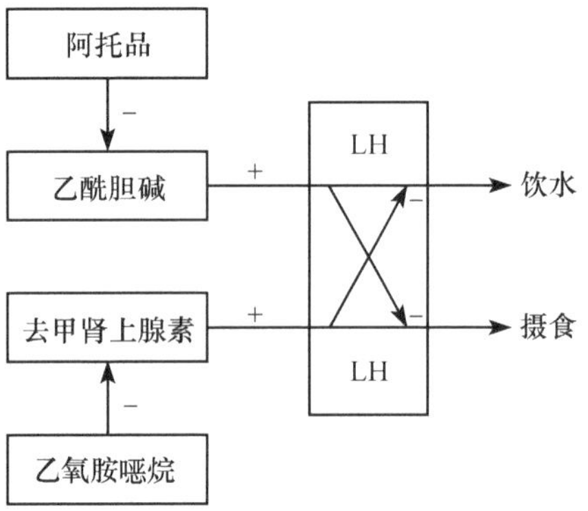

图 11-2　药物对大白鼠饮水和摄食的影响

图示注射到下丘脑上方的递质（乙酰胆碱、去甲肾上腺素）和阻断剂（阿托品、乙氧胺嘧烷）的作用概况

+表示兴奋作用；−表示抑制作用

在运用化学刺激作用于下丘脑的实验中发现了饥与渴之间的联系：微量注射肾上腺素能使动物增进摄食；而胆碱物质则增加渴感。看来，干渴和饥饿系统相互抑制：用乙酰胆碱处理的大白鼠吃得少，用去甲肾上腺素处理的动物饮水少。

饮水的胆碱能系统和摄食的肾上腺素能系统的假设，得到使用适当阻断剂（分别为阿托品和乙氧胺嘧烷）的实验的支持，它们的应用产生相应的但又是互为相反的结果（图 11-2）。

1962 年，Teitelbaum 等报道，外侧下丘脑损伤的鼠不仅拒食而且不饮，但这种现象随着时间的推移可以得到恢复。恢复的过程可以分为 4 个阶段。

第一阶段：不食不饮。动物除去外侧下丘脑后的最初反应是摄食和饮水的完全抑制。从这一现象来看，摄食和饮水是分不开的。要维持动物生命，必须用一管子饲喂。此时动物的摄食和吞咽能力仍就不衰——若将流体食物置于其舌上，动物仍会反射性吞咽，然而这个反应瞬间即可抑制，最终当食物放入动物口中时，它会吐出来，就好像食物有毒似的。

第二阶段：厌食不饮。手术后的动物，其生命如能维持两周以后，便会开始自己摄食，但达不到正常水平——所吃食物不足以维持自身的需要。动物回避味道一般的食物即“厌食”，也回避水，即“不饮”。

第三阶段：不饮。约 40 天后，实验动物能以较正常的方式摄食但仍然不饮水，不过此期可以用带有甜味的水（如糖精水）训练其饮水。

第四阶段：恢复。手术 60～70 天之后，大多数实验动物开始饮水，不过它们是吃一口食物后突发性饮水，而不是像正常鼠那样饭前或饭后饮水。

根据长期的观察研究，Wolgin 和 Teitelbaum（1976）对上述 4 个恢复阶段作出了这样的解释：第一阶段和第二阶段代表一般的行为缺陷，只有第三阶段和第四阶段才是摄食和饮水的特殊行为缺陷。前两个阶段的表现既有对感觉输入的忽视，又丧失了行为的激活反应。在第二阶段，损毁外侧下丘脑的大鼠或猫，如果在痛刺激作用下兴奋，它们将会开始摄食；如果痛刺激停止，它们又恢复到对食物毫无兴趣的状态。

这类实验说明，摄食与饮水的调节存在着密切联系，但由于摄食和饮水恢复时间的长短有差异，因此，二者的神经调节环路和调节方式并非完全一样。

第 12 章　性生理心理学

阿尔弗莱德·查尔斯·金赛（Alfred Charles Kinsey，1894～1956）

进行了世界上规模最大的性问题调查研究，出版《人类男性的性行为》和《人类女性的性行为》，至今仍然是性科学中的经典著作。

◎你知道“睾丸女性化综合征”是怎么形成的吗？

◎大学同宿舍的女生月经周期为什么会趋于同步？

本章知识点

- 人类的性反应周期
- 激素对性行为的调节作用
- 信息素效应

一般说来，性行为对生物个体的生存不是必需的，对于性的剥夺并不危及个体的生命过程。然而，性行为却是绝大多数动物延续种族的基本手段，因为包括人类在内的绝大多数动物是通过有性生殖——两性生殖细胞的结合来繁衍后代、延续种族的。性行为主要包括两个阶段即求爱和交配，在后一阶段中实现了两性生殖细胞的结合。生殖细胞的结合最终发育成新的个体。无论是人类还是动物，都会对新出生的后代进行照料，也就是都存在亲子行为。所以，亲子行为与性行为存在密切联系，是由性行为派生出来的。

人类的性行为及与之有关的言论受到社会规范和舆论的约束；并且，它本身具有在隐蔽处进行的生物适应特性，使得有关人类的性行为的研究发展缓慢。然而，性、性行为是客观存在的。揭示它的奥秘，对个人、家庭和社会都有不可低估的作用和意义。

人类的性行为是由动物的性行为发展进化而来的，它属于许多学科的研究范畴，如伦理学、社会学、法学、美学、生理学、心理学，等等。这里仅从生理心理学角度对动物和人的性行为过程和调节机制加以说明。

第一节　人类的性生理心理活动

人类的性功能和性行为的表达不仅仅是一种生物本能，它是生物因素、心理因素和社会因素结合在一起的复杂现象。

一、男女性别差异的形成

人类个体的生命活动在受精卵着床之时就已经开始了，男女两性差异也是在胚胎期开始分化。胚胎期性别分化主要受两个因素制约：性染色体和激素。

人类的生殖细胞与体细胞一样，都含有 22 对常染色体和 1 对性染色体。性染色体在男性为 XY，女性则为 XX。生殖细胞在成熟过程中需要经过减数分裂——染色体减少一半，从而形成两个配子。在这个过程中，性染色体中的两条也相互分开，分属于两个不同的配子。由于女性的性染色体都为 XX，因而所形成的卵子中性染色体都是一样的；但男性的精子却有两类，分别含有 X 和 Y。受精时，如果卵子与含有 Y 染色体的精子结合，便形成 XY 型受精卵，使得性腺发育为睾丸，胎儿性别为男性；如果卵子与含有 X 染色体的精子结合，就形成 XX 型受精卵，从而决定了胚胎期原始性腺发育为卵巢，胎儿性别为女性。

性激素对性别的分化具有强化和加速作用。胎儿的睾丸大约在受孕后的第 7 周、卵巢则大约在第 12 周开始分化。睾丸发育较早是因为它所产生的雄性激素对两性的进一步分化具有重要作用。在胚胎发育的 7～12 周内，胎儿具有两个原始的系统：苗勒氏管系统和吴非氏管系统。前者发育为输卵管、子宫和上阴道等女性生殖系统；后者发育为附睾、输精管和贮精囊等男性生殖系统。睾丸是否存在以及是否分泌雄性激素，决定这两个系统中的哪一个优先分化发育。也就是说，如果睾丸存在并且分泌雄性激素，便促进吴非氏管系统发育为男性生殖系统，同时抑制女性生殖系统的发育；如果没有雄性激素存在，将导致苗勒氏管系统发育为女性生殖系统，并使男性生殖系统退化。

睾丸分泌的睾酮能够促进阴茎等外生殖器发育，并对男性第二性征如身材壮实、声音低沉、胡须生长等具有决定作用。女性卵巢出现后所分泌的激素可以促进外阴道等女性外生殖器的发育，并对女性的第二性征如身材苗条、声音清脆、乳房发育等起决定作用。

胚胎期性染色体异常、性激素分泌紊乱或胚胎组织排斥相应激素的作用，均可导致性别特征发育异常，如先天卵巢发育不全综合征、睾丸女性化综合征、真两性体、假两性体等。

睾丸女性化综合征

一些遗传上男性的胎儿有正常的雄性激素，但靶器官对这些激素缺乏反应，导致这些男性个体长出了女性的外生殖器，如阴唇、阴蒂。出生后这些婴儿看起来像女孩，但因为睾丸持续分泌雄性激素抑制子宫或输卵管发育，结果发育成为假雌雄同体——同时具有睾丸和女性外生殖器的男人。这就是所谓的睾丸女性化综合征。

显然，睾丸女性化综合征看起来像女孩，也常常被当作女孩来抚养，直到青春期没有月经出现才会对其性别产生怀疑。由于一些睾丸激素可以转化为雌激素，成年后这些个体乳房也会发育，其性行为往往也具有女性意味，但由于没有内生殖器，因而不能生育。

一般说来，这些个体应该当做女孩来抚养，因为即便通过手术或者激素治疗，也难以再生一个功能性的阴茎或改变身体的外观（Wickens，2009）。

二、人类的性反应周期

胎儿出生后随着身体的发育，到青春期后性功能逐渐成熟，具备了完成性行为的能力。人类的性活动过程伴随着一系列生理反应和心理反应——性反应。

世界上最早从事性反应问题研究的是美国行为主义学派的创始人 Watson。20 世纪 20 年代，由于他研究性交行为而引出了丑闻，失去了教授职位，研究资料也被洗劫一空而未能发表。20 世纪 40 年代，美国生物学教授 Kinsey 进行了世界上规模最大的性问题调查研究。他精心设计了一个包括 350 个性问题的问卷，被调查的人数多达 17 000 例，根据调查资料写成的《人类男性的性行为》（*Human Sexual Behavior of Men*，1948）和《人类女性的性行为》（*Human Sexual Behavior of Women*，1953），至今仍然是性科学中的经典著作。20 世纪 50 年代，两位后来成为夫妻的美国科学家——妇产科专家 Masters 和心理学家 Johnson 走上了对性反应进行实验室研究的道路。他们在对 382 个成年男性和 312 个成年女性性反应的实验结果进行总结概括的基础上，于 1966 年出版了专著《人类的性反应》（*Human Sexual Response*）。该书以一丝不苟的态度精确地描述了人类的性反应，使人们认识到性的本来面目。

Masters 和 Johnson 的研究表明，人类的性反应从性兴奋开始到重新恢复到原有的状态，存在着一个可以划分为不同阶段的周期性变化——**性反应周期**，包括兴奋期、持续期（高原期）、高潮期和消退期（消解期）。

性反应周期中除了伴随强烈的心理感受（如高潮期的快感）之外，生理反应也很明显。性兴奋期男女双方会出现心率增加、血压上升、呼吸急促等现象，并在性高潮期达到高峰——心率可比平时增加两倍、血压升高 1/3、呼吸频率则可增加到正常水平的 3 倍。

性反应周期及其模式，人与人之间基本上是相同的，但这并不排斥某些个体差异的存在。男女之间的差异更为明显，主要表现在：其一，男性只有上述四个阶段依次出现的一种模式，而女性则存在着三种典型的模式——高潮期到来快（可以没有持续期）且持续时间长的模式、有两次或多次高潮的模式和高潮期不明显或持续期性兴奋水平不足以触发高潮导致性兴奋逐渐消散的模式。女性的这三种模式在同一个体上也能反映出来，即在不同情况下表现为不同模式；甚至在相同情况下也表现出不同模式。其二，男性在性高潮之后有一个绝对不应期，在这段时间内外生殖器不能勃起，而女性则没有这种现象。

三、心理因素对性爱行为的影响

性反应尤其是性高潮是一种反射性的，当兴奋达到一定水平后它被触发，一般是不能控制的。然而，这并非说明它不受心理活动等因素的影响。事实上，包括性高潮在内的性反应各个阶段以及与性爱有关的行为，心理因素均起一定作用。

（一）性兴奋的唤起是触觉、嗅觉、听觉和视觉等综合发挥作用的过程。

触觉是性爱表现的最基本、最重要的方式之一——它既是性兴奋唤起的一种最初感觉，又是性行为的主要体验方式。人类从出生开始对搂抱、抚摸、亲吻等都有特殊的感情，儿童期已经开始用这种方式来表达亲昵的动作。这种行为一直保持到成人，且行为的含义也逐渐扩大——在性爱过程中，两性之间的拥抱、亲吻和抚摸均可激起性兴奋。

视觉是选择异性的主要手段，人们单从眼神中就可以感受到爱慕和性吸引。恋人的目光对视时往往包含着丰富内容。人体的不同部位及其特征在性爱过程中产生的视觉效果不一样。眼眸大、口唇鲜润、乳峰突出、臀部丰满，被认为是女性的性感体征；目光炯炯有神、身材魁梧匀称、肌肉丰满有力，被看作男性的性感体征。这些性感体征通过视觉作用对异性的吸引力和诱惑力最强。当然，不同的个体对异性体态部位的敏感性也不一样。例如，某些男性对女性的手或脚特别敏感，看到女性身体的这些部位常常引起性兴奋。

听觉的性唤起作用，女性比男性明显。许多女性在听到自己所钟爱的男性声音时，往往会产生一种强烈的性诱惑的感受。然而，对于男子的“娘娘腔”，大部分女性都很反感。此外，亲昵的调笑、情意绵绵的音乐等也会带来性的诱惑。

嗅觉刺激对性的唤起也有一定影响。人体某些部位发出的气味能使异性感到愉快，这种现象在女性身上比较明显。女性有时会因为气味原因拒绝男性，而对于男性来说这种可能性则不大。原因之一可能是男性比女性拥有更难闻的气味；另一个解释是，身体的气味与控制免疫系统的某些基因有关，这种观点被称为主要组织相容性复合理论。研究发现，女性很少对与自己气味和免疫基因相似的男性产生兴趣。这种现象或许可以解释为避免近亲生育后代的机制之一。

事实上，感觉刺激不仅是性唤起过程中的重要因素，就是在性反应的持续期、高潮期、消退期它也具有重要作用。恰当地运用感觉刺激（包括触、视、听等）有利于性反应周期的顺利完成；反过来，降低某些感觉刺激也可以遏制不健康的性反应。

（二）情绪和动机在性爱过程中具有调节控制作用

人类从初恋到发生性行为都伴随有情感因素。异性之间建立真正爱情的基础是相互愉悦，愉快的情感也是性行为过程达到和谐的前提和手段之一。同时，恋爱过程和性行为过程中情感可能起着强化作用：积极愉快的情感使双方的爱情基础更加巩固，也可使性生活更加甜蜜幸福，或弥补生理上的不满足；而那些愤怒、悲伤等消极情感则会给双方带来极大的不快，甚至使双方恋爱关系或夫妻关系破裂。

动机的作用从择偶阶段已经开始。一般说来，男女双方都希望与健康、聪明、忠诚、迷人的异性结合，这是男女性心理的共性方面。但是，两性择偶的动机也有差别：多数女性追求富有和成功的男性，这种现象在女性社会地位和经济地位不高的社会中尤其突出。有学者根据进化论对此作出了解释，即女性在怀孕和此后哺育孩子的过程中需要得到食物等方面的物质保证以及其他方面的帮助。另外，传统文化中“妻以夫荣”也是其原因之一。多数男性则倾向于寻找更年轻的女性做伴侣。进化论对此的解释是，女性年轻者比年老者拥有更长的生殖期，男性与年轻女性结合就会生育更多的后代。有趣的是，雄性黑猩猩却对年轻的雌性黑猩猩几乎没有兴趣，其原因被认为是黑猩猩的交配对象不是固定的，不需要长期承担对一个配偶的责任。实际上，更多的雄性黑猩猩对年长但仍有生育能力的雌性黑猩猩更感兴趣，这些年长的雌性黑猩猩拥有比年轻的雌性黑猩猩更高的群体地位。

动机在性爱过程中的作用表现在：一方面，它推动人们去追求真正的爱情，并使人们在性行为过程中不以自我为中心，努力使自己所爱的人获得真正幸福而努力；另一方面，崇高的动机控制着人的性本能冲动和不符合社会道德规范的性行为，从而使性欲之火不得泛滥。

（三）人格特征对性爱过程具有重要影响。

人格因素中的气质和性格与人的性爱过程的心理行为反应有密切关系。

1. 气质类型与性爱行为

人的气质分为胆汁质、多血质、黏液质和抑郁质。不同的气质类型具有不同的心理行为特点。这些特点也体现在性爱行为上。

胆汁质的人择偶非常冲动，当认准选择的目标时常常发起迅猛的进攻，但考虑问题欠成熟，一般为“感官满足型”。在性爱过程中常常是性急而粗犷，情绪容易爆发，为所爱的人可以赴汤蹈火；但如果失望则可能出现过激行为。在性行为过程中，性兴奋极易唤起，往往缺乏自制力，不考虑后果，且常以自我为中心。

多血质的人对性爱目标的选择往往受直观映象的影响，当发现理想的异性时，会很快作出反应。“一见钟情”的人往往属于这个类型。在性爱过程中，这种类型的人妙语生珠、花样不断更新，很能获得异性的欢心。但是，他（她）们的兴趣容易转移，很可能同时取悦于几个人；在性行为中，性兴奋容易唤起，性高潮也来得比较快，但注意力容易分散，性行为之后比较疲乏。

黏液质的人择偶常常是从友谊开始，逐渐产生性爱，一旦找到性爱对象便不容易转移。大部分以“共同语言”为基础择偶的人属于这个类型。在性爱过程中这种类型的人善于忍受等待，使异性感到稳重；但性爱反应缓慢而冷淡，会使对方不快。

抑郁质的人不善交友，对异性敏感而胆怯，常在一些外在因素促成下择偶，一般属于“委曲求全”的人。在性爱过程中这种类型的人常常缓慢而被动，内心体验很深但不易外露，容易使对方产生冷冰冰的感觉；在性行为过程中，性兴奋的唤起非常缓慢，且容易为很小的干扰而伤感，性高潮难以到来。

2. 性格与性爱行为

性格的类型有多种划分方法，这里仅以内倾型和外倾型为例说明性格与性爱行为的关系。

典型的内倾型性格者，在择偶和性爱过程中常处于被动地位，不善于追求别人，喜欢宁静的家庭生活；在性行为中的表现也是被动而安静的。

典型的外倾型性格者，在择偶和性爱过程中往往狂热而主动，但有时盲目而缺乏自信；在性行为中，心理行为反应都很热烈，然而在自己不满意时，容易急躁而变得使人难以理解。

另外，心理活动中的记忆和思维对性爱过程也有影响。记忆的作用体现在性兴奋唤起和维持方面；思维的作用体现在为获得真正的爱情和使性行为和谐而考虑对策、采取措施方面。

由于心理因素对性爱行为具有重要的制约作用，因此，人们应根据不同情况，一方面利用这些因素使自己获得真正的爱情和美满和谐的性生活；另一方面则应采取措施降低这些因素的作用，不使它们诱发过度的性欲望或引起不正当的性行为，使自己的性心理朝着健康的方向发展。

第二节　性行为的神经激素调控机制

性行为的激发与控制，心理因素起一定作用，但直接起作用的是中枢神经系统和激素。

并且，心理因素的作用基本上也是通过神经系统和激素的作用来实现的。

一、中枢神经系统的作用

性活动同有机体的其他活动一样，是一种复杂的神经链索活动，这个链索的每一环节都受着中枢神经系统不同水平和不同部位的控制。实验表明，脊髓和脑的某些部位，主要是下丘脑，在性行为过程中有重要作用。

（一）脊髓

如果切断脊髓与脑的联系，动物仍有性的反射活动出现。这说明性行为受到脊髓水平的反射控制。例如，切断脊髓的猫和狗在阴部受到刺激时，也会出现反射性的交媾行为反应。人类也有这种现象，腰部脊髓由于外伤或病理原因而被截断的男性，当他们的性器官受到直接刺激时，阴茎仍然能够勃起并射精。不过，此时没有身体正常情况下伴随这种反应所产生的感觉。这说明，去掉脑以后性活动降低为无感觉的单纯反射。

（二）与性行为有关的脑部位

虽然性行为的反射活动基本上是由脊髓水平完成的，然而在脊椎动物中性吸引和诱惑行为的表现需要许多脑部位的参与。正是由于脑的介入使得兴奋的唤起不再单独地依赖于对性器官的直接刺激。性唤起的刺激范围扩大了，包括对外界因素的嗅、视、听和内部环境的刺激，并且，至少在人类还有对过去经验的回忆和幻想。

脑与性行为的关系尚不十分清楚，但研究中也有许多重要发现。国外学者总结出了大白鼠脑的不同部位同性行为的关系：①当雌鼠被雄鼠拥抱时，它的性接受表现为“脊柱前弓反应”，把背拱起来，将骨盆抬高。雌鼠的脊柱前弓和雄鼠的生殖器反射的基本神经通路位于脊髓中，它们由下丘脑的某些区域控制。②内侧视前区和腹内侧下丘脑似乎都介入了雄性和雌性性行为的表达。③尾部下丘脑和杏仁核可以调节性行为。④颞叶参与分析目标物。⑤额叶对完成性行为及其方式具有重要作用（表 12-1）。

表 12-1　大白鼠脑损毁对性行为的影响

脑区	损毁的影响	推测的功能
内侧视前区	抑制雄性性行为，易化雌性脊柱前弓反应	雄性或雌性性行为的表达，控制脊柱前弓
腹内侧下丘脑	雌性脊柱前弓反应消失	控制脊柱前弓反应
尾部腹内侧下丘脑	雄性性欲亢进	控制性行为
前内侧下丘脑，内侧杏仁核	抑制雄性（和雌性）性行为	控制性行为
颞叶	不能选择适当配偶	分析目标物
额叶	主要是雄性功能减退	有关运动形式的整合功能

实验观察到，雄鼠的视前区内侧核大于雌鼠。鼠、猫、狗和猴的雄性脑两侧的这个区域被损毁之后，它们就丧失了交配行为（Larson，1964；Hart，1973，1974）。相反，如果在健全的雄鼠的视前区埋上电极，用电流刺激则会激起性行为或增加其交配行为的次数。另外，有时雌大白鼠也会出现类似雄性大白鼠的性行为表现——爬背和胯的前推动作。如果把雌鼠

的视前区破坏，那么，雌鼠将不再出现这种行为，但视前区的破坏并不影响该鼠的雌性性行为（Singer，1968）。视前区细胞能够从血液中吸收雄激素，如果在阉割后的雄性动物脑中放入睾酮，则该动物即可恢复性行为（Johnston，1973）。这说明，视前区特别是视前区内侧核，在动物的雄性性行为中起重要作用。

控制雌性动物性行为的脑区比较复杂，它随物种的不同而不同。动物研究的结果表明，前下丘脑腹内侧核、视前区后方等都与雌鼠性行为有关——对于大白鼠来说，损伤前下丘脑，会使雌鼠完全丧失常态性行为。在仓鼠中腹内侧核的损伤，这种效果更为明显（Kow，1974）。而在另一些动物的视前区后方区域损伤则会使雌性的性行为丧失。另外，在啮齿动物的下丘脑注射雌二醇，对雌性的性行为起促进作用，但注射的部位应在损伤后对性行为影响最大的脑部位的前边（Singer，1968）。这样看来，视前区内侧与雌雄两性的性行为都有关系。

边缘系统和大脑皮层，特别是额叶皮质和杏仁核在控制性行为中也有重要作用。在雄性松鼠猴中，电刺激边缘系统某些区域及其连接，可触发阴茎勃起。对雌猴进行相应刺激，则导致阴蒂增大。双侧杏仁核损毁后的雄猫，其性行为表现出亢进现象——试图与异种动物的雌性如狗或猴进行交配。但当进一步损毁中隔和下丘脑前内侧区时，这种强烈的性欲又会受到压抑。

二、激素的作用

人们对性激素认识的萌芽，可以追溯到原始人类的畜牧业对家养动物的阉割——性腺的切除，即“去势”。据现有的资料考证，我国在六七千年前，便会驯养动物，出现了畜牧业。“阉割”这种技术的采用是在畜牧业出现以后，距今有三四千年。

印度最古老的宗教文献和文学作品的汇集——《吠陀》，在公元前 14 世纪到公元前 6 世纪编订而成，书中曾推荐用睾丸组织治疗阳痿。睾丸组织中含雄激素，用睾丸组织治疗阳痿实质上就是用雄激素进行治疗。

2000 多年前的古希腊学者 Aristotles 也曾提到“切除母猪的卵巢是为了消灭其性欲”，并描述了睾丸与雄性副性征的关系，指出幼禽阉割后便丧失了雄性的特征。小儿阉割后，到了成年声调仍然很高，性毛也不长。

古代盛行的对人施行的阉割也是出于对性激素作用的朦胧认识。因为阉割的目的主要为了使人的性机能降低或丧失。封建社会对宦官进行阉割，从而使这些人性机能丧失，避免他们与宫廷中的女性发生性关系。法国 19 世纪流行“独子制”，甚至一个孩子也不要，于是，许多妇女便摘除卵巢，以求不生育。

对性激素作用的深入研究在 20 世纪获得了重要进展。1905 年，英国著名的生殖生理学家 Marshall 在伦敦皇家学会报告了题为《对哺乳类生殖生理学的一些贡献，第一部分：女性卵巢是一个内分泌器官》的论文。报告说，哺乳类卵巢除了产生成熟的卵子之外，还是一个内分泌器官，影响动物的全身代谢……其分泌量在重复出现的周期中的某些时候增加，引起了“动情前期”和“动情期”。他还发现，阉割的雌性动物如接受了卵巢提取液，可使子宫、阴道重新出现动情期的变化。

随着科学研究的深入，人们对性激素在动物和人类性活动中的作用了解的越来越多。

（一）激素对动物性行为的影响

在不同的物种和雌雄两性中，激素在性行为中的作用大小是不一样的。

1. 激素对雌性动物性行为的影响

对于某些哺乳动物，激素对其性行为的作用比较明显。例如，在狗、猫、山羊、兔以及猴类中，经过阉割后的雌性，性的接受行为单用雌激素就可以恢复，而在雌性大白鼠、豚鼠和母牛中，阉割后要使其接受性行为恢复，必须用雌激素和孕酮两种激素才能有效。

对于雌性猴类，激素对其性行为的影响比较复杂。在月经周期的中间阶段，随着雌激素分泌高峰的出现，雌猴对雄猴的吸引力也在增加。雌激素分泌的增加可以使雌猴既产生阴道分泌物，又可以使其臀部的“性皮”肿胀。这两方面的变化，通过嗅觉刺激和视觉刺激，均可以使雄猴对其产生性反应。雌猴的卵巢切除后，给其注射雌激素或将雌激素涂抹在阴道内，亦可恢复它对雄猴的性吸引。这一现象暗示，雌猴的性吸引力主要是由激素决定的。

兔、猫等雌性动物只有在其体内激素含量较高的发情期，即接近排卵时，才能接受雄性动物的交配行为。在猕猴也能观察到这种周期性变化，但是，其他因素对雌猴的性行为也有影响。操作性条件反射实验对雌猴的这一特点给予了证明。把雌猴和雄猴放入两个靠近的笼内，两笼之间有一道雌猴需要按一定次数的杠杆才能打开的屏壁，之后，才能接近雄猴完成性行为。实验表明，雌猴按压杠杆的频率随着其体内性激素的周期变化而发生变化。在垂体促性腺激素和卵巢分泌的雌激素含量最高时，雌猴为了接近雄猴，在 30min 内连续按压杠杆达 250～350 次之多。但是，如果隔壁的雄猴是经过手术阉割的，那么雌猴按压杠杆的次数和持续时间明显减少，可能说明雄猴分泌的雄性激素的气味对雌猴的性行为具有一定的影响。更换不同的雄猴，可以发现雌猴只在某一个专一雄猴出现时按压杠杆的次数最高，说明性吸引的专一性对雌猴的性行为具有一定的影响。如果把雄猴移开，无论给予怎样好吃的食物作为强化因素，都不能像专一雄猴的交配强化那样有效。如果切除雌猴的卵巢，同样的实验情景和条件也不能形成这种性操作行为模式。

有些研究表明，雄性激素对雌猴表现出的与雄猴交配的前接受行为有重要影响。对于雌猴来说，雄性激素是由卵巢和肾上腺分泌的。实验发现，把雌猴的卵巢和肾上腺切除后，通过注射皮质醇来补偿肾上腺的基本功能，并注射雌激素以恢复其性吸引力，这样的雌猴却不去接近雄猴。然而，在体内注射或在下丘脑中植入睾酮却能恢复它的前接受行为。这说明，睾酮的作用可能是通过神经系统来实现的。另外，注射孕酮也能增加雌猴接近和引诱雄猴的行为。不过孕酮对雌猴的性接受行为似乎并没有什么影响。可以认为，激素调节着灵长类雌性动物生殖行为的各个方面，而雌激素、雄激素、孕酮在雌性动物性行为中起着不同的作用。

2. 激素对雄性动物性行为的影响

在许多非哺乳动物中，雄性在交配或射精以后，血浆中睾酮水平升高。但对于猴来说，成年雄猴血浆中的睾酮水平在接近发情的雌猴时升高，而在交配或射精后则无显著变化。

实验发现，激素对雄性动物性行为的作用没有对雌性动物的作用明显而迅速。一般说来，雄性动物阉割后，雄激素在几小时内就几乎没有了，但雄性大鼠和有交媾经验的雄猫，它们的交媾行为模式阉割后仍能维持几周。不过，没有交媾经验的雄猫阉割后却很少有交配行为出现。有过性体验的雄狗和雄猴，阉割后，它们的交配行为可以保持几个月甚至几年。这说明经验改变了神经通路的特性，使其对性行为的调节控制可以不再需要激素的易化作用。

脑细胞对激素的敏感性对雄性哺乳动物性行为有重要作用。有学者（Grant and Young，1953）用豚鼠做实验，把豚鼠按照交配测验中的得分分为高、中、低三组，并同时进行阉割手术。之后，给三组动物注射同等剂量的睾酮，再进行交配测验，结果三组动物的得分等级同手术前一样。由此看来，交配测验得分等级的差别不在于激素水平的不同，而在于神经元对激素敏感性的差异。另外雄性动物阉割后的时间越久，恢复其性行为需要注射的睾酮剂量越大，因为阉割时间越长，脑细胞对激素的敏感性越差。这是由“用进废退”规律所决定的。

（二）激素对人类性机能的影响

人类男性睾丸分泌的雄激素是睾酮；女性卵巢分泌的激素主要是雌激素和孕激素，此外，还有少量的雄激素。

男性的睾酮显著缺乏者常伴有性欲减退和阳痿，这种现象又随着激素正常水平的恢复而得到改善。然而，大多数阳痿患者的睾酮水平是正常的，这说明，睾酮缺乏不是男性性功能紊乱的唯一决定因素。睾酮水平与男性性功能关系的研究出现了矛盾现象：有一部分研究报告提出，手淫、性交中和性交后，以及观看性感电影后，男性血液中睾酮水平上升；而另一些研究则表明，手淫或性交后睾酮水平并没有增加。

女性性机能的激素调节更为复杂，因为女性从月经初潮到绝经要经过一系列激素的周期性变化。女性正常的月经周期以排卵为界分为两个时期：卵泡期，以子宫内膜增生和雌激素分泌水平增高（伴以黄体酮分泌低下）为特征；黄体期，发生在排卵以后，以分泌型子宫内膜和高水平的黄体酮分泌为特征。腺垂体分泌的促卵泡激素（FSH）在卵泡期开始阶段呈中度升高，在中间阶段达到高峰，与排卵前的黄体生成素（LH）的峰值恰好一致。雌二醇是自然产生的、活性最强的雌激素，其分泌峰在卵泡期终末阶段（常为黄体生成素分泌峰前的1～2天），被认为是黄体生成素分泌高峰的促发因素。雌二醇的第二个分泌峰值发生在黄体期的中间阶段，呈现出很陡的分泌峰，似乎是排卵的直接促发因素。在黄体生成素峰值期间，黄体酮水平开始回升，并在黄体期期间达到较高水平，而到月经周期的前几天骤然下降。

一些证据表明，人类女性的性感高峰和最初性行为很可能集中在排卵期前后的时间内。此外，有些研究认为，女性在月经之后性要求强烈。还有的报告说，女性性行为在月经之前最多。这些现象只能说是女性的个体差异。

三、信息素效应

信息素的英文是 pheromone，来自希腊语的 pherein 和 horman，这两个词汇的意思分别是“携带”和“激发”的意思。从这个意义上说，信息素的作用与激素相同。但是，动物分泌的激素是把信息从一个部位传向另一些部位进而调节自身的活动，而动物分泌的信息素则是把某种信息传向其他动物并对后者产生影响。由此可见，**信息素**是指动物（或许包括人类）分泌的能够影响其他动物的生理活动和行为的一类化学物质。

信息素效应主要表现在生殖生理和性行为两个方面。

（一）信息素对动物性行为和生殖生理的影响

信息素能够直接影响动物性行为。使用仓鼠阴道分泌物刺激雄鼠，能够激发雄鼠的性行为；这些分泌物对雄鼠具有吸引作用，交配之前它们会舔或嗅雌鼠的生殖器部位。

信息素对动物生殖生理影响更广。同性别群养能够延缓并终止雌性小鼠的发情期，这种现象称为**李-波特效应**（Lee-Boot effect）。由于同性别群养导致发情期延缓或终止的雌性小鼠，一旦接触到雄性小鼠散发的气味或尿液，它们的发情期又会重新开始，并且整个雌小鼠群体的发情期具有同步性。这就是所谓的**怀特效应**（Whitten effect）。不仅如此，如果把啮齿类动物成年雄性与雌性放置在同一环境中饲养，能够导致雌性动物的青春期发育加速（提前），此即为**范登伯格效应**（Vandenbergh effect）。怀孕不久的雌性小鼠如果与一个不是此前与之交配的正常小鼠生活在一起，很可能会流产，这种现象被称为**布鲁斯效应**（Bruce effect）。正常的雄鼠通过这种方式阻断了携带别的小鼠基因的幼鼠出生，通过交配让生活在一起的雌鼠产生自己的后代。这一现象也具有进化意义：能够取代原来的小鼠接管领地者，必定更健康、强壮，它的基因自然会优于前者。

尿液是上述信息素主要来源之一。研究发现，未成年的幼年雄鼠或者阉割后的雄鼠，它们的尿液均不能产生怀特效应、范登伯格效应和布鲁斯效应，说明睾丸酮是信息素不可或缺的成分。

（二）人类的信息素效应

某些信息素效应在人类也同样存在。1971 年，Mcclintiock 对女子学院女生的月经周期进行研究，结果发现：较长时间生活在一起的女性，月经周期趋于同步化，她们的月经周期开始的时间相差只有一两天；如果让这些女性在有男性的环境中生活一段时间，与那些生活环境中很少有男性存在的女性相比，她们的月经周期持续时间缩短。这说明异性的存在导致了女性的生殖方面的生理变化。

上述效应是否来自嗅觉尚未发现直接证据。但是，女性之间信息素可以通过嗅觉引起生殖生理方面的变化得到了证明。1981 年，Russell 等报道，把每天收集到的女性腋下汗液溶于乙醇，之后涂抹在其他女性的上唇，每周如此重复操作 3 次；对照组只涂抹相同的乙醇。结果表明被涂抹别的女性汗液者的月经周期与腋下汗液提供者开始同步起来。被试在不同时间接受涂抹别的女性腋下汗液的效应存在差别。Stern 等（1998）报道，在排卵前后接受涂抹，延长了月经周期；在月经周期之后接受涂抹则缩短了此后的月经周期。Shinohara（2001）报道，出现这种现象的原因在于信息素改变了促黄体激素的分泌速率。

（三）信息素作用的神经通路

对于李-波特效应、怀特效应、范登伯格效应和布鲁斯效应，信息素的作用是通过犁鼻器实现的。**犁鼻器**是由隐窝周围的感受细胞组成的核团，是一种化学感受器，能够检测某些化学物质尤其是那些具有较强刺激作用的液体。该核团通过小的管道与鼻腔相连，发出的神经纤维投射到位于嗅球旁的一种神经组织——**副嗅球**。除了鲸类动物以外的所有哺乳动物均有犁鼻器。它不能感受挥发性气体，但感受尿液或其他物质产生的非挥发性化合物。对于仓鼠来说，鼻腔神经受到刺激之后，能够兴奋一个类似于“泵”的结构，把液体通过与犁鼻器

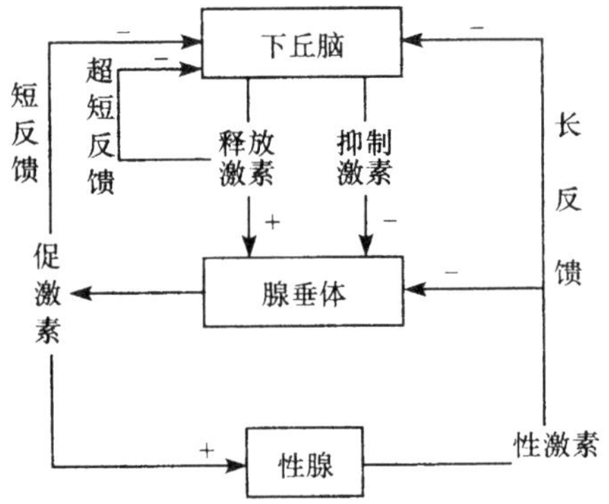

图 12-1　丘脑-腺垂体-性腺之间的反馈联系

相连的管道吸入犁鼻器；犁鼻器兴奋之后，把感受到的刺激信息传向副嗅球；副嗅球部位的神经细胞发出纤维连接到内侧杏仁核，再依次传向视前区、下丘脑前部和下丘脑腹内侧。这个神经通路调节控制信息素的作用。

四、脑与激素的协调作用

至少在哺乳动物中，下丘脑在规律性的性行为中起关键作用，它与性激素相互影响。一方面，下丘脑刺激腺体释放性激素；另一方面，性激素对下丘脑具有反馈作用，并刺激性行为（图 12-1）。

（一）下丘脑对激素的作用

下丘脑通过分泌促卵泡激素释放激素和黄体生成素释放激素作用于脑垂体前叶，使脑垂体前叶分泌促性腺激素，即促卵泡激素和黄体生成素。这些激素进入血液运输到性腺（卵巢或睾丸），维持性腺的正常发育并使其分泌性激素。鼠的下丘脑损伤，尤其是下丘脑内侧区损伤，停止了促卵泡激素和黄体生成素的分泌，随之而来的是卵巢或睾丸的萎缩和性激素分泌减少，性行为亦减少或消失。“替代疗法”——给动物注射性激素即可恢复其性行为。

雌性动物有第二个脑区——视前核被确认是控制周期性排卵的，它能周期性地刺激腹内侧下丘脑，因而对促卵泡激素的释放和排卵产生规律性影响。

（二）性激素对下丘脑的作用

性腺分泌的性激素对神经系统，特别是下丘脑的激素敏感细胞有反馈作用，从而引起这些细胞去触发性行为。例如，在动物下丘脑外侧视前核注射睾酮能引起性行为：若被注射的动物是雄鼠，那么，它不但爬雌鼠，而且也爬雄鼠；若被注射的动物是成年的雌鼠，也表现出同样式的爬胯行为。有趣的是，用雌性激素如雌二醇代替睾酮，注射到视前区后方，也能导致雌鼠的爬背行为。这说明，性行为的类型（雄或雌）不与激素相关，而是与神经部位相联系。再一次运用睾酮进行注射实验，注射前切断了注射区（即下丘脑外侧视前核）与视前核中部的联系，结果发现，尽管使用的是雄性激素，出现的却都是正常的雌性行为——受注射的雄鼠和雌鼠一起搭窝，并衔回它们的幼子。

上述实验说明两个问题：第一，至少对鼠来讲，决定性行为类型的神经潜在能力存在于脑中。第二，性激素虽然唤起性行为，但不决定行为的类型，这一结果无论在低等动物还是在人类身上均得到确认。成年豚鼠接受了与其性别相反的激素后，并不相对地改变其行为。例如，给成年雄性豚鼠注射雌激素，不能改变其雄性行为，反而使其雄性行为更活跃。人们推测，存在着一个决定性行为类型的神经环路，注射性激素激活了这条环路，而不在于注射的是哪种激素。因此，同性恋的男性并不因为注射了睾酮而出现异性恋行为，而是趋向于更活跃的同性恋行为。

（三）性行为的神经激素调节环路

性行为是一活动链索的终结。对于雄性来讲，它常常开始于外界环境刺激，如发情期雌性的气味、视觉及触觉刺激，最终是阴茎勃起和射精。这一环路的活动是神经冲动和激素、生理和心理因素的混合作用所引起和维持的。其中，环路的主要组成部分是从下丘脑到垂体前叶，再到性腺，然后返回下丘脑（图 12-1）。

第三节　母 性 行 为

虽然雌性和雄性在下一代出生后都会表现出亲子行为，但迄今主要以啮齿类动物为对象研究雌性的亲子行为的生理学基础。包括人类在内的灵长类亲子行为的神经和内分泌基础研究资料比较少。

一、啮齿类的母性行为表现

进化过程中动物基因的变异使它们能够适应环境的变化而存活下来，繁衍生息。所以，自然选择使那些有能力的动物得以生存。刚出生的动物幼仔生存能力很差，需要得到上一代母性动物的帮助和照料才能够生存下去。上一代母性动物帮助和照料幼仔的行为，即为**母性行为**。大鼠和小鼠的幼仔就是这样，它们如果没有母鼠的照料是存活不下来的。

刚出生的大鼠或小鼠的幼仔的眼睛是瞎的，并且只能孤弱的蠕动；它们的脑功能发育水平比较低，还不能调节自己的体温（“冷血”）以适应温度的变化，甚至缺乏排尿和排便的能力，必须有它们母鼠帮助去做。显然，对这些幼鼠来说，母性行为的照料是非常必要的。

在妊娠期间，母鼠需要筑巢，巢的结构样式依赖于母鼠的筑巢能力。在实验室一般需要给它们提供纸条、绳索和细线，一个好的窝巢如图 12-2A 所示。图中的这个巢是用麻绳和碎的线段做成的。小鼠辛辛苦苦撕碎这些绳子，然后编成一个封闭的巢，而且带有进出内部的小洞。

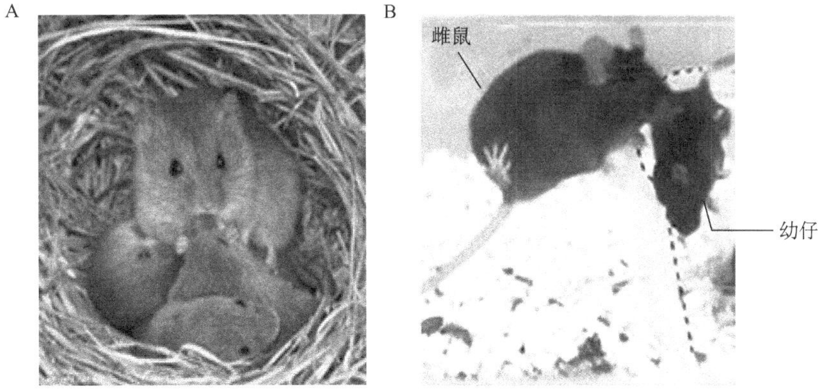

图 12-2　一个小鼠的幼仔窝，周边是小鼠用来筑巢的草绳（A）。雌性小鼠正在转移它的幼仔（B）

分娩的时候，雌鼠开始修饰和舔自己的阴道周围，当一个幼仔快要生出来时，它用牙齿把幼仔拽出，帮助子宫收缩。然后它吃掉胎盘和脐带并清理胎儿的皮肤（一个新生的幼仔看上去好像装在一个塑料袋里），这些都是需要很细心的操作。所有的幼仔生下来以后被清理干净。母鼠还要定期的舔幼仔的生殖器周围，刺激反射性的排尿和排便。

除了清洁、照料和净化幼仔外，叼幼仔进窝也是雌性啮齿类经常性的行为。这种行为一般发生在两种情况之下：一是幼仔跑出窝了，需要把它叼回窝里去；二是原来筑的窝条件不合适（如实验人员没注意把一盏灯放在巢的附近），那么母鼠会在新的地方建另外一个窝，并把幼仔转移到这儿来。母鼠叼幼仔的方法是用牙齿抓住幼仔的背部，迈着欢快的步伐，抬着头把幼仔运走（图 12-2B）。由于啮齿类牙齿非常尖利，很容易咬破小动物的皮肤。因此，母鼠叼幼仔时会非常小心，尽量使它不受伤害。幼仔被送回窝里后，雌鼠再次去寻找其他的幼仔。母鼠不计算自己的幼仔数，当所有幼仔被叼回来以后就停止这种活动；并且一个雌性小鼠或大鼠对其所生的所有幼仔都给予照料。

二、激素对母性行为的影响

母性行为和性行为存在区别。激素的组织学（指性激素影响性器官的发育方向及其以后的性行为模式）和激活作用对性行为具有关键性的调控作用；但是，性激素的组织学效应对母性行为影响很小甚至没有影响。日常生活中我们会发现，雄性也会照料幼仔（当然不能提供乳汁）。另外，性激素对母性行为具有激发作用但不具有决定性的调控作用。很多未生育的雌性大鼠，如果把幼鼠和它们放在一起，经过几天以后，它们开始照料和叼回年幼的小鼠。以后，它们遇到年幼小鼠都会立即去照料它们，这种行为可以持续到终身。

虽然激素对母性行为的激发和调控都不具有决定性影响，但很多母性行为还是通过激素促进的。图 12-3 显示了与母性行为有关的三种激素，即孕酮、雌二醇和催乳素。从图 12-3 中可以看出：在分娩前雌二醇水平增加，然后是孕酮明显降低，紧接着是催乳素分泌有一个高峰。

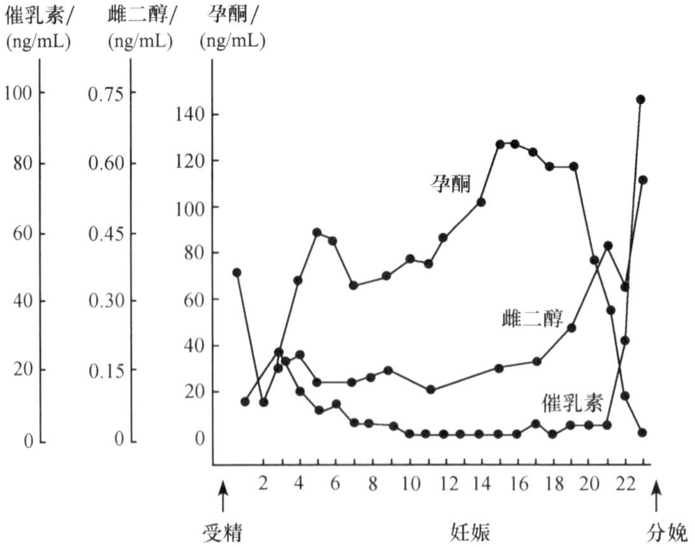

图 12-3　妊娠大鼠血中孕酮、雌二酮和催乳素的含量

孕酮促发筑巢行为。孕酮是促进妊娠的一种重要激素。筑巢发生在妊娠期，而孕酮也在妊娠后期达到高峰；分娩后，母鼠只需要继续维持它们的巢（当然，如果需要的话，它们可以筑新巢），此时它们血液中孕酮的含量是很低的。Voci 和 Carlson（1973）发现在下丘脑埋植催乳素和孕酮可以促进没有生育过的小鼠建筑巢穴。由此看来，筑巢行为可能是由两种激素之一引发，即妊娠期间的孕酮和分娩后的催乳素。催乳素是垂体前叶分泌的一种激素，它与乳汁的分泌有关。

雌二醇对母性行为也有影响。如果给切除卵巢未生育的雌大鼠按正常含量的两倍注射雌二醇和孕酮，那么引发它们的母性行为的时间明显要缩短。

在哺乳期间分泌的催乳素对母性行为也有刺激作用，它和雌二醇一样可能产生在内侧视前区（medial preoptic area, MPA）。Bridges 等（1990）注射少量催乳素到侧脑室或直接注入未生育过的雌大鼠的 MPA，结果发现动物很快开始照料幼仔。但这种作用只有当这些动物首先接受孕酮和雌二醇等一系列注射之后才会发生，因此，正常雌性动物的母性行为依赖于这几种激素的相互作用。Lucas 等（1998）发现，抗催乳素受体的转基因小鼠表现出缺少母性行为，这表明在这种行为中催乳素还是很重要的。

三、参与调控母性行为的脑区

内侧视前区（MPA）是前脑的一部分，它在雄性性行为中起着关键性作用，对母性行为也有激发作用。Numan（1974）发现，损毁 MPA 将阻止筑巢和照料幼仔的行为，母鼠完全不理会它们的后代，但是雌性性行为不受损毁的影响。

Numan 等（1984）发现 MPA 的神经细胞能被母性行为所激活（以 FOS 蛋白的产生为指标），它们的神经纤维投射到中脑的两个区域：腹侧被盖区（ventral tegmental area，VTA）和红核后区（retrorubral field）。中脑红核后区的纤维投射到与母性行为有关的脑干网状结构。如果切除脑干与 MPA 的连接将终止母性行为。由此可见，MPA 是雌二醇引发母性行为的作用部位。Giordano（1989）发现妊娠期间，MPA 内部的雌二醇受体的数量增加；Numan 等（1977）发现，如果在 MPA 区直接埋植雌二醇可促进母性行为；Adieh 等（1987）观察到，注射一定量的抗雌激素到 MPA 区，则阻断母性行为。

第 13 章 睡眠与觉醒

保罗·格林加德（Paul Greengard，1925～）

发现多巴胺、去甲肾上腺素和 5-羟色胺等通过第二信使来传递信息，对维持脑的基本功能（如清醒状态、情绪、意识等）都很重要。2000 年获得诺贝尔生理学或医学奖。

◎睡眠能够影响记忆吗?
◎有的人为什么会梦游?

本章知识点

- 慢波睡眠和快波睡眠的特点与功能
- 睡眠-觉醒周期
- 维持觉醒状态的神经化学机制
- 快波睡眠机制模型

我们的生命活动的许多方面都存在周期性变化现象。例如，细胞分裂周期、女性的月经周期等。其中，睡眠与觉醒之间的转化和交替是生物体周期性活动规律的典型范例。正常人每 24h 有一个自然的睡眠–觉醒周期（sleep-wave rhythms cycle），每天的睡眠时间少则 4h，多则 11h。有些动物的睡眠时间甚至远远超过了人类，如猫的每天睡眠时间可达 12h。人的一生约有 1/3 的时间在睡眠中度过。为什么我们要消耗这么多的时间睡眠呢？因为睡眠与觉醒是人和高等动物维持正常生命活动所必需的两个过程：觉醒时，有机体对外界和内部环境刺激的敏感性高，并能做出有目的且有效的反应；也正是在这种状态之下，人才能进行工作和学习。睡眠时，有机体对内外环境刺激的敏感性降低、反射阈提高，人脑的一些高级机能如学习、记忆、思维等不再能有效地进行。人类学习和工作所产生的脑力和体力的消耗必须经过充足的睡眠才能得以恢复。因此，觉醒可以看作大脑正常工作的基本条件，而睡眠则是大脑为维持正常机能而产生的自律抑制状态。如果睡眠和觉醒关系失调，必然对人的学习和工作带来不良的影响。

第一节　人类的睡眠时相及其特点

一、两种睡眠时相

通过对整个睡眠过程的仔细观察，发现它具有两种不同的状态：其一是脑电波呈现同步化慢波的时相，称为**慢波睡眠**（slow wave sleep, SWS）；其二是脑电波呈现去同步化快波的时相，称为**快波睡眠**（fast wave sleep, FWS）。图 13-1 显示不同睡眠阶段时的脑电图节律。

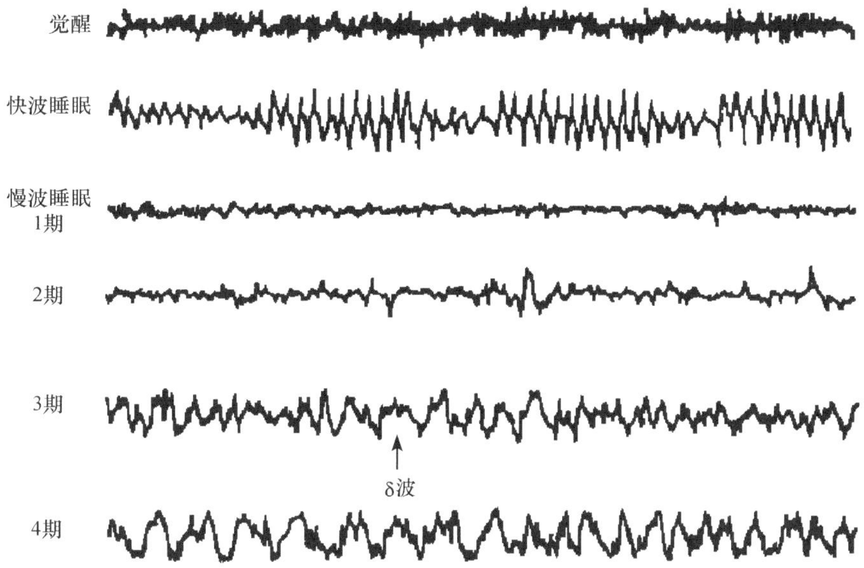

图 13-1　觉醒和不同睡眠阶段的脑电图（改绘自 Carlson, 2016）

（一）慢波睡眠

根据脑电波的变化特征，慢波睡眠时相可以分为 1、2、3、4 期。这 4 个时期代表着睡眠由浅入深的过程。

1 期：呈现低振幅的脑电波，频率快慢混合，以 4～7 次/s 的 θ 波为主。这一时期一般是在睡眠开始或夜间短暂苏醒又入睡之时出现。

2 期：也呈现低振幅的脑电波，中间常出现短串的 12～14 次/s 的梭形睡眠波和一些复合波。这一时期是慢波睡眠的主要成分，代表着浅睡过程。

3 期：常呈现短暂的高振幅、频率为 1～2 次/s 的 δ 波。

4 期：脑电波也是呈现出高振幅波形且以 δ 波为主，代表着深睡状态。

3 期和 4 期仅有量的不同而无质的差别。因为 3 期和 4 期均呈现大量低频高振幅的 δ 波，故又可称为 δ 睡眠（delta sleep）。

慢波睡眠具有促进生长和体力恢复的功能。尤其是 δ 波睡眠的多少是衡量睡眠质量的重要指标。短睡者虽然总睡眠时间短，但 δ 睡眠绝对时间占总睡眠时间的比例高于普通型睡眠者，表现为精力充沛、体力旺盛，因此认为慢波睡眠也有恢复精力的作用。另外，慢波睡眠还有提高机体免疫力、维持内环境稳态等作用。

（二）快波睡眠

快波睡眠是睡眠过程中周期性出现的一种激动状态，其脑电图与觉醒时相似，呈现低振幅的去同步化快波，也称为异相睡眠（paradoxical sleep, PS）。由于这种类型的睡眠常伴随着眼球的快速运动，所以也被称为快速眼球运动（rapid-eye movement, REM）睡眠，而慢波睡眠也可称为非快速眼球运动（non-rapid-eye movement, NREM）睡眠。

快波睡眠促进学习记忆以及精力的恢复。快波睡眠期间脑内蛋白质合成增加，除了可促进精力的恢复，还有利于建立新的突触联系，促进幼儿脑的发育和成熟，促进学习和记忆等认知过程。

二、不同睡眠状态的生理功能变化

慢波睡眠时相生理变化的特征是闭眼、瞳孔缩小、颈部肌肉仍保持有一定的紧张性；心率减慢，血压下降，呼吸频率降低，唾液分泌量减少，尿量减少，体温和基础代谢率都有所降低，机体耗氧量下降，但脑的耗氧量不变，发汗功能有所加强；许多激素如生长素在慢波睡眠中分泌量增加；这些生理变化都比较稳定；脑的温度有所下降，常降低几分之一度；脑电图（electroencephalogram, EEG）呈现高振幅慢波；脑（特别是皮层）的血流量要比觉醒安静时多。

慢波睡眠之后过渡到快波睡眠。这时感觉功能降到最低点，难以唤醒；骨骼肌的反射运动和肌肉的紧张性进一步降低，呈完全松弛状态；四肢末端和颜面肌肉有时出现不规则的运动，肌电减弱甚至消失；心率、血压、呼吸等植物性机能有短暂不规则的波动；脑的耗氧量增加，脑血管扩张，脑血流量较慢波睡眠时增加 20%～50%，甚至更多；脑内蛋白质合成加快，但生长素分泌减少；外生殖器血流量增加；皮肤温度降低，脑的温度又回升到觉醒时的水平。这一时期的脑电图呈不规则的 β 波，与觉醒时很难区分，而且常伴有脑桥-膝状体-松果体周期性的高振幅放电（PGO 波），因而有学者认为 PGO 波的出现可以作为快波睡眠的一个指标；眼电显著增强，眼球呈现快速运动。

三、两种睡眠状态与梦

梦是在睡眠中产生的，具有视、听、运动等感觉性想象的自我体验，是一种自然的生理心理现象。对正常人来说，一定数量的有梦睡眠是必需的。研究表明：婴儿的快波睡眠常出现奇怪和不合逻辑的梦，这对婴儿脑的发育非常重要；痴呆儿有梦睡眠比同龄健康儿童少得多；患慢性病的老人的有梦睡眠也显著少于同龄健康老人。

考察在睡眠不同阶段中的思想和意象的性质是睡眠生理心理学研究中令人感兴趣的工作，其方法是在脑电图记录睡眠进入到不同阶段（如慢波睡眠的 1、2、3、4 期或快波睡眠）时唤醒被试，问他们醒来之前的思想和意象知觉情况。结果发现，处在异相睡眠的被试唤醒后往往报告自己正在做梦。据统计，处在异相睡眠的 191 例被试中唤醒后报告正在做梦的有 152 例，占 80%左右；而处在慢波睡眠的 160 例被试中唤醒后报告正在做梦的仅有 11 例，占 7%左右。因此，做梦被看作异相睡眠的特征之一。

研究表明，快波睡眠时的梦具有视觉梦幻的特色，常常是包含着有怪异的知觉经验的故事。梦中看到了某种情景，听到了某种声音或嗅到了什么气味，这样的梦境中所发生的事情似乎很真切，醒来时记的比较清楚。慢波睡眠时的梦更多的是思维类型，往往是思想多于景象。在这种梦中醒来的被试常报告说自己在思考某些问题，而不是自己在做什么，由于缺少情景，因而醒来时记的不是很清楚。不过总的来说，大约有 90%的梦都是有故事和知觉经验的。这说明快波睡眠确实与梦有着密切的关系。

通过对梦的内容，特别是对快波睡眠时梦的内容研究，发现睡眠前半期的梦多是针对现实的。这些梦的细节往往把白天经验结合了进去，出现的事件也是有次序的。相反，在睡眠的后期做梦的内容变得怪异，而且不易与白天的事件联系起来。梦中事件的次序和内容更带有强烈的情绪色彩和荒诞性质。快波睡眠时的梦的情绪色彩也可能反映出某些病理变化，如抑郁症患者在病情严重时，他的梦往往缺乏情绪色彩和活动性。

做梦有什么意义呢？一种看法认为，梦能满足一个人的欲望，解决某些心理问题。著名精神分析学家 Freud 曾经指出，梦的意义在于使意识或潜意识愿望在幻想世界中得到满足。一些学者认为，睡中无梦（或醒来时想不起做过的梦）会使人感到很不快意，希望人们每次睡眠时都能做个好梦，到梦境中去享受现实生活中得不到的乐趣；并告诫人们：为了明天更好地工作，今晚就请你做个黄粱美梦吧！

控制梦境

人们能不能自我改造和控制自己的梦境呢？研究人员对这个问题进行了探索并取得了某些进展。日本著名作家斋藤荣（1991）认为，睡眠是人生的一部分，梦也是人生的体验之一。他在朋友的帮助下，找出了一套用沉思、运动、饮食来控制做梦的方法，并对 100 名大学生进行了为期 4 周的实验。这些大学生接受训练以后，有 85 人报告说自己比以前做梦多了，他们中间有 59 人说自己只要想做梦就能做梦，并且有 11 人做的梦与自己的希望一致。例如，有人想做到有温泉的地方旅游的梦，在连续吃了 1 周时间的鱼以后，果然做了到九州温泉旅行的梦。有人吃了加生姜的食物后，还梦见了自己周游欧洲。可以相信，如果人们真正能够主宰自己的梦境，必然会有益于身心健康。

另一种看法认为梦是人体的一种基本体力恢复过程的副产物，它本身没有什么意义。睡眠的生物学过程必然偶尔引起梦，因为脑干的某些区域的神经元具有时间性质的活动，能影响视觉皮质或其他感觉皮质。它如果兴奋视觉皮质神经元，就可能产生梦中的视觉事件。这些无规则的兴奋能够被做梦者的认知活动统一连贯起来。梦虽然能反映一个人的经历，但它本身可能不具有什么功能。

四、睡眠-觉醒周期

人在入睡之后，必须经过慢波睡眠才能进入快波睡眠。此后，慢波睡眠和快波睡眠交替循环进行，直至觉醒。正常成年人夜间睡眠 8h 的大致情况是：开始为睡眠的潜伏期，接着进入慢波睡眠状态，迅速由第 1 期依次进入第 4 期并持续一段时间。在入睡后的 60～90min

内出现第一次快波睡眠；之后，进入下一个慢波睡眠，从而形成了**慢波睡眠-快波睡眠循环周期**。随着睡眠的加深，慢波睡眠的 3 期和 4 期逐渐减少，但是快波睡眠逐渐增多。整晚共有 4 个慢波睡眠-快波睡眠周期，每个周期持续时间将近 2h。大致程序是：觉醒→1 期→2 期→3 期→4 期→3 期→2 期→第一次快波睡眠，然后重复 2 期→3 期→4 期→3 期→2 期睡眠后，再进入第二次快波睡眠。在第三次慢波睡眠-快波睡眠周期中不再重复 4 期，在第四次慢波睡眠-快波睡眠周期中则只重复 2 期。两种睡眠时相均可直接转为觉醒状态，但快波睡眠转换为觉醒的唤醒阈更高。

图 13-2 是成年人整夜睡眠过程示意图。每个睡眠周期中的慢波睡眠和快波睡眠都不是前一个周期的简单重复，而且随着睡眠的进行，后半夜快波睡眠的比例高于前半夜。成年人典型的夜晚睡眠的时间分配是：50%为慢波 2 期，25%为快波睡眠，10%为慢波 3 期，10%为慢波 4 期，5%为慢波 1 期。由此看来，睡眠并不是一睡就持续几小时没有变化，而是深一阵、浅一阵，深浅睡眠交替出现。决定睡眠质量主要在于慢波睡眠 4 期和快波睡眠所占总睡眠时间的比例。因此，当睡眠剥夺后，增加的睡眠主要集中在慢波睡眠的 4 期，随后是快波睡眠，作为睡眠缺失的“补偿”。当睡眠时间较平时延长时，增加的睡眠主要为快波睡眠。临床上，对失眠的药物治疗的原理也主要是改变慢波睡眠的 4 期睡眠和快波睡眠在睡眠过程中所占的比例。

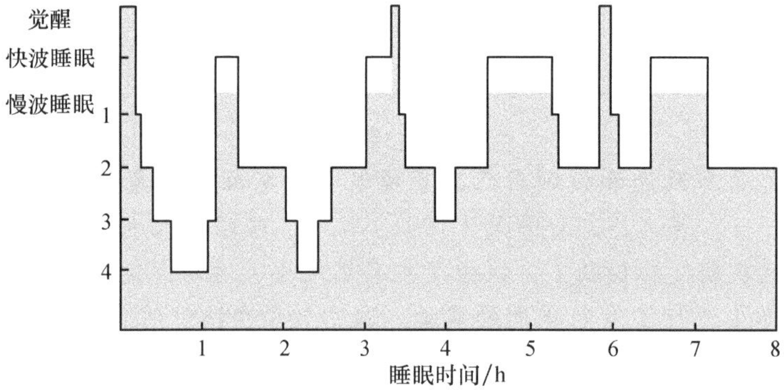

图 13-2　成年人整夜睡眠过程示意图（改绘自 Carlson, 2016）

老年人睡眠的潜伏期延长，可以完全没有第 4 期睡眠，第一次快波睡眠延迟出现，各次快波睡眠持续时间均衡，因而比青年人入睡困难，同时中途转醒也更为频繁。

在正常情况下，睡眠-觉醒周期中不仅慢波睡眠和快波睡眠相互交替，而且慢波睡眠和觉醒之间也可以相互交替进行。然而，快波睡眠和觉醒之间不能双向交替：快波睡眠可以进入觉醒状态，而觉醒状态不能直接进入快波睡眠。

五、睡眠的年龄特征

人类每天所需要的睡眠时间随年龄、个体身体状况和工作特点的不同而有差异。新生儿平均每天睡大约 16h 或更长时间，到婴儿期睡眠时间逐渐缩短，睡 9～12h。成年人的睡眠时间因人而异，一般为 6～9h，而老年人的睡眠为 5～7h。根据脑电图的分析，新生儿异相睡眠的时间约占总睡眠时间的一半，而且刚入睡就进入异相睡眠，成年人异相睡眠的时间约占 1/4、老年人则只占 1/5。同样，慢波 4 期睡眠也随着年龄增长而逐渐减少。至于睡眠与觉醒的周期交替，新生儿一天中可达 5～6 次，以后逐渐减少；儿童形成每天 1～2 次睡眠的习惯；

老年人则又呈现一天睡几次的状态。

第二节　觉醒与睡眠的神经机制

觉醒与睡眠状态的发生与维持，与脑干网状结构上行激动系统的激活以及某些脑区的神经活动有密切关系，同时也与脑内神经化学递质的动态变化有关。

一、维持觉醒状态的神经化学机制

觉醒状态的维持与感觉传入有关。躯体感觉传入上行纤维在经过脑干的时候，发出侧枝与脑干网状结构神经元发生突触联系，脑干网状结构再发出上行纤维投射，途经丘脑交换神经元后，投射至大脑皮层的广泛区域，如图 13-3 所示。由脑干网状结构至皮层的投射被称为网状结构上行激动系统（ascending reticular activation system）。目前认为觉醒的诱发和维持主要是网状结构上行激动系统对皮层的兴奋作用，尤其是由上端的中脑网状结构（midbrain reticular formation，MRF）至皮层的兴奋投射。上述与觉醒有关的结构又可统称为**促觉醒区**。巴比妥类药物可以通过阻断网状结构的作用而起到安眠作用。动物实验观察到，单纯在中脑网状结构的顶部加以破坏，保留各种感觉上传的特异传导通路，动物即进入持久的昏睡状态。这时，给予各种感觉刺激都不能唤醒动物；并且虽然感觉传入冲动完全可以沿特异传导通路抵达大脑皮层，脑电波却不能由同步化慢波转化为去同步化快波。动物实验还证明，电刺激中脑网状结构确实能唤醒动物，脑电波也呈现去同步化快波。

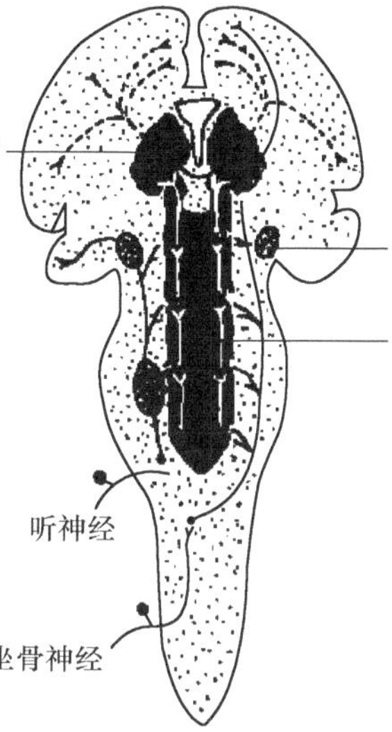

图 13-3　脑干网状结构上行激动系统
（改绘自周衍椒和张镜如，1978）

觉醒状态有**脑电觉醒**和**行为觉醒**之分，前者表现为脑电图出现同步化的快波，但不一定对新异刺激有探究行为；后者表现为对新异刺激的探究行为。脑电觉醒状态与行为觉醒状态的维持有不同的机制。研究发现，动物在注入阿托品后，脑电波呈现同步化慢波而不再出现快波，但动物在行为上并不表现为睡眠，所以阿托品能阻断脑干网状结构对脑电的唤醒作用，说明脑电觉醒状态的维持与网状结构中的胆碱能递质系统有关。动物实验还发现，单纯破坏中脑黑质多巴胺系统后，动物行为上不能表现为觉醒，对新异刺激也不能做出探究行为，但脑电仍可能有快波出现。因此，行为觉醒的维持可能是黑质-纹状体多巴胺能系统的功能，多巴胺参与行为的激活。动物实验还观察到，破坏蓝斑核上部（去甲肾上腺素能递质系统）后，动物脑电快波明显减小；但如有感觉刺激传入时，动物仍然能被唤醒，并且脑电呈现快波。不过这种唤醒作用很短暂，感觉刺激传入停止，唤醒作用随之消失。所以蓝斑上部去甲肾上腺素能递质系统与脑电觉醒的维持也有关系，其功能是持续的紧张性的作用。这样看来，黑质多巴胺能系统和蓝斑核去甲肾上腺素能系统，一个维持行为觉醒，一个维持脑电觉醒，二者相互协同作用。上行激动系统中的胆碱能递质系统与去甲肾上腺素能递质系统一起调节控制脑电觉醒。

Saper（2001）报道，在下丘脑后部的下丘泌素（hypocretin）神经元对于觉醒系统的调节起着决定性作用。下丘泌素神经元分泌兴奋性神经递质 hypocretin 1 和 hypocretin 2，投射到脑干参与睡眠-觉醒的神经核团，如中缝核、蓝斑核和背侧被盖。下丘泌素神经元与这些脑区组成神经网络，它们释放多种递质并相互协调，共同调节睡眠-觉醒功能，其中谷氨酸神经元与下丘泌素神经元经起着较为关键的作用。下丘泌素神经元缺乏将导致睡眠-觉醒紊乱（如嗜睡、失眠），特别是发作性睡病，患者常白日睡眠过度和猝倒，这些症状可由下丘泌素不足和下丘脑灰质减少引起。目前用于促进睡眠的药物主要通过单种神经递质途径（如去甲肾上腺素或γ-氨基丁酸）调节下丘泌素系统的活动，这可以解释为什么不同的药物有着相似的治疗效果。

神经肽 S 和 NO 等某些神经递质和调质也在觉醒的维持和睡眠-觉醒转换中起重要作用。其中 NO 主要有两个来源：一是由脑桥投射至丘脑的胆碱能神经元释放，可易化丘脑的突触传递；二是由基底前脑投射至皮层的胆碱能神经元释放，与皮层的激活和觉醒的快速启动有关。神经肽 S（neuropeptide S，NPS）主要来自脑干核团，脑内给予 NPS 可诱发并维持觉醒，并减少慢波睡眠和快波睡眠。

二、睡眠的神经机制

（一）脑内的睡眠诱导区

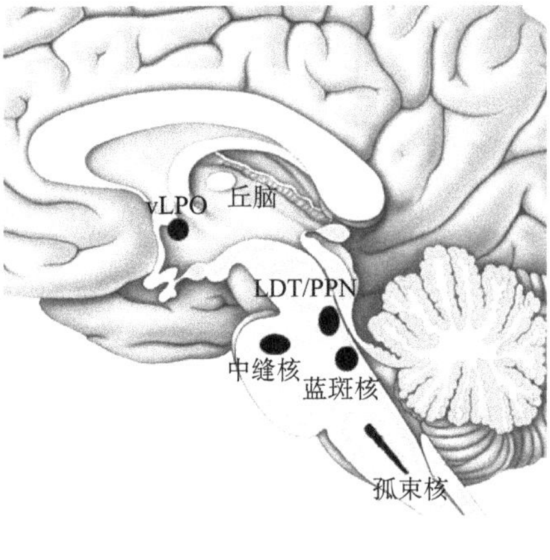

图 13-4　脑干内与觉醒和睡眠有关的神经结构

睡眠发生的机制至今仍不清楚，但大量实验证明睡眠并不仅仅是大脑活动的简单抑制，而是一个主动发生的过程。脑内与睡眠有关的结构被称为**睡眠诱导区**（sleep-inducing area），如图 13-4 所示。

目前认为睡眠诱导区主要位于皮层下的脑干、间脑和前脑基底部，三者的相互作用共同维持睡眠-觉醒周期。其中脑干内的核团主要位于脑桥与延髓尾端之间，尤其是脑桥中部，包括中缝核、蓝斑核、孤束核、脑桥外侧被盖区（laterodorsal tegmentum，LDT）和脚桥被盖核（pedunculopontine nucleus，PPN）及网状结构背内侧的一些神经元。间脑和前脑基底部中与睡眠有关的结构主要包括腹外侧视前区（ventrolateral preoptic area，vLPO）、下丘脑、Broca 斜带区、外侧膝状体等结构。

脑干网状结构存在着对维持觉醒有重要作用的上行激动系统，同时也存在着控制这一系统活动的脑中枢。20 世纪 50 年代后期，Batini 用猫进行实验，研究了抑制脑干网状激动系统活动的中枢部位。研究者发现，如果在脑桥中间、三叉神经前方位置通过手术完全将脑干切断，结果猫失眠了。正常猫一天中所需睡眠时间是 24h 的 65%左右，而经过这种手术的猫的睡眠时间仅为 20%左右。手术后的猫，其脑皮层呈现清醒状态特有的高频低幅的电活动。在选择性结扎脑动脉的猫上，当局部注射戊巴比妥类药物于脑桥头端时，就会使清醒猫进入睡眠；相反，当脑干的尾端部被局部麻醉，则睡眠之中的猫便清醒过来，同步化的 EEG 也被去同步化所替代。这些实验清楚地表明：脑干网状结构的头端，含有维持觉醒所必需的神经元；而脑干尾端则包含能诱发睡眠的特定区域。

（二）慢波睡眠的神经机制

1. 脑内与慢波睡眠有关的结构

目前认为腹外侧视前区（vLPO）是诱发慢波睡眠的主要结构，特别是与深睡眠有关。机械或化学损毁 vLPO 的神经元后，动物呈现觉醒状态。免疫组织化学研究发现 vLPO 中睡眠阳性神经元的数量与慢波睡眠时间的长短尤其是 δ 睡眠的强度呈线性关系，而与快波睡眠关系不大。用电生理的方法记录 vLPO 神经元的电活动，发现睡眠时 vLPO 放电活动是觉醒时的 2 倍。用更精确的方法选择性损毁 vLPO 的中心区，则慢波睡眠时间减少 50%～60%。另外前脑基底部内侧隔核的胆碱能神经元可能也参与了慢波睡眠的发生。损毁大鼠内侧隔核神经元，可以导致慢波睡眠时间减少、快波睡眠时间增加。

vLPO 神经元与多个脑区的觉醒相关神经元有着相互纤维联系，并产生抑制作用。如中缝核的 5-羟色胺（5-HT）能神经元、蓝斑核的去甲肾上腺素（NE）能神经元、脑桥外侧被盖区（LDT）和脚桥被盖核（PPN）的胆碱能神经元以及前脑基底部等。尤其是与下丘脑后部的下丘泌素神经元有着直接的纤维联系，在动物的 vLPO 注射下丘泌素使觉醒时间延长，睡眠减少。

孤束核是一纵行索状神经核（位于延髓上半部分第四脑室底部）。它接受通过迷走神经的内脏感觉传入。电刺激孤束核或迷走神经中枢端具有使 EEG 同步化的效应，这种效应持续于整个刺激期间。然而，损毁孤束核却不能有效地导致失眠，据此可推断它可能是通过影响脑干网状结构头端的唤醒作用来间接实现它对睡眠的控制。孤束核、中缝核头端以及孤束核邻近的网状神经元等结构共同组成了上行抑制系统（ascending inhibitory system），它们的活动可能受中脑网状激动系统的驱动，即长时间的觉醒状态可使上行抑制系统活动增强，而上行抑制系统的活动又对上行激动系统产生了负反馈作用，从而诱发睡眠。上行抑制系统主要与慢波睡眠发生有关。其他与慢波睡眠有关的脑区还包括位于下丘脑后部、丘脑髓板内核群邻旁区和丘脑前核的间脑区域；还有基底前脑的 Broca 斜带区，刺激该脑区可诱发慢波睡眠。

2. 与慢波睡眠有关的神经化学物质

机体处于长时间觉醒后，脑中睡眠物质不断积聚，当到一定阈值水平后就可诱发睡眠的产生，这些物质被称为**“睡眠因子”**或“促眠物质”。目前发现的与慢波睡眠有关的睡眠因子有 γ-氨基丁酸（GABA）、5-HT、腺苷（adenosine，AD）、内源性神经肽、前列腺素 D_2（prostaglandin D_2，PGD_2）、P 物质（substance P，SP）、生长激素、细胞因子等。

GABA 是中枢神经系统中重要的抑制性递质，主要分布于黑质和苍白球，其次位于下丘脑、中脑、小脑及纹状体等部位。增加中枢的 GABA 含量后，可引起慢波睡眠量增加和快波睡眠减少。研究证明 vLPO 存在大量 GABA 神经元，它们发出纤维投射到与觉醒有关的脑区，并对促觉醒区的神经元产生抑制作用，从而促进觉醒向睡眠转化，特别是慢波睡眠增加。

5-HT 神经元胞体大部分位于中缝核群，占总数的 77.5%。5-HT 是第一个被认为与睡眠-觉醒有关的神经递质，但 5-HT 在睡眠调节中的作用非常复杂，5-HT 作用于不同的受体、不同受体的激动剂和拮抗剂，均产生不同的作用。20 世纪 60 年代一些实验证据认为 5-HT 主要与慢波睡眠有关。如电损毁动物脑内 5-HT 能神经元最集中的中缝背核头端时，慢波睡眠消失；给予失眠动物脑室内注射 5-HT 前体物质 5-羟色氨酸（5-HTP），睡眠可以完全恢复。因此，Jouve（1972）第一次提出了慢波睡眠的 5-HT 理论，即 5-HT 通过抑制中脑网状结构或蓝斑核而诱导慢波睡眠。但是 80 年代以后，发现上述理论与某些实验结果相矛盾。例如，记录中缝背核 5-HT 能神经元的电活动时，发现觉醒期间神经元放电活跃，进入慢波睡眠期放电减少，快波睡眠期完全停止，实验提示 5-HT 神经元具有促觉醒作用。综合上述实验结果，Jmvet（1999）提出假设：觉醒期间中缝核 5-HT 神经元被激活并释放 5-HT，促使某些脑区合成睡眠因子并加以储备，当储备到一定阈值水平后，以定时的、瀑布式的方式作用于慢波睡眠的执行结构（大脑皮层），从而启动慢波睡眠，特别是 δ 睡眠。这一假设已经被很多实验结果所证实。

腺苷（AD）属于中枢抑制性递质，主要抑制胆碱能和谷氨酸能神经元的功能。当动物的觉醒时间延长时，基底前脑细胞外 AD 浓度增高，抑制基底前脑投向皮层的胆碱能神经元的活动，促使觉醒向睡眠转化。睡眠时腺苷水平下降，深睡期腺苷水平降得最低。当全身性或脑区局部注射 AD 受体兴奋剂时可诱发睡眠，反之 AD 受体拮抗剂如咖啡因和茶碱则增加觉醒时间，减少慢波睡眠和总睡眠时间。

某些肽类物质也参与了睡眠-觉醒节律的调节，如褪黑激素、血管活性肠肽以及 β-内啡肽等，均有不同程度的促睡眠作用。褪黑激素由松果体合成，其血浆浓度随光照周期而发生昼夜节律变化，白天光照时可抑制褪黑激素分泌；而黑暗则刺激褪黑激素分泌，午夜 2～3 点达到高峰。褪黑激素的这种下降与升高水平可影响睡眠与觉醒。褪黑激素催眠作用的机制比较复杂，可能与神经内分泌作用有关，也可能直接作用于生物节律中枢视交叉上核，还有人认为与下丘脑中 GABA 含量的升高有关，GABA 在中枢神经系统起诱导睡眠的作用。β-内啡肽是由下丘脑弓状核及垂体中叶合成、分泌的神经肽，它可作为内源性神经安定剂具有抗精神分裂症的效应，诱导患者睡眠。血管活性肠肽由下丘脑释放，存在于脑内及身体其他部位，直接作用于与睡眠有关的脑结构，也可影响垂体分泌某些催眠物质（如生长激素和催乳素）间接影响睡眠。

（三）快波睡眠的神经机制

脑干横切实验表明，脑桥是产生快波睡眠的关键部位。脑桥包含有 NE 能、5-HT 能、胆碱能和 GABA 能神经元。蓝斑核的 NE 能神经元被称为 REM-OFF 神经元（快波睡眠关闭神经元），它们的放电频率在快波睡眠结束之前开始增加，在快波睡眠结束时达到最高；相反，脑桥外侧被盖区（LDT）和脚桥被盖核（PPN）的胆碱能神经元被称为 REM-ON 神经元（快波睡眠开启神经元），其放电频率恰好在快波睡眠开始之前增加，在快波睡眠的中期达到最高（图 13-5）。目前认为快波睡眠的产生主要是由于脑桥的这两种神经元相互作用的结果。

蓝斑核（locus coeruleus, LC）位于脑桥背内侧被盖，是脑内极少数有颜色的核团之一，也是脑内 NE 神经元最集中的部位。LC 从解剖上可以分为以下几个部分：LCp、LC-α、peri-LC-α 和 sub-LC。LC 发出的 NE 能神经纤维可上行或下行投射至脑干和大脑的很多区域，并接受胆碱能和 GABA 能纤维传入。研究发现，LCp 内神经元的放电频率在清醒时最高，慢波睡眠时放电减少，而快波睡眠时放电几乎停止。反之，如果持续刺激 LC 使神经元连续放电，则快波睡眠被抑制。另外，快波睡眠剥夺者的血浆和脑中的 NE 含量增多，而且 LC 神经元细

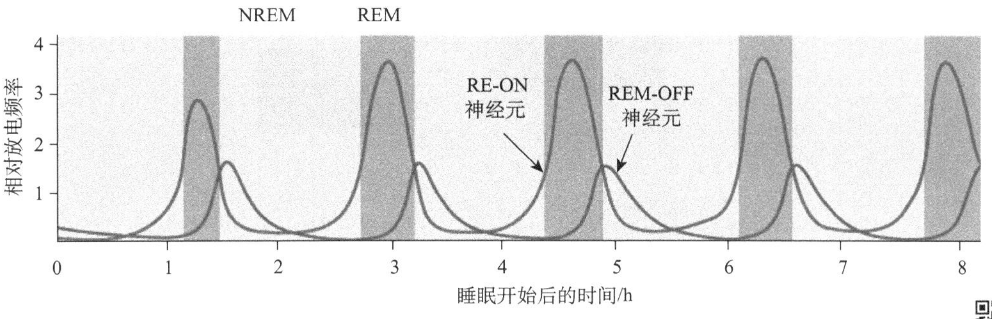

图 13-5　REM-OFF 和 REM-ON 神经元的放电频率（改绘自 Bear，2002）（扫码见彩图）

胞内酪氨酸羟化酶（促进 NE 合成）增多，研究者认为，睡眠剥夺的某些症状正是由于血浆和脑内 NE 升高而引起的。因此，LC 的 NE 能神经元被称为 REM-OFF 神经元。目前认为，REM-OFF 神经元放电活动的停止是快波睡眠发生的前提条件，即如果这些神经元不停止放电，脑中的 NE 水平将升高，将不出现快波睡眠。NE 能神经元的激活与交感神经系统的兴奋有着密切关系，交感神经系统兴奋时伴有 EEG 的去同步化，与快波睡眠的 EEG 表现一致。

GABA 可通过抑制 LC 的 NE 能神经元，使 NE 神经元停止发放而诱发快波睡眠。研究发现在 LC 微量注射 GABA 受体拮抗剂后，动物的快波睡眠被阻断，其作用机制是阻断了 GABA 能神经元对 LC 的 NE 能神经元的抑制作用，从而使 LC 的 NE 能神经元活动增强，快波睡眠减少。这与连续刺激 LC 神经元的作用是一致的。

中缝核是脑干 5-HT 神经元集中的脑区，完全损毁中缝核，导致动物失眠达数天之久，慢波睡眠和快波睡眠都大幅减少，随后的恢复过程也极为有限。脑内的 5-HT 也起着两种作用：中缝核头部的 5-HT 神经元纤维经内侧前脑束投射到间脑和大脑皮层；单纯损毁中缝核头端，主要影响慢波睡眠。所以，中缝核头端 5-HT 神经元对慢波睡眠的发生和维持起重要作用。中缝核尾端（延髓部）的 5-HT 神经元则与脑桥外侧被盖区有密切的纤维联系，可以引起蓝斑中后部的兴奋；单纯损毁中缝核尾端主要抑制快波睡眠。因此，中缝核尾端被认为是快波睡眠的“触发机制”。

另外，vLPO 内侧和背侧区域（extended vLPO，evLPO）神经元损毁程度与快波睡眠有关，而与慢波睡眠减少无关，并且快波睡眠增加时，evLPO 蛋白表达增加，因此认为 evLPO 也主要与快波睡眠有关。

Mallick 等（2005）根据上述实验结果提出了**快波睡眠机制模型**（图 13-6）：①觉醒状态下，以中脑网状结构为主的促觉醒区的神经元活动加强，它们直接兴奋 REM-OFF 神经元，同时直接抑制 REM-ON 神经元，从而使快波睡眠不能发生；②REM-OFF 神经元被兴奋后对 REM-ON 神经元产生抑制效应；③REM-ON 神经元被抑制后，它们对 REM-OFF 的间接抑制作用（通过 GABA 能中间神经元中介）被解除，因此 REM-OFF 神经元活动加强；④促觉醒区与睡眠诱导区之间存在交互抑制作用。以上均使快波睡眠不能发生，从而维持觉醒状态。当睡眠诱发因素积累到一定水平以后，来自低位脑干（延髓）和基底前脑等睡眠诱导区的神经元活动加强，它们直接兴奋 REM-ON 神经元，REM-ON 神经元再进一步抑制（直接或间接）REM-OFF 神经元并使之放电停止，从而启动快波睡眠。

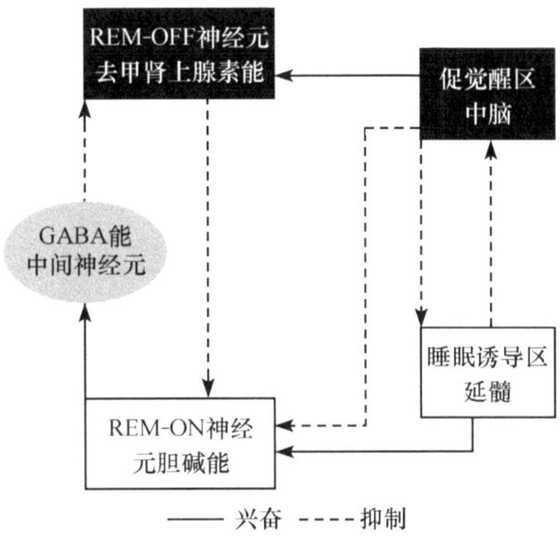

图 13-6　快波睡眠机制的模型（改绘自 Millick, 2005）

实线表示兴奋，虚线表示抑制

快波睡眠脑机制的研究资料对于探讨梦的机制有所启发。脑桥背部的蓝斑区域产生的自发兴奋，主要通过脑的视神经来传导，这种兴奋似乎与人在梦中“看到”的景象的形成有关。无论这些自发的冲动是如何强烈地作用于脑，睡眠时躯体运动系统仍保持静止状态。为什么快波睡眠时的 EEG 表现与觉醒时非常相似，但是肌肉却保持松弛状态？有人认为，REM-ON 神经元的激活或抑制是造成肌肉松弛或紧张状态的主要原因。快波睡眠时，REM-ON 神经元被睡眠诱导区激活，通过抑制运动系统使肌肉松弛；觉醒时，中脑网状结构上行激动系统被激活，可直接抑制 REM-ON 神经元的活动，因此肌肉可保持紧张性，执行躯体运动功能。

（四）视交叉上核在昼夜节律转换中的生物钟作用

基本的生物钟位于视交叉上核。这个核区可以接受来自视网膜的直接输入及来自中缝核的纤维投射。核内密集的树突-树突型突触将细胞紧密联结，使它们倾向于进行同步活动。Moore 等（1972）发现，损毁这个核团可以取消大鼠各种内源性的行为和激素分泌的昼夜节律，包括破坏了正常情况下夜间活动、白天睡眠的行为模式。Schwarts 等（1977）证明，夜间给大鼠注射 5-脱氧葡萄糖后，视交叉上核的放射性远比白天注射组为高，说明视交叉上核神经元的代谢活动在夜间更为活跃。这与大鼠正常的行为模式是一致的。这一结果暗示，视交叉上核包含了自我维持的昼夜节律振荡器，并因此使动物的内源性昼夜节律系统和外界环境的光-暗周期耦合起来。

生物节律是受基因表达所控制的，与生物节律有关的基因，称之为生物钟基因（molecular clock gene），如人 period（*per1*、*per2*、*per3*）、*timeless*（*tim*）、*clock*、*bmall*、*frq*、*Crys* 基因等，生理和行为的昼夜节律均在生物钟基因的控制之下。果蝇的 *period*（简称 *per*）基因被消除后，观察到的行为缺损只是节律的变化——如动物活动的昼夜节律改变、变态的时间及节律周期长短的改变。*per* 基因表达的产物是一种核蛋白质，mRNA 和蛋白质的合成和积累是与昼夜节律相吻合的。蛋白质对其基因的表达有负反馈的影响：当它存在于细胞核时，转录即停止；当它不存在时，转录即启动。mRNA 不是翻译后立即转入细胞核，在合成的蛋白质达到一定量前有一定转录的时间，当蛋白质的水平达到足够时即产生负反馈使 *per* 的转录停止，使可用的 mRNA 降至忽略不计的水平。当 mRNA 的水平降到很低时，翻译即停止，蛋白质的水平下降，然后使转录再开始。如此周而复始就形成了节律周期。这种时间节律周期的形成机制具有一定的普遍性。在哺乳类动物的视交叉上核细胞内也存在 *per* 基因及其合成的蛋白质。因此，视交叉上核是维持昼夜节律的部位。

第三节　睡眠的功能

一、剥夺睡眠对身心行为的影响

睡眠剥夺（sleep deprivation, SD）是指机体因环境需要而部分或全部丧失正常睡眠量的状态。成年人如果持续觉醒 15～16h，便可称为睡眠剥夺，此时极易进入睡眠状态。如果长期睡眠剥夺，则自然睡眠时慢波睡眠 4 期及快波睡眠将明显延长，以补偿睡眠的不足。睡眠剥夺引起的中枢神经系统广泛病理生理变化主要集中表现为脑细胞能量代谢异常、细胞形态结构的改变、神经元内多种基因表达的变化和对细胞突触可塑性的影响，后者直接表现为睡眠剥夺对学习、记忆功能的损害。

睡眠剥夺有三种方式：全睡眠剥夺、部分睡眠剥夺、选择性睡眠剥夺。

睡眠剥夺所引起的危害依据人的性格不同而表现出很大的差异，由睡眠剥夺引起精神分裂症只是个别现象。当然，这并不意味着剥夺睡眠对人的生理和心理活动没有什么影响。事实上，剥夺睡眠，尤其是剥夺快波睡眠，可能对人的生理和心理活动产生多种有害的影响，包括焦虑、激动、易怒、不友好、注意力分散、记忆力降低、思维迟钝、动作笨拙、疲乏、食欲增加等。有的研究报告指出，快波睡眠剥夺的受试者表现出调整人际关系的能力降低，并出现焦虑不安、退缩，兴奋性较高和不稳定性等特征；慢波 4 期睡眠剥夺，受试者表现出抑制功能降低的特征。

睡眠剥夺不仅引起心理活动障碍，而且对生理活动也有重要影响，长时间的睡眠剥夺能导致死亡。有报道说，幼年的狗剥夺睡眠 4～6 天，成年的狗剥夺睡眠 13 天，即引起死亡。较长时间的睡眠剥夺引起肌张力降低，动物甚至不能保持正常的姿态，体温也要下降；短期睡眠剥夺则引起中枢神经系统兴奋性增高，主要表现在电休克阈值降低，脑内自我刺激阈限降低和条件反射反应时降低等。睡眠剥夺还引起性激素周期性紊乱，痛阈降低，心率、血压、呼吸改变等。剥夺睡眠对人的生理活动最明显的影响是：连续几天快波睡眠剥夺，导致快波睡眠的潜伏期缩短，次数增加；在随后睡眠恢复的夜晚出现快波睡眠的补偿性“返回”现象。正常人剥夺一夜睡眠之后，恢复睡眠的夜晚快波睡眠增加的幅度占总睡眠的 5%～10%，同时慢波睡眠 4 期占总睡眠时间的比例也有所增加。皮层 EEG 的研究还表明，剥夺人的睡眠引起 α 波出现的频率及百分率减少，而振幅增大；同时，θ 波和 δ 波这些频率较慢的电位增加。这些变化在睡眠剥夺第三天时变得明显。连续几天睡眠剥夺引起作为快波睡眠特征的 PGO 波“逃走”，即该波在慢波睡眠和觉醒状态出现。

剥夺睡眠对人和动物生理和心理活动的影响，暗示出睡眠对保证有机体生理功能和心理活动的正常进行有重要作用。

二、睡眠的功能

（一）睡眠的保护性作用

睡眠的保护性作用表现在两个方面。

1. 适应生存的需要

睡眠时动物处于相对的“不活动”状态——奔跑运动停止，同时动物一般都在隐蔽处睡眠。这些特点对于弱小动物具有重要意义，因为在自然界的生物链中，有些动物处于高层次而有些动物处于低层次，即有些动物处于吃掉其他动物的地位而另一些动物处于被吃掉的地位。处于被吃地位的动物在隐蔽处的不活动的睡眠状态显然减少了它与猎食动物遭遇的机会，降低了被吃掉的危险性。这种睡眠是动物适应生存的观点受到了来自两方面事实的非议：一是被称为兽中之王的老虎和狮子，它们专吃别的动物。这些猛兽的唯一天敌就是人类，但人类的演化史短，显然不会对它们的生存构成威胁。它们为什么也要睡眠而且睡眠时间特别长？二是像长颈鹿这类动物，如果睡眠时卧倒并把脖子勾起来，那么它从卧位站起来需要 10 多秒，如果此时受到猎食动物的袭击不是更容易被吃掉吗？

其实，无论是猎食动物还是被食动物，它们的睡眠可能还有另外的原因，这就是睡眠有助于消除疲劳和保存能量。

2. 消除疲劳和保存能量

有机体在清醒状态的活动使得各个组织器官消耗了大量的能量而容易发生疲劳。在睡眠状态下，有机体的许多组织器官的活动水平如肌肉紧张度、心率和血压、呼吸、体温等降低，甚至处于不活动状态，对能量的需求减少，使得组织器官特别是脑组织得以休息和恢复，避免因过度活动而功能衰竭。此时，有机体内部合成代谢大于分解代谢，从而保存了能量，有利于精力和体力的恢复及能量的贮存。这种睡眠是为了“恢复”和“休息”而进行的理论得到了普遍的承认。

从小动物的睡眠情况中可以看出睡眠在消除疲劳和保存能量方面的意义。那些代谢率高、活动多的小动物，耗费的能量与体内贮存的能量相比，前者显得过多了，因而它们更需要睡眠。事实上的确如此：负鼠、大鼠和猫等，它们的觉醒-睡眠周期中睡眠所占的比例分别是 80.8%、72%、57.1%和 57.7%，而牛和人类的这个数字分别为 17.4%和 39.4%。

但是，上述观点也受到了某些实验结果的挑战。研究发现，白天强烈的代谢消耗对夜间的睡眠影响甚微。睡前的体育运动只能缩短入睡时间而对睡眠时间的长短无影响。有的研究报告认为它可能稍微延长了早期慢波睡眠阶段，但这一点儿延长对恢复体力究竟有多大作用尚未得到证明。

（二）睡眠在激素分泌和脑的发育方面的作用

睡眠还具有另外两种生理效应，即促进某些激素的分泌和脑的发育。

研究发现，由垂体前叶分泌的生长素（GH）、催乳素（PRL）和黄体生成素（LH，在青春期）三者在睡眠中分泌量增加。以生长素为例，人类生长素的分泌在 24h 周期中有起伏现象：分泌高峰在慢波睡眠 4 期。此时正常血浆中生长素水平可达 10～20pg/mL，而在清醒时仅为 0～2pg/mL。垂体生长素的分泌受下丘脑分泌的生长素释放因子（GH-RF）

和生长素释放抑制因子（GH-RIH）的控制。慢波睡眠时触发生长素释放因子的活动从而引起生长素分泌增加；在清醒时则触发生长素释放抑制因子的活动使生长素分泌减少。另外，去甲肾上腺素、多巴胺、5-羟色胺和乙酰胆碱等神经化学递质可能对生长素释放因子和生长素释放抑制因子的活动起主要的调节作用。因此，慢波睡眠与生长素等激素的分泌有密切关系。

快波睡眠与慢波睡眠 4 期随着年龄的不同而表现出明显的差异，这暗示睡眠可能在身体发育过程中起重要作用。一种假说认为快波睡眠与脑的生长发育有密切关系。对人和动物出生时脑的发育程度与其快波睡眠时间之间相关性的研究表明：人、猫、大鼠在出生时脑的发育很不成熟，尚不能自我保护，其快波睡眠相对于总睡眠时间的百分比很高；相反，绵羊和豚鼠在出生时脑的发育已基本完善，生下来便能走动，感觉系统很快能发挥作用，它们的快波睡眠比例相对较低，在以后的发育过程中，这个比例不发生大的变化。图 13-7 列出了人和 5 种动物的幼年及成年快波睡眠时间占总睡眠时间的百分数。

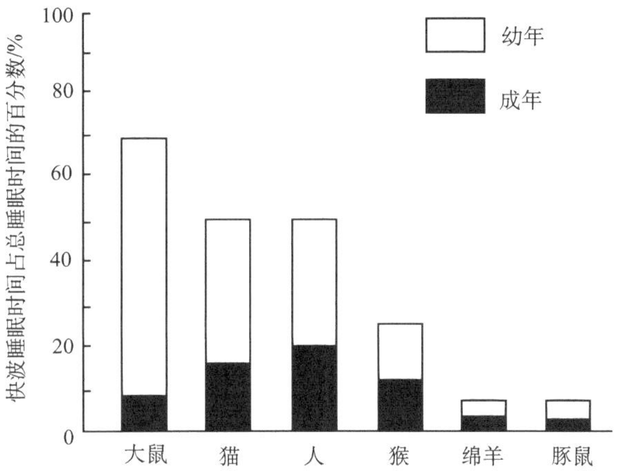

图 13-7　人和 5 种动物的幼年及成年快波睡眠时间占总睡眠时间的百分数

（三）睡眠对记忆的影响

动物实验表明，快波睡眠对巩固记忆有作用。这类实验的顺序是：①训练动物学习；②剥夺快波睡眠；③测验动物的记忆情况；④让动物恢复睡眠；⑤测验。实验结果一致证明，快波睡眠剥夺能损害记忆。

对人类被试进行的研究，发现异相睡眠剥夺是否影响记忆在相当程度上取决于学习内容的难易和是否引起被试的兴趣。其中，受影响最明显的是需要长时间集中注意力或警戒性的作业和最没有兴趣的作业。例如，Chernik（1972）报告，药物抑制整夜异相睡眠的被试对学习过的关联词的记忆保持仍旧良好；Empson 等（1970）的报告证明异相睡眠剥夺对于既复杂又不规则的材料记忆有严重影响，而非异相睡眠剥夺（对照组）记忆保持良好。

为什么异相睡眠对需要集中注意力和最没有兴趣的作业的保持具有重要作用？对此问题，研究人员提出了各种理论推测。其中，Hartmann（1973）提出：慢波睡眠是正常生命过程所必需的一般的生理恢复过程，而异相睡眠是当天未完成的工作以及应激刺激、保持警戒性和集中注意力等方面的“程序再编制”过程。已有大量的实验证明，异相睡眠剥夺确实明显影响注意力的集中和长时间的保持。

也有学者强调慢波睡眠对记忆的作用。Ekstrand 等（1977）把被试分三组进行实验：第一组被试在晚上学习，经过 8h 不睡眠的间隔时间后接受测验；第二组被试，先睡半夜，然后起来学习，在测验之前再睡 4h；第三组被试，先学联想词汇再睡 4h，醒来后接受测验。结果发现第二组的成绩最好。研究者认为，更多的慢波睡眠对记忆有帮助。

根据上述实验结果，看来睡眠特别是快波睡眠与记忆有关——可能促进短时记忆向长时记忆的转化。据此推论，儿童时期需要学习记忆的内容较多，所以，其快波睡眠的时间相应较长；而老年人需要学习的新内容少，则快波睡眠时间亦短。动物实验也发现了睡眠时间与学习记忆之间的相关性：给雏鸡进行印记实验——视觉刺激是母鸡的形象，结果是 20min 的视觉刺激可使小鸡在随后 45min 内快波睡眠显著增加；在丰富化环境中进行学习的幼年大鼠，其快波睡眠的时间和百分比都比生活在贫乏环境中的大鼠有显著增加。

为解释上述事实，科学家提出了三种理论：衰减理论（decay theory）、干扰理论（interference theory）和巩固理论（consolidation theory）。

衰减理论的要点是：遗忘是由神经生物学衰减过程引起的，衰减过程与体内的分解过程有关，分解过程的速度在睡眠期间比觉醒状态要低，因而睡眠时的遗忘要比觉醒时慢。

干扰理论认为：遗忘是由干扰性学习引起的。在学习后的保持时间内的干扰性学习对保持影响最大。人们已经知道插入学习是产生倒摄抑制的原因。由于睡眠阻止了干扰性学习，因而防止了倒摄抑制，结果是睡眠后记忆保持较好。

巩固理论的主要内容是：学习后脑内进行某些神经生物学过程使短时记忆转换为长时记忆而储存下来，这个过程即为记忆的巩固过程。睡眠状态为短时记忆转化为长时记忆提供了某种条件。

第四节　睡眠-觉醒关系失调

睡眠是临床上衡量人的身体一般健康状况的重要指标之一，它的好坏在一定程度上能反映出人的生理状况。睡眠与觉醒关系的失调是人类生活中的一个不可忽视的问题。

正常人睡眠的好坏受多种因素的影响，如就寝时间、起床时间、一夜睡眠的经过、个人体质、性格、年龄、生活习惯和周围环境，等等，都可直接或间接地影响睡眠。1967 年，Monroe 曾把人的睡眠按其性质划分为两种，即睡眠良好和睡眠不良。睡眠良好的标准是：①入睡顺利，入睡时间在 10～15min 之内；②整个睡眠过程从不觉醒；③觉醒后有清爽舒服的感觉。睡眠不良则包括：①入睡困难，入睡时间长达 30～60min；②睡眠过程中至少觉醒一次以上；③清醒后仍有疲怠不快、头脑昏沉之感。

一、睡眠障碍

睡眠障碍是指睡眠量和质的异常。睡眠量的异常表现为失眠或嗜睡，睡眠质的异常则表现为梦游、梦魇等。睡眠不良实际上主要是由睡眠-觉醒关系的失调而引起的，它可以是偶发性的，也可以是习惯性的。睡眠障碍有多种分类方法，根据 1979 年美国睡眠障碍协会制定的分类方法，将睡眠障碍分为四大类：①入睡和维持睡眠障碍（主要指失眠）；②白天过多瞌睡；③睡眠中的异常行为；④睡眠节律紊乱。常见的习惯性的睡眠不良有失眠症、发作性嗜睡病和睡眠异常等。

（一）失眠症

失眠是许多人存在的一种睡眠障碍，它包括的范围很广。诊断失眠的主要标准是：入睡困难，睡眠过程中睡眠时间短，觉醒次数多并且多梦。对失眠者进行客观检查时发现，快波睡眠期缩短，而慢波睡眠期较长，第 4 期提前结束。这种变化随着每晚失眠程度的不同而有所波动。此外，失眠者的生理性警觉水平提高，如睡眠过程中的心率、体温都较睡眠良好者高，外周血管处于收缩状态。长时间的失眠使体温、血压、心率、呼吸等生理活动产生一系列的变化。实验发现，如果人失眠 101h，除了发生上述变化以外，还伴随有食欲亢进，体温白天下降、夜晚增高。精神活动的变化更为突出，失眠 3 天后记忆、思维能力明显下降，容易激怒，进一步可出现幻觉与错觉。

引起失眠的主要原因有：精神因素，如紧张、焦虑、恐惧、兴奋等；睡眠环境因素、躯体因素，如疼痛、瘙痒、鼻塞、呼吸困难等；昼夜生活节律紊乱、药物和酒的影响、大脑弥散性病变等。值得注意的是，失眠常常是精神病复发的预兆。Kales（1973）采用明尼苏达多相个性调查表（MMPI）对 200 名失眠者进行测验评价发现，他们中的 80%有一项或多项测验结果属病理范围——最多的是涉及抑郁，比例随年龄的增加而增加。研究者分析认为，失眠者都是紧张内在化者，他们在清醒期间不发泄自己的紧张情绪，代之以抑郁，而把问题带到了床上。由于他们内心处于焦虑状态，因而这些人显然处于一种慢性情绪唤醒状态。我国精神病学家刘协和等 1983 年对慢性失眠者进行 MMPI 调查表明，慢性失眠者的心理特点表现出高度的一致性。这些特点是：抑郁、焦虑、易于疲倦、乏力以及对健康过于关心；还发现慢性失眠者往往对入睡时间估计过长，而对实际睡眠时间估计过短，与 EEG 记录的结果差距较大。失眠的原因除了心理因素之外，与疾病和环境因素也都有关系。

（二）发作性嗜睡病

发作性嗜睡病的特点是：突然发生、为时短暂、反复发作的不可抑制的嗜睡。它有四个方面的症状，即睡眠发作、猝倒、睡眠麻痹和催眠幻觉。这四种症状中有时是其中的几种合并出现。

1）睡眠发作　睡眠发作是不可抑制的，但为时短暂，常在感觉刺激减退时发作。患者可以在任何场合，如走路、骑车、谈话和吃饭时突然入睡。这种短暂的睡眠发作常延续 5～10min 即终止，但醒后患者感到很清醒，每天可以发作多次。

2）猝倒　表现为肌张力突然松弛以至于患者跌倒在地，但意识并不消失，并能立即起来。猝倒发作可以由情绪激动引起，尤其是在大笑、痛哭、发怒、兴奋时容易诱发。典型的猝倒发作包括突然上眼睑下垂，下颌松弛，头向前垂下，上肢放松，膝部弯曲，随即突然倒地。一般说来，睡眠发作和猝倒不在同一时间发生。

3）睡眠麻痹　常发生在睡眠和觉醒间期，多见于青年人。一般在早晨将醒时或午睡时发生。患者醒来后发现自己完全不能动，但意识清晰。只要有人推他一下或同他谈话，这种状况就可以立即结束。睡眠麻痹现象很少有持续 60s 以上的。正常人也偶尔会出现睡眠麻痹，但发作性嗜睡病患者却可以频繁发生，有的每周发生 5～6 次。

4）*催眠幻觉*　患者入睡时出现幻听或幻视，这种幻觉也是常在睡眠与觉醒之间发生，也可以在睡眠期间发生。患者对周围环境的动态有知觉但同时又像在梦境之中。

发作性嗜睡病可以发生在各个年龄阶段，但更常见于 10～20 岁青少年。详细调查发现，30%的患者，其家属有同样的病史。因而有人认为本病与遗传关系密切。另外其他疾病导致的睡眠障碍也可以诱发发作性嗜睡病，如睡眠呼吸暂停综合征。由于患者夜晚发生呼吸暂停，使睡眠总时间减少，尤其是快波睡眠和慢波睡眠 4 期的减少更为明显，从而导致患者白天发作性嗜睡。该病主要发生于肥胖、打鼾者。

关于发作性嗜睡病的病理生理问题，一般认为它是由快波睡眠的正常组成部分发生在不正常的时间中所致：睡眠发作表示在白天经过短暂的困倦阶段而突然发生快波睡眠；猝倒则表示在快波睡眠时出现的肌张力完全松弛；睡眠麻痹是快波睡眠醒来后肌张力松弛的继续；催眠幻觉表示患者正常快波睡眠时生动的梦境在苏醒后的继续。

Dement 等认为，控制睡眠和觉醒有三个系统：觉醒系统、慢波睡眠系统和快波睡眠系统。前两个系统对快波睡眠系统有抑制作用。夜间睡眠中快波睡眠的反复出现是由于快波睡眠系统的兴奋超过了慢波睡眠系统的抑制。在发作性嗜睡病发生时觉醒系统对快波睡眠系统的抑制减弱，因而觉醒期间发生了快波睡眠。

（三）睡眠异常现象

1）*梦游症*　又称梦行症或睡行症，表现为在睡眠的时候做出梦里的各种动作，如起床行走、穿衣和进食。梦游时意识水平降低，但对环境有简单反应。梦游症是一种发生率很高的睡眠异常现象，据统计占一般人口的 1%～6%，男性多于女性，儿童多于成人。成人若经常出现梦游，可见于癔症、癫痫、脑外伤后及心因性精神障碍等病理情况，也可见于精神分裂症。梦游也可由某些事件的刺激引起，或由某些精神药物、饮酒、疲劳等因素而诱发。它多与遗尿并发，常常有家族史。梦游的时间一般为 15～30min，此后将梦游发作的情况遗忘。

梦游出现于慢波睡眠的 3～4 期。脑电波特点是：在梦游开始时出现了高波幅节律性成群 δ 波，持续 10～30s，以后转为慢波节律并持续整个梦游阶段；最后呈现低振幅的慢波。梦游往往发生于睡眠最初阶段的 2～3h 内。

从机制上说，梦游者正是脑电觉醒和行为觉醒的分离状态：控制觉醒的脑区处于抑制状态而支配行为的脑区则处于兴奋状态。

2）*夜惊*　夜惊可以与梦游同时发生。表现为在睡眠中突然坐起、惊叫、辗转不安、手足伸展或伴有其他复杂的无目的动作，有时呈惊恐状，呼吸急促有死亡之感，历时 1～2min，发作后回忆不起来当时的情境。夜惊症也多见于儿童，其发生与儿童大脑功能尚未发育完善及受精神刺激有关。中年以后才首次发作的夜惊，需怀疑脑部有肿瘤存在的可能。研究表明，夜惊发生于慢波睡眠的第 4 期，常出现在睡眠初期的 15～30min，属于慢波睡眠 3、4 期呈现的“觉醒反应障碍”，即深睡的第 3、4 期觉醒困难，或仅有部分觉醒，脑电图上呈现 α 节律。

二、睡眠卫生

睡眠与觉醒关系的失调给人的身心健康带来了极大的危害，然而，这种危害在一定程度上是可以消除的。人们要想做到适时睡眠，提高睡眠质量，就要讲究睡眠卫生。以下几个方面是人们应该注意的睡眠卫生问题：卧室空气流通，被褥干净并且与季节相适宜；睡前要保持安静，尽量不做紧张激烈的脑力劳动和体力劳动；在条件许可的情况下，睡前到空气新鲜的地方散散步或用温水擦身洗脚；睡前不要服用使神经和内脏兴奋的药物；躺在床上不要集中精力回忆所经历的事情；枕头不要太高，要脱掉外衣，不要用被子蒙头；还要注意睡觉姿势，不要不停地翻身。

当然，如果出现严重失眠（如连续失眠 3～4 天）或其他睡眠障碍，则应及时找医生诊治。

第 14 章 人格的生物学基础

汉斯·尤尔根·艾森克，（Hans Jurgen Eysenck，1916～1997）

重视从生物学因素研究人格，主张从自然科学的角度看待心理学，把人看作一个生物性和社会性的有机体；出版《人格的生物学基础》。

◎人格真的会遗传吗?

◎体型与人格有关吗?

本章知识点

- 家系、双生子研究揭示的人格与遗传的关系
- 左右半球与情绪风格的关系
- 人格特征与多巴胺和5-羟色胺的关系
- 人格的生物类型说
- 气质与高级神经活动类型关系
- 气质的激素学说
- 艾森克人格生物学理论

有的人智商高，有的人操作能力强；有的人内向、深沉，有的人外向、开朗。这些都是人格的表现。人格是先天的生物学因素与后天环境相互作用的结果，这是当代心理学家的共识。其中，关于生物学因素对人格影响的研究具有漫长的历史。早在古希腊时代，希波克拉底（Hippocrates，公元前460～前377）就提出了气质的体液说并被沿用至今，认为人体内有四种液体，即血液、黏液、黄胆汁和黑胆汁。这四种液体混合比例不同，人们的心态也不同。当代尤其是20世纪90年代以来，随着神经科学的发展，人格生物学研究深入到了分子水平，为理解人格的自然科学基础提供了许多有价值的知识。

第一节 人格的遗传学研究

婴儿出生就具有某些气质特点，这种特点在日后与周围环境和人们的相互作用过程中逐渐成为人格特征的组成部分，并在青少年后期定型，以后不容易改变。由此可见，人格具有较强的先天性和稳定性。所以，人们更重视遗传因素对人格的影响的研究。

人格遗传学研究的主要方法是选择性饲养研究、家系研究、双生子研究和分子遗传学研究。

一、选择性饲养研究

选择性饲养的研究对象主要是动物。在这类研究中，饲养的动物可能有些基因不同，而另外一些所经历的环境影响不同。这样，就有可能对后来观察到的动物行为反应区分出哪些是由遗传决定的、哪些是由环境塑造的。因此，通过选择性饲养和操纵生活环境的方法可以用来研究并确定基因对行为差别的影响、行为被环境塑造的程度以及行为塑造的过程。

例如，人工选择出对酒精及药物的反应在敏感性、耐受性、依赖性上存在先天差异的动物，让那些对酒精及药物发生反应程度相同的动物进行交配，所生后代便保持了对酒精或者药物的反应特性。然后将筛选后的品系与其他品系的性状进行比较，便可以发现这些特性的遗传学上差异。20 世纪 40 年代建立的第一个与成瘾相关的选择系是 UchB 和 UchA 大鼠，前者具有高度的酒精依赖性，后者则表现为较低的酒精依赖性。此后所建立的不同选择系的啮齿类动物先后应用于对酒精、阿片类物质、尼古丁、可卡因以及其他药物的成瘾性研究。目前应用最普遍的选择系是酒精偏爱系和非酒精偏爱系大鼠模型，以及高饮酒系（high alcohol-drinking，HAD）和低饮酒系（low alcohol-drinking，LAD）大鼠模型。在某些情况下，酒精偏爱和 HAD 大鼠自由饮用酒精时可致血液中酒精浓度达到 2%或更高。但多数情况下，当在饮用过程中出现酒精的药理作用时（血酒精浓度 0.05%～0.07%）则会自动停止自由饮用（因此美国大多数州将酒后驾车违法水平定在 0.05%或 0.08%）。在慢性饮用酒精后，大鼠的代谢和神经系统可对酒精产生耐受和依赖。另一类则是当慢性酒精饮用被突然中断后，根据其产生的戒断症状的严重性来选择。有研究报告，酒精戒断性惊厥可发生在包括人类在内的各种动物品系中。Crabbe（2005）发现，慢性酒精摄入的小鼠停止饮用后可产生戒断惊厥倾向（withdrawal seizure-prone，WSP）和无戒断惊厥（withdrawal seizure-resistant, WSR）倾向，据此可以把它们分为戒断惊厥品系和无戒断惊厥品系。它们在对酒精的敏感性和耐受性上并无差异，但停药后出现的戒断症状的程度却是不同的。饮酒多的小鼠无惊厥倾向，反之饮酒少的小鼠却有戒断惊厥倾向。

二、家系研究

家系研究是根据孟德尔（Mendel）遗传学原理，研究上一代人的某种形态的人格特征，在家系内下一代人身上得到显现的情况。英国学者高尔顿（Galton）19 世纪中叶所进行的研究具有代表性。他根据名人传记和其他文献著作，选取 977 位名人作为研究对象，首先对这些名人的家属，如他们的父亲、儿子、兄弟等进行调查，然后把调查结果与一般人的家属情况进行比较。结果发现，这些名人的亲属中，出名的父亲有 89 人、儿子 192 人、兄弟 114 人；而所调查的一般人的亲属中只有 1 人出名。

高尔顿是用同样的方法调查了父母都有艺术才能的 30 个家庭，这些家庭的子女 64%有艺术才能，而一般家庭的子女只有 21%有艺术才能。

根据上述结果，高尔顿确认，著名人物多出于优良家庭，并于 1869 年出版了《遗传的天才》一书。他根据自己的研究成果在书中提出了**“个性生得说”**——天才的出现是优秀家系遗传特质集结的结果。就是说，个人的身心发展在出生时即已为遗传所决定，环境是无能为力的；发展是在出生前被决定、按照遗传顺序展开的；发展不依赖于经验，而是一个成熟过程。这便是所谓的**“遗传决定论”**。当然，这个结论具有片面性。不过，也有一些事例在一定程度上支持高尔顿关于才能遗传的见解——达尔文家族人才辈出，他的孙子是植物学家、诗人，其后代中有许多杰出的人物；音乐家巴赫家族从 1550 年到 1880 年，出现了 60 名音乐家，其中的 20 名最为优秀。

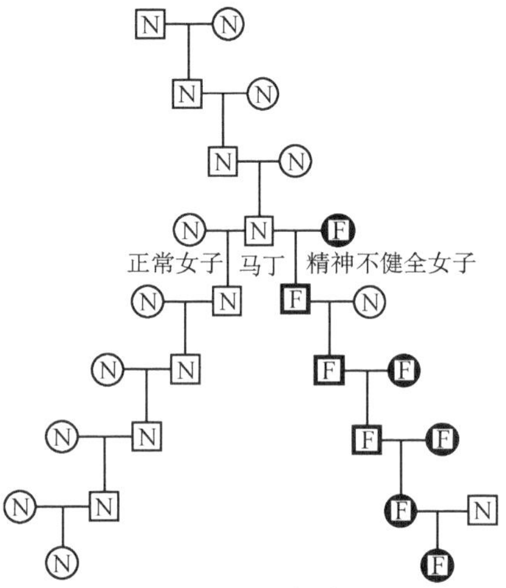

图 14-1　马丁家系图

N 代表智力正常者；F 代表低能者；

○代表妇女；□代表男人

“劣等家族”

有学者对“劣等家族”进行过家系研究。美国 18 世纪独立战争期间，一个叫马丁的军人在军中与精神不健全的女子结婚，之后的 150 年间出生的后代有 480 人之多，对其中的 189 人进行的详细研究表明，正常的仅有 46 人，其余 143 人有的是精神不正常，有的是酗酒者，有的是癫痫患者，有的是犯罪分子，有的是卖淫者。

马丁离开军队后又和一个正常女子结婚，其后 150 年间两人的后代有 496 人，其中没有不正常的（图 14-1）。

三、双生子研究和收养研究

应用双生子，尤其是同卵双生子研究来证明遗传因素对人格发展的重要性的原理，可以作如下描述：同卵双生子具有几乎相同的基因型，他们之间的任何差别，从一般意义上说，都可以归咎于不同环境的影响。双生子的研究进一步扩展到了对在相同环境和不同环境中成长起来的同卵双生子的相似性和差异性的研究。对不同环境中养大的同卵双生子相似性的研究可以鉴别基因的作用，而研究他们的差异性则可以揭示环境因素的影响。

同卵双生子中的一个或者两个有可能由于被别人收养使得他们很早就生活在不同的环境中。虽然这种情况并不多见，对于进行自然实验来说却具有科学上的重要意义。研究在非亲生父母照料下成长的孩子，被称为**收养研究**。这种研究提供了考察基因效应和环境影响的另一条途径。被收养儿童，与其生物学父母（对被收养儿童的生活环境没有影响）之间的相似性及其程度可以考虑是基因的作用，而与收养父母（在基因方面与被收养儿童没有关系）之间的相似性及其程度可以认为是环境因素的影响。

对双生子人格特征的研究，以往主要使用人格自陈测验，后来加入了同辈评定的方法对双生子自陈的人格特征进行印证。

双生子研究和收养研究表明，基因相同或相似的程度越高，个体之间的智商（IQ）相关系数也越高：在与家庭成员一起生活条件下，同卵双生子之间为 0.86、异卵双生子为 0.60、亲子之间为 0.42、堂兄弟姐妹之间为 0.15；在与家庭成员分离生活条件下，同卵双生子之间仍达 0.72。

测定遗传和环境对运算能力影响的研究表明：在相同或者相似的环境中，同卵双生子运算能力的相关系数为 0.89（高度相关），异卵双生子为 0.66（显著相关）；其中同性异卵双生子为 0.71，异性异卵双生子为 0.61。由此可见，对于运算能力的相关系数来说，同卵双生>同性异卵双生>异性异卵双生，即遗传因素越近，相关系数越大。因此遗传的作用对运算能力的发展的影响是显著的（$P<0.01$）。

20 世纪 90 年代以来，人格特质与遗传关系的研究扩展到了“大五”人格上。通过同辈-同辈报告、自陈-同辈报告和自陈方法对同卵双生子“大五”人格进行研究，这三种方法所得结果的平均相关系数为：N（neuroticism，神经质）0.40；E（extraversion，外向性）0.38；O（openness，开放性）0.49；A（agreeableness，宜人性）0.32；C（conscientiousness，认真性）0.41。

人格障碍是否与遗传有关？有一项研究考察了 44 对单卵双生子中的人格障碍。这些双生子的一部分出生时就分开抚养，另一部分则在同一家庭中成长；成年后对这两类被试进行人格测验，结果表明，两类被试人格障碍的发病比例没有显著差异，提示人格障碍具有遗传性。另一项研究考察了 190 例寄养子，这些人出生后即与具有反社会人格特征的父母分离，在其他家庭中成长。成年后这些寄养子中 22%被诊断为拥有反社会性人格，再次表明人格障碍具有遗传性。

四、分子遗传学研究

20 世纪 90 年代以来，人格遗传学研究深入到了基因水平。其中，多巴胺受体基因与人格特质的关系引起了许多人的注意。已经鉴定出的多巴胺受体有 5 种，分别以 D_1、D_2、D_3、D_4、D_5 来命名。其中，在前额皮层、杏仁核、小脑皮层、脑垂体、丘脑、内嗅皮层和海马，都有多巴胺受体 D_4 基因（DRD_4，dopamine D_4 receptor）的表达。1996 年，Ebstein 等和 Benjamin 等分别运用气质和性格调查表测定被试的人格特质，并探讨人格特质与 DRD_4 的关系。研究发现，DRD_4 基因结构较长，含有 7 个重复 DNA 序列的人，易于兴奋、多变和探险；而该基因较短，仅含有 4 个重复 DNA 序列的人，则趋于温和拘谨、恬静寡欢。这一结论得到了日本、印度、德国、美国一些学者的研究结果的不同程度支持；但是，也有一些研究没有得出相同的结论；Persson 等（2003）和 Alessandro 等（2003）的研究成果则证明，DRD_4 基因与对奖赏的依赖性有联系，但是，没有发现这个基因与寻求新异刺激显著相关。

另外一个对人格特质有影响的基因是 5-羟色胺（5-HT）基因。Strobel 等（2004）研究发现，$5\text{-}HT_{1A}$ 受体表达过程中等位基因的变异，对与焦虑和抑郁相关的人格特质的发展和调节具有重要作用。Soyka（1999）从基因库中提取出酗酒者的基因，研究了 5-HT 受体基因多态性与酗酒者反社会人格特质之间的关系。这些被试都是通过气质和性格调查表、“大五”人格问卷和明尼苏达多项人格问卷测验，被证明具有焦虑和抑郁人格特质。对 164 名酗酒被试的基因检测结果表明，在酒精依赖者中，5-HT 1B 861C 等位基因的低频率重复与反社会人格特质、行为举止紊乱有联系。Murakami（1999）研究了 5-羟色胺转运体基因连接的多态性区域（serotonin transporter gene-linked polymorphic region，5-HTTLPR）特征与焦虑和抑郁之间的关系。结果表明，在 5-HTTLPR 基因中，拥有 *s/s*（short/short）基因型的个体比拥有 *l/l*（long/long）基因型的个体，具有更突出的与焦虑有关的人格特质。

五、遗传影响人格发展的现代观点

关于人格形成和发展问题，“遗传决定论”和“环境决定论”这两种对立的观点长期争论不休。人格生物学新近研究成果，用定量的方式并且从分子生物学水平证明："迄今调查研究过的人格特质，从反应时到宗教信仰，人与人之间的差别都与遗传素质的差别有联系。这是无可争辩的事实"（Bouchard et al., 1990）。

但是，遗传在人格形成和发展中的作用，并不像人们通常认为的那样：只要是从生物学意义上说是由遗传制约的特征，那么它就是固定不变的。事实上，即使某些特征几乎全部由遗传决定，也不意味着它不能被环境所改变。人们会专门选择一些具有某种特性的狗来饲养，然而这并不意味着特殊的环境不能改变狗的这种特性。同样，个体出生时就具有某些气质特点，这也不意味着气质在后天的生活过程中是固定不变的。身高受基因的影响是最为显著的，从营养学角度上说，它也能够被环境所影响。

要寻找和人格特质一一对应的基因是非常困难的事情。因为许多复杂的人格特质是多种基因操纵的结果，每一个基因对人格特质仅有很小的影响；而且每一种基因都是通过与环境的相互作用，最终决定人格特质的表现。

彻底揭示人格特质与基因的关系也许还要经过漫长的过程。但是，这个领域的研究具有重要的理论价值和实践意义：它使人们对人格与遗传关系的理解深入到分子生物学水平，而不再局限于双生子研究的统计描述水平；并且，如果能够确定基因对人格特质的影响，就可能通过基因检测对人格特质进行测量。这样，既丰富了人格测量的方法，又能克服人格量表测量的某些缺陷（如虚假反应）。

第二节　人格的神经科学基础

19 世纪初，奥地利医生 Gall 研究认为，脑的某一部位是否发达都会在颅骨的外形上反映出来，因而可以根据颅骨的外形判定人的性格和智力发展水平。例如，数学能力在枕叶部，聪明在额叶部，德行、性格在脑中部。Gall 的学生 Spurzheim 对此作了进一步发展，把人的头骨分为几十个区域，每一区域与一种心理机能相联系，如谨慎、贪食、吝啬、好奇、模仿力等。这种**"颅相学"**虽然不正确，却是人类对自身人格的神经科学基础的早期探索（图 14-2）。

20 世纪 80 年代，心理学界把智力分为**晶态智力**和**液态智力**。前者是人们通过语言文字的提炼和积累而形成的知识和经验的结晶产物，因而额叶、颞叶的言语和思维调节区，被认为是晶态智力的脑基础。后者是空间关系和形象思维等在感觉基础上形成的智力，所以受各种感觉系统、运动系统和边缘系统的解剖生理特点所制约。从大脑左右半球功能上说，左半球必然在晶态智力的形成和发展过程中占据主导地位，而右半球则在液态智力中发挥主要作用。20 世纪 90 年代以来，应用脑成像等技术研究人格的神经基础，发现了一些与人格有关的脑区。

一、人格的神经结构基础

（一）影响情绪反应倾向性的脑结构

在性格的结构中包括了情绪特征。因此，经常表现出来的情绪活动倾向是人格的组成部分。

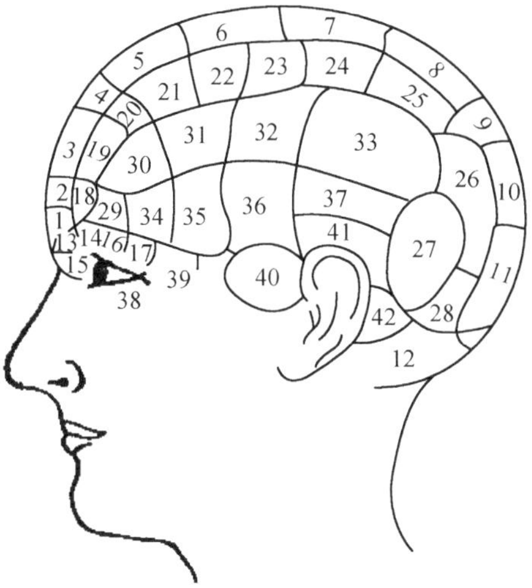

图 14-2　“颅相学”的官能定位示意图

1.个性；2.不测事件；3.比较；4.人性；5.仁爱；6.崇拜；7.坚定性；8.自尊心；9.持续性；10.居住性；11.双亲的爱；12.情爱；13.大小；14.重量；15.形状；16.颜色；17.次序；18.位置；19.原因追究能力；20.愉快；21.模仿；22.高尚精神；23.希望；24.谨慎；25.满意；26.友谊或善交际；27.好斗；28.婚姻；29.时间；30.欢乐；31.理想；32.壮烈性；33.细心；34.曲调；35.建设性；36.获取性；37.不坦率；38.语言；39.计算；40.营养；41.破坏性；42.活力

左右半球的前部区域与情绪反应倾向有关。比较意义的研究是揭示左半球还是右半球在情绪反应中占优势，结果表明：与唤醒趋向反应（典型的积极情绪活动）相联系的是左侧前部区域的激活占优势，与唤醒退缩反应（典型的消极情绪活动）相联系的是右侧前部区域的激活占优势。这就是说，脑功能和情绪活动风格之间存在着联系。Kagan（1994）报告，内向的孩子的右半球表现出较高的活动水平，而那些非内向的孩子则左半球的活动占优势。

Davidson（1998）的研究发现，个体之间脑功能单侧优势的差异，与心境以及采取积极情绪或者消极情绪对刺激作出反应有联系：在放映精心设计的用于诱发积极情绪和消极情绪的电影剪辑之前、之中，测量记录左右半球激活的情况；另外，被试还要在观看电影剪辑之前和观看每一段电影剪辑的过程中，评价并报告自己的情绪体验。结果发现，个体之间前额叶不对称的激活与心境的初始状态有联系（左侧半球优势与积极情感有联系，而右侧半球优势与消极情感有联系），并且与对电影剪辑的情绪性反应也有联系。即使把心境的初始状态对半球激活的影响除去之后，左右半球的激活水平与情绪之间的联系依然明显：在初始状态左半球前部激活水平高的被试对有积极意义的电影剪辑报告说有更多的积极情绪体验；而那些在初始状态右半球前部激活水平较高的被试对有消极意义的电影剪辑报告说产生了更多的消极情感。这说明个体在电生理学方法测量中表现出来的左右半球前部激活水平的差异，标志着人与人之间对积极性情绪刺激因素和消极性情绪刺激因素的敏感性。

（二）与人格障碍相关的脑结构

Raine（2000）等通过对罪犯脑部结构的研究发现，反社会人格障碍患者的脑部与常人不同，他们对被诊断为反社会人格障碍与正常的两组人，分别进行核磁共振显影（MRI），结果发现反社会性人格障碍组前额叶灰质（gray matter of prefrontal cortex）的体积大约比正常人少了 11%。要两组被试念一篇描述自己缺点与过失的文章，正常人面对此种压力源时，表现出皮肤导电性和心率增高，这代表自主神经活动的增加；但是反社会人格异常组皮肤导电性和心率的变化较小，说明自主神经的反应较低；代表可以引起普通人情绪困扰（如尴尬、不好意思）的事情，对他们却无足轻重。

边缘性人格障碍患者（女性约为男性 2 倍）经常处于危机状态并伴有情绪波动：一下子好辩激动，转眼间又忧郁哭泣，过一会儿可能有觉察不到自己的情绪体验。利用 MRI 检查女性边缘性人格障碍患者，发现在引起情绪改变的视觉刺激下患者双侧杏仁核活动明显增强，以及左右两侧角回活动增强。在另一项关于女性边缘性人格障碍患者的神经影像研究中，发现患者海马和杏仁核体积均减少。

二、人格的神经化学基础

人格的神经化学基础研究主要集中于 5-羟色胺、多巴胺系统。

（一）5-羟色胺

5-羟色胺与心境的性质有关系。实验性的药物 5-羟色胺选择性缓慢抑制剂（SSRI），能够延长 5-羟色胺在神经元突触部位的作用时间而缓解压抑。对正常的个体使用 SSRI，发现被试的负性情感减少了，并增加了社会交往和亲和行为。Weijers（2001）研究结果证明：对伤害性的回避，或者相反的品质，如外倾/冒险，都与 5-羟色胺这种神经递质有关系。这些结果说明：5-羟色胺系统能够影响人格特质的表现。

Virkkunen（1994）测定了 23 个反社会人格障碍者的脑脊液中 5-羟色胺代谢物 5-HIAA 浓度，发现脑脊液 5-HIAA 浓度的下降与冲动、攻击及人格障碍有关；冲动性人格障碍的严重程度与脑脊液中 5-HIAA 的浓度下降密切相关。另有研究发现，冲动性人格障碍的严重程度与催乳素对芬氟拉明（fenfluramine，d-FEN）的反应下降呈明显的相关关系。d-FEN 药物激发试验是用来研究中枢 5-HT 能神经元功能状态的一项常用试验，d-FEN 能增加 5-HT 神经元释放 5-HT、并抑制再摄取，使突触间隙 5-HT 浓度显著提高。因此，这种药物具有 5-HT 激动剂的效应，并通过 5-HT 刺激下丘脑释放催乳素。人格障碍及心境障碍患者服用 d-FEN（60mg/天）后检测血清催乳素的水平，结果表明：攻击行为与人格障碍患者的催乳素反应降低有关；而在心境障碍患者中没有类似发现，但既往有自杀企图的患者催乳素对 d-FEN 反应降低。上述研究表明，冲动性人格特征伴有 5-羟色胺系统功能障碍。同时，5-羟色胺功能下降者往往有以下的个性特征：应付冲突性事件的能力低下，很容易表达满足感和表现被动，不善于学习。

（二）多巴胺

多巴胺与愉快的体验有关，被描述为一种“能使人感觉良好”的化学物质。

未经治疗的精神分裂症患者血浆中 DA 代谢产物高香草酸（HVA）升高，且 HVA 浓度与精神分裂症阳性症状及治疗反应呈正相关。Siever（1991）发现，分裂型人格障碍患者也同样存在 DA 功能的异常，部分分裂型人格障碍患者血浆中 DA 代谢产物 HVA 浓度升高。Siever（1993）发现，分裂型人格障碍患者的类精神分裂症症状与脑脊液中 HVA 浓度增加有关。进一步的研究还发现，分裂型人格障碍患者的神经心理测验的成绩与血浆 HVA 浓度和前额叶皮层功能呈负相关，据此推测前额叶皮层的 DA 活性下降可能是导致精神分裂症的原因之一。

第三节　人格生物学理论

一、克瑞奇米尔的体型类型说

克瑞奇米尔（Kretschmer）是德国精神科教授，心理学家。他在 1921 年出版的很有影响的性格心理学著作《体格与性格》中提出了性格的体型类型说。

体型类型说以临床精神医学为出发点，建立在体质生物学基础上——通过对精神病患者体型进行观察和测定，探讨人的性格和体型的关系并得出结论：人的体型与性格有关。

（一）精神病和体型的关系

克瑞奇米尔把精神病分为躁狂病患者和精神分裂病患者，把人的体型分为瘦长型、肥胖型、筋骨型（或斗士型），以及由于内分泌异常导致的发育不全型 4 种类型（图 14-3）。其中，测定和记录体型的指标是：身高、体重、身体各部位的长度和周长，颜面和头型，骨骼、肌肉、皮肤、脂肪、毛发、腺体等。依据这些指标的相互搭配综合分类。

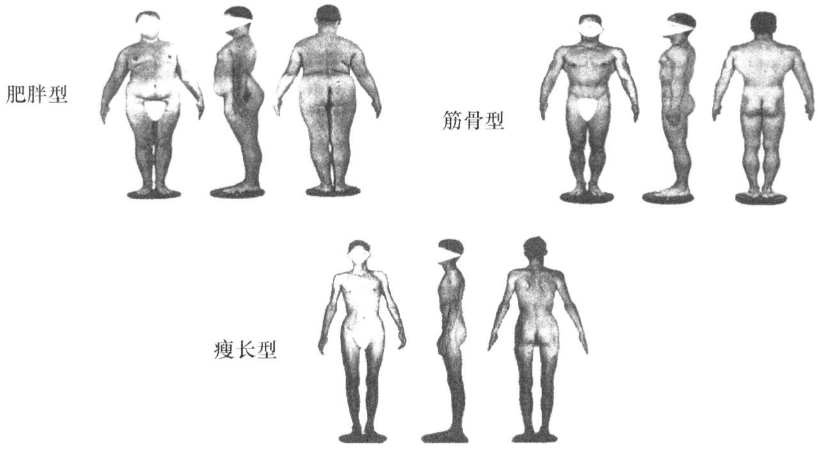

图 14-3　克瑞奇米尔划分的人的体型

肥胖型：头、胸、腹的周围显著发达，四肢柔软，躯干大量蓄积脂肪，尤其腹部更为显著。

筋骨型：骨骼、肌肉、皮肤都显著发达，肩宽，肌肉发达，是一种雕刻的体型。

发育不全型：属于发育异常的一种特殊类型。

瘦长型：身体不太矮，体重较轻，身体各部位幅度发达的程度较低，肋骨能够数出来，皮肤缺乏血色，腹部脂肪少。

克瑞奇米尔对上述两种内因性精神病和体型的关系进行了调查，发现：躁狂病患者中，肥胖型占大多数，而瘦长型和筋骨型较少；在精神分裂病患者中，瘦长型、筋骨型和发育不全型较多，肥胖型则较少。后来，克瑞奇米尔的追随者在世界许多国家进行了同样调查，得出了相同的结论（表 14-1）。

表 14-1　体型和精神病（世界各国 8099 例；引自高玉祥，1985）

分类	人数	肥胖型	瘦长型	筋骨型	发育异常型	没有特征
精神分裂病	5223	13 .7%	50.3%	16.9%	10.5%	8.6%
躁狂病	1361	64.6%	19.2%	6.7%	1.1%	8.4%
癫痫病	1515	5.5%	25.1%	28.9%	29.5%	11.0%

（二）精神病和气质

1. 精神病患者及其气质特点

克瑞奇米尔关于气质的研究也是建立在精神病学基础之上的。他认为，两种精神病患者的行为特点也存在于正常人身上，只是程度不同而已；并且体型和性格之间存在广泛联系（表 14-2）。各种躁狂病患者和精神分裂病患者的行为，其轻度的表现就是气质的表现。这种气质特点，在精神病发病之前，或者在患者的近亲中都可以找到。因此，他主张可以把躁狂病患者称为躁狂性气质，把精神分裂病患者称为精神分裂性气质。

表 14-2　体型和气质类型的关系及其特征（引自高玉祥，1985）

体型	气质	特征
肥胖型	躁狂型气质	善交际，表情活泼，亲切热情
瘦长型	分裂型气质	不善交际，孤独，神经质，多思虑
筋骨型	黏着型气质	迷恋，认真，理解缓慢，冲动性行为

2. 精神病患者相对应的正常人的气质特点

克瑞奇米尔认为，躁狂型气质和分裂型气质类型是处于精神病患者和正常人之间的中间位置的病态人格。他把这种观点进一步扩展，认为精神病患者和正常人之间只有量的差别，正常人也具有精神病患者所具有的特征，即正常的瘦长型体格的人具有精神分裂病的气质特征，称之为分裂型气质；肥胖的人具有躁狂病的特征，称之为躁狂型气质。按照他的观点，这两种气质是从健康人到精神病患者之间普遍存在的具有生物学意义的类型，精神病患者只不过是极端偏倚的类型而已。

克瑞奇米尔对 150 名身心健康者进行了调查，发现躁狂型气质者之中肥胖型居多，而分裂型气质者中瘦长型或斗士型居多。躁狂型气质者是能说会道的快活者，无忧无虑的享乐家、诙谐家，有浓厚的人情味者，精力旺盛的实干家。分裂型气质者是冷淡的专制者和利己主义者、枯燥无味的人和有气无力者。

3. 黏着型气质

克瑞奇米尔的人格类型学说主要着眼点是躁狂型气质和分裂型气质。后来他又单独论述了筋骨型和黏着型气质的相关性。黏着型气质是和反复发作的癫痫病患者的症状相一致的气质类型，精神医学工作者把它称为癫痫型气质。这种类型以固执、认真理解问题缓慢和冲动性为特点。对黏着型气质、躁狂型气质和分裂型气质的探讨，构成了克瑞奇米尔人格学说的中心内容。

克瑞奇米尔关于人格的生物类型学说影响很大。许多科学工作者对此进行了验证。从各国积累的资料上看，躁狂型气质和肥胖型的关系得到了支持，但是分裂型气质和瘦长型是否有必然关系则没有得到充分证明；甚至也有学者认为，体型与精神病特征之间可能有一定联系，但是把这种联系当作规律推广到正常人是不合适的。

二、谢尔顿的气质体型说

美国心理学家谢尔顿（Sheldon，1899～1977）也是气质体型说的代表人物。1942 年发表《气质的差异》一书，建立了**胚层起源说的人格理论**。

为了对人的体质进行分类，谢尔顿从正面、侧面、背面拍摄了 4000 名大学男生的裸体照片，按照这些人的生理特征把他们分为胖、中、瘦三大类，然后又从这些被试中选出一部分人，分析他们体型与行为之间的关系，确立三种气质类型和三种体型相关。他认为影响胖、中、瘦这三种体型发育的基本因素分别是内胚层、中胚层和外胚层。因此，他使用内胚层体型、中胚层体型和外胚层体型来命名气质类型（表 14-3）。与克瑞奇米尔不同的是，谢尔顿并没有把人绝对划归为某一类体型，而是用一个人多大程度上表现出某种基本体型的特征来说明其人格。

表 14-3 基于胚层起源说的体型和气质的相关性（引自高玉祥，1985）

胚层的三种成分	依据胚层的身体部位发达的程度	体格类型	气质类型及其特征	
内胚层型	消化器官显著发达	肥满型	内脏紧张型 0.79*	图舒服，好美食，好睡觉，会找轻松的事干，好交际，行为随和
中胚层型	骨骼肌肉和结缔组织发达，皮肤厚，动脉粗大	筋骨型	身体紧张型 0.82	武断，过分自信，体格健壮，主动积极，咄咄逼人
外胚层型	神经系统、皮肤组织、感觉器官较发达，骨骼长而细	瘦长型	头脑紧张型 0.83	善于自制，对艺术有特殊爱好，并倾向于智力活动，敏感，反应迅速。工作热心负责，睡眠差，易疲劳

* 表示体格的三种类型与气质的三种类型之间的相关系数

三、柏尔曼的气质激素理论

许多研究证明，内分泌腺的发育状况及分泌量的多少对人的情绪和行为有很大影响。例如，肾上腺特别发达的人，情绪容易激动，表现出神经质特征；甲状腺素分泌过多的人，表现出感觉灵敏、意志力强的特征。因此，内分泌学家认为，激素分泌水平的差异是导致人们的气质各不相同的原因。柏尔曼（Berman）是其中的一个代表。他依据人体内哪种内分泌腺的活动占优势（内分泌腺的发达程度和分泌激素的多少），提出了**气质激素理论**，把人的气质分为下列类型。

（1）甲状腺型：如果分泌物多，表现为体格健壮、感知灵敏、意志坚强、任性主观、自信心过强；分泌物少则表现为迟钝、缓慢，可能发生痴呆症。

（2）肾上腺型：如果分泌物多则精神旺盛、雄壮有力、情绪易激动、好斗。

（3）脑垂体型：如果分泌物增多，表现为性欲强、脑力发达、有自制力；分泌物减少，则肌肉萎弱、精力不足。

（4）副甲状腺型：分泌物多，表现为易激动、缺乏控制力；分泌物少，则表现为精力不足、缺乏生活兴趣。

（5）性腺型。分泌物多，表现为进攻性、行为猛烈；分泌物少，则进攻行为很少、容易对文学艺术感兴趣。

现代生理学研究证明，从神经-体液调节来看，内分泌腺活动对气质影响是不可忽视的。但激素说过分强调了激素的重要性，从而忽视了神经系统特别是高级神经系统活动特性对气质的重要影响，不乏片面倾向。

四、巴甫洛夫的高级神经活动类型说

巴甫洛夫于 1909～1910 年，在进行狗的条件反射实验中发现了明显的个体差异现象。1927 年，他明确提出了神经系统类型的生理学说，认为不同动物高级神经活动的兴奋和抑制过程的独特而稳定的结合，构成了动物神经活动的类型，或称**高级神经活动类型**。

动物神经系统活动有三种基本特性：兴奋和抑制的强度、平衡性和灵活性。

神经过程强度标志着神经细胞接受强烈刺激或者持久工作的能力。它有强弱之分。在一般情况下，神经细胞的兴奋是与刺激的强度相适应的，即强刺激引起强的兴奋（兴奋的细胞多），弱刺激引起弱的兴奋。然而，在强度非常大的刺激作用下，并不是每一动物都能以相应强度的兴奋对它作出反应的，也就是说，动物对强度大的刺激的反应存在个体差异：有些动物对这些刺激很容易建立条件反射，说明这些动物兴奋过程强，具有耐受高度紧张的能力；而另一些动物则不能形成条件反射，甚至会抑制和破坏已经形成的条件反射，说明它们的兴奋过程弱。对于抑制过程的强度，则是通过观察动物对不间断的抑制状态能耐受多久的实验来确定的。抑制过程弱的动物，维持较长时间的抑制状态就会引起神经症。

神经过程平衡性是相对于神经过程的兴奋和抑制的相对关系而言的。动物的兴奋过程和抑制过程的强度接近，那么它的神经过程属于平衡型；如果是兴奋过程或者抑制过程其中之一占优势，那么它的神经过程就是不平衡型。

神经过程灵活性是指对刺激的反应速度以及兴奋和抑制之间转化的速度。实验表明，神经过程灵活性高的动物可以顺利地将阳性条件反射（条件刺激引起的反射）转化为阴性条件反射（条件刺激建立之后不给予强化，动物便不再对条件刺激作出反应）；而神经过程灵活性低的动物，条件反射则不容易发生变化，反射活动发生混乱，甚至会引起神经活动失调。

巴甫洛夫根据上述三种特性的独特结合，把动物的神经类型划分为 4 种。

第一，**强、不平衡型**。这种类型的特点是：兴奋过程强于抑制过程，阳性条件反射比阴性条件反射易于形成。这是一种易兴奋、奔放不羁的类型，所以称之为**“兴奋型”**或**“不可遏制型”**。第二，强、平衡、灵活型。这种类型的特点表现为反应灵敏、外表活泼，能较快地适应迅速变化了的外界环境，也称为**“活泼型”**。第三，强、平衡、不灵活型。它的特点是：较易形成条件反射，但不容易改造，是一种坚毅而行动迟缓的类型，也称为**“安静型”**。第四，弱型。兴奋和抑制都很弱，不论是阳性条件反射还是阴性条件反射的形成都很慢，表现为胆小怕事，在艰难的工作任务面前，正常的高级神经活动易受破坏而产生神经症。它也称被为**“抑制型”**。

巴甫洛夫认为，通过动物实验确定的 4 种神经类型原则上可以推广到人类，并用于揭示人类的 4 种气质类型的神经生理学基础（表 14-4）。

表 14-4　高级神经活动类型与气质类型的对应关系

高级神经活动过程	高级神经活动类型	气质类型
强、不平衡	兴奋型（不可遏止型）	胆汁质
强、平衡、灵活	活泼型	多血质
强、平衡、不灵活	安静型	黏液质
弱	抑制型	抑郁质

五、艾森克人格生物学理论

20 世纪 60 年代，艾森克（Eysenck）在人格理论、心理测验技术和经典条件反射理论之间架起了桥梁，提出了比较独特的人格理论。

人格的生物学倾向是艾森克人格理论的主要方面。当时的人格心理学文献中重视了环境的作用，他提醒人们也要重视人格的生物学原因；生物原因是重要的，但不是唯一重要的；并声称自己的意图并不在于将时钟摆移到相反方向。

1. 外倾性和神经质的生理基础

艾森克人格维度采用了外倾（其中包括内倾）与神经质（取代情绪性）两个术语，并把它们作为人格的两个维度。外倾、内倾与神经过程的兴奋和抑制相联系；神经质则与交感神经系统的激活有关。

兴奋是中枢神经系统的一种过程，它可以易化正在进行的感觉、认知或者运动活动。抑制是中枢神经系统的另外一种过程，它可以干扰（影响）集体正在进行的感觉、认知和动作。

艾森克提出，高外倾性的人表现为抑制过程出现得快、表现得强、持续时间长，而兴奋过程则慢、弱、不持久。因此，外倾型人格者主动活跃寻求刺激，以提高皮层兴奋性水平，弥补先天之不足。另外，高内倾性的人则与上述特点恰好相反，因而这些人沉静稳重，与外界接触少，以避免受到过多刺激导致过度的皮层兴奋性水平。

艾森克用植物性神经系统尤其是交感神经活动的个别差异解释神经质的个别差异的生理基础。在人格心理学研究中，经常测量的是植物性（即所谓的自主）神经反应。多个研究表明，在皮肤电反应方面，神经症患者的水平高于正常人，尤其是在作业结束之后患者的反应水平显著高于正常人；在肌电反应方面，患者的肌紧张水平高于正常人。正常人只有在进行作业的过程中肌电反应与患者相同，作业结束后正常人的肌电恢复到原先的水平而患者却没有显著变化，说明神经症患者的紧张程度在任何时候都与正常人在应激状态下是相同的；

实验过程中，神经症患者的脉率高于正常人，整个实验过程中两者的脉率变化成平行线，并且，作业结束后患者的血压继续上升，恢复的速度比正常人慢得多。

因此，艾森克认为神经质与植物性神经系统特别是交感神经系统的机能相联系。

2. 激活和唤醒的概念

艾森克引入了“唤醒”和“激活”的概念。**唤醒**是指大脑皮层的状态。个体在接受任何刺激之前，大脑皮质存在一定的唤醒水平，也就是皮层兴奋性水平。脑干网状结构上行激活系统的功能特性影响皮层兴奋性水平，这种功能特性又是受遗传因素决定的。唤醒水平的不同导致了内外倾的个别差异。**激活**是针对植物性神经系统的活动而言，激活水平的不同引起了神经质方面的个别差异。

第 15 章　精神药理学

奥托·洛伊
（Otto Loewi，1873～1961）

刺激青蛙 A 支配心脏的迷走神经，取出其液体注入青蛙 B 的心腔内，后者心脏跳动速度慢了下来，由此发现了第一个神经递质乙酰胆碱。

◎安慰剂也具有治疗作用？
◎包括成瘾药物在内的一些药物为何随着使用时间的延长需要增大剂量？

本章知识点

- 药物的剂量-效应关系
- 药物的作用方式
- 神经递质的判断标准及其种类
- 乙酰胆碱的合成与代谢
- 单胺递质的合成与代谢
- γ-氨基丁酸对脑内神经元的抑制作用及其意义
- 药物奖赏通路
- 多巴胺和乙酰胆碱对药物成瘾的影响

心理现象这枝“美丽花朵”的绽放离不开神经系统尤其是大脑的活动。神经系统活动过程中，神经元之间信息传递的方式主要是化学传递。神经化学传递是神经系统最基本、最重要的功能，因此，心理活动必然受到神经递质的影响。例如，去甲肾上腺素、多巴胺、5-羟色胺等影响注意功能，谷氨酸、乙酰胆碱影响记忆，而情绪、人格也与多巴胺和 5-羟色胺有密切的关系。许多影响神经系统功能的药物或化学物质也是通过改变神经化学传递导致神经系统功能改变，进而影响我们的心理活动或行为。例如，药物成瘾已经成为全球性的一大公害，这些成瘾药物的作用也与中枢神经递质系统（如多巴胺系统）密切相关。另外，关于心理疾病的病因学，有一个最基本也是最简明的假设，即心理疾病的产生是由某种中枢神经递质过剩或者不足产生的。因此，研究中枢神经递质系统的分子基础和生物化学特征及相关药物影响心理行为的作用原理，能够为精神和行为疾病治疗药物的开发提供理论基础，也为研究神经系统的细胞功能和控制特定行为的神经回路提供了实验手段。**精神药理学**（psychopharmacology）正是主要研究药物和内源性活性物质对神经系统的相互作用，以及药物通过这种机制影响神经系统功能，改变情绪、认知和行为活动的科学。它的主要目标是探索精神药物的治疗机制及出现相应的副反应的原因。

由于心理、行为主要受中枢神经系统控制，因此，精神药理学主要研究药物对中枢神经系统的影响及其行为效应。

第一节　精神药理学原理

一、药物代谢动力学

药物代谢动力学是研究药物在体内血液中药物浓度的变化并用时间函数定量地描述药物在体内的吸收、分布、代谢和排泄过程的学科。

药物进入机体内部被吸收以后就开始了代谢活动：一部分药物可能被酶分解或由尿液排出，另一部分药物通过血液循环到达神经系统内部相应部位（一个或多个靶器官）并与这些部位特定分子结合，发挥药物效应。这些药物分子最终不是消失（排出体外）就是被转化成无活性成分。

（一）常用的给药途径及其吸收特点

药物的给药途径与药物的生理作用，尤其是药物的起效时间和持续时间密切相关。

1. 注射

注射是实验动物最常见的给药方法。其中，静脉（intravenous，IV）注射使药物几秒钟内就能抵达大脑，因而起效最快；并且，静脉注射时药物的生物利用率为 100%，确保了所有药物进入血液循环。与其他注射方式相比，静脉注射的缺点是对操作的精细度和技巧要求过高；并且，由于足量的药物在很短时间内进入血液循环，一旦出现过敏反应将来不及注射其他药物进行抵消。人类能够用于静脉注射的精神药很少。

腹腔注射（intraperitoneal，IP）起效也很迅速，但没有静脉注射快。这种给药方式常用于小型实验动物。肌肉（intramuscular，IM）注射过程中药物通过肌肉中的毛细血管进入血液循环，在精神科临床被认为是药物快速起效的途径之一。例如，肌肉注射氟哌啶醇和齐拉西酮，可用于快速控制急性精神障碍的兴奋激越症状，这种效果是口服药物难以达到的。如果需要延缓吸收，可以混合注射能够收缩血管和抑制肌肉内血流速度的药物（如麻黄碱）。皮下注射（subcutaneous，SC）只有注射剂量较小时才会采用，否则会很疼。某些脂溶性药物可在溶于植物油后注入皮下，这种情况下的药物分子要经过几天时间才会缓慢脱离油性载体。

血脑屏障能够阻止某些化学物质脱离毛细血管进入大脑，这类药物进入大脑的途径是直接注入脑内或脑室系统的脑脊液——脑内给药（intracerebral administration）。它分为两种情况：一是如果了解某种药物对特定脑区的效应，需要将微量药物直接注入脑内特定部位。例如，可以把多巴胺系统激动剂或抑制剂注入伏隔核，考察能否影响动物的成瘾行为，进而揭示药物成瘾与伏隔核内部多巴胺系统之间的关系。二是如果考察某种药物对脑所产生的广泛影响，需要把药物注入脑室，即通过脑室给药（intracerebroventricular，ICV）。药物被脑组织吸收后发挥效应。

2. 口服

口服是人类最常采用的给药方式，药物主要通过小肠吸收。大多数精神药物是脂溶性化合物，口服效果良好。口服制剂吸收快慢的顺序为：溶剂、悬液、片剂、肠溶片或薄膜包衣片、胶囊。大部分药物在空腹时吸收最好，但是也有例外：舍曲林（抑制 5-HT 再摄取，用于治疗抑郁障碍和强迫障碍）与食物同服，血药浓度可升高 25%；盐酸齐拉西酮（多巴胺 D_2 受体和 5-HT_2 受体的平衡抑制剂，用于精神分裂症等）与食物同时服用，血药浓度大约增加 1 倍。这可能与进食时肝脏血流量增加使得未吸收的药物避免了首过效应（first pass effect）有关。**首过效应**（或者称为系统前消除）是指药物通过胃肠道进入循环系统之前被广泛代谢，通常表现为进入循环系统的原形药的减少或其代谢产物量的增加。首过效应与小肠上皮中细胞色素 P450 酶关系密切。有一种细胞色素 P450 同工酶 CYP3A4，许多精神药物是该酶的底物。肝脏和小肠均含有大量的 CYP3A4。尤其是小肠中的 CYP3A4 对系统前药物代谢的作用明显，高达 43%的口服药物通过小肠黏膜中的酶代谢。

3. 其他给药方式

给药方式还包括舌下给药（sublingual administration）、直肠给药（intrarectal administration）、吸入（inhalation）、局部给药（topical administration，适用于那些能被皮肤直接吸收的药物）等。

图 15-1 显示了可卡因这种常见的滥用药物在静脉注射、吸入、鼻吸和口服后的血液浓度时间变化曲线。虽然给药量并不完全一致，但该图显示了不同给药范式下，药物进入血液的相对速度。

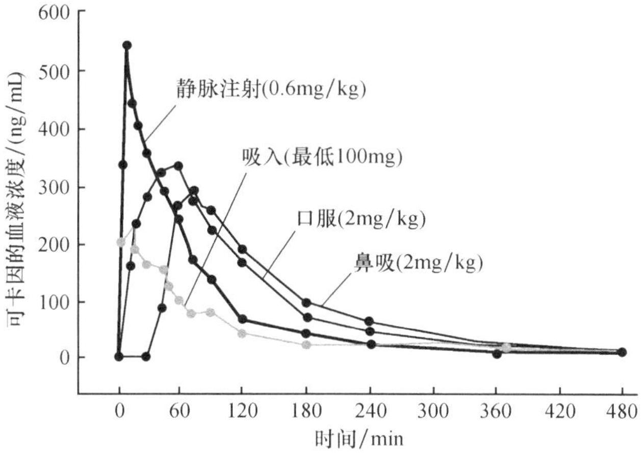

图 15-1　可卡因在静脉注射、吸入、口服和鼻吸后的血液浓度时间变化曲线（引自 Carlson，2007）

（二）药物在体内的分布

进入体内的药物随血液运输到达作用位点。对于有行为效应的药物，其作用位点大都位于中枢神经系统内特定细胞的胞膜或内部。

药物被吸收进入体循环的同时就开始了向组织的分布。这种药物分布发生的速率主要影响药物作用的起效时间。药物抵达作用位点的速率取决于膜的通透性、局部的血流分布以及其他一些生理因素。药物自身的生理生化特性如脂溶性、解离度，以及与血浆蛋白和组织成分的结合力也影响药物的分布。以脂溶性为例：血脑屏障只对水溶性分子有阻碍作用，对脂溶性分子则没有这种阻碍作用，因而脂溶性药物能迅速扩散至整个大脑。例如，二乙酰吗啡

（diacetylmorphine，即海洛因）的脂溶性好于吗啡，所以，尽管这两种药物分子到达脑内作用点后所产生的效力是相同的，但静脉注射海洛因的药效发挥要比吗啡快得多。海洛因快速起效会导致更强烈的“冲劲”（rush），这是吸毒者偏爱海洛因的原因。

一般来说，当首次用药的疗效即将消失时再次用药，那么药物的药理作用强度和持续时间都会超过首次用药。这就是药物动力学中的**二次剂量效应**（second-dose effect）。如果在初始的药物于体内消失之前重复给药，第二次以及随后几次的给药效应强于初始给药，但是随着给药次数的增多药物效应增加的程度逐渐下降，即出现**药物耐受**。

（三）失活和排泄

药物不会永远存在于体内，进入机体的大部分药物将会以药物原形或者经过肝脏的生物化学过程转化为代谢产物，最终都会通过肾脏排泄出去。肝脏在药物的酶解过程中起到了最为重要的作用，但血液和脑内中也存在能降解某类药物的酶。

肾脏排泄药物的能力可以用清除率表示。**清除率**（clearance, C）是指肾脏在单位时间（一般用每分钟）内能将多少毫升血浆中所含的某种药物完全清除出去，这个被完全清除的含有某种药物的体液，称为该药物的清除率（mL/min），一般用单位时间容量表示。药物通过血流输送到肝脏和其他具有清除功能的器官，血液流入器官时药物就被摄取。药物与血浆蛋白的结合能够限制这类器官的摄取，所以被肝脏和其他具有清除功能的器官摄取的药物一般不会达到 100%。未被清除的药物便以药物原形进入体循环。假如一种药物被具有清除功能的器官完全摄取，清除率就等于该器官的血流量。例如，肝脏的平均血流量为 1500mL/min；当药物被多个器官清除，总的清除率就是几个器官清除率的总合。

清除率的具体计算需要测量三个数值：U（尿中某物质的浓度 mg/100mL），V（每分钟尿量，mL/min），P（血浆中某物质的浓度，mg/100mL）。因为尿中该物质均来自血浆，所以，$U\times V=P\times C$，即 $C=U\times V/P$。

在某些情况下，酶会把药物分子转化成本身具有生物活性的其他形态。这些转化后的分子活性有时甚至高于药物分子本身，这种情况下的药效持续时间较长。

二、药效动力学

药效动力学简称药效学，是研究药物对机体的作用原理及其规律的科学。它与药物代谢动力学存在密切关系（图 15-2）。

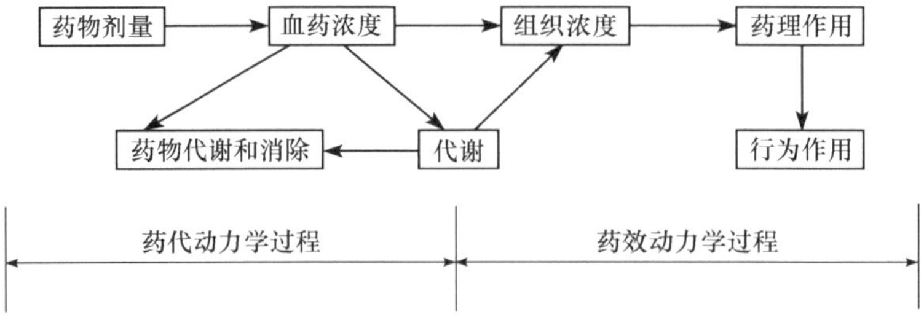

图 15-2　药代动力学和药效动力学的关系（引自江开达，2007）

（一）药物的剂量-效应关系

药物效应千差万别。对于不同的患者，所需药物的剂量和有效药物浓度也有很大差别；同样，相似的血药浓度产生的药理效应也有明显变化，小剂量高效药物的效应可以等同或超过大剂量低效药物。这种不同药物的药效差别的原因是：第一，即使行为效应相同，不同药物也可能有不同的作用位点。例如，吗啡和阿司匹林都能镇痛，但吗啡是通过降低脊髓和脑内痛觉感受神经元的活性，阿司匹林却是通过减少参与受损组织和痛觉感受神经元间信息传递的化学物质。由于这种作用机制的差别，相同剂量的吗啡（毫克药物每千克被试体重）就比阿司匹林的镇痛效应强烈得多。第二，药物与作用点之间的亲和力不同。具有行为效应的药物大都通过与中枢神经系统内部的各类分子结合发挥效应，其中包括突触前或突触后受体、转运分子以及参与神经递质生成和降解的酶。不同药物与结合分子的亲和力（affinity，两种分子结合在一起的难易度）存在明显差异。药物亲和力高，产生效应所需浓度就低，反之则高。因此，即使两种药物作用位点相同，其效应也会因为与结合位点的亲和力不同而存在很大差异。第三，由于很多药物具有多重效应，同一种药物就有可能对不同的作用点有不同的亲和力。理想的药物应对治疗作用位点的亲和力高，而对毒副作用位点的亲和力低。

由于上述原因，在制订具体的药物给药方案时，必须考虑药物作用位点的药物浓度和效应强度之间的关系。多数药物的作用效果符合图 15-3 所表示的量效曲线（dose-response curve）。**药物效应**一般以 E 表示，以变化的百分比或者与基线相比的改变加以测量，C 是药物浓度，EC_{50} 是产生相当于 E_{max} 的一半效应时的药物浓度。

药物在低剂量和低浓度时仅产生微弱的效应，随着药物浓度的增加，效应逐渐增强至最大效应（E_{max}），也就是在剂量效应曲线平台部位的效应。此时再增加药物的剂量将不会产生更大的效应。出现这种现象的原因可能是在临界的药物浓度以上时，酶或者受体结合部位达到了饱和。

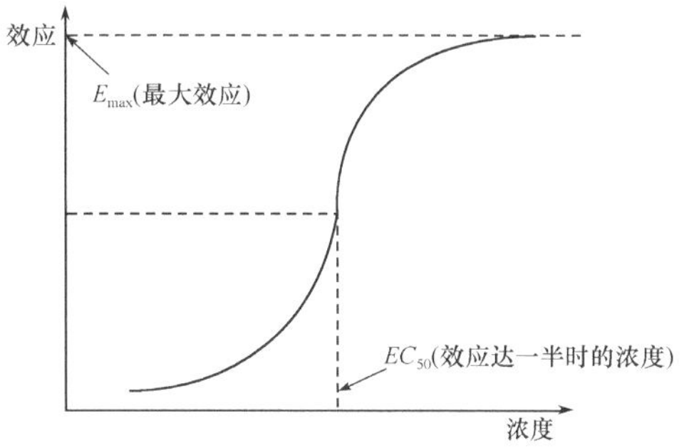

图 15-3　药效与药物浓度的关系
（引自江开达，2007）

（二）治疗效应

多数药物往往作用于多个位点并产生多种药理作用，存在与不同受体亲和力的差别和药理效应的不同。因此，从理论上说，一种药物具有多个浓度-效应关系，并且，可能既有治疗效应也有毒性效应。例如，阿片类药物如吗啡有镇痛作用，同时还会抑制延髓内控制心率和呼吸的神经元活性。医生给患者开阿片类药物缓解疼痛时，就要考虑多大的剂量既能够镇痛又不至于抑制心率和呼吸（因为这种效应是致命的）。图 15-4 是治疗效应和轻度、重度毒性反应的图示；如果分别代表治疗和毒性的两条曲线之间的距离越大，说明药物使用的安全范围越大；也就是说可以通过增加较大幅度的药物剂量提高治疗效果。图 15-5 显示了吗啡的两条量效曲线，一条是作为止痛药的镇痛效应曲线，另一条是呼吸抑制效应曲线，两条曲线间的距离即所谓的药物安全范围。显然，理想的药物应该具有较大的安全范围（图 15-5）。

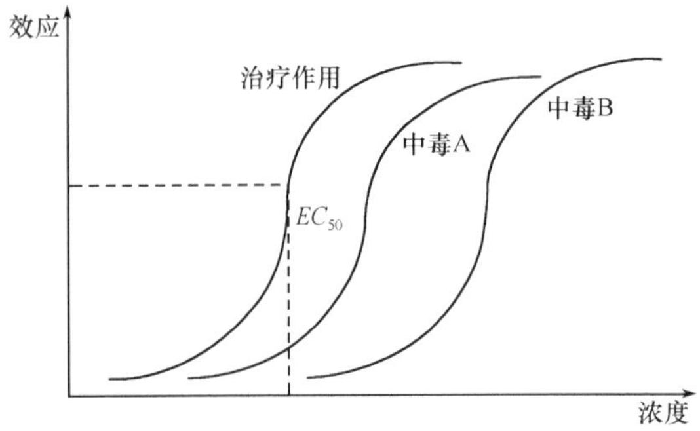

图 15-4　浓度-效应曲线（引自江开达，2007）

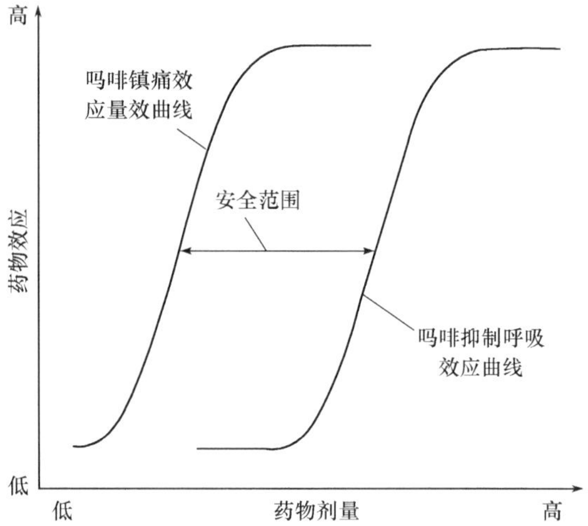

图 15-5　吗啡的两条量效曲线（引自 Carlson，2007）
一条是镇痛效应曲线，另一条是抑制呼吸效应曲线。治疗作用量效曲线和副作用量效曲线之间的距离反映了药物的安全范围

（三）安慰剂效应

安慰剂（placebo）是指没有任何特异生理效应的无害物质。placebo 这个单词来自拉丁语里的“*placere*”，是“使安静”的意思。显然，安慰剂本身不存在任何特定的生理学效应。但是，如果某人确信安慰剂具有某种生理效应，那么它就真有可能会产生这种效应。医生有时会给患有焦虑症的患者服用安慰剂，使他们安静下来。不过，多数情况下患者并不知道自己使用的是安慰剂。

安慰剂的心理暗示

2006 年，哈佛医学院做了一个实验，发表在著名的《新英格兰医学杂志》上。他们找来 270 位慢性上臂痛的患者，分成两组。一组给他们口服一种新的药物，告知他们此药有很好的疗效，药量为一天一粒，一共吃 8 周。另外一组每周扎两次针灸，一共扎 6 周。治疗开始前，医生向每个患者详细讲解可能的副作用，如针灸会引起疼痛，甚至拔针后还可能会持续疼痛，以及局部可能会红肿，而药物组的副作用包括嗜睡、口干、失眠、头晕等。试验开始两周后，接近 1/3 的患者向医生报告有不同程度的副作用。被扎针灸的患者报告局部有红肿，持续疼痛。吃药的一组患者报告失眠、无力，甚至起不了床、恶心、起皮疹，都与事前医生告知的吻合。令人振奋的是，几乎所有患者都报告上臂痛的症状得到不同程度的缓解。针灸组甚至效果优于药物组。看上去似乎药物和针灸都有很好疗效，但都或多或少有些副作用。此外就没有什么特别之处了。但是这些患者不知道的是，他们吃到嘴的药物其实是磨好的普通玉米粉，没有任何药物成分。而使用的针灸也是一种特殊的针，表面看起来一模一样，但一旦触到皮肤，针尖就会自动缩回去，根本不会扎进皮肤，更没有按照穴位扎针。

从上例中可以看出，暗示和信任是产生安慰剂效应的主要原因。另外，先前经验对安慰剂效应也有影响。曾有这样的病例：一位患者每次感冒时都要静脉注射治疗药物才会痊愈。于是，即便轻微感冒，该患者也要求通过静脉注射治疗感冒的药物；医生认为没有必要这样做，于是只注射了生理盐水，结果这个患者的感冒也好了。

安慰剂效应主要通过心身交互作用实现的。因为人的心理活动和生理活动都是通过神经系统调节的，安慰剂通过心理作用激活人的免疫系统（研究这一领域的学科称为心理免疫学）。

根据网页 http://www.kaixian.tv/gd/2014/0204/1666206.html 内容改编。

实验研究中如果要考察某些药物对人类被试或动物的行为效应，必须排除药物处理过程所带来的实验误差。在这种情况下就必须设置安慰剂控制组，否则就无法确定实验者所观察到的行为效应是否真正反映了药物的特异性效应。动物实验更是如此。设想一下人在给大鼠进行腹腔注射时都会做些什么？走近动物饲养笼，抓起动物，暴露出腹部，固定住头部以免被咬，然后用针头刺穿腹壁，推动活塞，注射完毕后将动物快速放回笼中，防止被它出其不意咬一口。即使药物是无害的，这种被注射的经历也会激活动物的自主神经系统，从而导致应激激素分泌和其他生理反应。要排除这个处理过程产生的行为效应，就必须同时设置与给药组处理方式完全相同的安慰剂组，对比两组动物的行为差别。当然，有经验的实验者能够熟练并且温和地抓起动物，使动物不会对皮下注射产生比较强烈的反应。

三、药物的作用方式

中枢神经递质系统是精神药物的主要作用目标，原因在于大部分药物都是通过影响突触传递产生行为效应的。因此，药物作用与突触活性有重要关系。当然，中枢神经递质特定的生物学效应是通过其所在的神经解剖结构并在细胞水平上发挥作用的。按照对突触传递的影响，将外来药物分为两大类：阻断或抑制突触后效应的药物被称为**拮抗剂**（antagonists），促进这些效应的药物被称为**激动剂**（agonist）。

突触激活的顺序如下：动作电位→打开突触前膜 Ca^{2+}通道→Ca^{2+}内流→突触小泡前移、与突出前膜粘连破裂→神经递质释放至突触间隙→神经递质与突触后膜受体结合→引发特定离子通道开放→产生兴奋性或抑制性突触后电位。由于酶解作用和转运分子的重摄取，神经递质发挥效应的时间很短。此外，突触前膜上的自身受体活性也对神经递质的合成和释放有调节作用。药物对上述每一环节都可能产生影响。

1. 影响神经递质的合成

神经递质的合成起始于其前体物质。在某些情况下，直接给予神经递质的前体就能促进神经递质的合成和释放，这类前体物质本身就是一种激动剂（图 15-6 第 1 步）。

神经递质的合成过程受多种酶的控制。只要使其中一种酶失去活性，就能阻止神经递质合成。有这种效应的药物属于拮抗剂（图 15-6 第 2 步）。

2. 影响神经递质的贮存和释放

神经递质贮存于突触囊泡，在突触囊泡被转运至突触前膜后释放出来。负责将神经递质存入囊泡的转运分子位于突触终扣内部囊泡的膜上，其作用是将神经递质分子泵入（pump）

囊膜以填满囊泡。囊泡转运体分子可被某些药物所阻断。这类药物分子能与转运分子的特定点结合并使其失活，从而导致到达突触前膜的囊泡是空的，破裂后就不会有神经递质放出，因此这类药物属于拮抗剂（图 15-6 第 3 步）。

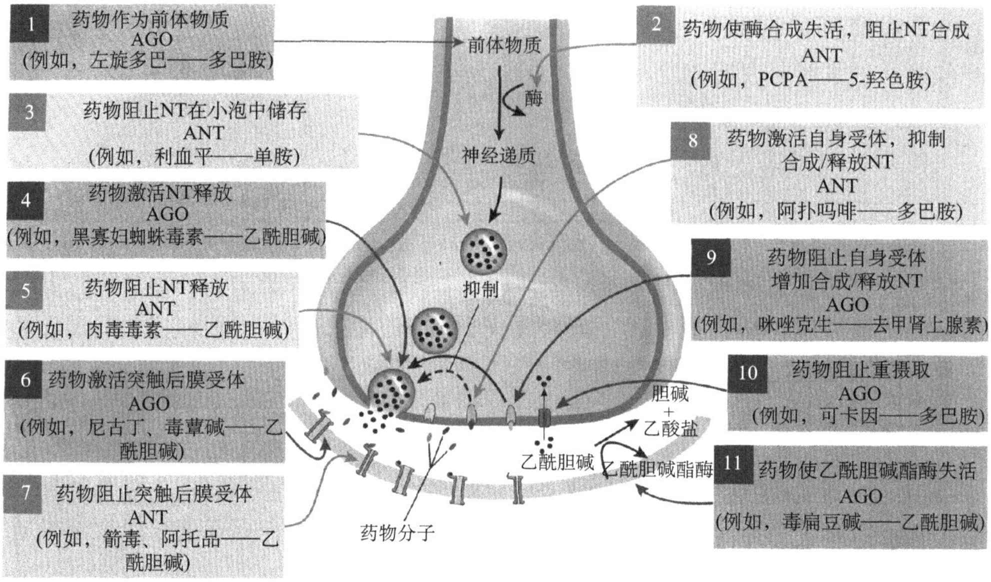

图 15-6　药物影响突触传递的途径（此图及内容说明均引自 Carlson，2007）（扫码见彩图）

AGO.激动剂；ANT.抑制剂；NT.神经递质；图中深色是起激动剂作用的药物，浅色是起拮抗剂作用的药物

某些药物会阻止神经递质在突触终扣的释放，属于拮抗剂。它们的这种效应是通过灭活一类蛋白质，这种蛋白质能够促进突触囊泡与突触前膜融合（fuse）并将内含物推至突触间隙。还有些药物的效应恰好相反：这类激动剂通过与上述蛋白质结合来直接触发神经递质的释放（图 15-6 第 4、5 步）。

3. 影响受体功能

位于突触前膜和突触后膜的受体是神经系统内部最重要和最复杂的药物作用位点。某些药物与神经递质一样，也能与相应的受体结合。其中，与神经递质具有相似作用的药物称为**直接激动剂**（direct agonist）。一般情况下，这些药物会同相应的神经递质受体结合，并与神经递质一样打开受体控制的离子通道，相应的离子会通过这些通道，产生突触后电位（图 15-6 第 6 步）。

与突触后膜受体结合的药物还能起到与神经递质相反的作用。由于神经递质的受体被这些药物分子占用，因此神经递质无法通过与相应的受体结合、打开离子通道。这类药物被称为**受体阻断剂**（receptor blockers）或直接拮抗剂（direct antagonists，图 15-6 第 7 步）。

某些受体具有多重结合点，可分别结合不同的配体。其中有一点与神经递质分子结合，其余的则与其他物质（如神经调质和各类药物）结合。当其他分子与某一点选择性结合后，因为没有与神经递质分子竞争相同的结合点，所以这种结合被称为**非竞争性结合**（noncompetitive binding）。如果这种结合能够阻止离子通道的开放，那么这类药物就被称为**间接拮抗剂**（indirect antagonist）。虽然间接拮抗剂与直接拮抗剂作用点不同，但两者的最终效应是一样的。如果药物与某一点选择性结合后能促进离子通道开放，它就被称为**间接激动剂**（indirect agonist，图 15-7）。

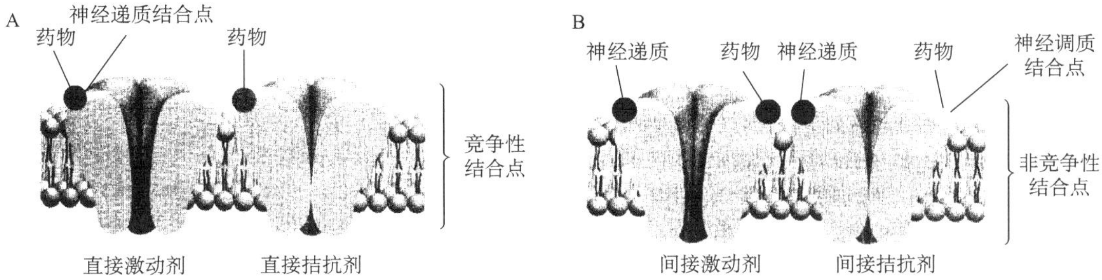

图 15-7　药物对受体结合点的作用（引自 Carlson，2007）

A.竞争性结合，直接激动剂和拮抗剂直接作用于神经递质结合位点；B.非竞争性结合，间接激动剂和拮抗剂作用于选择性结合位点，改变神经递质开放离子通道的效应

一些神经元的突触前膜上含有能调节神经递质释放水平的自身受体。激活这类受体会降低神经递质释放水平，所以选择性激活突触前膜自身受体的药物是拮抗剂；抑制这类自身受体则会增加神经递质释放相反，因而选择性阻断突触前膜自身受体的药物是激动剂（图 15-6 第 8、9 步）。

4. 影响神经递质重摄取或降解

扩散到突触间隙、没有与受体结合的神经递质有两个去向：通过重摄取返回终扣或者被酶解。这两个过程均能被药物干扰。药物阻断重摄取主要是通过与负责重摄取的转运分子结合并使其失活。药物阻断酶解则是通过破坏能够分解神经递质的酶，其中最重要的一种酶就是能破坏乙酰胆碱的乙酰胆碱酯酶。由于上述两类药物都能延长神经递质在突触间隙的停留时间，因此它们属于激动剂（图 15-6 第 10、11 步）。

第二节　神经递质和神经调质

一、神经递质和神经调质的概念

神经递质是指从神经末梢释放，作用于突触后膜上的受体，对其靶细胞产生兴奋或者抑制效应的化学物质。作为神经递质需要具备如下条件。

（1）存在于突触前神经元特别是其神经末梢内，并且可以从神经末梢释放从而发挥生物效应的物质。

（2）在同一神经元内存在有合成该化学物质所需的酶及其前体物质。

（3）到达神经末梢的动作电位可以引发该物质钙依赖性释放。

（4）神经末梢释放的该物质，在发挥效应后可以在释放的局部通过灭活机制（分解、代谢）迅速终止其生理效应。

（5）突触部位存在于该物质结合的受体。

（6）外源性给予该物质时可以导致与内源性该物质释放时的相同效应。

（7）刺激神经或者直接外加引起的效应能够同样为特异拮抗剂所阻断。

神经调质是指一些自身不直接触发所支配的细胞功能效应，但可以调制传统递质活动的一类神经活性物质。其特征是：①可为神经细胞、神经胶质细胞或者其他分泌细胞所释放，对主递质的功能起调制作用；②本身虽不直接跨膜突出信号传递或不直接引起效应细胞的功能改变，却可以间接调制主递质在突触前神经末梢的释放及其基础活动水平；③影响突触后效应细胞对递质的反应性，对递质的效应具有调制作用。

神经调质和神经递质的区别还在于：神经末梢释放的神经递质，被相距很近的细胞膜上的受体所检测。某种神经递质对每一突触的信息交流来说是专门化的。而神经调质是神经元大量释放的化学物质，它们能够运动到很远的地方，可以在更广泛的范围内扩散，能够调节某一脑区的许多神经元的活动。

实际上，神经递质和神经调质有时很难区分。在不同的作用位点，即便那些被认为是经典的神经递质，如去甲肾上腺素和5-羟色胺，有时它们的作用性质也类似于神经调质。

二、神经递质的分类

神经递质对突触后膜的生理功能影响主要有两种效应——去极化（EPSP）或超极化（IPSP），据此可以把神经递质分为两类：一是兴奋性神经递质，如谷氨酸；二是抑制性神经递质，如γ-氨基丁酸（GABA）和甘氨酸（存在于脊髓和低位脑干）。脑内的大部分突触传递正是由这两类神经递质完成的。事实上，几乎所有的脑内神经元都是从谷氨酸能神经元接收兴奋输入，从GABA和甘氨酸能神经元接收抑制输入。正是这些化学物质负责信息在不同脑区之间的传递，并且，神经元局部环路的大部分活动都包含了这些化学物质的兴奋效应和抑制效应的平衡。

其他神经递质的作用主要是调节而非信息传递。例如，乙酰胆碱能够激活大脑皮层并促进学习，但那些学过以及被记住的信息是由分泌谷氨酸和GABA的神经元传递的。

如果根据化学性质的不同，则可以把神经递质分为5类：氨基酸能神经递质、胆碱能神经递质、单胺能神经递质、肽能神经递质和嘌呤能神经递质（表15-1）。

表15-1　神经递质的分类（引自李继硕，2002）

神经递质系统	常见的神经递质				
	中文名称	英文名称	缩写词	合成前体	合成部位
氨基酸能系统	γ-氨基丁酸	γ-aminobutyric acid	GABA	谷氨酸	中枢神经系统（CNS）
	天冬氨酸	aspartate	Asp		CNS
	谷氨酸	glutamate	Glu		CNS
	甘氨酸	glycine	Gly		椎管
胆碱能系统	乙酰胆碱	acetylcholine	ACh	胆碱	CNS、副交感神经
单胺能系统	肾上腺素	adrenaline	A	酪氨酸	CNS、交感神经元
	去甲肾上腺素	noradrenaline	NA	酪氨酸	部分CNS神经元和肾上腺髓质
	多巴胺	dopamine	DA	酪氨酸	CNS
	5-羟色胺	5-hydroxytryptamine	5-HT	色氨酸	CNS、消化道肠色素细胞、肠神经细胞
肽能系统	内啡肽	endorphin	Ep		下丘脑腺、垂体
	神经肽Y	neuropeptide Y	NPY		CNS
嘌呤能系统	腺苷三磷酸	adenosine triphosphate	ATP		感觉神经元、肠道神经元和交感神经元
	腺苷	adenosine	ATP		CNS、外周神经元

三、神经递质的合成与代谢

神经递质在脑内处于既有合成又有代谢的动态变化状态。有些药物能够影响神经递质的合成、代谢及其生物学作用的发挥。

（一）乙酰胆碱

乙酰胆碱（acetylcholine，ACh）是第一个被发现的神经递质，也是由中枢神经系统传出突触分泌的最重要的一类神经递质。

乙酰胆碱在神经-肌肉接头、植物性神经节、胆碱能神经元和神经通路都具有广泛的生物学效应。它对中枢神经元的生物学效应一般以兴奋性为主。

乙酰胆碱为由胆碱（脂类分解生成）和乙酸两部分形成的脂，可以在突触前胆碱能神经末梢内部自行合成，但必须具备三种物质：胆碱乙酰基转移酶、胆碱和乙酰辅酶 A。

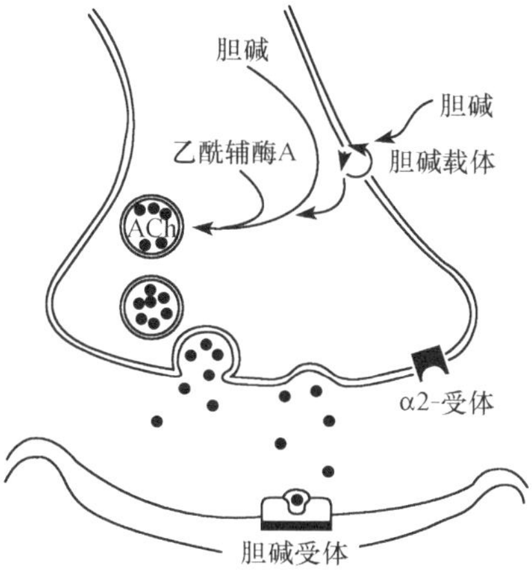

图 15-8　乙酰胆碱的生物合成

ACh 的合成反应如下：在胆碱乙酰基转移酶（choline acetyltransferase，ChAT）的催化下，乙酰辅酶 A 上的乙酰基转移至胆碱分子，生成一个 ACh 分子和一个辅酶 A（图 15-8）。

$$\underset{\text{胆碱}}{(CH_3)_3N^+CH_2CH_2OH} + \underset{\text{乙酰辅酶 A}}{CH_3COSCoA} \xrightarrow{\text{乙酰基转移酶}} \underset{\text{乙酰胆碱}}{(CH_3)_3N^+CH_2CH_2OCOCH_3} + \underset{\text{辅酶 A}}{HSCoA}$$

Carlson（2007）曾经用一个简单而形象的比喻说明上述辅酶在化学反应中的作用。假设乙酰是热狗，那么胆碱就是面包。热狗摊上的小贩（酶）的工作就是把热狗夹入面包；他要想从沸水中取出热狗，就需要一把叉子（辅酶）。具体的制作过程就是先把叉子插入热狗（乙酰与辅酶结合），然后将热狗转移至面包。

图 15-9　颜色鲜艳的蘑菇——毒蝇蕈，它是毒蕈碱的来源（扫码见彩图）

毒蕈碱激活胆碱能 M(毒蕈碱)受体

有两种药物可以影响乙酰胆碱的分泌：肉毒毒素和黑寡妇蜘蛛毒液。前者是一种生存在储藏不当的罐装食品中的肉毒杆菌产生的剧毒物质，能够阻止 ACh 释放（图 15-6 第 5 步）。据估算，一茶匙纯肉毒毒素就可以杀死全世界的人。但是，这种药物曾经被爱美的女士用来美容。原因在于神经末梢和肌肉之间的神经肌肉接头主要是通过乙酰胆碱传递肌肉收缩信息的。因此，把经过高度稀释后的肉毒毒素注入面部肌肉，通过阻止肌肉收缩而达到减少皱纹的目的（由于剧毒，不要轻易使用）。后者是由一种叫做黑寡妇蜘蛛分泌的，能促进 ACh 释放（图 15-6 第 4 步）。虽然这种毒液也是致命的，但其毒性比肉毒毒素小得多。

根据对不同生物碱的反应，乙酰胆碱受体分为两类：烟碱受体（nicotinic receptor, NR）和毒蕈碱受体（muscarinic receptor, NR）。前者是快速反应受体，能够被从烟草中提炼出来的烟碱激活；后者是慢速反应受体，能够被从一种色彩鲜亮的叫做毒蝇蕈的毒蘑菇（图 15-9）中提取出来的毒蕈碱激活（图 15-6 第 6 步）。

乙酰胆碱的两类受体也能分别被两种药物阻断（图 15-6 第 7 步）。阿托品（atropine）能阻断毒蕈碱型受体，它是一种提炼于颠茄类植物的生物碱。

增加魅力的眼药

关于颠茄这种植物还有一个传说：很久以前，女人为了增加对男人的吸引力，会在眼中滴几滴含有颠茄的眼药水。其实颠茄的意思就是“漂亮女人”。为何它会有此种功效？当人们对某种事物感兴趣时，会下意识扩大自己的瞳孔。阿托品等恰能通过阻断 ACh 的效应而使瞳孔扩张。这种变化就使得女人在注视男人时显得兴趣盎然。当然，这种感兴趣的表现也会让男人觉得她魅力非凡。

筒箭毒（curare）能够阻断烟碱型受体。这种药物提炼自南美洲几种不同种系的植物，很久以前便被当地人用来涂抹箭头和飞镖。动物被这种毒箭击中后不久就会倒下，最后窒息而死。现在，筒箭毒可被用于麻醉外科手术患者，它能彻底松弛患者的肌肉，使其在手术切割时不会收缩。手术同时还要使用麻醉剂，因为患者虽然肌肉瘫痪了，但是意识完全清醒且对痛觉敏感。此外，还需采用呼吸机为患者肺部提供氧气。

（二）单胺递质

去甲肾上腺素、肾上腺素和多巴胺以及 5-羟色胺四种化合物的基本结构是 β-苯乙胺，所以被称为单胺递质。由于它们的化学结构相似，有些药物会同时影响这种物质的活性。

1. 多巴胺

体内合成去甲肾上腺素、肾上腺素和多巴胺的原料为酪氨酸，一般来源于血液。在神经元的生物合成过程中，酪氨酸先经过酪氨酸强化酶催化生成多巴，再经过多巴脱羧酶的作用转化为多巴胺，并转入囊泡；多巴胺经过 β-羟化酶的作用可以生成去甲肾上腺素；在肾上腺素能神经细胞中，去甲肾上腺素可以经过苯乙醇胺氮位甲基转移酶提供甲基，使去甲肾上腺素转化为肾上腺素。

由于脑内多巴胺具有多种重要功能，因而受到的重视程度更高。脑内多巴胺能神经元主要起源于中脑，包括：黑质纹状体系统（nigrostriatal system），神经元胞体位于黑质，其轴突投射至新纹状体（尾核和壳核），参与运动的控制；中脑边缘系统（mesolimbic system），神经元胞体位于腹侧被盖区，其轴突投射至边缘系统的一些结构，如伏隔核、杏仁核和海马等，在某些刺激的强化效应（奖赏）中起到了重要作用；中脑皮层系统（mesocortical system），神经元胞体也位于腹侧被盖区，轴突投射至前额叶皮层，对额叶皮层有兴奋效应，因此会影响额叶的某些相关功能，如短时记忆的形成、计划和问题解决策略等。

如果黑质和尾状核间的多巴胺能神经元退化，就会导致帕金森病（Parkinson's disease），这种运动性障碍主要表现为颤抖、四肢僵硬、平衡感差以及运动困难。黑质这个脑区的名称来源于它的颜色——黑色的物质，染黑这个区域的物质是多巴胺分解产生的黑色素（病理学家观察帕金森死亡患者的脑区时发现，损伤后的黑质区域不是黑色而是灰色）。帕金森病患者常用的治疗药物是多巴胺前体 L-DOPA。多巴胺不能通过血脑屏障，但 L-DOPA 可以，它在进入大脑后就会被多巴胺能神经元吸收并转化为多巴胺（图 15-6 第 1 步）。合成水平升高后，就会使帕金森病患者脑内剩余的多巴胺能神经元释放更多的多巴胺，从而缓解症状。

利血平（reserpine）能阻断单胺递质的囊泡转运体，从而阻止单胺递质在突触囊泡中的贮存（图 15-6 第 3 步）。由于突触囊泡是空的，动作电位到达终扣时不会向外释放神经递质，因此，利血平是一种单胺递质拮抗剂。在西方医学界，利血平曾被用于治疗高血压，但现在已被副作用较小的药物所替代。

还有些药物能抑制多巴胺的重摄取，是高效的多巴胺拮抗剂（图 15-6 第 10 步）。其中人们最熟悉的有苯丙胺、可卡因等。苯丙胺的效应很有趣：它能使多巴胺和去甲肾上腺素的转运体反方向运转，从而将两种神经递质推至突触间隙，以此提高它们的释放水平。当然，这种作用也同时抑制了这类神经递质的重摄取。可卡因只能阻断多巴胺的重摄取。由于可卡因能够阻断电压依赖性 Na^+通道，有时还被用作局部麻醉剂，通常以滴眼液的形式用于眼部手术。

研究表明，多巴胺可能与精神分裂症有关。这类严重的精神缺陷主要表现为幻想、错觉和逻辑思维加工能力的损伤。由于氯丙嗪（chlorpromazine）等 D_2 受体拮抗剂能够缓解这些症状（图 15-6 第 7 步），因而推测精神分裂症是由多巴胺神经元活动过度导致的。

2. 5-羟色胺

5-羟色胺（5-HT）首先在人的血清中发现，并具有收缩血管作用，所以也被称为血清紧张素。

5-HT 生物合成的前体是色氨酸。它是人体必需的氨基酸，人体内不能自行合成，必须从食物蛋白中摄取。经过肝脏水解而获得。血液中的色氨酸进入 5-HT 神经元之后，先经过色氨酸强化酶催化，在 5 位羟化转变为 5-羟色胺酸，然后经过 5-羟色胺酸脱羧酶脱羧为 5-HT。

5-HT 重摄取抑制剂在精神疾病的治疗中有着非常重要的作用。其中最著名的是氟氧苯丙胺（fluoxetine），用于治疗抑郁症、强迫症以及某些焦虑症。

（三）氨基酸

1. 谷氨酸

在中枢神经系统内部，谷氨酸（Glu）和天冬氨酸（Asp）是两种最重要的兴奋性氨基酸（excitatory amino acid transmitter）。它们分布浓度较高，并且呈现出钙依赖性的释放过程，在许多神经通路的末梢部位存在着这两种递质的高亲和性的重摄取系统。它们通过作用于各自的受体发挥兴奋中枢神经元的作用。

Glu 和 Asp 属于非必需氨基酸，两者不能透过血脑屏障。因此，脑内的 Glu 和 Asp 不是来自血液循环，而是来自葡萄糖和其他前体物质的合成。参与 Glu 和 Asp 代谢的酶类存在于神经元和神经胶质细胞。Glu 和 Asp 的合成很大程度上依赖于神经末梢与神经胶质细胞的相互作用。Glu 由神经末稍释放之后，绝大部分被神经胶质细胞所摄取，然后在其中转化为谷氨酰胺（Gln），Gln 再循环转运到神经末稍，经过水解再生成 Glu（图 15-10）。Asp 的摄取存储机制尚不清楚。

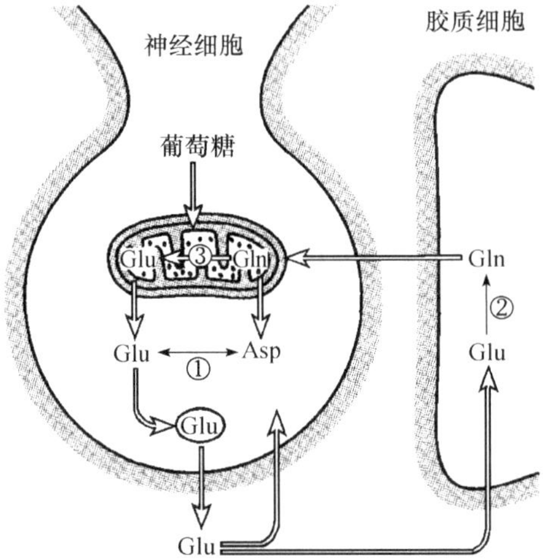

图 15-10　谷氨酸在突触结构出的代谢（引自李继硕，2002）

新合成的谷氨酸储存于神经末梢的囊泡之中。当谷氨酸释放至突触间隙可以被神经胶质细胞摄取并在神经胶质细胞内部转化为谷氨酰胺，后者再次转入神经末梢内，参与谷氨酸的再合成。Gln.谷氨酰胺；Glu.谷氨酸；Asp.天冬氨酸；①天冬氨酸转氨酶；②谷氨酰胺合成酶；③谷氨酰胺酶

谷氨酸受体分为 NMDA、AMPA 和海人藻酸等类型。AMPA 受体是最常见的谷氨酸受体。由于它控制 Na^{+}通道，所以谷氨酸与结合点结合后会产生兴奋性突出后电位。海人藻酸能够激活谷氨酸的海人藻酸受体，有类似谷氨酸的效应。NMDA 受体控制的离子通道开放时，允许 Na^{2+}和 Ca^{2+}同时进入细胞，这两种离子的内流都会导致去极化，但 Ca^{2+}内流尤其重要。Ca^{2+}是一种第二信使，能够结合并激活细胞内的各种酶。这些酶将对细胞的生化和结构特性产生深远影响，其主要后果之一就是突触特征的改变，这种改变是新记忆形成的基础。

NMDA 受体有 6 个结合位点，其中的一个对酒精敏感。研究人员认为，长期滥用酒精后突然戒断所导致的危险性痉挛就与该结合点有关。还有一个结合点对 PCP（phencyclidine，也叫“天使粉”）这种致幻剂敏感。PCP 是一种间接拮抗剂；与结合点结合后能阻止 Ca^{2+}通过离子通道进入突触前膜。

2. γ-氨基丁酸

γ-氨基丁酸（GABA）和甘氨酸（Gly）是中枢神经系统内部的抑制性氨基酸（inhibition amino acid transmitter），两者在中枢神经系统内部的分布区域与兴奋性氨基酸类似，但作用则相反。当 GABA 和 Gly 分别激动各自的受体时，引起氯离子内流，导致细胞超极化，进而产生神经细胞的抑制效应。

脑内神经元之间具有非常密切的联系。如果没有抑制性突触的作用，这些联系会使大脑变得极不稳定，失去抑制作用，兴奋性突触神经元先激活邻近的神经元，这些神经元进一步激活周围神经元，然后这种激活又将传到最初的兴奋性神经元。如此反复下去，最终会导致脑内大量神经元的激活失去控制。事实上，这种情况确实会发生，并导致癫痫（以抽搐为特

征的一种神经系统疾病）发作。正常情况下，脑内分布的大量 GABA 能神经元具有这种抑制性作用。一些研究者认为，癫痫发作的原因之一就是 GABA 分泌神经元或 GABA 受体生化功能的失常。

GABA 受体分为 $GABA_A$ 和 $GABA_B$ 两类。一种叫荷包牡丹碱（bicuculline）的直接拮抗剂，能够阻断 $GABA_A$ 结合点（图 15-6 第 7 步）。$GABA_A$ 上的第二结合点主要与一系列苯二氮䓬类（benzodiazepine）镇静剂结合，其中包括安定（valium）和利眠宁（Librium），这类药物能够降低焦虑、促进睡眠、松弛肌肉和减少癫痫发作。

苯二氮䓬类药物以及与脂类结合点结合的巴比妥酸盐都能提高 $GABA_A$ 受体活性。因此，它们都属于间接激动剂。苯二氮䓬类药物是高效的抗焦虑药（anxiolytic），或者称为“焦虑化解”药，常用于焦虑症患者的治疗。还有一些苯二氮䓬类药物被用作安眠药或治疗某些癫痫类疾病。

（四）肽类

所有的神经肽都是先在神经元胞体内部的核糖体合成前体蛋白，具有活性的神经肽结构序列存在其中；之后，合成的前体蛋白向神经末梢转运，在转运过程中前体蛋白在某些蛋白水解酶的作用下，降解为一些特殊的多肽产物，存储于突触终末。当神经元受到激活时释放出来，作为神经递质或者神经调质发挥作用。

内源性阿片肽（endogenous opioid，endogenous 是“产生于内部”的意思，opioid 是“阿片样”的意思）是人们最熟悉的肽类家族成员之一。多年以前就已发现，阿片类药物（如鸦片、吗啡、海洛因）是通过对脑部的直接作用来缓解疼痛（opioid 是指内源性化合物，而 opiates 是指药物）。

迄今为止，药理学家仅发现两类通过阿片受体对神经传递产生影响的药物：分别为直接激动剂和直接拮抗剂。已经研制出的合成阿片类药物（包括海洛因和盐酸羟考酮）已被广泛应用于临床麻醉（图 15-6 第 6 步）。研究人员还发现了几种阿片受体阻断剂（图 15-6 第 7 步），如纳洛酮（naloxone）。这种药在临床上用于反转阿片中毒，挽救了很多药物滥用者的生命。如果没有这种药物治疗，这些人最终会死于过量服用海洛因。

第三节　药 物 依 赖

一、基本概念

药物依赖是一种成瘾药物与机体相互作用所产生的特定的心理、生理状态，用药者为了体验用药后的心理效应或者避免药物戒断后引起的不适反应所呈现的连续或定期的强迫性用药。药物依赖的重要特征是，药物使用者非常清楚滥用这些药物所带来的严重后果，但仍然强迫性地寻觅、使用这些药物，因而是一种进行性、致死性的行为综合征。药物依赖在人类社会中已经有几千年，由此产生的社会、法律、医学及经济上付出的巨大代价也同样久远。从临床效果来看，几乎所有的治疗方法均不能完全控制药物成瘾。因此，美国在遏制药物成瘾过程中的做法不是切断供给，而是控制需求；原因在于：禁止供给很大程度上并不成功，而控制需求的做法建立在从神经生物学角度对药物需求的理解。

成瘾药物大致分为两类：一是阿片类物质，属于麻醉性镇痛药，包括阿片生物碱及其半合成衍生物，如吗啡、二乙醚吗啡（海洛因）、脱水吗啡等；合成麻醉剂，如左啡烷、右丙氧芬、美沙酮、杜冷丁等。二是精神兴奋剂，包括可卡因、甲基苯丙胺（冰毒）、致幻剂（摇头丸）等。另外，酒精和尼古丁也能够导致成瘾，它们和上述成瘾药物一起，被称为成瘾物质。

反复多次使用成瘾药物将会导致大脑产生许多改变，出现重复用药效应如耐受、敏感化、依赖等。通常，药物使用者重复使用某一剂量的一种药物，其效应不会一直持续不变，多数情况下药效和作用时间会逐渐减小，必须增大剂量才能达到与原来剂量相等的药理效应。这种现象被称为**耐受**（tolerance）。还有些药物的效应可能会变得越来越高，这种现象被称为**敏感化**（sensitization）。**依赖**（dependence）是长期重复给予药物后机体产生的一种适应状态，当停止使用这种药物时这种适应状态将导致痛苦的戒断症状的产生。**成瘾**（addiction）就是对这种药物依赖的通俗称谓。**滥用**（drug abuse）是指人们反复、大量地使用与医疗目的无关的具有依赖潜能的药物，但尚未达到药物依赖诊断标准或者没有进行明确的诊断。

耐受是滥用药物的常见现象。例如，长期服用可卡因的人为了达到预期效果就必须不断增加药量。如果某人因为长期服用鸦片而产生耐受，突然停药就会出现戒断症状（withdraw symptoms）。**戒断症状**主要指与药物自身效应相反的症状。例如，海洛因能产生欣快感和放松感，戒断就会出现难以忍受的烦躁情绪。海洛因还能导致便秘，戒断就会出现恶心和腹痛。

戒断症状的产生机制和耐受相同。耐受是由于机体对药效的补偿作用。也就是说，机体内的大部分系统（包括由脑控制的部分）都在不断地自我调节以保持最佳状态。当一种药物长期作用于这些系统而导致最佳值的偏离时，补偿机制就会产生与之对抗的反应，至少会对这种偏离做出部分补偿。正是由于这种机制，要想达到特定效应水平，就得不断加大药量；一旦停药，补偿机制就会使人感到失去了药物的抵抗作用。

很多药物是通过激活受体对大脑产生影响的，药物耐受的补偿机制也与受体有关，并且可能存在两种方式。第一补偿机制是通过降低受体对药物的敏感性（就是说，降低受体与药物的亲和力）或者减少受体数量来降低这种结合的效能。第二补偿机制涉及受体与膜上离子通道的耦合过程或第二信使的生成。受体经过长时间刺激后，就会使其耦合过程的一步或多步效能降低。当然，上述两种效应都有可能发生。

敏感化的机制与耐受恰好相反：重复给药导致药效越来越明显。由于补偿机制总是试图对生理过程最佳值的偏移进行修正，因此敏感化现象不如耐受常见。还有些药物的部分效应会敏感化，部分效应会耐受。例如，可卡因的重复给予会导致越来越严重的运动障碍和痉挛，但其欣快效应不但不会敏感化，反而可能耐受。

二、奖赏回路

（一）药物奖赏的含义及其意义

生物的两种本能在其发生、发展过程起着决定性作用：维持个体的生命和延续种族。在生物进化中行使与这两种本能有关的行为（饮食、性、哺乳）的个体获得快乐，如果缺少或者出现这些行为方面的障碍则可能诱发渴求感并激发个体趋向这些行为的目标。在行为学中，行为过程中获得快乐称之为**奖赏**（reward）。奖赏是调节控制行为的基本要素。

对于任何动物来说，正强化、负强化和惩罚是影响行为的主要动力。**正强化**是给予行为者提供所需要的刺激以影响相应行为出现的频率，而**负强化**则是减少或者终止给予行为者所不需要乃至厌恶的刺激从而干预某些行为出现的频率。

具有依赖潜能的药物几乎都能产生奖赏效应，即个体使用药物之后会出现特殊的正性心理体验，如情绪放松、愉快、亲切感、思维活跃等。由于成瘾药物的这种奖赏效应，刺激并驱使那些首次使用且易感性高的个体此后多次重复使用这类药物逐渐形成依赖。相反，停止使用成瘾药物后的戒断症状属于负性或惩罚性刺激，也可以增加依赖者的用药行为以减少或者避免药物戒断所带来的不愉快（不适）的心理感受。

（二）药物奖赏通路

药物的奖赏效应与脑内的奖赏回路有关。一般认为，**奖赏回路**由腹侧被盖区（ventral tegmental area，VTA）、伏隔核（nucleus accumbens, NAc）、前额皮层（prefrontal cortex , PFC）、杏仁核（amygdala）等这些接受 DA 能、谷氨酸能和 γ-氨基丁酸能神经纤维投射的脑区所组成（图 15-11）。

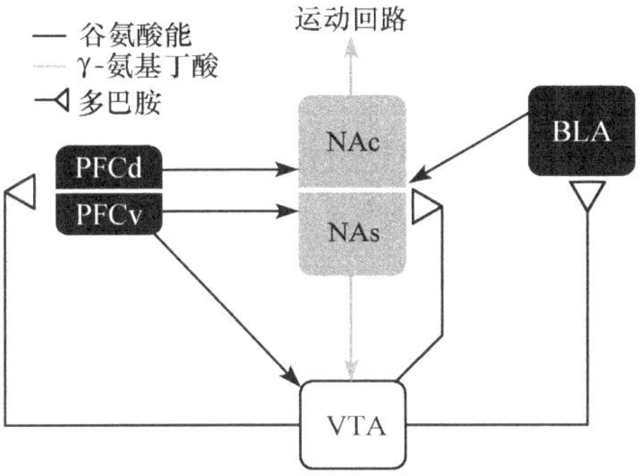

图 15-11 DA 能、谷氨酸能和 γ-氨基丁酸能组成的奖赏神经回路模式图（引自 Vanderschuren, 2000）

BLA. basolateral amygdala，基底杏仁核； NAc. core of the nucleus accumbens，伏隔核核部； NAs. shell of the nucleus accumbens，伏隔核壳部；PFCd. dorsal prefrontal cortex，背侧前额皮层；PFCv. ventral prefrontal cortex，腹侧前额皮层；VTA. ventral tegmental area，腹侧被盖区

VTA 存在多巴胺神经元，这类神经元通过神经纤维与伏隔核和前额皮层相联系，并且释放多巴胺神经递质，从而把信息传递到伏隔核和前额皮层。在受到自然奖赏刺激，如进食、饮水、性交和哺乳时，该通路便被激活，机体同时出现愉悦舒适的心理感受。

三、神经递质在药物成瘾中的作用

在药物成瘾研究中，**行为敏感化**是一种被广泛应用的动物模型。它是指容易成瘾的药物，先前大剂量重复处理，间隔一段时间后，能够导致动物对这种药物或者同类药物的行为反应持续性增强的现象。行为敏感化的表现主要包括精神兴奋运动，即高自发性活动（如奔跑）和刻板性行为（如啃、咬齿、嗅、修饰行为，甚至还可以出现自伤行为）等。许多研究证明，药物重复注射导致的行为敏感化与成瘾过程密切相关；行为敏感化或许代表了奖赏系统或动机系统的敏感化。因此，人们常常通过行为敏感化动物模型探讨药物成瘾的机制。

（一）多巴胺

药物成瘾研究中发现，小剂量兴奋剂能够引起 NAc 和 VTA 区中 DA 水平提高，并伴随自发活动增加；较大剂量兴奋剂则增加刻板行为，同时纹状体 DA 释放增多；在中枢兴奋剂作用下 NAc 和纹状体 DA 神经元胞体和树突的受体的敏感性都降低（Wolf, 1998）；使用慢性吗啡处理（20mg/kg）7 天期间，通过显微透析方法研究大鼠自由活动时 NAc DA 的变化，第 1 天和第 7 天都发现 DA 及其代谢产物显著增加现象；第 8 天，使用纳洛酮催促戒断，伴随戒断症状（如湿狗样抖动）的出现，NAc DA 水平显著下降。因此，药物成瘾过程中能够伴随伏隔核等脑区 DA 释放量增加，戒断期间并产生厌恶状态时则伴随着 NAc DA 释放水平的降低（Pothoes,1991）。

（二）谷氨酸

mPFC 通过兴奋性谷氨酸能神经纤维投射至 VTA-NAc 区 DA 神经元，调节行为敏感化。研究结果显示，mPFC 缺失能够阻断安非他明诱导的行为敏感化。外周或者脑内给予安非他明导致 NAc 和 VTA 区谷氨酸释放；使用多种谷氨酸 NMDA 受体抑制剂，如 MK-801 和 CGS 19755，都能抑制安非他明导致的行为敏感化（Vanderschuren，2000）。

（三）γ-氨基丁酸

大脑奖赏回路中，VTA 80%的神经元是 DA 神经元，被 GABA 中间神经元控制。GABA 神经元是中脑边缘多巴胺系统的一部分。VTA 中的一些 GABA 神经元轴突到达 NAc 并与传入的 DA 形成突触联系。NAc 中 80%的输出神经元自身就属于 GABA 系统，它们的轴突到达 VTA 去控制 DA 神经元的放电，或者通过腹侧苍白球（ventral pallidum）再向 VTA 发出 GABA 神经元突触联系。

VTA 中的 GABA 受体被认为对于控制中脑边缘多巴胺系统的活动具有重要作用。VTA 的 DA 细胞放电能够通过激活 GABA 受体而抑制。GABA 受体通过调节 DA 释放来削弱可卡因、尼古丁、海洛因和酒精等滥用药物的强化作用。Campbell 等（199）在动物复吸模型中使用 GABAB 受体激动剂巴氯芬减少了可卡因的启动效应。实验开始首先训练大鼠学会可卡因自身给药；用盐水代替可卡因，反应消失。接着，用小剂量可卡因点燃。巴氯芬阻断了可卡因点燃引起的反应增强，并存在剂量依赖性。结果表明，$GABA_B$ 受体激动剂能够减少可卡因自身给药引起的启动和复吸。

Zarrindast 等（2004）研究向基底外侧杏仁核（basolateral amygdala，BLA）内注射 $GABA_A$ 受体激动剂蝇蕈醇和拮抗剂荷包牡丹碱对吗啡诱导条件性位置偏好（CPP）的获得和表达的影响。向 BLA 注射蝇蕈醇，抑制吗啡诱导 CPP 的获得；而将荷包牡丹碱和小剂量吗啡（1mg/kg，正常情况下这个剂量不能诱导出 CPP）共同注射入 BLA，会产生显著的 CPP。

GABAA 受体是一种递质门控氯离子通道，介导快速突触间抑制。当 $GABA_A$ 受体与其激动剂结合后，神经细胞膜的氯离子通透性增加，由于细胞外氯离子浓度比细胞内氯离子浓度高，氯离子顺浓度梯度差进入细胞内，细胞内膜电位增大而产生超级化，产生抑制性突触后电位，抑制神经元放电，而这种抑制效应可被 $GABA_A$ 受体的拮抗剂阻断，如荷包牡丹碱。

（四）乙酰胆碱

多个研究显示，乙酰胆碱递质系统在阿片样物质等导致的成瘾行为效应中具有重要作用。

1. 吗啡影响乙酰胆碱释放

NAc 被认为在阿片依赖中具有重要作用。它是整合感觉和动机性行为信息的脑区，参与成瘾药物的强化和戒断反应。使用显微透析方法研究证明，急性给予大剂量（10mg/kg 以上）吗啡 30min 后导致海马、NAc 等许多脑区 ACh 释放量大幅下降（Ragozzino，1994）。脑内（黑质）注射或者静脉注射吗啡均显著降低大鼠前额皮层 ACh 释放（Osman, 2005）。

但是，用吗啡慢性处理的大鼠，在吗啡戒断后的 1～21 天引起 ACh 释放增加（30% 左右）；并且，吗啡递增剂量处理导致生理依赖，引起胆碱能神经元一种持久的去极化反应。在急性吗啡处理之后 ACh 这种适应性增加释放与轻度但却持久的脑啡肽最大抑制效应的降低相联系。

使用递增剂量连续腹腔注射吗啡，注射过程中的最后一天（第 8 天），NAc 和前额皮层细胞间 ACh 减少；第 9 天，使用纳洛酮催促戒断导致这两个部位 ACh 增加；通过显微注射把吗啡注入 NAc，再次降低了 NAc 细胞间 ACh 的浓度，而阿片抑制剂 methylnaloxonium 则使其升高。并且，这两种效应的大小与注射剂量成正比。在吗啡依赖大鼠和非依赖大鼠定位注射吗啡产生的 ACh 减少的效应是一样的；但是，在吗啡依赖大鼠 NAc 注射 methylnaloxonium 导致更多的 ACh 释放（Rada，1996）。吗啡依赖大鼠在使用纳洛酮戒断出现厌恶反应时，NAc 中 ACh 升高。

2. 去除伏隔核胆碱能神经元对可卡因等成瘾行为的影响

Takatoshi 等（2003）使用免疫毒素介导的细胞定位技术（immunotoxin-mediated cell targeting）去除小鼠 NAc 胆碱能细胞以改变胆碱能神经元功能，发现强化了可卡因导致的大鼠持续性的行为变化。去除 NAc 胆碱能细胞不仅强化了动物在条件性位置偏好（conditioned place preference, CPP）模型中对吗啡的敏感化，而且在条件性厌恶中对吗啡戒断产生了负强化（negative reinforcement）。胆碱酯酶抑制剂 donepezil 和 galanthamine，能够显著地抑制可卡因和吗啡导致的 CPP 以及可卡因激发的自发活动；最重要的是，去除 NAc 胆碱能神经元之后，胆碱酯酶的这种抑制作用终止。

3. 乙酰胆碱影响吗啡成瘾行为的机制

乙酰胆碱影响吗啡成瘾行为的机制可能是通过与多巴胺系统交互作用实现的。

吗啡影响 ACh 释放的途径可能至少存在三种方式：一是吗啡这类阿片系统与胆碱能系统存在交互关系。一些研究证明，阿片样激动剂，如吗啡、内啡肽，与阿片 μ 和 δ 受体有密切关系，能够抑制海马等部位胆碱能神经元活动（Decker，1991）。因为 μ 和 δ 受体位于胆碱能神经元末端，一般情况下，这些受体能够被阿片物质高度抑制（Heijna，1990）。因此，对动物进行急性吗啡处理导致 ACh 释放下降；但是，使用吗啡多次处理之后，担当抑制中枢胆碱能活动的阿片受体对吗啡产生耐受，解除了对胆碱能神经元的抑制，导致戒断期间 ACh 释放增加（Heijna，1990）。二是吗啡通过抑制 GABA 神经元的活动，增强 DA 系统功能，通过激动 D_2 受体，抑制 NAc 和纹状体 ACh 的释放（Stoof，1992）；戒断期间 DA 释放量减少，对胆碱能神经元的抑制作用解除，因而 ACh 释放增加。三是使用吗啡处理能够增加中枢神经系统内部 5-HT 的释放（García，1978；Tao，1994）；相当多的证据显示，5-HT 抑制前脑底部和脑干胆碱神经元活动。例如，使用氯苯异丙胺造成 5-HT 缺失，发现增强了嗅球、NAc、纹状体胆碱代谢。前脑基底部相对富含 5-HT_{1A} 受体，这些受体可能位于前脑基底部胆碱能神经元或者非胆碱能中间神经元。通过显微透析测量基底大细胞神经核（nucleus basalis magnocellularis, NBM）脑片的胆碱分泌量和电生理学证据都显示：突触后的 5-HT_{1A} 受体通过细胞体或者树突调节前脑基底部胆碱能神经元，从而对胆碱能神经元起抑制作用（Stecker，1995）。因此，吗啡导致的 5-HT 增加也可能降低 ACh 的释放。

对于 DA 来说，吗啡兴奋 DA 神经元——通过抑制 GABA 神经元促进中脑 NAc DA 递质释放（Miller，2006）：正常情况下，VTA 区的 DA 能神经元的活动受到 GABA 能神经元的紧张性抑制，而 GABA 能神经元上存在 μ 受体，当其与吗啡等 μ 受体激动剂结合后，可抑制 GABA 能神经元。这样，减少 GABA 的释放，也就降低了对于 DA 能神经元的紧张性抑制，使释放到 NAc 区的 DA 量增加，作用于 D_1 受体从而完成阿片的奖赏效应（Huda，1997；Koob，1992）。

吗啡等阿片样物质也可以通过胆碱能 M_4 受体的作用机制增加 NAc DA 释放。Tzavara 等（2004）通过转基因技术制备胆碱能 M_4 受体缺失小鼠（M4 knockout, M4 KO），研究发现，M_4 KO 小鼠 NAc DA 释放水平及其代谢产物 DOPAC 和 HAV 均高于野生型（wild-type, WT）匹配小鼠，同时，M_4 KO 小鼠对安非他明的敏感化增强。在中脑内部，M_4 位于胆碱能中间神经元和 GABA 能传入神经元上。正常情况下，来自背侧隔区和脑桥被盖的 ACh 释放，激活 M_4 受体，直接抑制投射到 NAc 的 DA 神经元，或者间接通过抑制 D_1 受体功能，导致 NAc DA 释放减少；在 M_4 KO 小鼠中，由于 M_4 受体的缺失，导致 ACh 自动抑制功能丧失，强化了中脑边缘 DA 向 NAc 的兴奋输入，因而 DA 水平升高。

为什么吗啡成瘾过程中 NAc 等脑区 ACh 释放减少、DA 增加影响行为变化呢？脑内基底神经节中的纹状体回路直接调节运动功能。这个回路受神经递质 DA 和 ACh 的调节：DA 对其具有兴奋作用而 ACh 则抑制其功能。也就是说，纹状体内部 DA 和 ACh 的整合直接控制运动输出。Nakanishi（2003）通过免疫毒素介导的细胞定位技术去除小鼠纹状体胆碱能细胞研究动物的行为变化，建立了这两种递质功能整合的模型。简单地说，正常情况下 DA 和 ACh 相互拮抗实现运动输出的平衡。一侧 ACh 神经元去除导致 ACh 释放减少，从而对 DA 的抑制作用降低使得 DA 能活动增强并占据绝对优势，打破了运动输出的平衡，导致向皮层输出的兴奋信息过量，致使动物向去除胆碱能神经元的对侧旋转。同时，向去除胆碱能神经元一侧的纹状体注射 DA 激动剂脱水吗啡，导致无法控制的 DA 作用增强，动物向去除胆碱能神经元的对侧旋转行为更加明显。因此，基底神经节运动中枢（纹状体）回路受到 DA 和 ACh 会聚性交互作用的协调性调节。

主要参考文献

北京师范大学，东北师范大学，南京师范大学，等. 1982. 人体解剖生理学. 北京：高等教育出版社
邓明煜，王效道. 1989. 性心理探索. 上海：上海科学技术出版社
高玉祥. 1985. 个性心理学. 西安：陕西人民出版社
韩济生. 2000. 神经科学纲要. 北京：北京医科大学出版社
韩太真，吴馥梅. 1998. 学习与记忆的神经生物学. 北京：北京医科大学、北京协和医科大学联合出版社
胡家芬，隋南，匡培梓. 1996. γ-氨基丁酸能系统与记忆：行为药理学研究进展. 心理学动态, 2: 19-22
江开达. 2007. 精神药理学. 北京：人民卫生出版社
荆其诚，焦书兰. 1987. 人类的视觉. 北京：科学出版社
鞠躬. 2004. 神经生物学. 北京：人民卫生出版社
匡培梓. 1988. 生理心理学. 北京：科学出版社
李葆明. 1999. 学习和记忆的神经基础. 世界科技研究与发展, 6: 47-50
李汉松. 1988. 西方心理学史. 北京：北京师范大学出版社
李继硕. 2002. 神经科学基础. 北京：高等教育出版社
李新旺. 1992. 生理心理学导论. 开封：河南大学出版社
李新旺. 1995. 浅谈激素对心理活动的影响. 心理学探新, 2: 72-76
李新旺. 1996. 心理生物学研究的某些进展. 心理科学, 5: 306-307
李新旺. 2000. 转基因技术在学习记忆研究中的应用. 心理学报, 5: 473-478
李新旺. 2005. 人格生物学研究进展. 首都师范大学学报, 5: 112-116
李新旺. 2008. 中枢胆碱能系统对吗啡成瘾的影响. 心理科学进展, 3: 66-71
刘昌，翁旭初. 1999. 人脑功能磁共振成像及其在认知神经科学研究中的应用. 生理科学进展, 1: 84-89
刘立. 1988. 遗传学将揭开色盲之谜. 世界科学, 3: 45
刘燕强，顾景范. 1998. 学习和记忆的神经化学机制的研究概况. 生理科学进展, 3: 203-208
吕国蔚. 1999. 21 世纪的神经科学研究. 世界科技研究与发展, 6: 24-27
吕国蔚. 2000. 医用神经生物学. 北京：高等教育出版社
茅正梅，李葆明. 1999. α_2 肾上腺素受体与前额皮层认知功能. 生理科学进展, 1: 17-22
梅镇彤. 1997. 学习和记忆的神经生物学. 上海：上海科技教育出版社
秦震. 1984. 临床神经生理学. 上海：上海科学技术出版社
阮迪云，寿天德. 1992. 神经生理学. 合肥：中国科学技术大学出版社
邵郊. 1987. 生理心理学. 北京：人民教育出版社
沈政，林庶芝. 1993a. 认知神经科学导论. 呼和浩特：内蒙古教育出版社
沈政，林庶芝. 1993b. 生理心理学. 北京：北京大学出版社
施雪筠，陈洁文. 2004. 生理学. 上海：上海科学技术出版社
寿天德. 1997. 视觉信息处理的脑机制. 上海：上海科技教育出版社
寿天德. 1998. 现代生物学导论. 合肥：中国科学技术大学出版社
寿天德. 2006. 神经生物学. 北京：高等教育出版社
孙久荣. 2004. 神经解剖生理学. 北京：北京大学出版社
孙志娟，黄之瑜，范少光. 2001. 肥胖与神经调节. 生理科学进展, 1: 45-52

孙志娟, 黄之瑜. 2001. 肥胖的研究进展. 生理科学进展, 1: 39-44
汤慈美. 2002. 神经心理学. 北京: 人民军医出版社
唐孝威. 1999. 脑功能成像的对话. 世界科技研究与发展, 6: 5-6
汪亚珉, 傅小兰. 2007. 负性面部表情影响面孔身份识别的实验研究. 人类工效学, 13(3): 1-3
王文清. 1999. 脑与意识. 北京: 科学技术文献出版社
熊鹰, 张长城. 1995. 基因与学习记忆调控. 生理科学进展, 4: 293-298
徐科. 2000. 神经生物学纲要. 北京: 科学出版社
杨立能. 1988. 心理生理学. 南昌: 江西科学技术出版社
伊藤正男. 1988. 脑的思维机制. 张辉然, 译. 世界科学, 4: 43-46
张清芳, 杨玉芳. 2003. 言语产生的认知神经机制. 心理学报, 2: 266-273
张守信, 金连弘. 2002. 神经生物学. 北京: 科学出版社
张尧官. 1982. 1981 年诺贝尔生理学或医学奖获得者罗杰·渥尔考特·斯佩里. 世界科学, 1: 47-49
周衍椒, 张镜如. 1978. 生理学. 北京: 人民卫生出版社
朱莹. 1999. 记忆过程的脑/心相关研究. 世界科技研究与发展, 6: 28-30
左明雪. 2003. 人体解剖生理学. 北京: 高等教育出版社
鲁利亚 AP. 1983. 神经心理学原理. 汪青等, 译. 北京: 科学出版社
Boring EG. 1981. 实验心理学史. 高觉敷, 译. 北京: 商务印书馆
Carlson NR. 2007. 生理心理学. 6 版. 苏彦捷等, 译. 北京: 中国轻工业出版社
Carlson NR. 2016. 生理心理学. 9 版. 苏彦捷等, 译. 北京: 中国轻工业出版社
Cold P. 1988. 甜蜜的记忆. 程琮, 译. 世界科学, 8: 39-41
Dewsbury DA, Rethingshater DA. 1984. 比较心理学. 邵郊等, 译. 北京: 科学出版社
Ferry G. 1988. 大脑的网络组织. 程琮, 译. 世界科学, 8: 43-46
Gazzaniga MS. 1998. 认知神经科学. 沈政等, 译. 上海: 上海教育出版社
Goleman D. 1997. 情感智商. 耿文秀等, 译. 上海: 上海科学技术出版社
Horne J. 1982. 人为什么要睡眠. 徐智策, 译. 世界科学, 9: 23-26
Kennedy B. 1988. 承担记忆的分子. 崔沿江, 译. 世界科学, 8: 42-43
Kolata G. 1988. 分子遗传学首次进入精神病研究领域. 高国庆, 译. 世界科学, 3: 29-31
Kuffer SW, Nicholls JG, Martin AR. 1991. 神经生物学——从神经元到脑. 张人骥等, 译. 北京: 北京大学出版社
Nicholls JG, Martin AR, Wallace BG, et al. 2002. 神经生物学——从神经元到脑. 杨雄里等, 译. 北京: 科学出版社
Rusting R. 1989. 精神分裂症研究的新成果. 科学(中译本), 5: 43
Walsh KW. 1984. 神经心理学. 汤慈美等, 译. 北京: 科学出版社
Abeliovich A, Chen C, Goda Y, et al. 1993. Modified hippocampal long-term potentiation in PKCγ mutant mice. Cell, 75: 1253-1262
Abeliovich A, Paylor R, Chen C, et al. 1993. PKCγ mutant mice exhibit mild deficits in spatial and contextual learning. Cell, 75: 1263-1271
Bach MA, Hawkins RD, Osman M, et al. 1995. Impairment of spatial but not contextual memory in CaMK mutant mice with a selective loss of hippocampal LTP in the range of the frequency. Cell, 81: 905-915
Bear MF, Connors BW, Paradiso MA. 2002. Neuroscience Exploring the Brain(影印版). 北京: 高等教育出版社
Bliss TVP. 1999. Young receptor make smart mice. Nature, 401: 25-27
Bourtchuladze R, Frenguelli B, Blendy J, et al. 1994. Deficient long-term memory in mice with a targeted mutation of the cAMP-responsive element-binding protein. Cell, 79: 59-68

Burgdorf J, Wood PL, Kroes RA, et al. 2007. Neurobiology of 50-kHz ultrasonic vocalizations in rats: Electrode mapping, lesion, and pharmacology studies. Behavioural Brain Research, 182(2): 274-283

Cacioppo JT, Tassinary LG. 1990. Principles of Psychophysiology. Cambridge: Cambridge University Press

Campbell UC, Lac ST, Caroll ME, et al. 1999. Effects of baclofen on maintenance and reinstatement of intravenous cocaine self-administration in rats. Psychopharmacology, 143: 209-214

Frank DA, Greenberg ME. 1994. CREB: A mediator of long-term memory from mollusks to mammals. Cell, 79: 5-8

Graham RB. 1990. Psysiological Psychology. Belmont: Wadsworth Publishing Comp

Grant SGN, Dell TJ, Karl KA, et al. 1992. Impaired long-term potentiation, spatial learning and hippocampal development in fyn mutant mice. Science, 258: 1903-1910

Gremer H, Lange R, Christoph A, et al. 1994. Inactivation of the N-CAM gene in mice results in size reduction of the olfactory bulb and deficits in spatial learning. Nature, 367: 455-459

Henderson G, Mcknight AT. 1997. The orphan opioid receptor and its endogenous ligand nociceptin/orphanin FQ. Trends in Neuroscience, 18: 293-300

Huang YY, Kandel ER, Varshavsky L, et al. 1995. A genetic test of effects of mutations in PKA on mossy fiber LTP and its relation to spatial and contextual learning. Cell, 83: 1211-1222

Hubel DH. 1988. Eye, Brain and Vision. New York: Scientific American Library

Kalat JW. 1998. Biological Psychology. 6th ed. Grove: Books/Core Publishing Company

Kandel ER, Schwartz JH, Jessell TM. 2001. Principles of Neural Science(影印版). 北京: 科学出版社

LeDoux JE. 1992. Brain mechanisms of emotion and emotional learning. Currrnt Opinion Neuroscience, 2: 191-197

Manabe T, Nodall Y, Mamiyai T, et al. 1998. Facilitation of long-term potentiation and memory in mice lacking nociceptin receptors. Nature, 394: 577-581

Migaue M. 1999. Enhanced long-term potentiation and impaired learning in mice with mutant postsynatic density-95 protein. Nature, 396: 433-439

Nathans J, Thomas D, Hogness DS. 1986. Molecular genetics of human color vision: the genes encoding blue, green and red pigments. Science, 232: 193-202

Okabe S, Collin C, Auerbach JM, et al. 1998. Hippocampal synaptic plasticity in mice overexpressing an embryonic subunit of the NMDA receptor. The Journal Neuroscience, 18 (11): 4177-4188

Raine A, Lenca T, Bihrle S, et al. 2000. Reduced prefrontal gray matter volume and reduced autonomic activity in antisocial presonality disorder. Archives of General Psychiatry, 57: 119-127

Raymond LA, Blackstone CD, Huganir RL, et al. 1993. Phosphorylation of amino acid neurotransmitter receptors in synaptic plasticity. Trends in Neuroscience, 16(4): 147-153

Riedel G. 1996. Function of metabotropic glutamate receptors in learning and memory. Trends in Neuroscience, 19: 214-219

Sheng M, Cummings J, Roldan LA. 1994. Changing subunit composition of heteromeric NMDA receptors during development of rat cortex. Nature, 368 (10): 144-147

Silva AJ, Paylor R, Wehner JM, et al. 1992. Impaired spatial learning inα-calcium-calmodulin kinaseⅡ mutant mice. Science, 257: 206-211

Sliva AJ, Stevens CF, Tonegawa S, et al. 1992. Deficient hippocampal long-term potentiation in α-calcium-calmodulin kinaseⅡ mutant mice. Science, 257: 201-206

Springer SP, Deutche G. 1998. Left Brain, Right Brain: Perspectives from Cognitive Neuroscience. 5th ed. NewYork: W. H. Freeman and Company

Takahashi JS, Pinto LH, Vitaterna MH. 1994. Forward and reverse genetic approaches to behavior in the mouse.

Science, 264: 1724-1732

Takatoshi H, Yasuji K, Ira P, et al. 2003. Acetylcholine enhancement in the nucleus accumbens prevents addictive behaviors of cocaine and morphine. Proceedings of the National Academy of Sciences of the United States of America, 100: 6169-6173

Tang YP, Shimizu E, Dube GR, et al. 1999. Genetic enhancement of learning and memory in mice. Nature, 401: 62-69

Thompson RF. 1988. The neural basis of basic associative learning of discrete behavioral response. Trend in Neuroscience, 11: 152-155

Tsien JZ, Chen DF, Gerber D, et al. 1996. Subregion-and cell type-restricted gene knockout in mouse brain. Cell, 87: 1317-1326

Tsien JZ, Huerta PT, Tonegawa S, et al. 1996. The essential role of hippocampal CA1 NMDA receptor-dependent synaptic plasticity in spatial memory. Cell, 87: 1327-1338

Tzavara ET, Bymaster FP, Davis RJ, et al. 2004. M4 muscarinic receptors regulate the dynamics of cholinergic and dopaminergic neurotransmission: relevance to the pathophysiology and treatment of related CNS pathologies. The FASEB Journal: Official Publication of the Federation of American Societies for Experimental Biology, 18 (12): 1410-1412

Vanderschuren LJMJ, Kalivas PW. 2000. Alterations in dopaminergic and glutamatergic transmissionin the induction and expression of behavioral sensitization: a critical review of preclinical studies. Psychopharmacology, 151: 99-120

Wilson MA, Tonagawa S. 1997. Synaptic plasticity, place cells and spatial memory: study with second generation knockouts. Trends in Neuroscience, 20(3): 102-106

Zamanillo D, Sprenge R. 1999, Importance of AMPA receptors for hippocampal synaptic plasticity but not for spatial learning. Science, 284: 1805-1811

Zarrindast MR, Haeri-Rohani A, Rezayof A, et al. 2004. GABAA receptors in the basolateral amygdala are involved in mediating morphine reward. Brain Research, 1006: 49-58